ABHANDLUNGEN
DER AKADEMIE DER WISSENSCHAFTEN DER DDR
Abteilung Mathematik — Naturwissenschaften — Technik

Jahrgang 1979 · Nr. 3 N

# Entwicklung von Laborfermentoren

VI. Reinhardsbrunner Symposium
veranstaltet von der Sektion Mikrobiologie
der Biologischen Gesellschaft der DDR und
dem Institut für Technische Chemie der
Akademie der Wissenschaften der DDR
vom 21.—27. Mai 1978

Herausgegeben von
Manfred Ringpfeil

Redaktion
Lothar Dimter

AKADEMIE-VERLAG · BERLIN 1980

Herausgegeben im Auftrag des Präsidenten
der Akademie der Wissenschaften der DDR
von Vizepräsident Prof. Dr. Heinrich Scheel

Erschienen im Akademie-Verlag, DDR-1080 Berlin, Leipziger Straße 3—4

Lizenznummer: 202 · 100/512/80
Gesamtherstellung: VEB Druckhaus „Maxim Gorki", 7400 Altenburg
Bestellnummer: 762 802 2 (2001/79/3N) · LSV 1345
Printed in GDR
DDR 56,— M

# Inhalt

*Академия наук Молдавской ССР*
*Отдел микробиологии, г. Кишинев*

# Морфо-физиологические особенности водородокисляющих бактерий при различных режимах культивирования

Катрук, Э. А., В. В. Котелев, И. И. Красиля и. Н. Н. Карлина

На протяжении ряда лет мы занимаемся изучением биологииворододных бактерий, относящихся к роду Hydrogenomonas (Орла-Иенсен, 1909 г.). Одной из причин, побудивших нас занятся исследованиями водородных бактерий является использование их в качестве возможного источника белково-витаминной биомассы. Биомасса водородных бактерий отличается высоким содержанием белка (60—70%) и хорошим аминокислотным составом. При выращивании в оптимальных условиях эти бактерии практически не выделяют вредных метаболитов и, таким образом, не загрязняют внешнюю среду отходами производства. Истинные водородные бактерии используют углекислоту как единственный источник углерода, а энергию, необходимую для роста они получают при окислительном фосфорилировании, сопряженном с окислением водорода в присутствии кислорода. Однако, выращивание водородных бактерий встречает ряд трудностей, т.к. для них необходимы свои особые условия, коренным образом отличающиеся от условий выращивания гетеротрофных микроорганизмов.

Во-первых, клетки бактерий необходимо обеспечить большим количеством газовой смеси, 70% которой составляет водород, плохо растворимый в жидкой культуральной среде. Во-вторых, смесь водорода с кислородом взрывоопасна.

Для эффективного выращивания водородных бактерий требуется коренная перестройка существующей аппаратуры и создание новых культиваторов с высокими массобменными характеристиками.

В своей работе мы использовали установку следующего типа: (рис. 1). Ферментёр ёмкостью 3,5 литра выполнен из термостойкого стекла. В дно ферментера крепится эластичная резиновая мембрана со стержнем. На конце стержня укреплен сетчатый цилиндр. Нижний конец „стержня-мешалки" эксцентрично соединен с диском двигателя и при вращении описывает окружность. Аналогичную окружность описывает стержень с цилиндром в ферментере, интенсивно перемешивая среду. Скорость вращения мешалки 1400 об./мин. Регуляция температуры производилась ультратермостатом через эмеевик, вмонтированный в культиватор. Стерилизация ферментера с электродами осуществляется текучим паром (Авт. св. № 242833).

Основное внимание при культивировании водородых бактерий уделялось методам обеспечения растущей популяции газами, так как водород, кислород, углекислый газ — главные субстраты питания водородокисляющих бактерий используются в растворенном состоянии. Скорость поступления газов в жидкую фазу зависит от способа подачи последних и мешалки культиватора. При увеличении плотности суспензии поглощение газов идет быстрее, чем они успевают раствориться, т.е.

возникает постоянное неравновесное состояние. Водород и кислород, поступающие с постоянной скоростью, обуславливают линейный характер роста. При выращивании в аппаратах с высокими массообменным характеристиками экспоненциальный рост бактерий длится более продолжителное время. Практически каждый способ поступления газов в культиватор может быть применен в установках с различными типами перемешивающих устройств для выращивания в стационарной и непрерывно-проточной культуре.

Abb. 1. Fermentor mit einem Inhalt von 3,5 l

В целях создания оптимальных условий для роста и при изучении газового питания предлагались различные способы обеспечения бактерий газами — водородом, кислородом, углекислым газом в соотношении 7:2:1.
— Непрерывное пропускание через ферментер готовой газовой смеси и выведение неиспользованных газов в атмосферу (как называемая проточная система обеспечения газами растущей популяции).

— Рециркуляция газов. Газовая смесь подается непосредственно в ферментер, и по мере использования одного из газов происходит его добавление. Цуркуляция смеси газов осуществляется через специальный анализатор сифонно-клапанным газовым насосом со скоростью 10 л/час.

— Обеспечение растущих культур водородных бактерий растворенными в среде водородом и кислородом осуществлялось благодаря прямому (внутреннему) электролизу среды. Для этой цели через электроды из платинированного титана подавался постоянный ток напряжением до 6 вольт и силой до 5 ампер. Пиедварительными исследованиями было показано, что при непрерывном действии электролиза даже при низких напряжениях от 4 до 6 вольт резко подавляется развитие бактерий. Поэтому была разработана конструкция прерывистого электролиза, при котором достигнуто главное условие — рост бактерий. Подача необходимого количества углекислоты производилась с помощью перестальтического насоса.

Исследования проводились с тремя штаммами водородных бактерий: *Hydrogenomonas eutropha* (*Alcaligenes eutrophus*) Z-1 — музейный штамм, *Hydrogenomonas pantotropha* (*Pseudomonas pantotropha*) K-1 и *Hydrogenomonat thermophilus* (*Pseudomonas thermophila*) K-2, выделенные и изученные в Отделе микробиологии АН МССР (Авт. св. № 391175).

Все эти бактерии относятся к истинным водородным бактериям, т. к. используют углекислоту как источник углерода, синтезируя все компоненты своего тела за счет энергии окисления водорода. Представляют собой мелкие, одиночные, грамотрицательные палочки, подвижные благодаря наличию полярных жгутиков.

*Alcaligenes eutrophus* Z-1 образует серовато-белые плоские колонии. В автотрофных условиях на жидкой среде образует диффузный рост. В условиях нашего опыта *A. eutrohus* Z-1 переходит в стационарную фазу развития через 40—44 часа, достигая при этом 4,5—5 г выхода сухих клеток с 1 л культуры.

При выращивании в условиях внутреннего электролиза, специфическим моментом является короткий период линейного роста (8—10 часов) и значительная фаза замедленного роста. Стационарная фаза наступает через 36—40 чазов при урожае сухих клеток 1,7—1,8 г/л.

Штамм *Hydrogenomonas pantotropha* K-1 образует круглые, слизистые, светложелтые колонии. В атмосфере водорода, кислорода и углекислого газа на жидкой среде рост строго диффузный. Штамм K-1 соответствует *Hydrogenomonas pantotropha* по признакам приводимым Казерером (1906). В последнем издании Берджи (1974) по своим морфо-физиологическим и культуральным признакам штамм K-1 более похож на *Pseudomonas palleronii*. Для бактерий штамма K-1 характерен в основном равномерно затухающий рост. Максимальная удельная скорость роста культуры 0,16 час$^{-1}$, время генерации приблизительно 4 часа.

При внутреннем электролизе фаза замедленного роста становится короче. В стационарную фазу входит через 40 часов выращивания при температуре 28—30°C. Урожай клеток 2,4 — 2,7 г/л.

*Hydrogenomonas thermophilus* K-2 на минеральной среде и МПА образует круглые с ровными краями колонии, поверхность которых гладкая, равномерно выпуклая, структура гомогенная, однородная, мажущей консистенции, светлокоричневого цвета. На жидкой среде в автотрофных условиях рост строго диффузный, цвет культуральной жидкости — светлый. *H. thermophilus* K-2 по своим признакам несомненно близок к роду *Pseudomonas*. Однако диагнозу рода *Pseudomonas* в 8-ом издании руководства Берджи распространен только на мезофильные микроорганизмы.

После непродолжительной 2—3$^{x}$ часовой латентной фазы популяция этой культуры переходит в экспоненциальную фазу, которая длится приблизительно 6 часов. Удельная скорость роста в экспоненте равна 0,38—0,42 час$^{-1}$. Стационарная фаза наступает через 16—18 часов после инокуляции. Выход сухих клеток к этому времени достигает 2 г/л. Температура выращивания 50°C.

При внутреннем электролизе также как и у *A. eutrophus* наблюдается короткий период линейного роста и значительная фаза замедленного роста. В стационарную фазу входит через 14 часов выращивания. Урожай клеток 0,6—0,8 г/л по сухому весу.

В связи с тем, что вопросу витаминообразования другими исследователями водородных бактерий не было уделено внимание, мы в своей работе занялись изучением синтеза витаминов группы в этими бактериями и его зависимостью от условий культивирования.

Как показали наши исследования, все изучаемые культуры синтезируют витамины группы В: тиамин, рибофлавин, пантотеновую, никотиновую кислоты, пиридоксин, биотин, витамин $B_{12}$ и не синтезируют инозит. Такие витамины как пантотеновая, никотиновая кислоты, пиридоксин, биотин выделяются в среду. Витамин $B_{12}$ способна выделять в среду лишь термофильная культура. Способность к синтезу витаминов у изученных нами культур водородных бактерий различна. При сопоставлении полученных данных выявляются следующие пределы содержания отдельных витаминов в клетках бактерий: для витамина $B_{12}$ — 0,016 до 0,260 мкг/г, для биотина — 0,8 до 1,5 мкг/г, для пиридоксина — 3 до 18 мкг/г, для тиамина — 6,4 до 25,0 мкг/г, для пантотеновой кислоты — 28 до 65 мкг/г, для никотиновой кислоты — 66 до 110 мкг/г сухих клеток.

Сравнивая данные витаминообразующей способности изучаемых штаммов водородных бактерий в разных условиях культивирования, мы должны заметить, что эти условия индивидуально влияют на синтез каждого витамина в зависимости от культуры.

Как видно из представленных данных (рис. 2), количество витамина В*12* при вну-

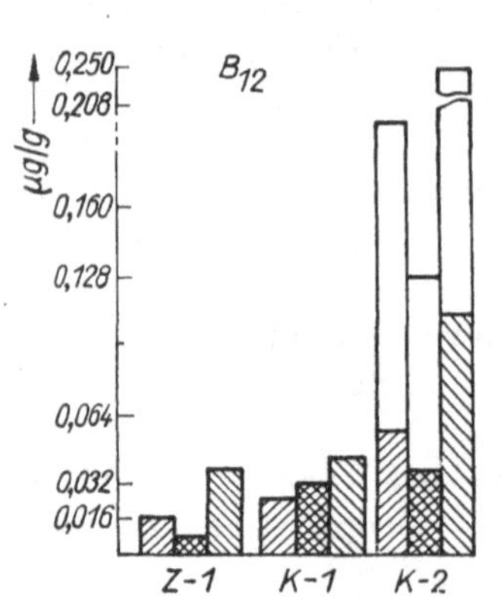


Abb. 2. Synthese von Vitamin $B_{12}$

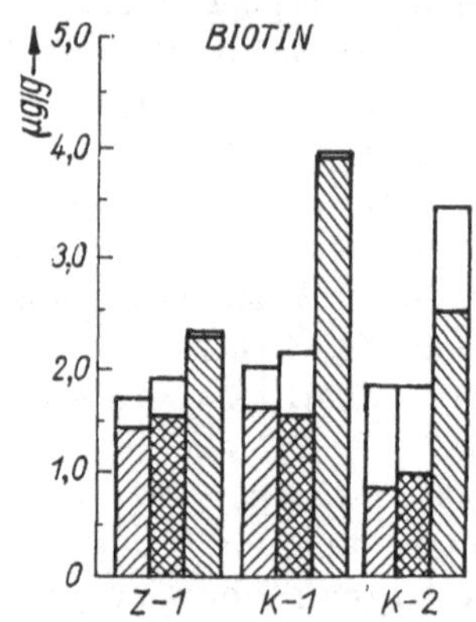


Abb. 3. Synthese von Biotin

треннем электролизе среды увеличивается вдвое по сравнению с проточным пропусканием газовой смеси. В условиях рециркуляции газов у культур *H. eutropha* Z-1 и *H. thermophilus* K-2 синтез витамина $B_{12}$ угнетается. У *H. pantotropha* K-1 остается таким же как и при проточном пропускании газов.

Для синтеза биотина (рис. 3) условия проточного пропускания и рециркуляции газовой смеси являются идентичными и количество витамина при этих способах выращивания не изменяется. В условиях же внутренного электролиза содержание биотина в клетках бактерий увеличивается вдвое и у *H. eutropha* и *H. pantotropha* почти перестает выделяться в среду.

Из анализа данных синтеза витамина $B_6$ водородными бактериями (рис. 4) видно, что наиболее благоприятным является проточное пропускание газов. Рециркуляция и внутренний электролиз среды оказывают угнетающее действие на синтез пиридоксина и ведет к уменьшению его количества в два и более раз.

Для синтеза тиамина (рис. 5) также наилучшими являются условия, создаваемые при проточном пропускании газов, где количество витамина достигает 6,4 до 25 мкг/г сухих клеток. Внутренний электролиз среды создает условия для синтеза тиамина, близкие к предыдущему способу выращивания. При рециркуляции газовой смеси отмечается угнетение синтеза витамина $B_1$.

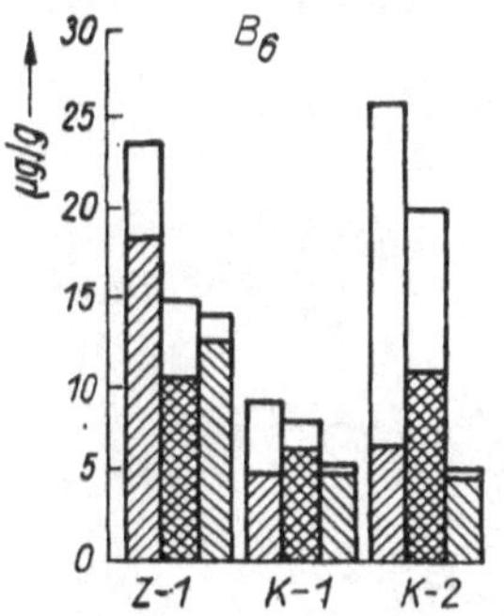


Abb. 4. Synthese von Vitamin $B_6$

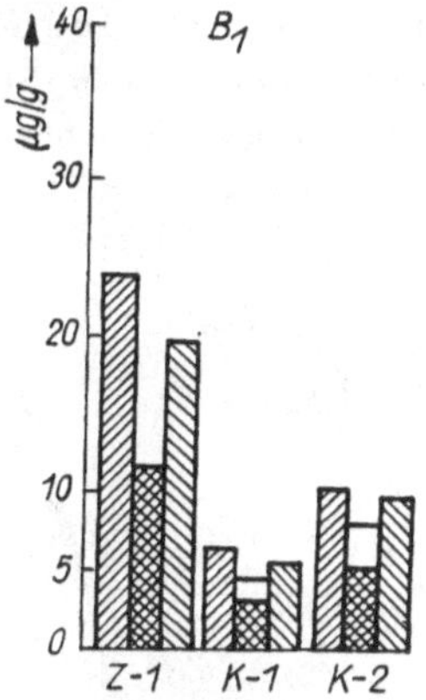


Abb. 5. Synthese von Thiamin

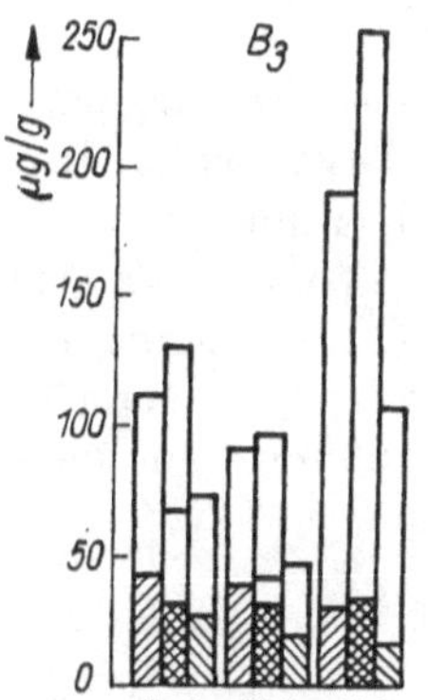


Abb. 6. Synthese von Pantothensäure

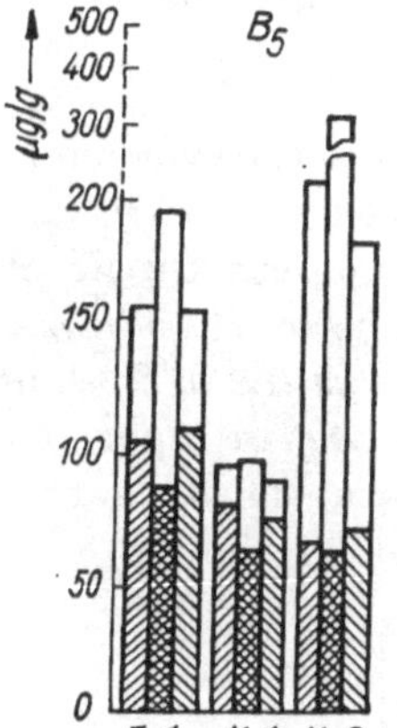


Abb. 7. Synthese von Nikotinsäure

Общее количество пантотеновой кислоты при проточном пропускании газовой смеси и ее рециркуляции находится в близких интервалах. Однако при внутреннем электролизе среды это количество витамина резко уменьшается (рис. 6).

Количество никотиновой кислоты при проточном пропускании газовой смеси и внутреннем электролизе среды находистя в близких пределах. При рециркуляции газовой смеси наблюдается некоторое уменьшение витамина в клетках бактерий и увеличение выделения его в среду (рис. 7).

Одним из вопросов, решаемых в наших исследованиях, являлось отделение клеток от культуральной жидкости и дальнейшее сохранение их жизнедеятельности. Для этой цели был применен метод электролитической флотации и лиофилизации. В результате экспериментов было выявлено различное отношение изучаемых культур к условиям электрофлотации (рис. 8). Так, в течение 60 мин. при плотности тока 12 мА/см² отделялось от культуральной жидкости до 90% клеток *H. eutropha* Z-1, до 85% — *H. thermophilus* K-2 и только 30% *H. pantotropha* K-1. При этом установлено губительное действие электрического тока при экектрофлотации на бактериальные клетки. Менялась морфология клеток: палочковидные формы превращались в округлые, размеры уменьшались, клетки деформировались, что связано с изменением их физиологического состояния под летальным действием электрического тока.

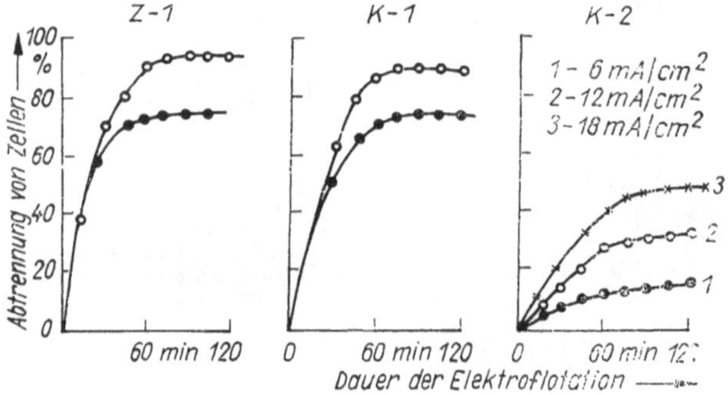


Abb. 8. Verhalten der untersuchten Kulturen unter den Bedingungen der Elektroflotation

Определены оптимальные условия лиофилизации, обеспечивающие наибольшее сохранение жизнедеятельности клеток для каждой культуры. Выявлено, что выживаемость клеток, взятых из стационарной фазы, выше, чем с экспоненты; жизнеспособность клеток *H. eutropha* Z-1 большая при сушке в сахарозожелативой среде, а у *H. thermophilus* K-2 — при добавлении 5% альбумина. Выживаемость клеток зависит также от продолжительности регидратации: более длительное оводнение (2—3 часа) позволяет выявить большее количество жизнеспособных клеток.

## Diskussion

RINGPFEIL: Welche Art der Prozeßführung wurde angewendet: sterile oder unsterile? Erlauben die relativ hohen spezifischen Wachstumsgeschwindigkeiten von 0,38 $h^{-1}$ eine unsterile Prozeßführung?

KATRUK: Unter Laborbedingungen lag eine sterile Prozeßführung vor. Die hohe Wachstumsgeschwindigkeit und das autotrophe Regime der Kultivierung sind hauptsächlich durch die Reinheit des Prozesses bedingt.

KOSTOV: Welche Wachstumsfaktoren wurden dem Nährmedium beigefügt?

KATRUK: Die Wasserstoffbakterien haben wir unter autotrophen Wachstumsbedingungen untersucht und haben dem Nährmedium keine zusätzlichen Wachstumsfaktoren beigefügt.

HILLIGER: Im Vortrag wurde gesagt, daß während des Wachstums eine lineare Phase auftritt.
Welche Ursachen führen zu dieser linearen Wachstumsphase? Sind es möglicherweise Spurenelemente?
KATRUK: Für Wasserstoffbakterien, die wir untersucht haben, ist eine längere lineare Phase nicht charakteristisch. Sie steht in keinem Zusammenhang mit Spurenelementen.
LYR: Welche Ziele verfolgen Sie in der Sowjetunion bei der Hydrogenomonas-Produktion neben einer Vitaminproduktion?
Gibt es dabei technologische Probleme bei der Verwertung?
KATRUK: Bakterien der Gattung Hydrogenomonas werden von uns als mögliche Futtereiweißquelle untersucht. Alle 3 Kulturen synthetisieren 60—70% Eiweiß. Deshalb sind wir bei diesem Problem nicht stehengeblieben und haben ein Beispiel des Einflusses der Kultivierung auf die Vitaminbildung angeführt.
LIPPERT: Ihre Kultivierungen wurden bei unterschiedlichen Temperaturen durchgeführt (30 °C und 50 °C).
Ihre Bakterienkonzentrationen betrugen 4,5 g/l bzw. 2 g/l. Sind in diesem Zusammenhang bioenergetische Untersuchungen durchgeführt worden?
KATRUK: Wir haben nicht den Einfluß der unterschiedlichen Temperatur untersucht, sondern wir haben zwei Kulturen, die bei 30 °C wuchsen und eine Kultur, die bei 50 °C wuchs, untersucht.

*Institut für Gärungschemie und -technologie der Chemisch-technologischen Hochschule Prag*

# Physiologische Wirkung von $PO_2$ auf den Stamm Candida utilis bei der Züchtung auf Äthanol in einer mehrstufigen Gärkolonne

J. PÁCA und V. GRÉGR

Es ist bekannt, daß die Physiologie und der Metabolismus der Mikroorganismen von den äußeren Züchtungsbedingungen abhängen. Praktisch alle Untersuchungen über diesen Problemkreis erfolgten im batch-System oder im Chemostat. Mit Rücksicht auf die Vorteile mehrstufiger Turm-Fermenter-Anlagen [1—5] haben wir in der vorliegenden Arbeit den Einfluß des erhöhten Sauerstoffpartialdrucks im Belüftungsgas auf die Wachstumscharakteristik und die Änderungen des physiologischen Zustands der Hefen in diesem Fermentertyp eingehender untersucht.
Die Untersuchungen wurden mit dem Ziel vorgenommen, das Vorliegen des oberen kritischen $O_2$-Partialdruckes (hemmende Wirkung) [6, 7] und die Zusammenhänge mit der unerwünschten Oxidation des Äthanols zu Acetat bei der Gewinnung von Biomasse aus synthetischem Äthanol zu überprüfen.

## Versuchsmethodik.

*Mikroorganismus.*

Es wurde der Mikroorganismus Candida utilis Nr. 136 aus der Mikroorganismensammlung unseres Instituts verwendet. Es handelt sich um einen Stamm, der auf Äthanol als die einzige Kohlenstoff- und Energiequelle adaptiert wurde.

*Medium.*

Die Zusammensetzung des Mediums wurde in einer früheren Arbeit bereits angeführt [4].

*Apparatur und Züchtungsbedingungen.*

Die Züchtungen erfolgten in einem schon früher beschriebenen [8] mehrstufigen Turm-Fermenter mit mechanischer Rührung: Äthanolkonzentration im Nährmediumzulauf von 50 g/l; Temperatur 30 °C; pH 4,5; Verdünnungsrate 0,3 $h^{-1}$ je Stufe.

## Verwendete Analysenverfahren

Die Zelltrockensubstanz wurde gravimetrisch bestimmt. Die Konzentration von Äthanol und flüchtigen Säuren wurde gaschromatographisch erfaßt [9]. Die physiologische Aktivität der Kultur wurde aus den Atmungswerten, den Änderungen des Gehaltes an Ribonucleinsäuren und dem intrazellulären ATP-Gehalt (spektrophotometrischer Test der Fa. Boehringer Mannheim) bestimmt.

## Ergebnisse

Die Abbildung 1 zeigt den Verlauf der Biomassekonzentration in den einzelnen Stufen in Abhängigkeit vom $O_2$-Partialdruck. Der Anfangswert für $P_{O_2}$ von $1{,}85 \cdot 10^{-2}$ MPa entspricht der Belüftung lediglich mit Luft. Der Anstieg des $P_{O_2}$ bis auf etwa $3 \cdot 10^{-2}$ MPa bringt in der zweiten bis vierten Stufe eine markante Zunahme der Biomassekonzentration mit sich, die einem schrittweisen Übergang von den Bedingungen der Limitierung mit Sauerstoff zum Wachstum ohne diese Limitierung entspricht (ermittelt anhand der Konzentrationsmessungen des gelösten Sauerstoffs). In der ersten Stufe bewirkte der $P_{O_2}$-Anstieg keine Änderungen der Biomassekonzentration, denn schon bei der Belüftung lediglich mit Luft war das Wachstum in dieser Stufe nicht $O_2$-limitiert.

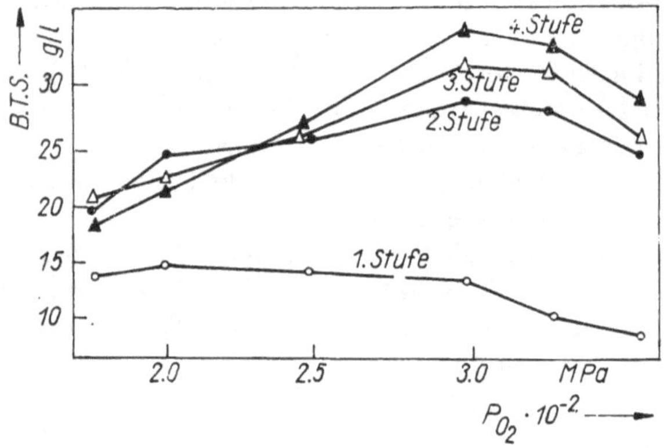


Abb. 1

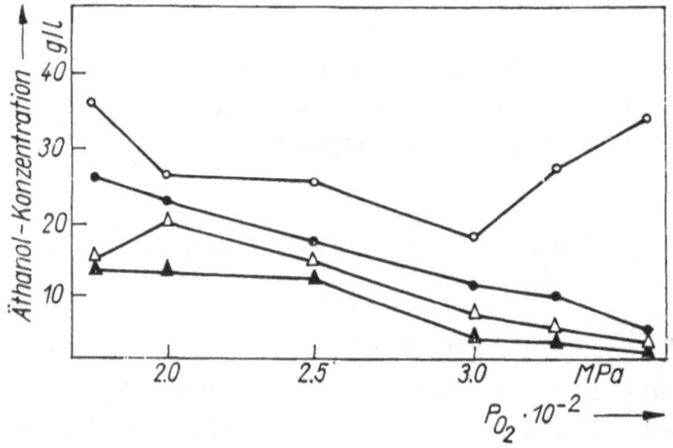


Abb. 2

Wurde der $O_2$-Partialdruck von $3 \cdot 10^{-2}$ MPa überschritten, so nahm die Wachstumsgeschwindigkeit in allen Stufen ab, was sich in der Abnahme der Biomasse bemerkbar machte. Der Grund dieses Verhaltens liegt offensichtlich in der Änderung des physiologischen Zustandes der Zellen, was im weiteren nachgewiesen wird.

Die Abbildung 2 zeigt den Verlauf von Äthanolkonzentrationen in den einzelnen Stufen. Der Anstieg des $O_2$-Partialdruckes führte zur Abnahme der Äthanolkonzentration in der zweiten bis vierten Stufe im gesamten untersuchten Bereich. In der ersten Stufe nahm der Äthanolgehalt des Mediums beim Überschreiten des Wertes von

$3 \cdot 10^{-2}$ MPa infolge der Hemmung des Zellwachstums durch den hohen $O_2$-Partialdruck und beim Überschreiten der Äthanolkonzentration von 30 g Äthanol/l auch durch die hemmende Wirkung des Äthanols zu [10].

Die Abbildung 3 zeigt de facto die Bildungsgeschwindigkeit des Acetats, das als ein Stoffwechselprodukt des Äthanols von den Zellen in das Medium abgeschieden wird. Bei der Belüftung mit dem Gas von einem $P_{O_2}$ bis $3 \cdot 10^{-2}$ MPa war die Menge, des von den Zellen zur Energiebildung im Trikarbonsäuren-Zyklus nicht verwerteten Acetats konstant. Interessant ist die Feststellung, daß bei $P_{O_2} > 3 \cdot 10^{-2}$ MPa die Oxidation

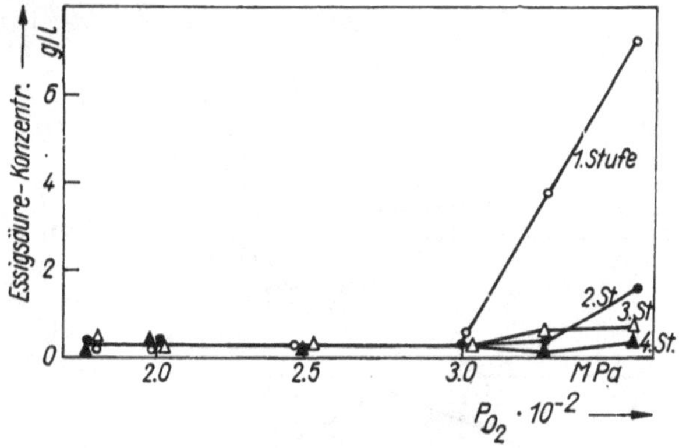

Abb. 3

des Äthanols zu Acetat durch die Zellen sehr intensiv katalysiert wird, obgleich in der ersten Stufe das Zellwachstum gehemmt wird. Diese Tatsache wird nicht nur durch die Zunahme der Acetatkonzentration im Medium nachgewiesen, sondern auch durch Konzentrationsabnahme des gelösten Sauerstoffs in dieser Stufe. Das in der ersten Stufe gebildete Acetat wird in den weiteren Stufen vollkommen in Kohlendioxid und Wasser dissimiliert, was sich aus der markanten Abnahme seiner Konzentration ergibt. Aus Vorstehendem folgt, daß die Limitierung des Wachstums durch einen hohen $P_{O_2}$ und hohe Äthanolkonzentration nicht nur keinen Einfluß auf die Aktivität der Alkohol- und Acetaldehyddehydrogenasen ausübt, sondern offensichtlich die externen NAD-Dehydrogenasen aktiviert [11]. Man kann deshalb annehmen, daß die die Anhäufung des Acetats im Medium beeinflussende „master reaction" entweder die Aktivierung des Acetats zu Acetyl-Co A oder der Eintritt des Acetyl-Co A in den Trikarbonsäuren-Zyklus ist.

Die Abhängigkeit des intrazellulären Gehaltes der Zellen der 4. Stufe an Ribonuclein-

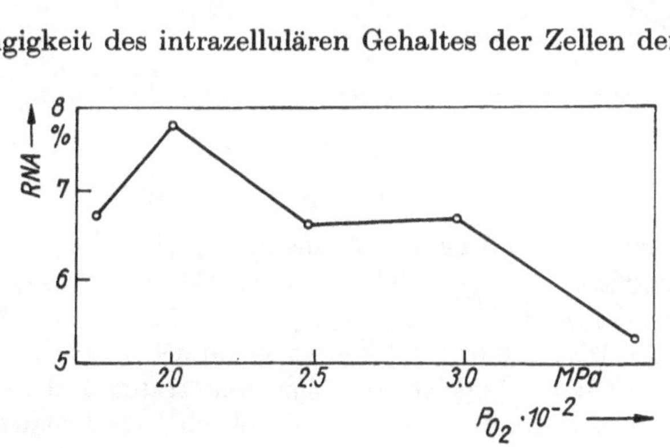

Abb. 4

säuren bestätigt die wachstumshemmende Wirkung von $P_{O_2}$ beim Überschreiten eines bestimmten Wertes von $P_{O_2}$.

In den Abbildungen 5, 6 und 7 sind die Änderungen der spezifischen Dissimilationsgeschwindigkeit des Äthanols, der Ausbeute an Biomasse und Produktivität des Prozesses bezogen auf den ganzen Fermenter angeführt — für die vierte Stufe. Aus den Ergebnissen ist ersichtlich, daß durch Erhöhung von $P_{O_2}$ die Sauerstofflimitierung des Wachstums schrittweise eliminiert wird. Die spezifische Abbaugeschwindigkeit der Kohlen-

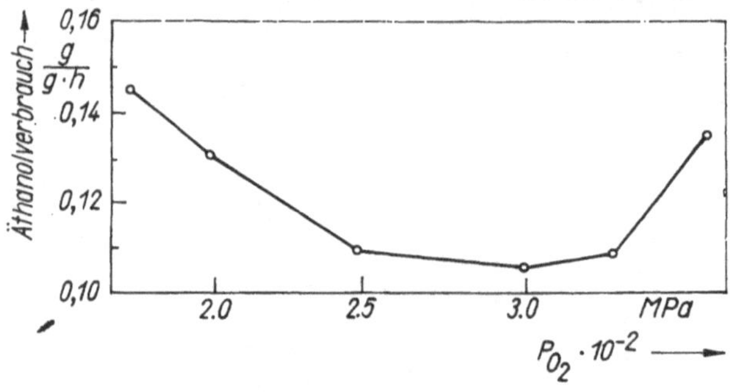


Abb. 5

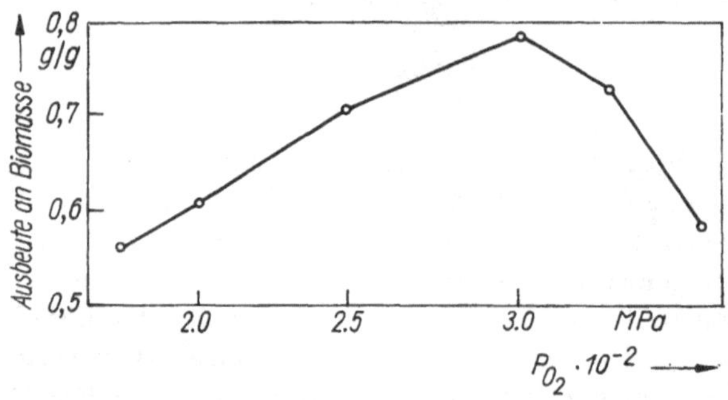


Abb. 6

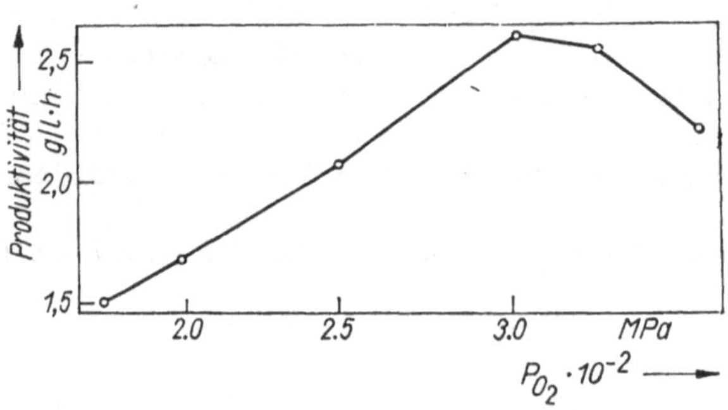


Abb. 7

stoff- und Energiequelle nimmt deshalb ab, die Ausbeute an Biomasse, die Biomassekonzentration im Fermenterauslauf, sowie die Produktivität des Prozesses nehmen markant zu. Wird die obere kritische Grenze des $P_{O_2}$ um $3 \cdot 10^{-2}$ MPa überschritten, so führt es zur Hemmung des Wachstums infolge einer unzureichenden Energiebildung im Katabolismus, was sich durch Verringerung der Wachstumsraten und dadurch auch durch Erniedrigung der Ausbeute an Biomasse und durch niedrige Produktivität des

Prozesses bemerkbar machte. Gleichzeitig erfährt auch der physiologische Zustand der Zellen eine markante Änderung, die durch Aktivierung exogener Substratdehydrogenasen gekennzeichnet ist. Aufgrund der früheren Arbeiten [7] kann angenommen werden, daß einer der die Aktivitätsänderungen von Dehydrogenasen beeinflussenden Faktoren die Veränderung des Verhältnisses zwischen der oxidierten und reduzierten Form der NAD darstellen kann.

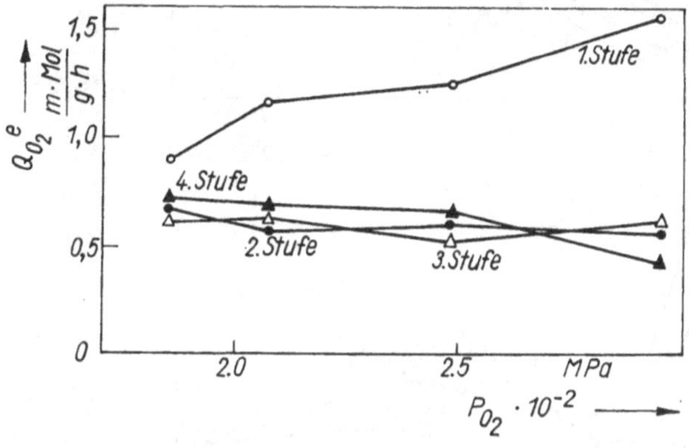


Abb. 8

Die Abbildung 8 zeigt die Änderungen der endogenen Atmungswerte in den einzelnen Stufen. In der ersten Stufe führte die Erhöhung des $P_{O_2}$ zu einem markanten Anstieg der endogenen Atmung, die ein Maßstab der Atmungskontrolle ist. Falls Äthanol die einzige Energiequelle des Zellwachstums ist, stellt die Atmungskontrolle einen höchst empfindlichen Indikator des energetischen Metabolismus dar, weil die Zelle lediglich im oxidativen Phosphorylierungsprozeß die Energie gewinnen kann. Es ist also klar, daß die Steigerung des $P_{O_2}$ die Entkopplung des Wachstums und des energetischen Metabolismus bewirkte. In den höheren Stufen, wo der $P_{O_2}$ in gasförmiger Phase schon niedriger war, trat dieser Effekt nicht mehr auf, worauf die praktisch konstanten endogenen Atmungswerte hinweisen.

In Abbildung 9 sind die Änderungen der Gesamtatmungsraten der Zellen angegeben. Mit steigendem $P_{O_2}$ nahmen die Atmungsraten in allen Stufen zu. Sehr interessant ist die Feststellung, daß der maximale Atmungswert früher erreicht wurde, als das Maximum der Biomasse in Abhängigkeit vom $P_{O_2}$. Analog zu den Bakterien [12] würde es für die Abnahme der Affinität des Endüberträgers der Atmungskette zu Sauerstoff zeugen. Die Atmungsabnahme beim Überschreiten des $P_{O_2}$ von etwa $2{,}5 \cdot 10^{-2}$ MPa hängt höchstwahrscheinlich mit dem Mechanismus zusammen, der den Zellen gestattet, eine höhere spezifische Wachstumsrate [13] zu erreichen.

In Abbildung 10 sind die Änderungen des intrazellulären ATP-Gehaltes angeführt. Die gewonnenen Ergebnisse zeigen, daß der Gehalt an Zell-ATP bei Hemmung durch eine hohe Äthanolkonzentration niedrig ist — 1. Stufe bei der Belüftung nur mit Luft. Mit steigendem $P_{O_2}$ nahm der Gehalt der Zellen an ATP schrittweise etwas zu. Die in den einzelnen Stufen ermittelten unterschiedlichen ATP-Werte hängen mit dem stufenweisen Übergang von dem $O_2$-limitierten zum nicht limitierten Wachstum zusammen. Eine eindeutige Deutung dieser Ergebnisse ist nicht möglich, denn der Gehalt an Zell-ATP hängt außer von den äußeren Züchtungsbedingungen, durch die der Wirkungs-

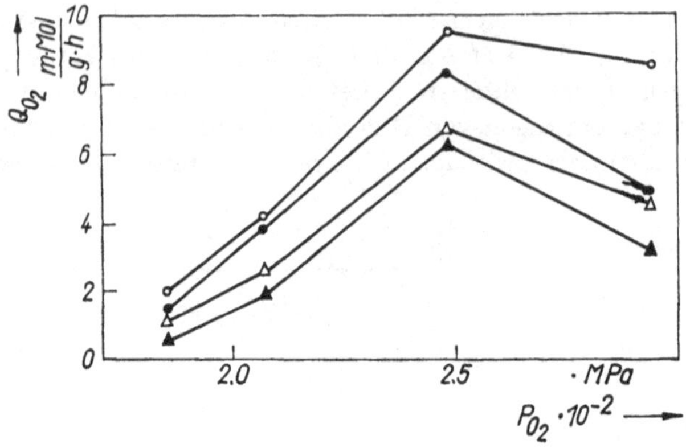


Abb. 9

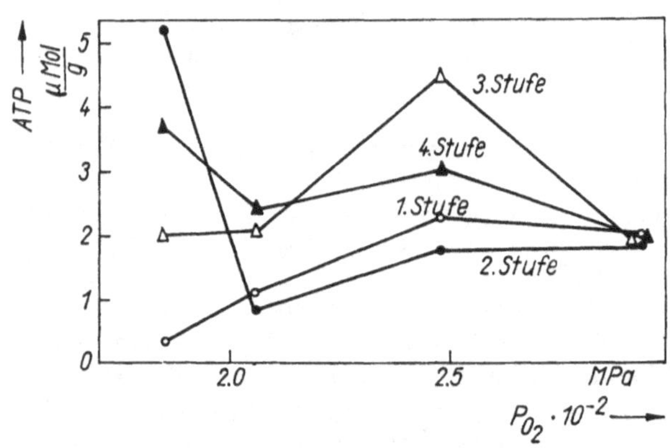


Abb. 10

grad der Ausnutzung der beim Elektronentransport durch die Atmungskette freigewordenen Energie beeinflußt wird, auch von „turnover rate of ATP“ ab.
Die gewonnenen Ergebnisse können folgendermaßen zusammengefaßt werden:

1. Bei der auf Äthanol wachsenden Hefe Candida utilis wurde der Wert des oberen kritischen $P_{O_2}$ im Belüftungsgas von etwa $3 \cdot 10^{-2}$ MPa identifiziert.
2. Das Überschreiten des oberen kritischen $P_{O_2}$ bewirkte:
   a) unzureichende Energiebildung während des oxidativen Phosphorylierungsprozesses, was zur Wachstumshemmung der Zellen führt,
   b) Aktivierung der Alkohol- und Aldehyddehydrogenasen. Die Aktivierung der Substratdehydrogenasen führt bei der Oxidation des Äthanols zu Acetat zu einem höheren Sauerstoffbedarf, als die maximale Atmungsrate der Zellen ist.

## Literatur


[1] AKIBA, T., and T. FUKIMBARA: J. Ferment. Technol. **51**, (1973) 134
[2] GOTO, S., A. KITAI, and A. OZAKI: J. Ferment. Technol. **51**, (1973) 582
[3] SCHÜGERL, K., U. OELS, and LÜCKE J.: Adv. Biochem. Eng. **7**, (1977) 1
[4] PÁCA, J., and V. GRÉGR: Biotechnol. Bioeng. **19**, (1977) 539
[5] PÁCA, J. et al.: Patent DDR 126959 (1977)

[6] HARTMEIER, W., W. K. BRONON und H. DELLWEG: 2. Symposium Technische Mikrobiologie, Berlin 1970
[7] HARRISON, D. E. F.: J. appl. Chem. Biotechnol. **22**, (1972) 417
[8] PÁCA, J., and V. GRÉGR: Biotechnol. Bioeng. **18**, (1976) 1075
[9] UNGER, P., Z. VOZŇÁKOVÁ, and J. PÁCA: J. appl. Chem. Biotechnol. **27**, (1977) 150
[10] OMATA, S., S. MURAO, and H. TERASKIMA: J. Ferment. Assoc. **26**, (1970) 317
[11] AIKING, H.: PhD Thesis, University of Amsterdam 1977
[12] WIMPENNY, J. W. T., and D. K. NECKLEN: Biochem. Biophys. Acta **253**, (1971) 352
[13] STOUTHAMER, A. H.: Yield Studies in Microorganisms. Meadowfield Press Ltd., Durham 1976

## Diskussion

WEIDE: Welche Bedeutung hat die Acetyl-CoA-Synthetase bei Ihrem Stamm?

PÁCA: Die Acetyl-CoA-Synthetase ist sehr wichtig, wenn der Stamm Candida utilis auf Äthanol als einziger Kohlen- und Energiequelle gezüchtet wird, weil unter diesen Bedingungen die Zellen die Energie für das Wachstum nur durch die totale Oxydation bekommen, welche durch den Trikarbonsäure-Zyklus bestimmt wird. Wenn die Essigsäure nicht zu Acetyl-CoA aktiviert wird, dann können die Zellen keine Energie für das Wachstum bekommen. Bei der partiellen Inhibition von Acetyl-CoA-Synthetase oxydieren die Zellen Äthanol zu Essigsäure, die in das Medium ausgeschieden wird.

WEIDE: Ist die Acetat-Bildung als Kompensationsreaktion zu verstehen?

PÁCA: Die Menge des gebildeten Acetats hängt von der Sauerstofflimitation ab. Unter den Bedingungen von niederen $pO_2$-Konzentrationen nimmt die Zellwachstumsrate ab, da eine ungenügende ATP-Bildung im Elektronentransportsystem erfolgt. Bei dem Überschreiten des oberen kritischen $P_{O_2}$-Wertes steigt die Aktivität von exogenen (cytoplasmatischen) NAD-Dehydrogenasen, was wiederum auch zur wachsenden Konzentration von Acetat führt.

*Chemisches Institut „Boris Kidrič", Ljubljana und Fakultät für Naturwissenschaften und Technologie der Universität Ljubljana*

# Mycelentwicklung einiger cellulolytischen Pilze auf Fruchtindustrieabfällen

A. CIMERMAN, A. PERDIH, J. FRIEDRICH und S. ŠKAFAR

In der Republik Slovenija (Jugoslavija) entstehen in der Lebensmittelindustrie jährlich mehr als 57.500 Tonnen Abfälle, ca. 17500 Tonnen enthalten meistens Polysaccharide. Als Umweltverunreiniger sind die lästigsten von ihnen die dickflüssigen Abfälle der Fruchtsaftindustrie, besonders der Brennereien. Sie enthalten zu wenig Trockensubstanz und haben eine ungeeignete Konsistenz für eine direkte rationelle Ausnützung. Andererseits enthalten sie eine zu hohe Konzentration an organischen Stoffen, um in den bestehenden Kläranlagen gereinigt zu werden.

In der Literatur finden wir in letzter Zeit immer mehr Angaben über die Anwendung verschiedener Mikroorganismen als polysaccharidhydrolisierende Enzymerzeuger (JARL, 1969; CHURCH et al., 1972; HANG et al., 1976; MANDELS und STERNBERG, 1976; PLOWRIGHT, 1976 etc). Aufgrund dieser Angaben und unserer langjährigen Erfahrungen mit Pilzfermentationen, besonders aber unserer Beobachtung, daß die Pilzhyphen imstande sind, feste Partikelchen aus der Suspension an sich zu binden, haben wir uns entschlossen, die hydrolytische Aktivität dieser Pilze einerseits zur Zerstörung der Schleimstoffe zu benützen, andererseits aber ihre Neigung zur Bindung der restlichen unlöslichen Stoffe zur Erleichterung der Abwasserklärung zu verwenden.

## Mikroorganismen

Unter anderem wurden folgende Pilze verwendet:

*Aspergillus niger* ATCC 6275, unsere Bezeichnung A 98,
*Trichoderma viride* ATCC 36316, unsere Bezeichnung B83,
*Myrothecium verrucaria* ATCC 36315, unsere Bezeichnung B91 und
*Myrothecium verrucaria* CBS 328.52, unsere Bezeichnung B120.

Alle Pilze wurden auf Bierwürze-Agar gezüchtet, bei Zimmertemperatur inkubiert und jeden Monat auf frisches Substrat übertragen. Zur Beimpfung von 100 ml Substrat dienten 2 ml der Suspension von Konidien einer Reagenzglaskultur in 10 ml Sterilwasser.

## Kultivierungsbedingungen

Als Ausgangsmaterial verwendeten wir Abfälle der Äpfelverarbeitung mit ca. 5% Trockensubstanz. Dieses Material wurde mit gleicher Menge Wasser verdünnt, gemixt und mit einer zweifachen Menge einer Minerallösung nach MANDELS (MANDELS, 1969) vermischt. Der pH wurde auf 5,0 eingestellt. Das Substrat enthielt etwa 6 g/l Trockensubstanz, CSB = 8900 mg $O_2$/l (im Filtrat), 7,1% Rohproteine in der Trockensubstanz

und besaß eine Filtrationszeit von 1500 s. Je 100 ml Substrat wurden anfangs in Erlenmeyerkolben gefüllt, 35 min autoklaviert bei 120 °C, inokuliert und auf einer Schüttelmaschine bei 30 °C inkubiert.
Später wurden die Versuche in einem 5 Liter Fermentor (Bioengineering, Schweiz) unter Mischen und Belüften durchgeführt (bei 500 U/min, 3 l Luft/min/5 l Substrat, Temperatur 30 °C).
Die Fermentationsdauer betrug bis drei Tage, an jedem Tag wurden Analysenproben entnommen.

## Analysenmethoden

Das Mycelwachstum wurde mikroskopisch verfolgt und photographiert. Die Trockensubstanz wurde mittels Trocknung des Filterrückstandes bei 105 °C bis Konstantgewicht bestimmt.
Als Filtrabilität der Maische bezeichneten wir die Filtrationszeit von 100 ml Maische. Den chemischen Sauerstoffbedarf (CSB) bestimmten wir im Filtrat und zwar nach LEITHE (LEITHE, 1970). Der Gehalt der Rohproteine wurde nach KJELDAHL bestimmt. Als cellulolytische Aktivität wurden 3 Enzymkomponenten bestimmt und zwar: $C_1$ Aktivität (MANDELS und WEBER, 1969), $C_x$ Aktivität (JURIĆ et al., 1976) und Filter Paper Test (FP) (MANDELS et al., 1976). Die entstandene Glucose wurde nach LEVER bestimmt (LEVER, 1972).

## Resultate und Diskussion

Die mikroskopischen Beobachtungen aller verwendeten Pilze zeigten ein gutes Wachstum der Mikroorganismen im Apfelsubstrat schon nach 24stündiger Inkubation. Die morphologische Charakteristik war aber bei jeder Pilzgattung verschieden und für jede typisch.
Der Pilz *Trichoderma viride* wächst unter submersen Bedingungen immer als ein difuses Mycel, bestehend aus zarten, verzweigten Hyphen, auf denen man nach mehr als 24 Stunden immer mehr Chlamidosporen findet.

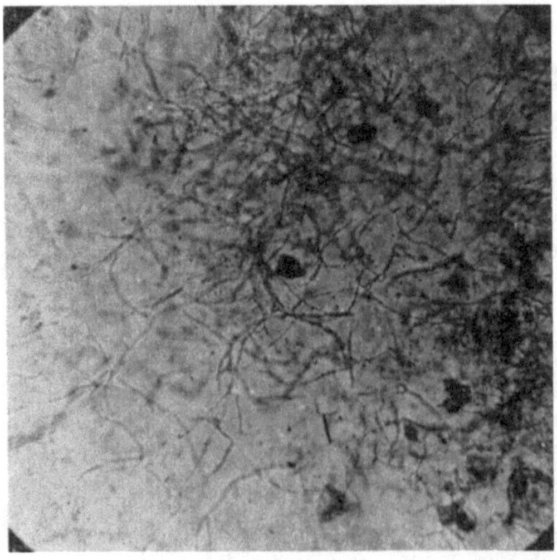

Abb. 1. *Trichoderma viride*, 2. Tag, Vergr. 100×

*Aspergillus niger* entwickelt sich unter denselben Bedingungen im Äpfelsubstrat in Form von einzelnen Hyphen, die relativ großen Durchmesser haben und die sich während des Wachstums verlängern und in lockere Mycelgruppen vereinigen.
*Myrothecium verrucaria* bildet aber immer mehr oder weniger kompakte Pellets mit ziemlich langen peripheren Hyphen. Die Pellets haben am Ende der Fermentation einen Durchmesser von 1,27 mm.

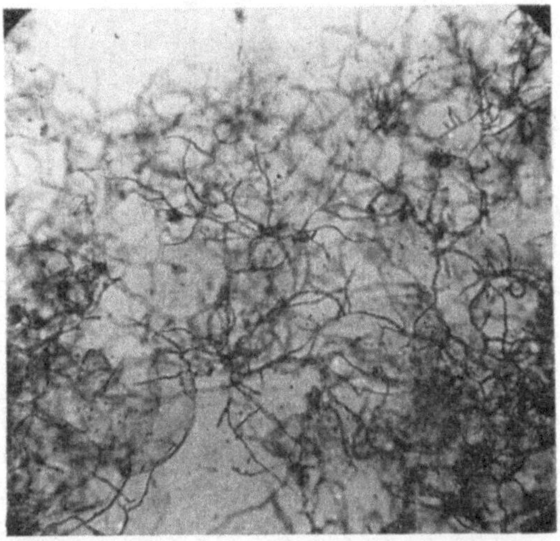

Abb. 2. *Aspergillus niger*, 2. Tag, Vergr. 100×

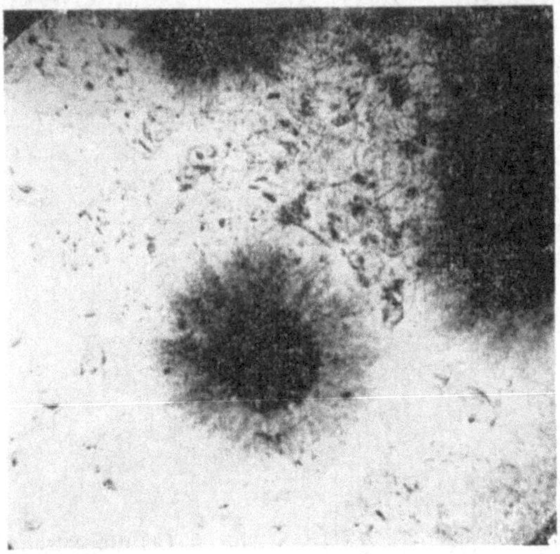

Abb. 3. *Myrothecium verrucaria*, 2. Tag, Vergr. 40×

Der Betrag des chemischen Sauerstoffbedarfs (CSB) in mg $O_2$/l, die Filtrabilität ins und der Gehalt an ungelöster Trockensubstanz in g/l sind in Abbildung 4 dargestellt.
Aus der Abbildung 4 ist ersichtlich, das der CSB schnell sinkt, am schnellsten bei *M. verrucaria*, Stamm B 91. Auch die Filtrabilität verbessert sich ziemlich schnell, was auf die Zerstörung der Schleimstoffe zurückzuführen ist. Die freigesetzte Substanz scheint in das Mycel eingebaut zu werden. Der Trockensubstanzgehalt steigt an, am meisten am 1. Tag und bei *T. viride*.

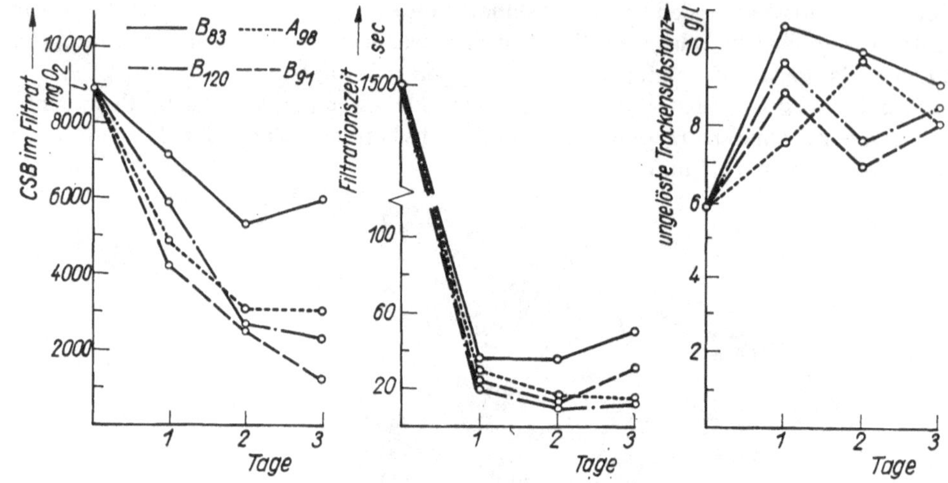


Abb. 4. Veränderungen der Maische während der Fermentation

Die cellulolytische Aktivität ($C_x$, $C_l$ und FP) ist aus der Abbildung 5 ersichtlich. Aus Abbildung 5 ist auch ersichtlich, daß sich die verwendeten Pilze in ihrer cellulolytischen Aktivität unterscheiden. Gleichfalls zeigten sie auch verschiedene Aktivität einzelner cellulolytischer Enzymkomponenten, die als $C_x$ und $C_l$ bezeichnet wurden, bzw. als „Filter Paper" Test bestimmt wurden. Die Fähigkeit, kristalline Cellulose zu zersetzen ($C_l$ Aktivität) ist bei *T. viride* am stärksten, bei einem Stamm von *M. verrucaria* und *A. niger* geringer und von dem zweiten Stamm von *M. verrucaria* am geringsten.

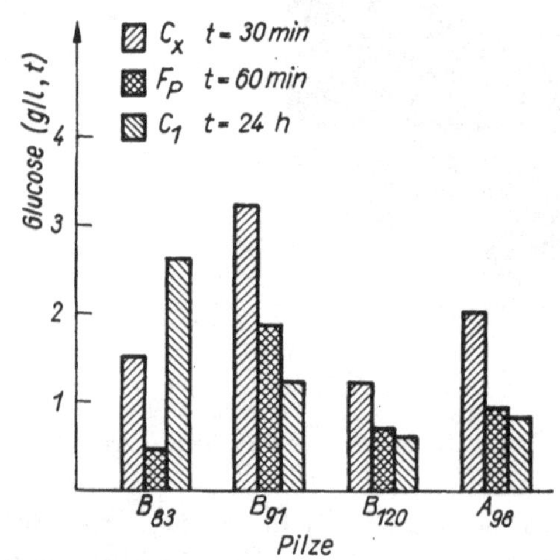


Abb. 5. Cellulolytische Aktivität der Pilze

Carboxymethylcellulose ($C_x$ Aktivität) wurde am stärksten bei einem Stamm *M. verrucaria*, schwächer von *A. niger* und *T. viride* und am schwächsten bei dem zweiten Stamm *M. verrucaria* zersetzt. Filterpapier (FP Test) wurde am stärksten von *M. verrucaria* (Stamm B 91), weniger von *A. niger* und *M. verrucaria* (Stamm B 120) und am wenigsten von *T. viride* angefallen.

Die Versuche wurden nachher im Laborfermenter ausgeführt und es wurden ähnliche Resultate wie in Schüttelkulturen gefunden. Zum Beispiel wurde bei einer Fermentation mit *Aspergillus niger* eine Verbesserung der Filtrabilität von 360 s auf 7 s, und eine Verminderung des CSB im Filtrat von 15000 $mgO_2/l$ auf 2300 $mgO_2/l$ erzielt.
Auf Grund unserer bisherigen Versuchsergebnisse konnten folgende Schlüsse gezogen werden:

Eine Fermentation der Fruchtindustrieabfälle mit Pilzen ermöglicht eine bessere Trennung der festen von der flüssigen Phase. Die feste Phase ist mit mikrobiellen Proteinen angereichert (von 7,1% in der Trockensubstanz des Ausgangsmaterials bis auf 31,75% in der Trockensubstanz der festen Phase nach der Fermentation). Aus der flüssigen Phase ist es möglich cellulolytische Enzyme zu isolieren. Die überbleibende flüssige Phase enthält einen so verminderten Gehalt an organischen Stoffen, daß ihre weitere Reinigung in den bestehenden Kläranlagen möglich scheint.

Danksagung: Die Arbeit wurde vom „Boris Kidrič" Fond, Ljubljana und von den Unternehmen „Dana", Mirna und Kmetijski kombinat Vipava ermöglicht.

## Literatur

Church, B. et al.: Dev. Ind. Microbiol., **13**, (1972) 30—46
Hang, Y. D.: Proc. Wat. Tech., 8, (1976) 2—3, 325—327
Jarl, K.: Food Technology, **23**, (1969) 23—26
Jurič, Z. et al.: Mikrobiologija, **13**, (1976) 1, 25—32
Leithe, W.: Österr. Abwasser Rdsch., **15**, (1970) 2, 25
Lever, M.: Analytical Biochemistry, **47**, (1972) 273—279
Mandels, M. et al.: Biotechnol. Bioeng. Symp., No. 6, J. Wiley, 1976
Mandels, M., and D. Sternberg: J. Ferment. Technol., **54**, (1976) 4, 267—286
Mandels, M., and J. Weber: Advanc. Chem., **95**, (1969) 391—414
Plowright, D. R.: Proc. Wat. Tech., 8, (1976) 2—3, 351—357

## Diskussion

Lyr: Auch in der DDR werden in Zukunft durch die Konzentration des Apfelanbaues in Großplantagen in der Größenordnung von 10000 ha große Massen an Preßrückständen in der Verarbeitungsindustrie anfallen.
Sollten Pilze zur Verwertung der Abfälle eingesetzt werden, so müßte gefordert werden, daß sie keine toxischen Produkte bilden, keine Tierkrankheiten auslösen können (z. B. Aspergillosen) und gut verdauliche Futterprodukte bilden.
Apfelrestprodukte werden im Prinzip von einer Vielzahl von niederen Pilzen verwerdet, wobei weniger zellulolytische Enzyme als Pektinasen und Hemizellulasen von Bedeutung sind. Gibt es schon Erfahrungen oder Lösungen für die Auswahl geeigneter Pilzarten für derartige Produktionsverfahren?
Ringpfeil: Eine ausreichende ökonomische Gestaltung der zu realisierenden Prozesse ist nur durch eine wissenschaftliche Bearbeitung der Grundlagen dieser Prozesse zu erreichen.

GERL: Wir haben im Labormaßstab vielseitige Versuche ausgeführt, nicht nur mit Apfelabfällen, sondern auch mit anderen Abfallrohstoffen. Alle erhaltenen Produkte sind im Veterinärinstitut der Universität Ljubljana auf Toxizität an Kleintieren untersucht worden und es wurden Certifikate ausgestellt. Wegen der kleinen Menge der einzelnen Proben, konnten wir nicht auf Versuche mit Großvieh übergehen. Darum haben wir die Absicht, Forschungen in größeren Maßstäben durchzuführen. Für Großversuche verlangt das Landwirtschaftliche Institut Ljubljana die Menge von mindestens 100 kg. Diese Anlage soll auch alle Daten liefern, welche notwendig sind für die wirtschaftliche Errichtung eines Großbetriebes. Gleichzeitig aber auch für die Erforschung verschiedener Abfälle der Lebensmittelindustrie (in Jugoslawien sind besonders wichtig die Nebenprodukte der großen Weinkellereien).

Damit ist auch die Antwort auf die Bemerkung von Prof. RINGPFEIL gegeben.

Was Toxizität bei *Aspergillus niger* anbelangt haben wir langjährige Erfahrungen bei der Verfütterung des Mycels bei der Produktion der Zitronensäure für Rindvieh und in Hühnerfarmen. Es ist bekannt, daß man diese Mycele in der ganzen Welt naß und trocken ohne Bedenken verfüttert, wobei die Tiere dieses Futter außerordentlich gerne aufnehmen. In der nächsten Phase der Bearbeitung des Problemes wird in einer Pilotanlage versucht, die energetischen und Fütterungsfragen des Prozesses von der Beseitigung der Abfälle bis zur Verwertung, welche ökonomisch verlaufen muß, zu erörtern. Es schalten sich chemische, biologische und Energieprobleme ein.

*Institut für Enzymologie und Technische Mikrobiologie, Berlin*

# Untersuchungen zur phänotypischen Optimierung des extrazellulären Enzymbildungsvermögens des *Bacillus subtilis* im Laborfermenter „ANKUM“

M. PETZOLDT, E. HARKSEN, B. LEBENTRAU und U. KERN

Anhand einer kurzen Beschreibung der wichtigsten technischen Daten werden die Arbeitsmöglichkeiten mit dem Laborfermenter „ANKUM“ dargestellt und die im Versuchszeitraum von ca. $1^1/_2$ Jahren gewonnenen Erfahrungen diskutiert.
Im Laborfermenter „ANKUM“ wurden Untersuchungen zur Optimierung und Stabilisierung des Verfahrens zur Gewinnung von Brauereienzym durchgeführt. Eine Stammvariante von *Bac. subtilis* bildet extrazellulär $\beta$-1,3,1,4-Glucanase, Alpha-Amylase und Proteasen, die entscheidende Aktivitäten des Brauereienzympräparates darstellen.
Ziel der Untersuchungen ist die phänotypische Optimierung des Enzymbildungsvermögens des verwendeten *Bac. subtilis*-Stammes und das Auffinden geeigneter Fermentationsbedingungen.
Aus der Vielzahl der die Enzymsynthese während des Fermentationsprozesses beeinflussenden Faktoren werden folgende als wesentlich betrachtet:

— Nährmedien
— Belüftung und Rührung
— pH-Wert
— Fermentationstemperatur

Aus den für das Verfahren zur Gewinnung von Brauereienzym erforderlichen Kultivierungsstufen ist die im batch-Prozeß ablaufende Hauptkultur Gegenstand der phänotypischen Optimierung. Die maximale Bildung der extrazellulären Enzyme des *Bac. subtilis*-Stammes erfolgt in der stationären Wachstumsphase. Eine direkte Korrelation des Produktbildungsprozesses mit dem Wachstumsprozeß ist damit nicht gegeben. Andererseits ist das Wachstum der Kultur eine entscheidende Voraussetzung für eine optimale Produktbildung.
Die als wesentlich erkannten Faktoren werden demzufolge stets in ihrer Wirkung auf die gebildete Produktmenge bewertet, wobei wesentliche Rückschlüsse auf das Wachstum gezogen werden können. Aus den charakteristischen Kurvenverläufen ergibt sich die Aufgabenstellung für die Einzeluntersuchungen zur Biosynthese der extrazellulären Enzyme.
Die Frage ist zu beantworten, ob für Wachstum und Produktbildung gleiche bzw. unterschiedliche Kultivierungsbedingungen erforderlich sind, wobei die zu untersuchenden Einflußfaktoren sowohl unter den jeweils spezifischen Gesichtspunkten als auch in ihrer komplexen Wirkung zu betrachten sind.

Bei den Untersuchungen zum Einfluß der Nährmedien auf die Enzymbildung sind insbesondere zu ermitteln:

— C- und N-Komponenten
— das CNP-Verhältnis
— und die Gesamtkonzentration des Nährmediums

Literaturrecherchen über Nährmedienkonzentrationen, insbesondere die Konzentration an Kartoffelstärke als universellen Nährbodenbestandteil zeigen, daß Nährmedienkonzentrationen bis zu 30% üblich sind.
Im Vergleich dazu soll vermerkt werden, daß die Konzentration des für die Versuchsproduktion von Brauereienzym verwendeten Nährmediums ca. 3% beträgt.
Durch entsprechende Untersuchungen war die Frage zu beantworten, inwieweit durch erhöhte Nährmedienkonzentrationen eine phänotypische Optimierung des Enzymbildungsvermögens des *Bac. subtilis*-Stammes erzielt werden kann. Im Rahmen dieser Untersuchungen wurden Nährmedien mit unterschiedlicher Konzentration in den „ANKUM"-Fermentoren untersucht. Es erwies sich, daß bei Verwendung eines wirksamen Antischaummittels Nährmedien bestehend aus Stärke, Getreideschroten, Nährsalzen u. a., also stark schäumende Nährmedien und Nährmedien mit einem hohen Feststoffanteil in einer Konzentration von 3—10% im „ANKUM" fermentiert und zielgerichtete Untersuchungen zur phänotypischen Optimierung des Enzymbildungsvermögens durchgeführt werden können.
Ein weiterer wesentlicher Teil der Aufgabenstellung zur phänotypischen Optimierung, das „*feeding*-Programm", kann infolge der sicher funktionierenden Dosiereinrichtungen in allen notwendigen Varianten erfolgreich abgearbeitet werden. Diese Untersuchungen sind insbesondere für solche Produktionsstämme von Interesse, die für eine maximale Produktsynthese hohe Nährmedienkonzentrationen an leicht verwertbaren C- und N-Quellen in der stationären Phase benötigen.
Problematisch bei den Untersuchungen zur Nährmedienkonzentration im „ANKUM" ist allerdings die nicht vorhandene automatische Schaumregelung. Da der „ANKUM"-Fermenter nur mit einer automatischen Antischaummitteldosierung versehen ist, es bei unseren Untersuchungen aber darauf ankommt, nur in den Schaumphasen soviel wie notwendig ASM zu dosieren, nutzt uns diese Meßtechnik nichts. Wir sind gezwungen, die erforderliche ASM-Menge per Hand zu dosieren.
In direktem Zusammenhang mit der Nährmedienoptimierung als einer entscheidenden Einflußgröße der phänotypischen Optimierung des Enzymbildungsvermögens des *Bac. subtilis* steht die ausreichende Versorgung der aeroben Mikroorganismenkulturen während des Fermentationsprozesses mit gelöstem Sauerstoff für Wachstum und Produktbildung.
Es kam in unseren Untersuchungen darauf an, für die jeweiligen Nährmedien die optimalen gelöst-Sauerstoffkonzentrationen zu finden und einzustellen. Außerdem war die Frage nach der Notwendigkeit zur Einführung eines Belüftungsregimes zu beantworten. Für diese Untersuchungen bietet der „ANKUM"-Fermenter alle Voraussetzungen durch:

— den variablen Lufteintrag
— die stufenlos regelbare Umdrehungsgeschwindigkeit des Rührers
— die Messung der $pO_2$-Konzentration der Kulturlösung
— die Regelung des Lufteintrages bei Statierung auf eine bestimmte gelöst-$O_2$-Konzentration

Wesentliche Untersuchungen zum Problem gelöst-Sauerstoffkonzentration für die maximale Enzymsynthese des *Bac. subtilis* sind abgeschlossen.
Die bisher gefundenen Größen für eine optimale Belüftung liegen bei 1,5 vvm und einer Umdrehungsgeschwindigkeit des Rührers von 700 U/min. Die Untersuchungen zur Einstellung einer konstanten $O_2$-gelöst-Konzentration werden z. Zeit durchgeführt. Es muß allerdings im Zusammenhang mit der $O_2$-gelöst-Messung darauf hingewiesen werden, daß das $pO_2$-Meßgerät sehr anfällig ist und sich damit infolge häufiger Defekte ein erheblicher Nachteil ergibt.
Die bereits erwähnten Dosiereinrichtungen sind ebenfalls Bestandteil des Systems der pH-Regulierung, so daß die notwendigen Untersuchungen zum Einfluß des pH-Verlaufs auf die Biosynthese und der sich daraus ableitenden pH-Statierung in einem bestimmten pH-Bereich bzw. einem pH-Regime im „ANKUM"-Fermenter durchgeführt werden können.
Auch die Versuche zur Ermittlung des Temperatureinflusses auf Wachstum und Produktbildung sind im „ANKUM"-Fermenter durchführbar, obwohl die Temperierungseinrichtung ungünstig gelöst ist. Die eingebaute Trübungsmessung zur Ermittlung des Wachstumsverlaufs kann für unsere Untersuchungen infolge des hohen Feststoffanteils unserer Nährmedien nicht genutzt werden.
Einige Bemerkungen zur Sterilfahrweise des „ANKUM"-Fermenters. Die zwei z. Zt. betriebenen Fermentoren laufen $1^1/_2$ bzw. ein $^3/_4$ Jahr wöchentlich 40 bis 50 Stunden im batch-Betrieb. Die Reinigung erfolgt nach jeder Fermentation. Das Nährmedium wird im Fermenter sterilisiert, eine vorherige Leersterilisation erfolgt nicht. Heute kann festgestellt werden, daß unter den genannten Bedingungen keine Infektionen aufgetreten sind.
Zusammenfassend kann festgestellt werden, daß der „ANKUM"-Fermenter, obwohl für kontinuierliche Kulturführung konstruiert, auch für batch-Kulturprozesse geeignet ist.
Der Fermenter weist eine Reihe von Vorteilen auf:

- leichte Reinigung und Handhabung durch übersichtliche Anordnung der Funktionseinheiten
- sichere Sterilfahrweise
- große Anzahl von Meß- und Regelmöglichkeiten:
    - Temperatur
    - pH
    - eH
    - $pO_2$
    - optische Dichte
- Vielseitige Untersuchungsmöglichkeiten durch 6 Dosierpumpen und 4 zusätzliche Stutzen für verschiedenste Zwecke.

Neben wesentlichen Vorteilen weist der Fermenter allerdings auch einige Nachteile auf, die hier noch einmal genannt werden sollen:

- keine automatische Schaumregelung, so daß eine ständige Überwachung des Fermentationsablaufes gewährleistet sein muß
- häufiger Ausfall der $pO_2$-Messung durch Defekte am Meßgerät

— ungünstige technische Lösung der Temperierung und dadurch Ausfall der Temperaturregelung
— Rührer läuft etwas exzentrisch, da unten nicht gelagert
— ungünstiges Verhältnis von Höhe zu Breite des Fermentergefäßes, wodurch die Schaumbildung begünstigt wird.

Zusammenfassend läßt sich einschätzen, daß die Laborfermenteranlage sowohl für kontinuierliche als auch für batch-Kultivierung geeignet ist. Während des Versuchszeitraumes von $1^1/_2$ Jahren ist es uns mit den Arbeitsmöglichkeiten des „ANKUM" gelungen, einen Teil der Aufgaben im Rahmen der Verfahrensoptimierung des Brauereienzyms zu lösen.

## Diskussion

SOBIESZCANSKY: Welche Probleme haben Sie mit Schaum und welche Antischaummittel haben Sie benutzt?
PETZOLDT: Die Schaumbildung war in den von uns untersuchten Medien sehr intensiv, vor allem in der Wachstumsphase. Als Anti-Schaummittel wurde PPG (Polypropylenglykol) verwendet. Die Gesamtkonzentration an ASM im Fermentationsmedium betrug ca. 0,2%.
Bei dieser Konzentration an ASM konnten keine störenden Einflüsse auf Wachstum und Produktbildung des untersuchten *Bac. subtilis* Stammes festgestellt werden.
PPG hat unter unseren Bedingungen eine bedeutend intensivere schaumzerstörende Wirkung als Elvaumin H (Velten) und ein Anti-Schaummittel auf Siliconbasis von Serva.
SERFASS: Können Sie Angaben über den Aufbau und die Erfahrungen sowie die Anordnung der Meßvorrichtung für die optische Dichte machen?
PETZOLD: Die Meßvorrichtung zur Bestimmung der optischen Dichte gewährleistet eine automatische kontinuierliche Messung der Biomasse im Fermenter. Die Messung erfolgt im Nebenstrom mittels einer Durchflußküvette.
Für unsere Untersuchung war diese Meßvorrichtung jedoch nicht geeignet, da die verwendeten Nährmedien u. a. Getreideschrote enthalten und damit ein störfreier Durchfluß nicht gewährleistet ist.
PACA:

1. Mit welchem Pumpenprinzip für kontinuierliche Züchtung ist diese Anlage ausgerüstet?
2. Wie wird diese Fermenteranlage sterilisiert?
3. Das Angeben von optimalen Belüftungsbedingungen in die Drehzahl n und Belüftungsmenge ist für „scale-up" nicht anwendbar.
   Warum haben Sie nicht den $K_La$ Koeffizient gemessen?
4. Mit welchem Prinzip war der Wert der Gelöstsauerstoffkonzentration auf einen konstanten Wert reguliert? (kontinuierlich, schrittweise, automatisch, von Hand)?

PETZOLD:

zu 1) Der ANKUM-Fermenter ist mit 6 Dosiereinrichtungen, die am Fermenterdeckel angebracht sind, versehen, die Pumpen arbeiten nach dem pneumatischen Prinzip.

zu 2) Der ANKUM-Fermenter wird einschließlich Luftfilter, ASM-Vorratsbehälter und Durchflußküvetten im Autoklaven sterilisiert.

zu 3) Bei Berücksichtigung der geometrischen Abmessung des Fermenters werden Drehzahl und Belüftungsmenge anwendbar. $K_La$ wurde nicht gemessen. Der Sauerstoffeintrag wurde nur auf der Basis der Sulfitzahl eingeschätzt. Für Zwecke des „scale-up“ werden in unterschiedlichen Volumenstufen gleiche Sulfitwerte realisiert.

zu 4) Die Regelung der gelöst $O_2$-Konzentration der Kulturlösung wurde von uns bisher nicht erprobt. Die Aufgabenstellung ist weiteren Untersuchungen vorbehalten.

Lyr: Bei den von Ihnen genannten Parametermessungen scheinen mir 2 Faktoren für eine künftige Maximierung der Prozeßführung in Richtung Produktsynthese wichtig zu sein:

1. kontinuierliche Messung der Biomasseproduktion,
2. kontinuierliche oder kurzzeitige Messung der Enzymaktivität zur Steigerung der automatischen Ausbeute durch Enzyminduktion auf verschiedenen Wegen. Eine Lösung dieser Meßvorgänge würde einen Anschluß an Prozeßrechner im on-line Verfahren ermöglichen, was auch für eine großtechnische Verfahrensführung von Bedeutung sein könnte.

*Akademie der Wissenschaften der DDR*
*Zentralinstitut für Mikrobiologie und experimentelle Therapie, Jena*

# Phänotypische Optimierung Antibiotika-bildender Kulturen mittels Steuerung ausgewählter Parameter

M. Menner

Für die Verfahrensentwicklung industriell genutzter Mikroorganismenstämme sind Optimierungen auf der genotypischen und phänotypischen Ebene unbedingt erforderlich. Die phänotypische Optimierung schließt als eine wichtige Arbeitsetappe eingehende physiologische Untersuchungen in den Kulturen der betreffenden Mikroorganismen ein. So würde beispielsweise die genaue Kenntnis der Korrelation zwischen Wachstum und Produktbildung sicher sehr viele Möglichkeiten der Ertragssteigerung und ökonomischeren Gestaltung des Fermentationsprozesses eröffnen. Bekanntermaßen sind aber die Beziehungen zwischen Wachstum und Produktbildung sehr vielgestaltig und schwer zu überblicken, insbesondere durch die intensive Vernetzung der vielen an der Produktsynthese von Sekundärmetaboliten beteiligten Teilbereiche des Stoffwechsels.
Zur Lösung der Aufgaben auf der phänotypischen Seite der Optimierung, insbesondere für die Optimierung der Betriebsbedingungen, setzen wir Laborfermenter des Typs ANKUM-2 ein. Auf die Kenndaten, Meß- und Regulationsmöglichkeiten sowie die Anwendbarkeit der Parameter wird in einem anderen Vortrag [Bocker, H., Menner, M. u. Effenberger, W.] eingegangen. Außerdem wird in diesem Vortrag genauer über Untersuchungen zur Charakterisierung des Fermentationsgefäßes mit Hilfe einer mathematischen Optimierungsmethode berichtet.
Für physiologische Untersuchungen diente als Modellsystem ein Streptomyces-Stamm, der ein Makrolid-Antibioticum bildet. Nach Voruntersuchungen wurden für dieses System die Parameter Belüftung und Temperatur als von entscheidender Bedeutung ausgewählt. Bei der Aufnahme der Fermentationscharakteristik von Kulturen dieses Stammes erwies sich der Sauerstoffpartialdruck ($pO_2$) von entscheidendem Einfluß auf die Produktbildung, und es zeigten sich charakteristische Änderungen des $pO_2$-Wertes während der Fermentation. Dies führte zu der Überlegung, bei unserem Modell den Sauerstoffpartialdruck zur Steuerung des Fermentationsprozesses und damit zur Steigerung der Produktbildung einzusetzen.
Bei entsprechenden Versuchen wurde gefunden, daß eine Variation des Sauerstoffpartialdruckes durch eine Änderung der Belüftung in Form variierter Rührerdrehzahlen während der Tropho- und Idiophase, z. B. Trophophase hohes $pO_2$-Niveau, Idiophase geringes $pO_2$-Niveau oder umgekehrt, sich negativ auf die Höhe der Sekundärstoffbildung auswirken. Ferner wurde gefunden, daß mit einem durch maximale Rührung zu Beginn der Fermentation hohen $pO_2$-Wert nicht die höchste Ausbeute erreicht wird, sondern daß ein durch Regelung erzielter optimaler Sauerstoffpartialdruck die maximale Ausbeute erbringt. Dieser optimale Sauerstoffpartialdruck liegt im Bereich von ca. 80% $pO_2$, konstant gehalten während der gesamten Fermentation.

Durch stufenweises Erhöhen der Drehzahl des Rührers (750—1200 U/min) konnte der $pO_2$-Wert über die gesamte Kulturdauer im optimalen Bereich gehalten werden (Abb. 1). Damit konnte die maximale Ausbeute von 3,2 g/l erreicht werden. Die anderen Kurven zeigen den Gehalt an $O_2$ und $CO_2$ in der Abluft; sie verlaufen spiegelbildlich. Charakteristisch für jede Kultur ist der Kreuzpunkt (bzw. die maximale Annäherung) dieser Kurven. Sein Zeitpunkt wird von der Wachstumsrate bestimmt, welche von der Belüftungsrate und damit vom $pO_2$-Wert abhängig ist. In diesem Versuch liegt er relativ früh bei 24 Stunden, daran schließt sich eine längere stationäre Phase an. Es kann

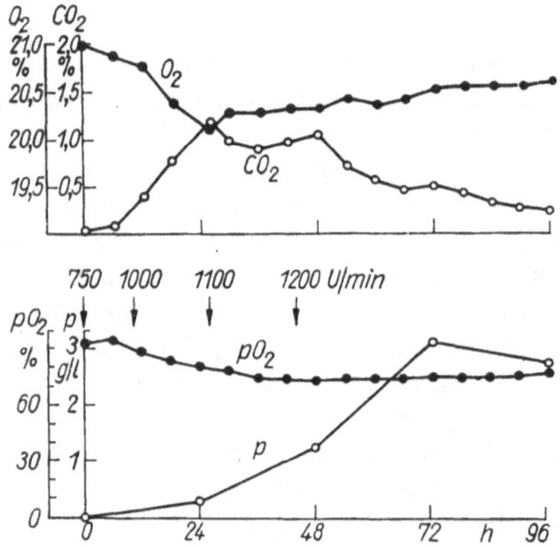


Abb. 1. Wachstum, Produktbildung und Substratabbau bei 25 °C

gefolgert werden, daß zu Beginn der Kultur ein starkes Wachstum stattgefunden hat. Nach Abschluß des exponentiellen Wachstums lag in der Kultur eine genügende Menge aktives Mycel vor, um in der ausgedehnten stationären Phase die hohe Sekundärstoffsyntheseleistung durchzuführen. Es kann angenommen werden, daß einen wesentlichen Beitrag dazu die optimale Sauerstoffversorgung geleistet hat.

Bei konstanter maximaler Rührerdrehzahl von 1400 U/min (Abb. 2) ist ein starkes Wachstum zu verzeichnen; der $pO_2$-Wert ist schon nach ca. 30 Stunden im Minimum. Die Produktbildung erreicht mit 2,13 g/l nach 72 Stunden ihr Maximum, das aber nur 66% dessen beträgt, welches bei optimaler Belüftung erreicht werden konnte. Der Kreuzpunkt der $O_2$-$CO_2$-Kurven liegt erst bei 42 Stunden, eine stationäre Phase fehlt weitgehend. Die schlechtere Sauerstoffversorgung und dadurch bedingt die kurze stationäre Phase sind hier Faktoren, welche die geringere Ausbeute mit erklären.

Bei konstanter Rührerdrehzahl von 750 U/min (Abb. 3), dem Ausgangspunkt der optimal gesteuerten Belüftung, fällt der Sauerstoffpartialdruck stetig ab und erreicht nach 50 Stunden das Minimum. Das Maximum der Antibioticumbildung bei 72 Stunden erreicht mit 1,6 g/l nur 50% des möglichen. Der Kreuzpunkt liegt bei 50 Stunden und eine stationäre Phase ist nicht zu beobachten.

Bei sonst gleichen Bedingungen und minimaler Belüftung (250 U/min) werden nur 0,35 g/l (11%) gebildet.

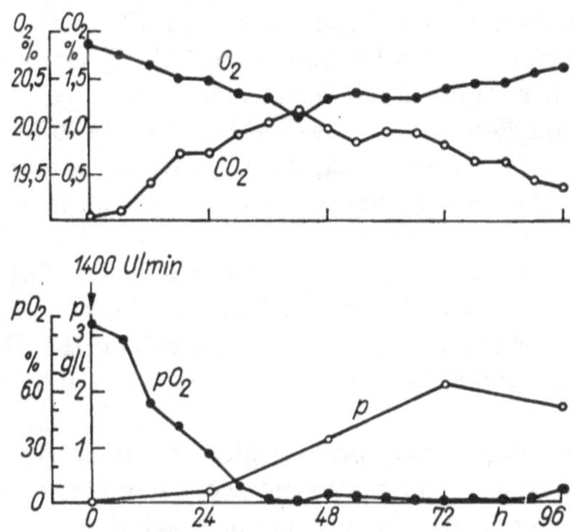


Abb. 2. Wachstum, Produktbildung und Substratabbau bei 30 °C

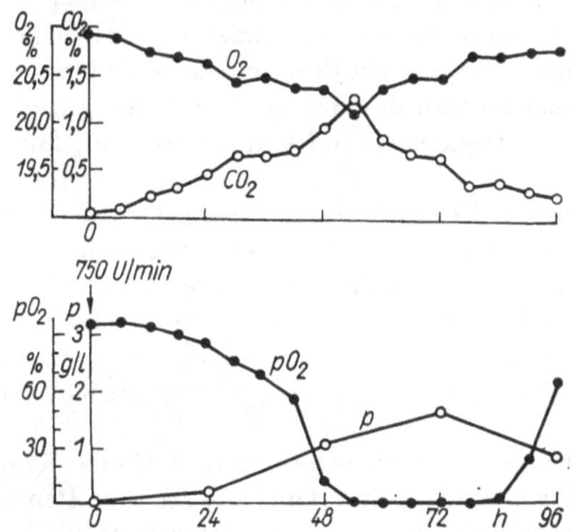


Abb. 3. Wachstum, Produktbildung und Substratabbau bei 20 °C

Die Angaben verdeutlichen in diesen Beispielen die Wichtigkeit eines während der gesamten Fermentation im optimalen Bereich gehaltenen Sauerstoffpartialdruckes sowie die Bedeutung des Sauerstoffs als Basissubstrat für aerobe Fermentationen [Humphrey 1977]. Hartmeier et al. [1971] berichteten über die Abhängigkeit einer optimalen mikrobiellen Produktbildung von eng begrenzten $PO_2$-Bereichen. Zum anderen ist bekannt, daß in feststoffhaltigen Medien bei fortschreitender Mycelentwicklung eine Phase erreicht werden kann, in der eine ausreichende Sauerstoffversorgung der Kultur nicht mehr gewährleistet ist (Lopatnev et al. 1973, Bormann 1974]. Da schon kurzzeitige Änderungen des Belüftungsverhältnisses komplexe Stoffwechselregulationen auszulösen vermögen, welche die angestrebte oder eine unerwünschte Änderung der Sekundärstoffproduktion bewirken [Demain 1968, Gräfe et al. 1975b], wird die Bedeutung eines optimalen Sauerstoffpartialdruckes erklärlich.

Aktivitätsänderungen von Enzymen der Atmungskette können ebenfalls durch Änderungen des $pO_2$-Wertes hervorgerufen werden [HARRISON 1972], und durch Kopplung dieser Enzyme mit einer großen Vielzahl von Stoffwechselschritten ist die Beeinflussung auch des Sekundärmetabolismus möglich. So wäre es denkbar, daß die Bildung der Vorstufen des Makrolidantibioticums, z. B. Acetyl-Co A, das mit atmungsabhängigen Enzymen, wie der Pyruvat-Dehydrogenase, verbunden ist, auch durch entsprechende $pO_2$-bedingte Aktivitätsänderungen der Atmungskette in sehr komplexer Weise auf die Höhe der Sekundärstoffbildung Einfluß zu nehmen vermag [GRÄFE et al. 1975a].
Ein feststellbarer Einfluß der variierten Rührerdrehzahlen auf die Morphologie, etwa durch verstärkt auftretende Scherkräfte und ihre möglichen Folgen für die Sekundärstoffsyntheseleistung, konnte nach mikroskopischer Auswertung nicht nachgewiesen werden.
Diese eben geschilderten Untersuchungen sind aber nur phänotypische Beobachtungen, die es jedoch lohnend erscheinen lassen, sie mathematisch zu modellieren, um dann letzten Endes den gesamten Prozeß optimieren zu können. Hierbei gibt es aber methodische Schwierigkeiten, insbesondere durch die relative Störanfälligkeit des verfügbaren $pO_2$-Sensors. Deshalb erschien für die erste Phase der mathematischen Modellierung und Optimierung die Ausnutzung des Parameters $pO_2$ aus methodischen Gründen wenig geeignet. Aus bisherigen Arbeiten ist auf der anderen Seite bekannt, daß der Faktor Temperatur ebenfalls entscheidenden Einfluß auf die Antibioticumsynthese zu nehmen vermag. Außerdem ist das System der Temperaturmessung und -regulierung beim Laborfermenter ANKUM-2 weitestgehend frei von äußeren Störfaktoren, wie sie beim $pO_2$-System auftreten.
Aufbauend auf einer Publikation von CONSTANTINIDES et al. [1970] wurden Untersuchungen zur Modellierung des Parameters Temperatur begonnen. Hierbei wird von der Annahme ausgegangen, daß während der einzelnen Phasen des Fermentationsprozesses unterschiedliche Temperaturen optimal sind, wo hingegen die allgemein noch üblichen Verfahrensweisen — eine als günstig befundene Temperatur über den gesamten Fermentationsprozeß konstant zu halten — nur als eine Kompromißlösung zu betrachten ist.
CONSTANTINIDES et al. [1970] berichten über die Modelle zur Optimierung der Temperaturstrategie bei der Penicillin-Fermentation. Zur Optimierung der Penicillinausbeute nach dem kontinuierlichen Maximumprinzip von PONTRYAGIN et al. [1962] wurden Versuchsreihen mit jeweils konstanten Bedingungen bei unterschiedlichen Temperaturen herangezogen. Als Ergebnis stehen Temperaturprofile, welche folgendes Schema beinhalten: Trophophase (Mycelbildung) bei hoher Temperatur (ca. 29 °C); wenn die Wachstumsrate absinkt und mit beginnender Idiophase 0 wird, wird die Temperatur zur Maximierung der Produktsynthese und Minimierung der Penicillin-Zerfallsrate auf einen niedrigeren Wert abgesenkt (ca. 20 °C). Mit einer solchen Temperaturstrategie ist es möglich, eine Ausbeutesteigerung von etwa 15% gegenüber der normalen Fermentationsführung bei konstant 25 °C zu erreichen.
Für unsere Untersuchungen mußte zunächst ein spezielles Medium entwickelt werden, da bei der Modellierung die verschiedenen Faktoren der Fermentationsbedingungen (Nährstoffkomponenten im Medium) genau definiert sein müssen. Um eine Diauxie auszuschalten, war es außerdem notwendig, nur eine C-Quelle im Medium zu haben. Die von uns üblicherweise verwendeten praxisnahen Medien erfüllen diese Forderungen nicht. Mit Hilfe einer von BOCKER und RECKNAGEL [1977] vorgeschlagenen Simplex-

Optimierung wurde folgendes Minimalmedium als günstigstes gefunden:

| | |
|---|---|
| Maisstärke | 1,0% |
| $(NH_4)_2SO_4$ | 0,1% |
| $KH_2PO_4$ | 0,005% |
| $MgSO_4$ | 0,1% |
| NaCl | 0,1% |
| $CaCO_3$ | 0,2% |

pH = 6,0 (vor Sterilisation).

Die Fermentationsversuche wurden im Laborfermenter ANKUM-2 mit diesem Medium bei einer Belüftungsrate von 0,5:1:1 (Vol. Luft:Vol. Kulturlösung:Minute) und einer Rührerdrehzahl von 750 U/min durchgeführt. Der Faktor Temperatur wurde im Hinblick auf die Zielgröße Fermentationsausbeute in den Varianten 20 °C, 25 °C und 30 °C eingesetzt. Die bei diesen Untersuchungen erhaltenen Ergebnisse werden an drei repräsentativen Beispielen erläutert.

Bei 25 °C, der üblicherweise eingesetzten Fermentationstemperatur, ist (Abb. 4) ein schnelles, stetiges Ansteigen der Trockenmasse und ebenso der Produktkonzentration bis zur 48. Std. zu beobachten; danach setzen autolytische Prozesse ein. Der Substratverbrauch verläuft ebenfalls stetig: der Stickstoff ist bereits nach 24 Std. völlig verbraucht, die C-Quelle ist nach 48 Std. überwiegend metabolisiert.

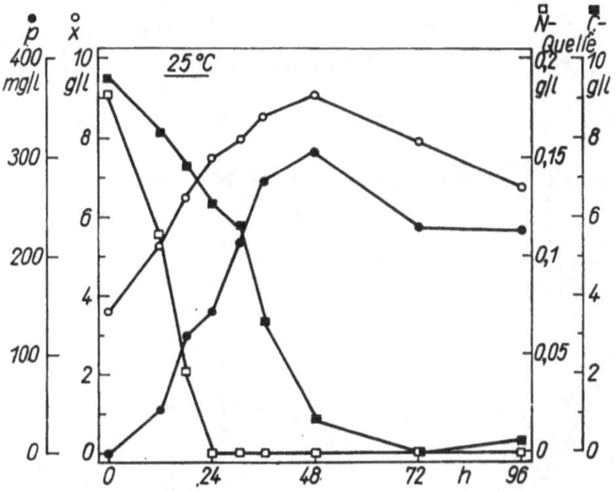


Abb. 4. Atmungsaktivität und Produktbildung bei optimalem Sauerstoffpartialdruck

Bei 30 °C (Abb. 5) ist ein Ansteigen der Biomasse bis zur 24. Std. zu beobachten, daran schließt sich bis zum Ende der Fermentation ein praktisch stationärer Bereich an. Die Biomasse erreicht jedoch nur ca. 75% des Maximums von 25 °C, wo hingegen die maximale Produktkonzentration zwar später liegt (72 Std.), dafür aber um 26,5% höher als die maximale bei 25 °C. Der Substratverbrauch verläuft langsamer: der Stickstoff ist erst nach 48 Std. verbraucht, bei der C-Quelle ist das Minimum erst nach 72 Std. erreicht.

Bei 20 °C (Abb. 6) erfolgt ein Anstieg der Biomasse bis zur 30. Std. und zwar auf einem Niveau, das zwischen dem von 25 °C und 30 °C liegt (ca. 85% der maximalen Biomasse bei 25 °C). Die Produktbildung bleibt sehr deutlich hinter der der anderen Versuche zurück: sie beträgt nur 15% des Maximalwertes (30 °C) bzw. 20% des in der Fermentation bei Normaltemperatur erreichten. Auch der Substratabbau ist noch weiter verlangsamt.

Die Ergebnisse vergleichend, wird deutlich, daß trotz der erheblichen Temperaturdifferenzen immer eine relativ starke Bildung an Biomasse zu verzeichnen ist, mit gewissen temperaturbedingten Unterschieden. Außerdem wird deutlich, daß die Produktbildung nicht mit der Bildung von Biomasse, also mit dem Wachstum, korreliert (20 °C relativ

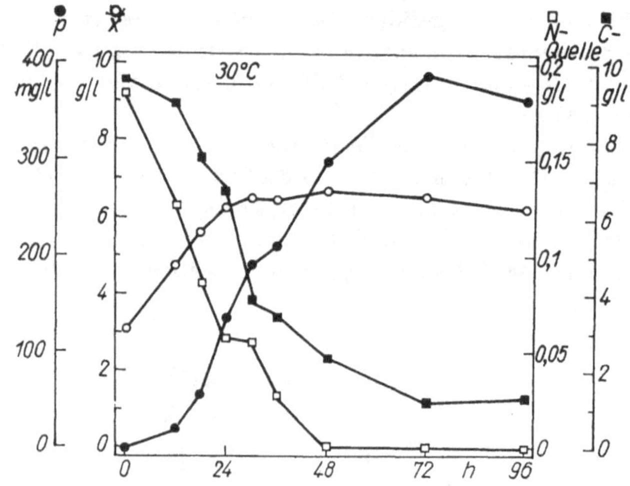


Abb. 5. Atmungsaktivität und Produktbildung bei konstanter Rührwerksdrehzahl von 1400 U/min

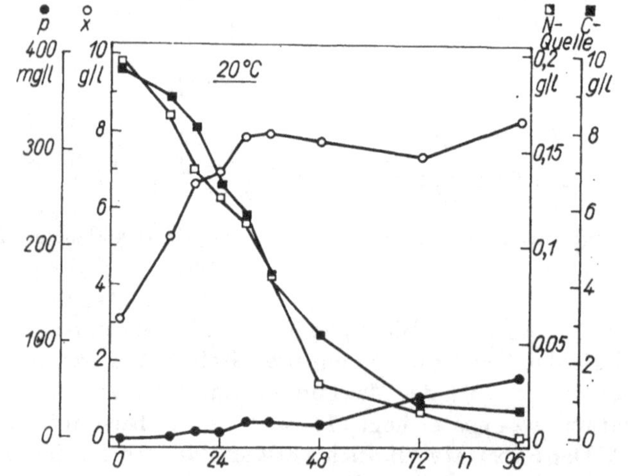


Abb. 6. Atmungsaktivität und Produktbildung bei konstanter Rührwerksdrehzahl von 750 U/min

viel Biomasse, sehr geringe antibiotische Aktivität; 30 °C relativ wenig Biomasse, hohe antibiotische Aktivität). Demnach ist der Temperatureffekt auf die Biomassebildung nicht so gravierend, wie sein Einfluß auf die Produktbildung. Dies verdeutlicht auch die Produktbildungsrate ($k_p$), die mit einer näherungsweisen Bestimmung ermittelt wurde (Abb. 7). Die $k_p$-Werte zeigen bei allen drei Temperaturen im Fermentationsverlauf 2 Maxima. Für die Fermentationen bei 25 °C und 30 °C sind die Produktbildungsraten relativ ähnlich. Die Maxima liegen bei 30 °C etwas später und es wird ein höheres Niveau

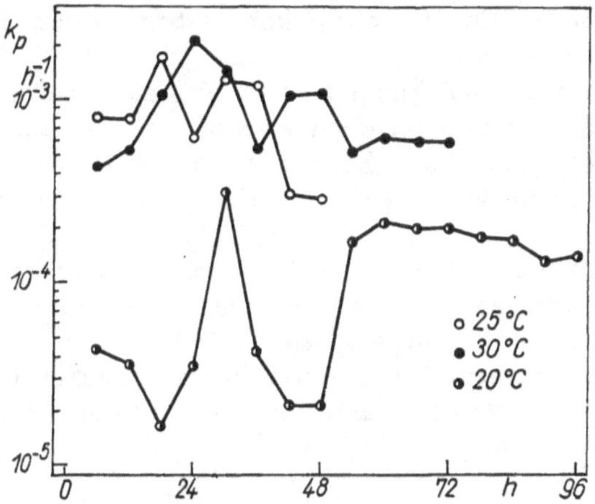


Abb. 7. Spezifische Produktbildungsraten bei unterschiedlichen Fermentationstemperaturen (näherungsweise Bestimmungen)

gehalten, was auf die erhöhte Produktbildung zurückzuführen ist. Bei 20 °C liegen die $k_p$-Werte sehr deutlich um eine Zehnerpotenz unter der anderen.

Die 25 °C-Fermentation legt den Schluß nahe, daß diese Temperatur für die Mycelbildung optimal ist und dadurch ein besonders schneller Substratverbrauch eintritt, was zu der suboptimalen Antibioticumbildung führt.

Bei 30 °C geht der Substratverbrauch langsamer vor sich, es wird weniger Biomasse gebildet, wodurch mehr Substrat in die Produktsynthese fließen kann. Die Ergebnisse der 20 °C-Fermentation entsprechen dem: die Temperatur ist für das Wachstum noch ausreichend, für die Produktbildung ist sie jedoch anscheinend zu gering. Welche Effekte wie beispielsweise die Stickstoff-Katabolit-Repression (Drew a. Demain 1977], hier außerdem wirken, ist nicht geklärt.

Das limitierende Substrat dieser Fermentation dürfte Phosphat sein. Über die Bedeutung des Phosphats für den Metabolismus ist ausführlich berichtet worden. Es ist allgemein akzeptiert, daß bei Mikroorganismen der Übergang zur Sekundärsynthesephase, insbesondere der Antibiotikabildung, von einer Phosphatlimitation begleitet ist (Martin 1977), was auch bei unserem Modell der Fall sein dürfte.

Auch scheint es aussichtsreich zu prüfen, ob in den Kulturen in Abhängigkeit von der Temperatur eine veränderte Aktivität bei dem Pyruvat-Dehydrogenase-Komplex oder auch den Carboxylasen vorliegt. Diese haben durch ihr Mitwirken an der Precursor-Synthese starken Einfluß auf die Bildung von Macrolid-Antibiotica [Gräfe et al. 1974 u. 1975a].

Auf der anderen Seite ist bekannt, daß Temperaturveränderungen deutliche Effekte auf die Zusammensetzung des Lipidanteils der bakteriellen Zellmembran haben, insofern als sich das Verhältnis von ungesättigten Fettsäuren ändert. [LADBROOKE a. CHAPMAN 1969, OLSON a. INGRAM 1975].

Da die Atmungsketten-Aktivität [HARRISON 1976] an der Membran assoziiert ist, ist auch die Änderung dieser Aktivität durch das veränderte Fettsäureverhältnis der Membran in Abhängigkeit von der Temperatur möglich. Es ist durchaus denkbar, daß mit der Veränderung der Temperatur eine Veränderung der Endoxydation einhergeht, deren Korrelation mit der Expression der Enzyme der Sekundärstoffsynthese jedoch nicht geklärt ist.

Die Ergebnisse zeigen, daß die optimalen Temperaturen für das Mycelwachstum und die Produktbildung bei unserem Stamm nicht identisch sind, und daß mit einem optimalen Temperaturprofil eine Steigerung der Antibioticumausbeute zu erreichen sein dürfte. Das Ziel ist es, dieses optimale Temperaturprofil mit Hilfe der Modellierung zu charakterisieren.

Die Modellsysteme von CONSTANTINIDES et al. [1970] werden bei unserem Untersuchungsobjekt nicht in ihrer eigentlichen Form Anwendung finden können, da die Verhältnisse der Temperatureinflüsse gerade entgegengesetzt sind.

Die von uns durchgeführten physiologischen Untersuchungen machen deutlich, daß der Laborfermenter ANKUM-2 auch für die Bearbeitung filamentöser Mikroorganismen im batch-Betrieb gut geeignet ist.

## Literatur

[1] BOCKER, H. und R. D. RECKNAGEL: CMEA-Bio-engineering Symposium, Budapest, 12. bis 14. 4. 1977.

[2] BORMANN, E.-J.: Vortrag auf der 4. Jenaer Arbeitstagung Biophysik zellulärer Systeme, Jena, 12.—17. 5. 1974.

[3] CONSTANTINIDES, A., J. L. SPENCER und JR., E. L. GADEN: Biotechnol. Bioeng., **12**, (1970), 803—830, 1081—1098.

[4] DEMAIN, A. L.: Lloydia, **31**, (1968), 395—418.

[5] DREW, S. W. und A. L. DEMAIN: Ann. Rev. Microbiol., **31**, (1977), 343—356.

[6] GRÄFE, U., H. BOCKER, G. REINHARD, H. TKOCZ und H. THRUM: Z. Allg. Mikrobiol., **14** (1974), 181—192.

[7] GRÄFE, U., H. BOCKER und H. THRUM: Z. Allg. Mikrobiol., **15**, (1975a), 248—257.

[8] GRÄFE, U., H. BOCKER, G. REINHARD und H. THRUM: Z. Allg. Mikrobiol., **15**, (1975b), 575—583.

[9] HARRISON, D. E. F.: J. appl. Chem. Biotechnol., **22**, (1972), 417—440.

[10] HARRISON, D. E. F.: Adv. microb. Physiol., **14**, (1976), 243—313.

[11] HARTMEIER, W., W. K. BRONN und H. DELLWEG: Chem.-Ing. Tech., **43**, (1971), 76—78.

[12] HUMPHREY, A. E.: Biochemical engineering. Encycl. Chem. Process. Des. **4**, (1977), 359—394.

[13] LADBROOKE, B. D. und D. CHAPMAN: Chem. Phys. Lipids, **3**, (1969), 304—367.

[14] LOPATNEV, S. V., G. I. KLEINER und E. S. BYLINKINA: Antibiotiki, **7**, (1973), 608—613.

[15] MARTIN, J. F.: Adv. Biochem. Eng., **6**, (1977), 105—127.

[16] OLSON, G. J. und L. O. INGRAM: J. Bacteriol. **124**, (1975), 373—379.

[17] PONTRYAGIN, L. S., V. G. BOLTYANSKII, R. V. GAMKRELIDZE und E. F. MISCHENKO: The mathematical theory of optimal processes (English translation by K. N. TRIROGOFF), Wiley-Interscience, New York. (1962).

## Diskussion

BEKER: Wie ist der Temperatureffekt für die Produktbildung zu erklären? Änderungen der Fettsäurezusammensetzung der Biomembranen verändern auch deren physikalische Eigenschaften (Temperatur des Phasenübergangs). Wodurch wird die Produktbildung beeinflußt — durch die physikalischen Eigenschaften der Membranen oder durch eine Änderung der biochemischen Transportmechanismen?

MENNER: Der Temperatureffekt auf die Produktbildung ist sehr komplexer Natur, so daß es wenig wahrscheinlich ist, eine absolute Entscheidung in einer bestimmten Richtung treffen zu können. Permeationsänderungen der Membran sind sicher von untergeordneter Bedeutung verglichen mit den breit gefächerten biochemischen Möglichkeiten des Einflusses auf die Produktbildung.

DURNER: Welche Erfahrungen existieren über die Betriebssicherheit des ANKUM-2?

a) Was können Sie über die Zuverlässigkeit der Temperaturregulierung sagen?
b) Kann man den ANKUM-2 Fermenter im Dauerbetrieb über Nacht unbeaufsichtigt lassen?

MENNER: Nach gewissen anfänglichen Schwierigkeiten kann jetzt eingeschätzt werden, daß die Betriebssicherheit des ANKUM-2 im allgemeinen gut ist. Dies kann insbesondere von der Zuverlässigkeit des Systems der Temperaturmessung und -regulierung gesagt werden, welche bei uns über sehr lange Zeit störungsfrei arbeitet.

Da unsere Fermentationen über 96 bis 144 Stunden laufen, ist es teilweise unumgänglich, daß die Anlage über Nacht unbeaufsichtigt arbeitet. Die Betriebssicherheit ist ausreichend, um eine hinreichend störungsfreie Arbeitsweise zu gewährleisten; mit gelegentlichen Störungen muß jedoch gerechnet werden, so daß gewisse Sicherungsanlagen, wie z. B. Schutzschalter, unbedingt installiert sein müssen.

PACA: Welche Zähigkeitsänderung während der Züchtung wurde festgestellt?

MENNER: Bei unseren Versuchen werden meist praxisnahe Fermentationsmedien eingesetzt, die auf Grund ihres meist hohen Stärkegehaltes eine beträchtliche Viskosität aufweisen, die zu Beginn der Fermentation mit der Stärkespaltung stark absinkt und dann durch das Mycelwachstum wieder erheblich ansteigt (wobei hier nicht von Lösungen mit hoher Viskosität sondern besser von „Bingham-Plastischen-Substanzen“ gesprochen werden sollte auf Grund des Gehaltes an Mycel und verschiedenen Feststoffen).

Normalerweise liegen die Zähigkeitsänderungen im Bereich von 2 cp bis 20 cp; sie können jedoch in Ausnahmen nahezu 30 cp erreichen. Diese Änderungen im Fermentationsverlauf beeinflussen den Sauerstoffübergang sehr deutlich: Gegenüber dem Modellsystem Wasser hat eine 3%-ige Stärkelösung mit etwa 17 cp Viskosität einen um etwa 80% erniedrigten Sauerstoffübergang.

PACA: Gibt es für den Temperatureffekt auf die Produktionsaktivität nicht andere Gründe als nur die Änderung der Membranpermeabilität?

MENNER: Der Effekt der Temperatur auf die Produktbildung ist, wie auch aus anderen Untersuchungen an diesem Stamm hervorgeht, sicher nicht nur auf eine veränderte Membranpermeabilität zurückzuführen sondern ein sehr komplexes Geschehen, welches insbesondere biochemische Effekte einschließen dürfte. Diese sind im einzelnen jedoch noch nicht untersucht.

PILAT: Haben Sie die Morphologie des Produzenten im Zusammenhang mit verschiedenen Temperaturen studiert?

MENNER: Temperatureffekte auf die Morphologie des Mycels unseres Produzenten sind noch nicht untersucht worden. Das makroskopische Aussehen der bei unterschiedlichen Temperaturen angezogenen Kulturen ließ keine Unterschiede erkennen.

ETTLER: In der Arbeit sind die Geometrie des Gefäßes, des Rührers, die Angaben über die $pO_2$-Elektrode, u. a. nicht angegeben.

Der Einfluß der Antischaummittel auf $pO_2$ in diesem Komplex-Medium auf Atmung und OTR unter verschiedenen Drehzahlen ist nicht beschrieben.

MENNER: Das Fermentationsgefäß hat ein Durchmesser-Höhen-Verhältnis von etwa 1:3, das sich für unsere Versuche als recht günstig erwiesen hat. Der Rührer ist ein Scheibenblattrührer mit axial-aufgesetztem Zylinder, der in gewisser Weise nach dem Waldhof-Prinzip arbeitet.

Die $pO_2$-Elektrode ist partiell hitzesterilisierbar, d.h. eine Hülse mit der Membran wird mit dem Fermentationsgefäß im Autoklaven sterilisiert. In diese Hülse wird dann der Elektrolyt und die Platin-Silberchlorid-Elektrode eingebracht. Die Elektrode ist etwas träge und besonders in den unteren Meßbereichen relativ unempfindlich.

Als Antischaummittel wurden Sonnenblumenöl und ein Silikonentschäumer untersucht. Diese Entschäumer bewirken eine deutliche Verminderung des Sauerstoffüberganges, wobei der Einfluß der Antischaummittel auf den Sauerstoffübergang von der Drehzahl des Rührers abhängt.

LIEBS: Als Antischaummittel wurde zur Fermentation Sonnenblumenöl eingesetzt. Wird dieses Fett in den Stoffwechsel einbezogen, d. h. werden nach lipolytischer Spaltung die freien Fettsäuren metabolisiert, wenn ja, welche bevorzugt?

MENNER: Das als Antischaummittel eingesetzte Sonnenblumenöl wird während der Fermentation metabolisiert. Darauf weist u. a. auch eine gewisse pH-Wert-stabilisierende Wirkung im Neutralbereich hin. In welcher Weise nach der lipolytischen Spaltung die Fettsäuren metabolisiert werden, bzw. welche bevorzugt, ist mir nicht bekannt.

LYR: Im ersten Teil Ihres Vortrages betonten Sie sehr stark die Bedeutung eines optimalen $O_2$-Partialdruckes, während Sie später bei Beschreibung des Temperatureffektes die $O_2$-Konzentration nicht mehr erwähnten. Wurde diese konstant gehalten? Was bezeichnen Sie als optimal — Bezug auf Mycelmasse, Wachstumsphase? Hat ihr Organismus ein cyandiunempfindliches Atmungssystem?

Auch im Vortrag von Dr. PACA wurde ein negativer Effekt (Entkopplung der oxidativen Phosphorylierung) bei überoptimalen $O_2$-Konzentrationen beschrieben. Hier sollte man an eine Aktivierung von Lipoxygenasen denken, was zu einer Entkopplung und Störung im Atmungssystem und Destruktion an Membranen führen kann.

MENNER: Der Ausdruck „optimal" ist bei den dargestellten Ergebnissen (sowohl beim $pO_2$ — als auch beim Temperatureffekt) immer auf die Sekundärstoffsyntheseleistung, also auf die antibiotische Aktivität, bezogen.

Die Untersuchungen, die im 2. Teil dargestellt wurden, dienten der Modellfindung mit dem Ziel, eine Computersimulation durchzuführen. Da hierbei der Sauerstoffpartialdruck nicht zu den Planfaktoren gehörte, wurde er nicht geregelt. Bei den erwähnten Versuchen lag der Sauerstoffpartialdruck im Bereich zwischen ca. 95% und ca. 65%.

Der negative Effekt überoptimaler Sauerstoffkonzentrationen ist ja schon häufig in der Literatur für die verschiedensten Organismen beschrieben worden. Ein solcher Effekt der „Überlüftung" dürfte auch bei unserem Untersuchungsobjekt bei einem relativen Sauerstoffpartialdruck von wesentlich über 80% der Fall sein. Diese Grenze ist demnach als kritischer Sauerstoffpartialdruck ($pO_{2krit.}$) anzusehen. Eingehende biochemische Untersuchungen sind dazu jedoch noch nicht erfolgt.

*Akademie der Landwirtschaftsw ssenschaften der DDR*
*Institut für Impfstoffe, Dessau*

# Anforderungen an die Fermentation aerober pathogener Bakterien

K. Durner und A. Grässer

Es muß nicht gesondert betont werden, daß die mikrobiologische Industrie der DDR mikrobiologische, biochemische und biotechnologische Forschungsarbeit als Voraussetzung benötigt. Wir denken, daß dies absolut sicher ist und keiner Wiederholung und Bekräftigung bedarf. In der Antibiotika-, Enzym- oder Futtermittelproduktion auf mikrobieller Basis existieren keine Zweifel darüber, daß die Sicherheit, Produktivität und Ökonomie der Verfahren von den Ergebnissen gründlicher Laboruntersuchungen mit Hilfe von Forschungsfermentoren abhängen.

Unser Beitrag soll daran erinnern, daß zur mikrobiologischen Industrie auch die Produktion von bakteriellen Vakzinen gehört. Die technischen Probleme bei der Fermentation aerober und fakultativ anaerober pathogener Bakterien für die Produktion von Impfstoffen oder Diagnostika unterscheiden sich nur unwesentlich von denen anderer Zweige der technischen Mikrobiologie. Um so erstaunlicher ist das Schattendasein, das die Impfstoffproduzenten innerhalb dieses Problemkreises führen.

Die Forderungen der Human- und Veterinärmedizin nach quantitativer und qualitativer Steigerung der Vakzineproduktion zwingen dazu, alle Möglichkeiten zur Verbesserung der Raum—Zeit—Ökonomie, zur Kontrolle und Steuerung des Prozesses sowie zur Verringerung von Material- und Arbeitskräfteaufwand auszuschöpfen.

Natürlich hat die Produktion von Vakzinen auch einige Besonderheiten.

Zum einen stellen wir häufig ein Produkt her — das protektive Antigen oder Immunogen —, dessen materielle Grundlage wir nicht kennen und das wir im in vitro-Test nicht nachweisen können. In solchen Fällen ist die Auswertung der Biomasseproduktion während der Fermentation nur ein Analogieschluß und die Qualität und Quantität des eigentlichen Produktes kann erst im Tierversuch beurteilt werden.

Die zweite wesentliche Besonderheit der Submerskultivierung pathogener Bakterien liegt in der Forderung nach absolut steriler Prozeßführung und des garantierten Ausschlusses einer Verbreitung von Keimen oder Allergenen in die Umwelt. Dieses technische Problem wird heute so beherrscht, daß es zumindest im batch-Betrieb die Fermentation pathogener Bakterien nicht mehr einschränken kann. Außerdem sollte daran erinnert werden, daß wir mit zunehmender Anwendung von Lebendimpfstoffen eine breite Palette attenuierter Bakterienstämme kultivieren, deren Gefahr für den Menschen, besonders wenn es sich um tierpathogene Stämme handelt, nicht überbewertet werden darf.

So wird im folgenden an einigen Beispielen und Problemen gezeigt werden, mit welchen mikrobiologischen und biotechnologischen Fragen sich derjenige beschäftigen kann, der die Erarbeitung optimaler Verfahren zur bakteriellen Vakzineproduktion als Aufgabe hat.

Wie aus einer Umfrage von MÖLLER aus dem Jahre 1966 zu entnehmen war, produzierten 24 befragte Vakzinefabriken 6 bis 10 und mehr verschiedene Vakzinen. Das bedeutet, daß in derartigen Einrichtungen eine Spezialisierung auf wenige Erreger nicht üblich und demnach ein breites Spektrum von Problemen vorhanden ist. In der Produktionstechnik von Humanimpfstoffen war zu diesem Zeitpunkt das Verhältnis von Oberflächenkultur zu Submerskultur noch 54% zu 46% und die kontinuierliche Kultur wurde nur in 2 von 152 Möglichkeiten angewendet.

Inzwischen hat sich dieses Verhältnis geändert, denn die Ergebnisse von Untersuchungen über den Einfluß der Kultivierungsbedingungen auf die Synthese von Immunogenen wurden immer zahlreicher und können von der Industrie nicht übergangen werden.

Am auffälligsten und eindeutigsten konnten diese Zusammenhänge bei der Synthese bestimmter mikrobieller Protein-Toxine, die als Immunogene interessant sind, gezeigt werden. Leider jedoch sind nicht alle bakteriellen Toxine auch Immunogene. SMITH unterschied vor zehn Jahren noch vier große Gruppen:

1. Gruppe: Toxine mit ausschließlicher Bedeutung für die Krankheit, bei denen eine Immunisierung mit Toxoid sicher gegen die Krankheit schützt. Hierzu zählen die bekannten Proteintoxine von Corynebacterium diphtheriae, Clostridium tetani und Cl. botulinum.

2. Gruppe: Toxine, die nicht die einzige Ursache der Krankheit sein können und bei denen die Immunisierung mit Toxoid nicht sicher gegen die Krankheit schützt. Zu dieser Gruppe müssen u. a. die Endotoxine der Zellwände gramnegativer Bakterien gerechnet werden.

3. Gruppe: Umfaßt in vitro-produzierte Toxine von unbekannter Bedeutung für die Krankheit, wie z. B. einige toxische Produkte von Staphylo- und Streptokokken oder das Murin-Toxin von *Pasteurella pestis.*

4. Gruppe: Toxische in vivo-Effekte, die keinen in vitro-Nachweis eines relevanten Toxins zuließen. Dazu zählten u. a. *Mycobacterium tuberculosis, Diplococcus pneumoniae, Pseudomonas aeruginosa, Vibrio cholerae* sowie verschiedene *Escherichia coli*-Stämme.

Verstärkte Bemühungen um die Aufklärung der Effekte der Gruppe 4 führten beispielsweise durch den Nachweis der Existenz und Wirkung sowie durch chemische Reinigung spezifischer Toxine bei *Pseudomonas aeruginosa,* von Enterotoxin bei *Vibrio cholerae* und *Escherichia coli*-Stämmen zum besseren Verständnis des Krankheitsgeschehens und eröffneten neue Aspekte einer wirksamen Vakzination.

Gleichzeitig erlauben diese Ergebnisse Untersuchungen zur Prozeßführung bei der Synthese von Immunogenen, wenn sich diese Toxine als Immunogene bestätigen.

Wie wichtig solche Untersuchungen für die Produktivität eines Verfahrens sein können, zeigt das Beispiel der Synthese von Diphtherietoxin.

Versuche zur Submerskultivierung von Diphtheriebakterien sind im wesentlichen mit den Namen LINGOOD, VAN HEMERT, STAINER und YONEDA verbunden.

Die Diphtherietoxinsynthese erfolgt unter in vitro-Verhältnissen nur bei aeroben Bedingungen und einer sehr niedrigen Eisenkonzentration des Mediums. Mediumsuntersuchungen sind demnach die Voraussetzung für alle weiteren Fermentationsexperimente. Es existieren zwar Ergebnisse über synthetische Medien zur Produktion von Diphtherietoxin, wie aber bei vielen pathogenen Bakterien trifft auch hier zu, daß vollsynthetische Medien für eine Großproduktion entweder zu teuer sind oder die geforderten Ausbeutenormen nicht erreichen. Auf einen Anteil eines enzymatisch abgebauten Proteinpartialhydrolysates kann daher nicht verzichtet werden. So verschlechtert sich

die Reproduzierbarkeit der Ergebnisse, es wird schwierig, den niedrigen Eisengehalt zu garantieren und die Neigung zur Schaumbildung, damit das Problem der optimalen Sauerstoffversorgung vergrößert sich.
Im Medium kann der Eisengehalt durch unspezifische Adsorption an einen Calciumphosphatniederschlag reduziert werden, doch ist von verschiedenen Autoren darauf hingewiesen worden, daß das Gefäßmaterial ebenfalls bedeutenden Einfluß auf die Toxinsynthese hat. Die Vorschläge zum Fermentergefäßmaterial reichen von Glas über bestimmte Aluminiumlegierungen bis zu Edelstahl. Da die Produktionsfermentoren ein Volumen von 100 Litern meist nicht überschreiten, sind Glasfermentoren durchaus einsetzbar. Bei Verwendung von Gefäßen mit Edelstahlanteilen muß dafür gesorgt werden, daß die Bakterienerträge bei mindestens 10 mg/ml Trockengewicht liegen. Eine Zellausbeute in dieser Größenordnung ist zwar keine Garantie für einen ausreichenden Toxintiter, aber bei Erträgen unter dieser Norm war die Toxinausbeute stets ungenügend. Nach einer Hypothese von VAN HEMERT kann eine zu hohe Eisenkonzentration im Medium durch hohe Zellzahlen kompensiert werden.
Das Erreichen dieser hohen Zellkonzentrationen ist sowohl vom Nährstoffangebot als auch von der Belüftungsrate abhängig. Zu starke Belüftung wiederum hat einen negativen Einfluß auf die Höhe der Toxinausbeute, was schon Schüttelkulturversuche beweisen können. Unabhängig davon erfordert die Schaumbildung bei starker Belüftung eine wirksame mechanische Schaumbekämpfung oder die Zugabe chemischer Entschäumer, die ihrerseits die Toxinsynthese deutlich beeinflussen. Der Silikonentschäumer ANTAPHRON NE 30 vom VEB Chemiewerke Nünchritz verringerte beispielsweise in Konzentrationen von 0,05% die Toxinausbeute um 40%.
Eine Schwierigkeit bei der Fermentation von Diphtheriebakterien zur Toxingewinnung besteht demnach darin, den optimalen Sauerstoffpartialdruck bei möglichst geringem Entschäumerverbrauch zu garantieren. Es hat sich als günstig erwiesen, den Sauerstoffpartialdruck während der Kultivierung auf einen Sollwert um 20 Torr einzuregeln und diesen Wert über die Luftzufuhr zu steuern. Die dabei entstehende Impulsbelüftung hat einen schaumreduzierendem Effekt und verringert den Entschäumerverbrauch. Selbstverständlich ist diese Technik abhängig vom Vorhandensein einer Sauerstoffelektrode mit zugehörigem Meß- und Regelanteil.
Sauerstoffangebot und eingesetzte Energiequelle stehen in direkter Beziehung zum Verlauf des pH-Wertes. Eine genügende Toxinausbeute hängt davon ab, daß der pH-Wert nicht unter 6,5 absinkt und sich während der Phase der Toxinbildung zwischen 7 und 8 hält. Dieser pH-Wert-Verlauf kann einerseits durch Messung und Regelung mittels pH-Elektrode und Zugabe von Säure, Lauge aber auch Glukose erreicht werden. Eine übliche Methode besteht andererseits darin, Glukosereste im Medium vor der Kultivierung durch Vergären zu beseitigen und als Energiequelle Maltose einzusetzen. Maltose erlaubt einen Verzicht auf pH-Wert-Regelung, ist aber im Vergleich zu Glukose etwa 250fach teurer. Bei Rentabilitätsbetrachtungen ist abzuwägen, ob man die pH-Regeltechnik auf Kosten erhöhter Nährbodenpreise einspart.
Der Verzicht auf Meß- und Regeltechnik ist aber erst dann möglich, wenn der Syntheseprozeß mittels moderner Fermentationstechnik aufgeklärt und beherrscht wird. Der dafür notwendige Aufwand wird durch die erhöhte Produktivität gerechtfertigt, was folgende Überlegung zeigt:

Die Produktion von 100 Litern Rohtoxin erfordert im herkömmlichen Oberflächenverfahren die Abfüllung und Bebrütung von 125 Flaschen a 800 ml Medium, die nach

8—14 Tagen Kultivierung einen Toxintiter um 100 Einheiten/ml bringen. Das gleiche Kulturvolumen kann in 1 bis 2 Fermentoren innerhalb von 48 Stunden produziert werden und der Toxintiter erreicht doppelte bis dreifache Werte.
Auch beim zweiten Beispiel beweist sich die Möglichkeit einer Produktivitätssteigerung von Immunogenen durch kontrollierte Fermentation.
Trotz des Fehlens genauer Kenntnisse über das eigentliche Wirkprinzip gibt es wohl keine Zweifel darüber, daß den Zellwandantigenen der Enterobakterien eine erhebliche Bedeutung im Immunisationsgeschehen zukommt. Das Problem dieser Lebend- oder Extraktvakzinen besteht darin, neben einer hohen und anhaltenden Immunogenität eine geringe Toxizität zu garantieren. Die Endotoxinaktivität ist dabei nicht in den 0 und R-Polysacchariden oder dem „Rückratzucker" Heptose lokalisiert, sondern in der Lipidportion des LPS-Moleküls zu suchen. Ein Schutz gegen den Endotoxinschock wird demnach Antiendotoxinantikörper erfordern. Doch ein Schutz gegen beispielsweise Salmonelleninfektionen scheint von einem Komplex von Antikörpern abzuhängen, deren Aktivitätsbestimmung nur in vivo sicher möglich ist. Eine quantitative Messung des Lipopolysaccharids allein ist deshalb keine ausreichende Wertigkeitsbestimmung.
Die Ergebnisse sowjetischer Autoren bei der Bestimmung des schützenden Antigens von Salmonella typhi durch den aktiven Mäuseschutzversuch konnten zeigen, daß die Immunogenität submers gezüchteter Salmonellen in direkter Abhängigkeit zur Wachstumsphase steht. In der Phase hoher Teilungsgeschwindigkeit war die Immunogenität der inaktivierten Typhusbakterien bei Berechnung auf das Trockengewicht 3,5—6fach höher als in der Phase geringer Teilungsgeschwindigkeit. Die Autoren schlußfolgerten, daß der Faktor der Immunogenität der Typhusbakterien ein Primärprodukt der Biosynthese ist, wobei die Hauptmenge in der Phase der maximalen Teilungsgeschwindigkeit gebildet wird.
Wie die Untersuchungen von SCHLECHT (1975) bewiesen, ist auch die Lipopolysaccharidsynthese von der Wachstumsphase abhängig. Die quantitative Bestimmung des extrahierten LPS machte aber deutlich, daß bei vier verschiedenen Salmonellenarten (S-Formen) in der Phase des exponentiellen Wachstums ein prozentualer Rückgang an LPS im Verhältnis zur Bakterienmasse zu verzeichnen war. Nach seiner Ansicht begrenzt die schnelle Teilung der Bakterien die Synthese dieser Zellkomponente.
Daraus ist abzuleiten, daß bei einer Salmonellenkultivierung mit dem Ziel der LPS-Produktion zweckmäßigerweise bis zum Eintritt in die stationäre Phase zu kultivieren ist, während optimal immunisierende Zellen in der exponentiellen Phase geerntet werden sollten.
Einen spezifisch fermentationstechnischen Zusammenhang fand SCHLECHT (1972) bei verschiedenen Salmonellenarten außerdem in der Abhängigkeit der synthetisierten LPS-Menge vom Sauerstoffpartialdruck im Kultivierungsmedium. Es ergaben sich Optimumskurven, wobei maximale Ausbeuten an Bakterien und LPS dann erhalten wurden, wenn der Sauerstoffpartialdruck während der Züchtung ein stammspezifisches Minimum durchlief. Dies zeigt einmal, daß die optimalen Belüftungsbedingungen wegen der individuellen Stoffwechselunterschiede für jeden Stamm gesondert bestimmt werden müssen. Das Ergebnis weist zum anderen darauf hin, daß die Biosyntheseaktivität der Salmonellen auch oberhalb vom kritischen Wert des Sauerstoffpartialdruckes durch die Belüftung beeinflußbar ist. Für den Impfstoffproduzenten bedeuten diese Befunde erneut, daß der Kenntnis der optimalen Kultivierungsbedingungen, und in diesem Fall besonders der Belüftungsverhältnisse, eine wesentliche ökonomische Bedeutung

zukommt. Immerhin ist es für eine LPS-Produktion nicht unerheblich, ob man eine Ausbeute von 5–6% LPS nach 24 Stunden oder von 10–12% bereits nach 6–9 Stunden erhält.
Der Einfluß der Belüftungsverhältnisse auf Wachstumsrate und Ertrag ist hinreichend bekannt. Bei der Kultivierung pathogener Bakterien, wie E. coli, Pasteurellen, Bordetellen, Brucellen u. a. zur Produktion verschiedener Vakzine oder diagnostischer Präparate sind unter Berücksichtigung dieses Kriteriums bedeutende Ertragssteigerungen bezüglich der Biomasse erreichbar.
Für den Hersteller der Vakzine sind Wachstumsverlauf der Kultur und erreichter Zellertrag das primäre Kennzeichen zur Beurteilung des Erfolges eines Ansatzes. Es ist daher naheliegend, die Verbesserung der Ökonomie der Kultivierung zuerst an einer Ertragssteigerung pro Zeiteinheit bzw. eingesetzter Nährstoffmenge zu messen, und es ist auch für den Vakzineproduzenten notwendig und sinnvoll, diese Bakterienmasseproduktion mit allen Möglichkeiten der technischen Mikrobiologie, einschließlich der Anwendung der kontinuierlichen Züchtungstechnik, zu optimieren.
Die Biomasseproduktion bleibt aber auf jeden Fall nur ein Kriterium der Beurteilung und für den Impfstoffhersteller nicht unbedingt das wichtigste. Die wesentlichen Merkmale eines Impfstoffes umfassen darüber hinaus:

- die Prüfung der genetischen Stabilität des Stammes nach Fermentation,
- die Prüfung der Überlebensfähigkeit der Zellen bei verschiedenen Konservierungsverfahren im Falle von Lebendvakzinen, die Untersuchung der Haltbarkeit der Mikroorganismen oder Immunogene während der Lagerung,
- die Prüfung der Verträglichkeit der Vakzine am Nutztier und die Wirksamkeitsuntersuchungen der Vakzine.

Auf alle diese Punkte haben die Kultivierungsbedingungen einen direkten Einfluß und es ist durchaus möglich, daß eine hocheffektive Biomasseproduktion einen unbrauchbaren oder unwirksamen Impfstoff liefert, weil die Zellen entweder sehr labil sind, ihren Attenuierungsgrad verloren haben, zu wenig Immunogen synthetisiert haben oder die Kultur durch Anreicherung toxischer Stoffwechselprodukte unverträglich wird.
Somit werden zur Auswertung eines Fermentationsansatzes Untersuchungen notwendig, die erst nach mehreren Wochen ein endgültiges Ergebnis über die Qualität des Produktes ergeben können. Dies wiederum verlangt eine sichere Kultivierungstechnik mit guter Reproduzierbarkeit. Wenn wir für das komplexe Nährmedium schon keine standardisierte Qualität der einzelnen Chargen garantieren können, sollte wenigstens die Fermentertechnik mit möglichst vielen Meßdaten sichere Kultivierungsparameter liefern.
Die uns zur Verfügung stehenden Laborfermentoren vom Typ „KIEL" und „ANKUM 2" repräsentieren nach unseren bisherigen Erfahrungen und Kenntnissen durchaus den modernen Stand der Laborfermentertechnik.
Wir hatten in der Vergangenheit keine Probleme mit den Fermentergefäßen. Sie sind stabil, leicht zu reinigen und zu autoklavieren sowie für den Sterilbetrieb zuverlässig. Bezüglich der Luftzufuhr und Rührgeschwindigkeit genügen sie den Anforderungen einer ausreichenden Sauerstoffversorgung der Bakterien vollkommen. Die Zuluft wird über Schlackenwolle/Watte-Filter sterilisiert und die Abluft über Waschflaschen und Filter entkeimt. Als ideale Rührwellendurchführung hat sich die Magnetkupplung ausgezeichnet bewährt.

Die verfügbare Meß- und Regeltechnik arbeitete bisher einwandfrei. Gewisse Unzuverlässigkeiten bestehen in der Funktionssicherheit der Meßelektroden. Die hitzesterilisierbaren pH-Elektroden von Ingold werden nach schlechten Erfahrungen von uns nur noch chemisch mit Peressigsäure sterilisiert und nachträglich in das sterile Gefäß eingebaut. Bei der Kultivierung von Diphtheriebakterien waren nach 24 Stunden Kultivierung wahrscheinlich infolge von Aufwuchs keine realen Meßwerte mehr zu ermitteln. Bei anderen Bakterienarten arbeiten die Elektroden bis zu 96 Stunden zuverlässig.
Die Sauerstoffelektrode ist ohnehin nicht hitzesterilisierbar, sondern wird durch eine glasfaserverstärkte Teflonmembran vom Kulturmedium getrennt. Die Funktionssicherheit dieser Elektroden scheint begrenzt zu sein, da uns in fünfjährigem Betrieb bereits vier Elektroden ausgefallen sind. Bei entsprechender Ersatzteilversorgung wäre dies kein Problem, gerade dies aber ist ein Problem.
Die in das Kulturgefäß eingebaute optische Dichtemessung erfüllt ihren Zweck bei kontinuierlicher im Turbidostatbetrieb, wenn während der Kultur die Rührgeschwindigkeit oder Luftzufuhr nicht verändert werden. Zur Registrierung des Wachstumsverlaufs während der batch-Kultur ist ihre Empfindlichkeit zu gering. Bessere Ergebnisse werden mit der Dichtemessung im Außenkreislauf beim „ANKUM 2" erreicht.
Abschließend soll gesagt werden, daß es nach unserer Ansicht nicht erforderlich ist, neue Typen von Laborfermentoren zu entwickeln. Es existieren bereits Geräte, die auch die Anforderungen der Impfstoffentwickler erfüllen können. Dies schließt natürlich eine Weiterentwicklung der Meßtechnik nicht aus, besonders was die Konstruktion und den Einsatz von Meßelektroden für verschiedene Substrate angeht.
Wenn Laborfermentoren aus dem Inland verfügbar wären oder wenn durch entsprechende Ersatzteilversorgung und durch kurzfristigen Service Funktionsstörungen und Ausfallzeiten weitgehend eingeschränkt wären, könnten sich die Mikrobiologen und Biochemiker intensiver und sinnvoller ihrer eigentlichen Aufgabe widmen, den Zusammenhang zwischen Kultivierungsbedingungen und Immunogensynthese zu untersuchen.

## Literatur

LINGOOD, F. V. et al.: Nature, **176**, (1955), 1128
MÖLLER, A. L.: Symp. Series immunbiol. Standard **3**, (1966), 11–22
RIGHELATO, R. S., P. A. VAN HEMERT: J. gen. Microbiol., **58**, (1969), 403–410
SCHLECHT, S.: Wachstum und Lipopolysaccharid-Gehalt von Salmonellen bei Submerszüchtung nach dem batch-Verfahren, Zbl. Bakt. I Abt. Orig. **215**, (1970), 51–72
SMITH, H.: Bact. Rev. **32**, (1968), 164–184
STAINER, D. W.: Canad. J. Microbiol. **13**, (1967), 963–968
YONEDA, M.: Nature, **167**, (1951), 860
ZHANOVA, L. G. et al.: J. Mikrobiol., Epidemiol. Immunobiol. **49**, (1972), 103

## Diskussion

POLIKAR:

1. Welche Fermentoren setzen Sie in Ihrem Institut ein?
2. Welche Vakzine und Diagnostika produziert man bzw. versucht man in Fermentoren zu produzieren?
3. Sind sie mit dem Entschäumer ANTAPHRON NE-30 zufrieden?

DURNER: 1. und 2. In eigenen Laborfermentoruntersuchungen wurden bisher Corynebacterium diphtheriae und verschiedene Enterobakterienarten kultiviert. Unser Institut produziert verschiedene Vakzine und Diagnostika für Human- und Veterinärmedizin,

z. B. Tetatoxid-Impfstoff
Vakzine gegen Salmonella- und *E-coli*-Erkrankungen bei Rind und Schwein
Rotlaufvakzinen
Diagnostika für Brucellose und Tuberkulose u. a.

3. In eigenen Arbeiten wurde ANTAPHRON NE-30 mit gutem Erfolg eingesetzt. Darüber hinaus sind andere Silikonentschäumer getestet worden.

*Forschungsinstitut für Antibiotika und Biotransformationen, Roztoky bei Prag*

# Die Aussichten der halbkontinuierlichen Biosynthese von Penicillin

P. Pilát

Die Vorteile kontinuierlicher Prozeßführung in der Fermentation im Vergleich zu den periodischen, diskontinuierlichen Vorgängen wurden schon in Vergangenheit theoretisch als auch praktisch eindeutig nachgewiesen. In breitem Umfang wurde mit der Arbeit an der Theorie der kontinuierlichen Kultivierung von Mikroorganismen begonnen, besonders bei Prozessen zur Gewinnung von Zellmasse. Es existiert außerdem eine Reihe von Arbeiten, die die Vorteile des kontinuierlichen Prozesses auch bei der Biosynthese von Produkten des primären als auch sekundären Stoffwechsels beweisen. Bedeutend höhere Produktivität, höhere Produktionsgeschwindigkeiten des Systems wurden bei zahlreichen studierten Prozessen nachgewiesen. Wenn auch die theoretischen Vorteile der kontinuierlichen Vorgänge außer Frage stehen, so hemmen deren breite Applikation in der mikrobiologischen Industrie ganze Reihen von Problemen, die mit dem Charakter der studierten Prozesse zusammenhängen (z. B. spezifische Anforderungen an die Stabilität der verwendeten Mikroben u. a. m.). Ein kontinuierlicher Prozeß, ist bezüglich seiner durchflußartigen und langfristigen Natur und seiner relativen Kompliziertheit, viel mehr inkliniert für eine Kontamination als die diskontinuierlichen (sog. „batch“) Prozesse, besonders mit Rücksicht darauf, daß für die diskutierten Prozesse (z. B. Biosynthese von Aminosäuren und Antibiotika) gut angereicherte Kultivationsböden und ein pH von 7 gebräuchlich sind.

Trotz dieser Probleme führt der Trend in der Welt zur kontinuierlichen Prozeßführung hin. Gegenwärtig ist die Anwendung von Formen zuflußartiger Einchargenfermentation (sog. „fed batch“ Prozess) geläufig. Dabei handelt es sich um einen einmaligen, d. h. periodischen Prozeß mit durchgehenden, oft kontinuierlichen oder halbkontinuierlichen Zugaben von verschiedenen Substraten, meistens von Kohlenstoff- und Energiequellen. Die erwähnten Zugaben stimmen mit der Natur der untersuchten Prozesse und den verwendeten Substraten überein und führen zu einer ausdrucksvollen Ökonomisierung der Fermentationsvorgänge. Die Modifikation des sog. „fed batch“ Prozesses ist ein Kultivierungstyp, der von Pirt als „repeated fed batch process“ bezeichnet wird. Die Theorie dieser wiederholten zulaufartigen Einchargenfermentation wurde von Pirt im Jahre 1974 publiziert. Die erwähnte perspektive Weise der Prozeßführung beruhte auf regelmäßigen Abnahmen eines Kulturteils in erwählten Zeitabschnitten, und es ist ein in seinem Wesen halbkontinuierlicher Prozeß.

Die Bestrebungen um kontinuierliche oder halbkontinuierliche Verfahren bei der Biosynthese von Antibiotika, vor allem bei Penicillin, haben ihre eigene Geschichte. Besserer Zugang zur untersuchten Problematik ergab sich nach 1950 aus der Aufteilung der Produktion in Wachstumsprozesse mit und ohne Kulturen. Aufgrund des Studiums der

Verfahrenskinetik haben viele Autoren geschlossen (z. B. RICICA und MALEK, 1952; JACKSON, 1958; PIRT und CALLOW, 1960), daß bei Applizierung eines kontinuierlichen Vorgangs bezüglich der Unabhängigkeit der Penicillinbildung vom Kulturwachsen, ein zweistufiges System erforderlich wird (d. h. für Trennung des Wachstums und der Produktion). Trotzdem konstatierten einige Autoren bei einem einstufigen System, daß die Geschwindigkeit der Biosynthese von Antibiotika im Vergleich zur diskontinuierlichen Fermentation höher ist. [PIRT und CALLOW, 1959, 1960). GERHARDT und BARTHLETT (1959) stellten sogar eine doppelte Produktivität des Systems fest]. Parallel mit der Gewinnung neuer Produktionsmutanten wurde das Studium der Kinetik des Produktionsprozesses fortgesetzt, und in den 60ziger Jahren konstatierte PIRT, daß die Produktion des Penicillins mit dem Wachstum zusammenhängt und stellte für studierten Organismus fest, daß die Minimalwachstumsgeschwindigkeit für die Konstanthaltung der Antibiotikaproduktion 0,014 Stunde$^{-1}$ beträgt. Gleichzeitig fand er die Beziehung zwischen spezifischen Geschwindigkeiten des Glukoseverbrauchs und des Wachstums, das in seiner Extremphase simultan den Wert der Erhaltungsenergie („maintenance energy") ausdrückte.

In der Einleitung wurde eine Analyse der Kinetik eines Produktionsprozesses mit zuflußartiger periodischer Fermentation vorgestellt, der gebräuchlich ein auf Saccharose beruhender Prozeß ist, mit besagtem, kontinuierlichen Dosieren des angeführten Substrats. Die Gründe dafür werden später diskutiert werden.

In der ČSSR benutzt man als Grundkomponente des Mediums Sojamehl. Dieses Substrat erschwert wegen seines suspensionsförmigen Charakters erheblich die Ausführung des kontinuierlichen Vorgangs, und auch ein Studium der Prozeßkinetik ist nicht in vollem Umfang durchführbar. Deshalb verwendeten wir als Basis des löslichen fermentativen Mediums ein Gemisch von saurem Hydrolysat und alkalischem Sojamehlextrakt. Ein typischer Verlauf eines periodischen Prozesses wird in der Abbildung 1 dargestellt.

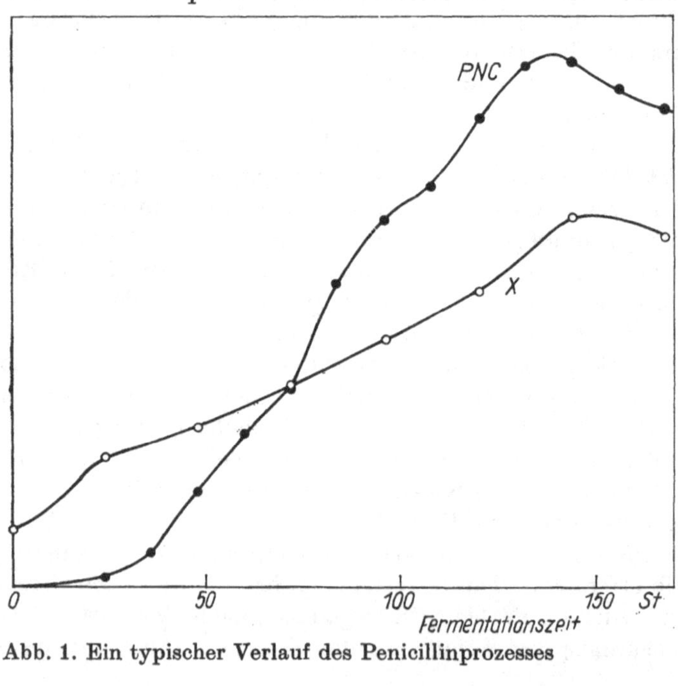


Abb. 1. Ein typischer Verlauf des Penicillinprozesses

Den Grundzug des Verlaufs eines Produktionsverfahrens bildet das durchgehende, von der Produktion des Penicillins begleitete Kulturwachsen. Für Einhaltung günstiger Produktionsbedingungen ist gleichzeitig ein steigender Zulauf der Saccharose längs des Kulturwachstums (*Penicillium chrysogenum* UV XII/46) unter Aufrechterhaltung beiläufig konstanter spezifischer Geschwindigkeit des Bedarfs an diesem Substrat zu wahren. Das erwähnte Verhältnis zwischen Kulturwachsen, Penicillinproduktion und Saccharoseverbrauch ist in Versuchen weiter geprüft worden. Auf eine vorübergehende Herabsetzung des Zuflusses von Saccharose und auch der spezifischen Geschwindigkeit deren Verbrauchs, reagierte die Kultur durch steilen Rückgang der spezifischen Geschwindigkeiten der Produktion von Antibiotika, und des Wachstums. Nach einem Wiederanstieg der Dosierung von Saccharose normalisierten sich Produktsbildung und Kulturwachsen.

Nach Durchführung von Vormessungen in der „batch" Fermentation haben wir mit der Untersuchung des einstufigen halbkontinuierlichen Prozesses im Regime „repeated fed batch" begonnen. Der Fermentationsboden und die Saccharose wurden getrennt in den Fermenter gegeben. Die Arbeit hat man in 20-Liter-Fermentationsgefäßen mit einem Arbeitsvolumen von 10 Litern vorgenommen. Zu Beginn arbeitet man mit 40 Stunden Verweilzeit, beziehungsweise einer Verdünnungsgeschwindigkeit von 0,025 St.$^{-1}$, mit dem Abnahmeregime von 1000 ml Medium nach Ablauf von 4 Stunden und folgendem Nachpumpen von frischem Boden im Laufe von 20 Minuten. Die Saccharose wurde auch halbkontinuierlich, mit einer Frequenz von 1 Dosis pro 1 Stunde, dosiert. Die erwähnte Anordnung von Experimenten wird begrenzt durch den apparativen Aufwand der Arbeitsstelle. Studium der Beziehung zwischen Kulturanwachsen, Penicillinproduktion und Verbrauch an Saccharose repräsentierte das erste Ziel. Graphisch ist diese Abhängigkeit dargestellt in Abbildung 2. Die waagerechte Achse stellt die Zulaufgeschwindigkeit der Saccharose in den Gärbehälter dar und auf die Vertikale werden die Produktions- und Wachstumsparameter aufgezeichnet. Die Messungen wurden bei einer Verdünnungsgeschwindigkeit von 0,025 St.$^{-1}$ vorgenommen. Aus den angeführten

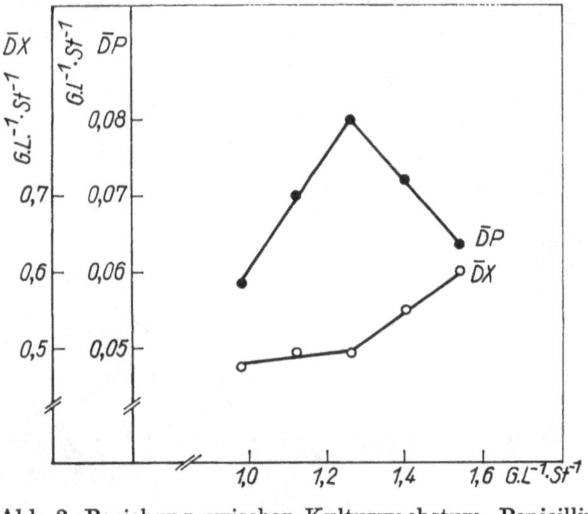


**Abb. 2. Beziehung zwischen Kulturwachstum, Penicillinproduktion und Verbrauch der Saccharose**

Kurven ergibt sich, daß im Dosieren des geprüften Substrats ein deutliches Optimum vorhanden ist, das eine ideale Relation zwischen Produktion des Penicillins und Wachsen der Kultur ausdrückt. Erhöhung einer Dosis der Saccharose wird begleitet durch Herabsetzung der Geschwindigkeit der Produkterzeugung und durch Steigerung des Myzelwachstums des Produzenten. Unter den untersuchten Bedingungen führt also eine Erhöhung des Zulaufs über den Grenzwert (beiläufig 1,3 g/l St.), zu einer Konversion der Saccharose nur in der Zellmasse des Mikroorganismus bei gleichzeitiger Hemmung der Antibiotikaproduktion. Dieser Eingriff in den Kulturstoffwechsel ist vom ökonomischen Gesichtspunkt aus betrachtet von grundlegender Bedeutung. Mit Rücksicht darauf, daß unter allen gemessenen Bedingungen der Spiegel der Saccharose im Medium gleich Null war, handelt es sich um eine durch dieses Substrat gesteuerte Limitierung des Prozesses. Die Tatsache, daß das Dosieren der Saccharose im Verlaufe eines klassischen Produktionsvorgangs maßgebender Parameter für die Leitung der Biosynthese von Penicillin darstellt, ist bekannt. Bei den Fermentationen in suspensionsartigen Medien ist eine Optimierung dieses Regimes nicht einfach.

Die zur Zeit verwendete sogenannte „fed-batch" Technologie wird bis zur 120.—140. Stunde des Prozesses gut bewältigt. Eine der Arten der Ökonomisierung der Fermentation ist die Verlängerung der Produktionsphase. In diesem Zusammenhang könnte das Studium des halbkontinuierlichen Vorgangs eines von den Mitteln sein, um eine Verbesserung der Parameter einer zuflußartigen diskontinuierlichen Fermentation zu erzielen. Wir sind bestrebt eine Reproduktion einzelner Phasen der Antibiotikasynthese zu erzielen, Gültigkeit der verwendeten Regime in Abhängigkeit von diesen Phasen zu beglaubigen und den Prozeß weiter zu optimieren. Die Teilarbeit, in der man auf Einwirkung der Fermentationstemperatur auf die Produktion des Penicillins und auf Kulturwachsen bei durchschnittlichen Verdünnungsgeschwindigkeiten von 0,025 und 0,0125 Stunde$^{-1}$, respektive bei Verweilzeiten von 40 und 80 Stunden und Regimen der Abnahme des Myzeliums von 1000 ml pro 4 und 8 Stunden einging, wird auf der Abbil-

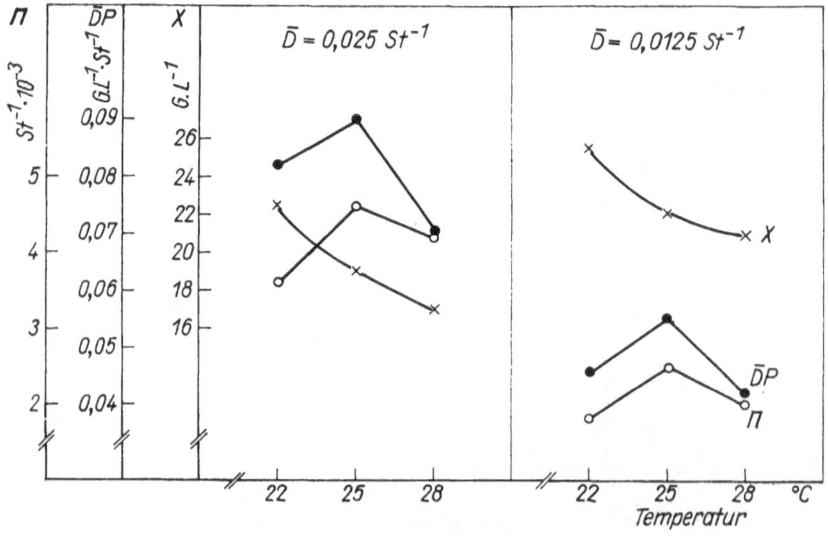


Abb. 3. Einfluß der Fermentationstemperatur auf das Kulturwachstum und die Penicillinproduktion ($\pi$ — spezifische Produktionsgeschwindigkeit)

dung 3 dargestellt. Aus den Messungen bei beiden angeführten Verweilzeiten geht hervor, daß die Optimumtemperatur für Wachstum der Kultur mit dem Temperaturoptimum vom Gesichtspunkt einer Penicillinproduktion nicht identisch ist. Diese Tatsache ist aus den Literaturangaben bekannt, doch für uns bildeten diese Messungen einen Bestandteil des Studiums von lytischen Einflüssen auf den Produzenten.

Aus den bisherigen Ergebnissen folgern wir, daß es gelungen ist die Verwendbarkeit des einstufigen halbkontinuierlichen Vorgangs für die Biosynthese des Penicillins theoretisch wie praktisch nachzuweisen. Nachdem die entsprechenden Produktionsbedingungen gefunden wurden, erhöhte sich die Produktivität dieses Vorgangs um 40—50% im Vergleich mit der zuflußartigen „batch“ Fermentation. Dennoch kann man vorläufig nicht erwarten Penicillin würde in Zukunft auf diese Weise gewonnen werden. Die ökonomischen Parameter des Prozesses sind bisher nicht hinreichend günstig. Doch der weltumfassende Kurs geht weiter auf die Applizierung des besprochenen „repeated fed batch“ Vorgangs mit entsprechenden Parametern hin. Im Verlaufe des klassischen Verfahrens füllt sich nämlich der Fermenter von der üblichen Ausgangsfüllung auf 60—70% im Laufe einer 5—7tägigen Fermentierung mittels der Zuflüsse. Die gleichzeitige, zum Ablassen der Teilkultur und deren Austausch durch frisches Medium führende Richtung, zielt auf bessere Ausnutzung der Fermentationstechnik und Verlängerung des Produktionsvorganges.

## Diskussion

Hegewald: Wird bei kinetischen Untersuchungen die Versorgung der Kultur mit Sauerstoff berücksichtigt?

Werden Parameter wie $O_2$-Verbrauch (g/l · h), $CO_2$-Bildung (g/l · h), $pO_2$, $O_2$-Eintrag in die Kultur bestimmt?

Pilát: Die Versorgung der Kultur mit Sauerstoff wurde bis zu dieser Zeit nicht berücksichtigt, weil unsere Arbeitsstelle nicht mit nötiger Meßtechnik ausgestattet ist. Wir haben nur das optimale Rührprogramm gefunden.

Hilliger: Wird der Verbrauch der C-Quelle Saccharose für Erhaltungsstoffwechsel bei der Dosierung der Saccharose berücksichtigt?

Pilát: Unter den studierten Bedingungen (Medium, usw.) ist die Saccharosedosierung sichtbar höher, als der Wert der Erhaltungsenergie (mehr als 0,03 g Saccharose/g Trockenmasse · Std.)

Bormann: Können Sie Angaben machen zum Ertragskoeffizienten der Saccharose für Penicillin?

Pilát: Während der erwähnten optimalen Bedingungen beträgt dieser Koeffizient 14—16 g Saccharose/g Penicillin.

Bormann: Werden in Ihrem System bei Überschreitung einer bestimmten Saccharosedosierung zusätzliche Metabolite gebildet und der Stoffwechsel entkoppelt?

Pilát: Diese Aspekte des Prozesses wurden in diesem ersten Teil unserer Arbeit nicht studiert.

*VEB Jenapharm, Jena, DDR*

# Modellierung von Wachstum und Produktionsbildung einer mikrobiologischen Kultur unter Berücksichtigung des Sauerstoffeinflusses

Elke Hegewald

Verfahren zur Erzeugung mikrobiologischer Produkte sind meist an das Vorhandensein hoher Zelldichte gebunden. Damit ergeben sich andere physiologische Kultivierungsbedingungen als bei Versuchen mit niedrigen Zelldichten. Besondere Bedeutung kommt dabei dem Sauerstoff als Substrat zu, der einer exponentiell wachsenden Kultur ab einer kritischen Zelldichte nur noch proportional der Nachlöserate zur Verfügung steht. Das weitere Wachstum und auch meist die Produktbildung erfolgen unter partieller Sauerstofflimitation.

Am Beispiel der Lysinbildung durch *Micrococcus glutamicus* wird der Sauerstoffeinfluß auf Wachstum und Produktbildung diskutiert und eine Modellanpassung an experimentelle Daten vorgestellt.

In Kulturen in bilanzierten Medien mit Sauerstoffüberschuß (Minimal- oder bilanzierte Medien) löst die Limitation der Aminosäure Threonin im Medium die Bildung des Produktes Lysin aus.

Dieses für alle lysinbildenden Coryneformen-Stämme klassische Regulationsprinzip der Auslösung der Produktbildungsphase gilt für den untersuchten Stamm scheinbar nicht mehr unter sauerstofflimitierten Bedingungen. Die Produktbildung erfolgt während des Wachstums und unabhängig von der Threoninkonzentration im Medium. Diese experimentellen Ergebnisse liegen von A. Christner bei Untersuchungen der Wachstums- und Produktbildungskinetik im 2-Liter-Fermenter mit bilanziertem Komplexmedium vor [1, 2].

Da der experimentelle Aufwand für Untersuchungen mit $pO_2$-Messungen hoch ist, bot es sich an, einige Hypothesen mit Hilfe eines mathematischen Modells zu überprüfen und Vorschläge für gezielte Experimente abzuleiten. Der Zyklus Experiment — Hypothese — Modelluntersuchung und -anpassung an experimentelle Ergebnisse — Hypothese — Experiment wurde mehrmals durchlaufen.

Folgende Hypothesen liegen dem vorläufig letzten Modell zugrunde:

1. Wachstum und Substratverbrauch lassen sich mit Hilfe des MONOD-Modelles beschreiben. Die Kinetik des Sauerstoffübergangs soll in einfacher Weise berücksichtigt werden.
2. Die Aufnahme der Stickstoffquelle Threonin ($s_1$) aus dem Medium wird wahrscheinlich durch $O_2$-Teillimitation beendet.
3. Produktbildung wird durch die partielle Sauerstofflimitation ausgelöst.
4. Zur Produktbildung wird Saccharose benötigt.
5. Zur Produktbildung wird zusätzlich Sauerstoff verbraucht.
6. Nach partieller $O_2$-Limitation und Stopp der Threoninaufnahme erfolgt noch ein geringes Restwachstum mit innerem Threoninpool.

Diese Hypothesen wurden aus den vorangegangenen Modelluntersuchungen mit nachfolgenden gezielten Experimenten abgeleitet.
Die Modelluntersuchungen erfolgten mit Hilfe eines Analogrechners MEDA TC.[1]

*Modell*

$$\dot{x} = (s_1, s_2)\, x \tag{1}$$

$$s_1 = -\frac{1}{Y_1}\,\dot{x} \cdot f_1 \tag{2}$$

$$\dot{s}_2 = -\frac{1}{Y_2}\,\dot{x} - \frac{1}{Y_4}\,\dot{p} + K_1 a(s_2{}^* - s_2) \tag{3}$$

$$\dot{s}_3 = -\frac{1}{Y_3}\,\dot{p} \tag{4}$$

$$\dot{p} = k p_{\max} \frac{s_3}{s_3 \cdot K_3}\, x \cdot \bar{f}_1 \tag{5}$$

$$\mu(s_1, s_2) = \mu_{\max} \frac{s_1}{K_1 + s_1} \cdot \frac{s_2}{K_2 + s_2} \cdot f_2 \tag{6}$$

$$f_1 = \begin{cases} 0 \text{ für } \mu(t) < \mu_{\max}(1 - \varepsilon) \\ 1 \text{ sonst} \end{cases}$$

$$f_2 = \begin{cases} 1 \text{ solange } x(t) < (1 + d)\, x(te) \\ 0 \text{ sonst} \end{cases}$$

mit $\mu(te) = \mu_{\max}(1 - \varepsilon)$
und $d$ = Verdopplungen von $x$ nach Erreichen $x(te)$.

## Ergebnisse

Abbildung 1 zeigt eine Modellösung. Die Modellparameter entsprechen den experimentell abgeschätzten Parametern, soweit das möglich war.
Abbildung 2 zeigt eine Modellanpassung an ein Experiment. Unter Berücksichtigung der Komplexität des Modells und der Beeinflußbarkeit der Variablen untereinander kann das Ergebnis als gut bezeichnet werden. Im Experiment wurde nach Beenden der Produktbildung durch einen Saccharoseimpuls nochmals Produktbildung ausgelöst, die aktuelle $O_2$-konzentration sinkt erneut ab.
Abbildung 3 zeigt Abhängigkeit des Threoninverbrauchs von der Impfmenge $x(0)$ bei gleichem Fermentationsregime.
Je niedriger $x(0)$, um so länger erfolgt exponentielles Wachstum und um so weiter wird Threonin aufgebraucht. Mit diesem Ergebnis läßt sich die Tatsache erklären, daß bei Fermentationen in komplexen Medien und $O_2$-Teillimitation verschieden hohe Threoninkonzentrationen auftreten können.

[1] Die Modelluntersuchungen wurden in der Abteilung Biophysik des ZIMET der AdW der DDR, Jena, ausgeführt.
Herrn Dr. sc. W. Knorre möchte ich für seine Mitarbeit danken.

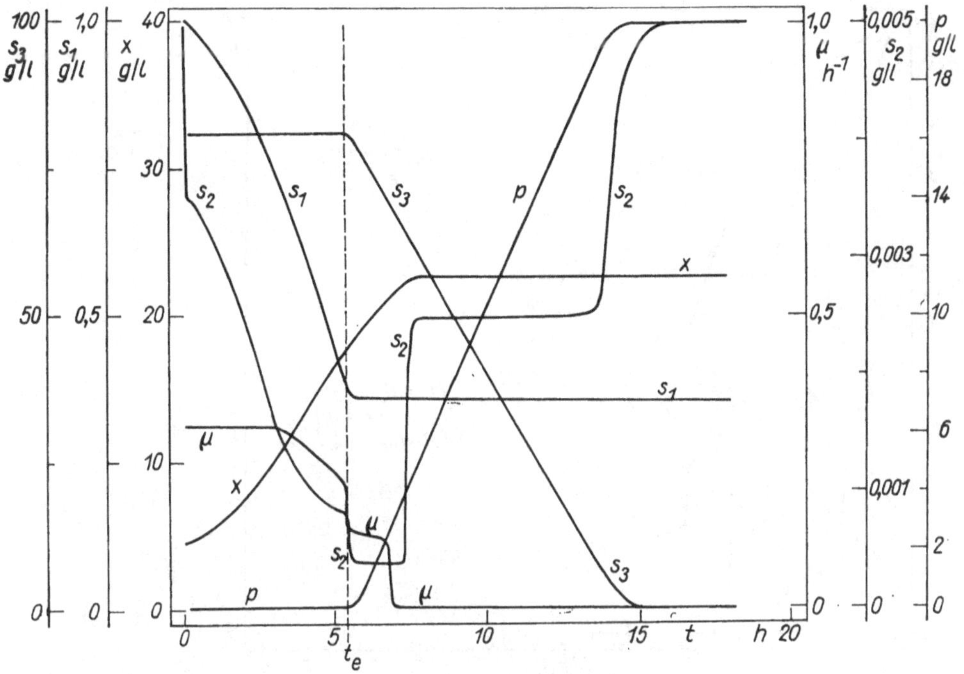

Abb. 1. Modellösung mit experimentell abgeschätzten Parametern

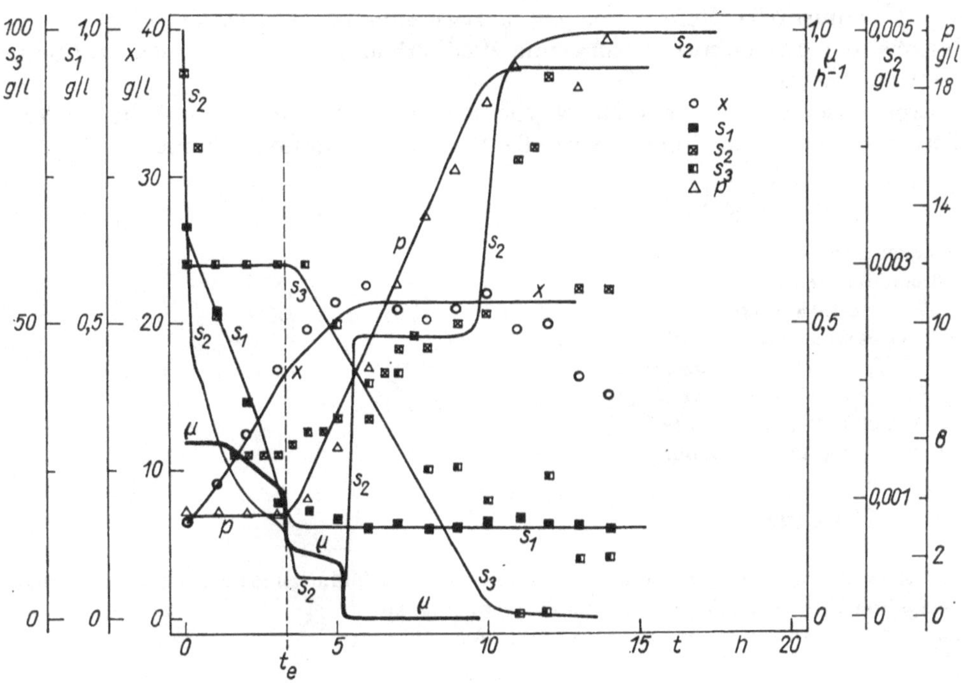

Abb. 2. Modellanpassung an experimentelle Werte

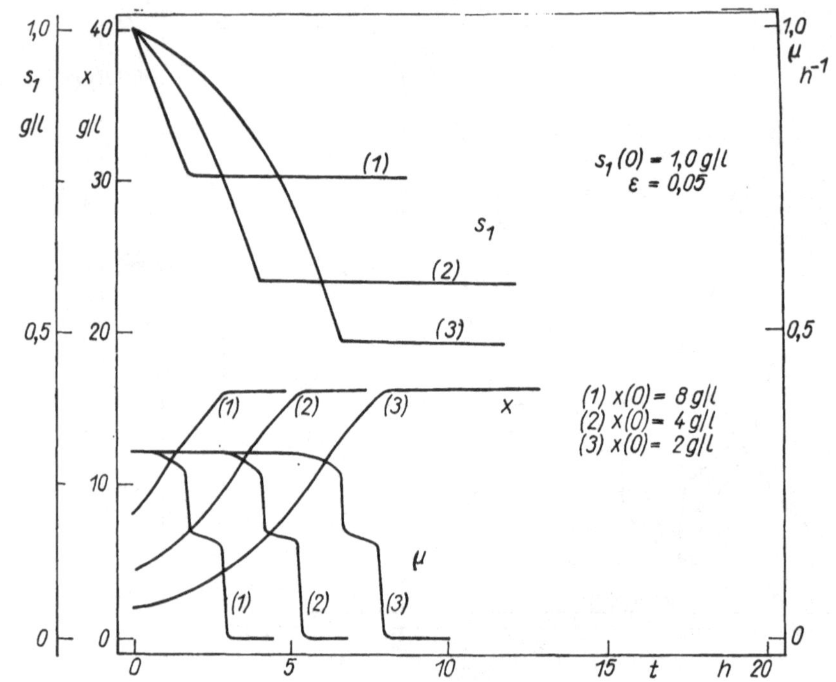


Abb. 3. Abhängigkeit des Threoninverbrauchs von der Impfmenge

Weitere experimentelle Untersuchungen müssen nun die Regulationsprinzipien des Wachstums, der Threoninverwertung und Produktbildung nach partieller $O_2$-Limitation zum Ziel haben.

Diese Ergebnisse zeigen aber auch, welche Bedeutung für die Maßstabsübertragung von Fermentationen dem Problem partieller Sauerstofflimitation zukommt.

## Symbolverzeichnis

$x$ = Trockenmasse [g/l]
$s_1$ = Threoninkonzentration [g/l]
$s_2$ = $O_2$-Konzentration [g/l]
$s_3$ = Saccharosekonzentration [g/l]
$Y_1$, $Y_2$, $Y_3$, $Y_4$ = Ertragskoeffizienten
$K_1$, $K_2$, $K_3$ = Michaeliskonstanten [g/l]
$\mu_{max}$ = maximale Wachstumsrate [$h^{-1}$]
$kp_{max}$ = maximale Produktbildungsrate [$h^{-1}$]

## Literatur

[1] CHRISTNER, A.: Untersuchungen zur spezifischen Produktbildungsrate von Mikroorganismen. Dissertation Friedrich-Schiller-Universität Jena, Jena 1977
[2] CHRISTNER, A.: Unveröffentlichte Ergebnisse. Jena 1977

## Diskussion

BEKER:
1. Das Modell ist interessant, berücksichtigt aber nicht alle limitierenden Faktoren, z. B. Methionin, Biotin, Thiamin, die der Micrococcus benötigt.
   Es ist auch bekannt, daß auf die Bildung von Lysin selbst die Belüftung über die Enzyme Aspartatkinase und Homoserindehydrogenase einwirkt. Welchen Einfluß haben die Enzyme in Ihrem Falle und leidet darunter nicht das System?
2. Haben Sie in Ihrem Experiment die selektiven Effekte von $pO_2$ und die Turbulenz des Mediums berücksichtigt?

HEGEWALD:
1. Die Versuche, die den Modellen zugrunde lagen, waren so bilanziert, daß eine ausreichende Biotinkonzentration vorlag und bei $O_2$-Überschuß stets die Aminosäure Threonin der das Wachstum begrenzende Faktor war.
2. Unter den gegebenen Fermentationsbedingungen war gute Durchmischung der Kultur stets gewährleistet — es konnte Homogenität angenommen werden.

HILLIGER: Es hat sich gezeigt, daß bei Arbeiten mit hohen Zelldichten, d.h. unter Sauerstofflimitationsbedingungen, die klassischen Vorstellungen von der Regulation in der Aspartatfamilie nicht mehr zutreffen. Gibt es bei Ihnen Vorstellungen oder Hypothesen, weshalb die Produktbildung (Lysin) bei Beginn der $O_2$-Limitation beginnt? Sind möglicherweise Veränderungen im Energiemetabolismus die Ursache?

HEGEWALD: Mit Beginn der $O_2$-Teillimitation wird die Threoninaufnahme gestoppt. Innerhalb der Zelle eintretende Threoninlimitation könnte der auslösende Faktor der Produktsynthese sein, d. h. die klassischen Regulationsprinzipien könnten von der Zelle aus betrachtet, doch noch gelten. Möglicherweise bewirkt die $O_2$-Teillimitation nur einen Stopp der Threoninaufnahme durch Beeinflussung der Aminosäure-Transportsysteme. Die Versuche waren so bilanziert, daß eine ausreichende Biotinkonzentration vorlag und bei $O_2$-Überschuß stets die Aminosäure Threonin der das Wachstum begrenzende Faktor war. Für das Fermentationsmedium konnte Homogenität angenommen werden.

SIKYTA: Für die Lysin-Produktion muß eine auxotrophe Mutante verwendet werden (threo$^-$, methionin$^-$, homoserin$^-$). Mit threo$^-$ und met$^-$ Mutante hat man dann 2 Möglichkeiten der Wachstumslimitation. Limitation mit beiden Aminosäuren ist sehr kompliziert.

*VEB Jenapharm, Jena, DDR*

## Zur Bedeutung der Abluftanalytik für Antibiotikafermentation

P. Truckenbrodt

Die Bestimmung des Gasaustausches gibt bedeutsame Aufschlüsse über den Metabolismus von biologischen Prozessen. Insbesondere die quantitative Analyse des Abgases hat dabei bis zum heutigen Zeitpunkt große Bedeutung erlangt. Dabei geht es sowohl um die Erfassung der anorganischen Bestandteile der Fermenterabluft wie $O_2$, $CO_2$ als auch um organische Bestandteile wie beispielsweise flüchtige Alkohole. Die Gewinnung von Prozeßdaten durch die Methode der Abluftanalyse bietet gegenüber anderen Meßverfahren an Fermentoren erhebliche Vorteile.

1. Die Messungen werden im nicht sterilen Teil der Fermentationsanlage vorgenommen. Dadurch werden Beeinflussungen des Fermentationsprozesses als auch mögliche Kontaminationen, die durch die Messung auftreten können, verhindert.
2. Das dem Fermenter entströmende Abgas ist der Messung leicht zugänglich.
3. Die Meßgasaufbereitung ist mit minimalem Aufwand und sehr einfach möglich.
4. Im Gegensatz zur Bestimmung z. B. der Gelöstsauerstoffkonzentration ist die Bestimmung des $O_2$-Verbrauchs und der $CO_2$-Bildung von mikrobiologischen Kulturen meßtechnisch problemlos.
5. Die Meßwerte können kontinuierlich erfaßt und registriert werden.
6. Der Informationsgehalt der gewonnenen Meßdaten ist relativ hoch.

Die Methode der Prozeßdatengewinnung durch Abluftanalyse darf jedoch nicht ausschließlich und kritiklos eingesetzt werden. Nur in Verbindung mit weiteren gewonnenen Meßdaten wie Gelöstsauerstoffkonzentration, pH-Wert der Kultur, Fermentationstemperatur und Fermentationsdruck, um nur einige zu nennen, ist eine sinnvolle Anwendung möglich.

Für Antibiotikafermentationen als aerobe Prozesse ist z. B. die Belüftungsrate ein wichtiger verfahrenstechnischer Parameter, der mit Drehzahl des Rührwerks und Fermentationsdruck im wesentlichen das Sauerstoffangebot bzw. die $CO_2$-Bildung bestimmt. Zur Objektivierung der Prozeßführung, -kontrolle und -auswertung bietet sich die Abluftanalyse nahezu an.

Die Bestimmung des $O_2$-Anteils im Abgas kann mittels eines industriell gefertigten magnetischen Sauerstoffanalysators Permolyt vorgenommen werden. Dabei ist es empfehlenswert, einen Permolyt mit unterdrückten, umschaltbaren Meßbereichen zu verwenden, um eine direkte Anzeige des $O_2$-Verbrauches zu erhalten. Die Nullpunkt-Einstellung kann dann mit Normalluft durchgeführt werden. Vor jedem Fermentationszyklus sollte eine Kalibrierung des Meßgerätes vorgenommen werden. Dazu können Eichgase mit bekannten Konzentrationen an Sauerstoff verwendet werden. Der Bereich des zu erwartenden $O_2$-Verbrauchs wird bei Biomassekonzentrationen um 40 g/l und einer Belüftung bis 50 l Luft/h · l Kulturlsg. 4% nicht übersteigen. Das von der Kultur gebildete $CO_2$ kann im Abgas mittels eines Infrarotstrahlungsabsorptionsmeßgerätes Infralyt 5 bestimmt werden. Auch hierbei gilt: Die Einstellung des Nullpunktes mit Normalluft und Kalibrierung des Meßgerätes mit Eichgasen bekannter Konzentration ist vor jedem neuen Fermentationszyklus notwendig. Die zu erwartende $CO_2$-Bildung wird bei Biomassekonzentrationen um 40 g/l und einer Belüftung bis 50 l Luft/h · l Kulturlösung ebenfalls 4% nicht übersteigen. Für aerobe Fermentationen ist also ein Meßbereich von Obis maximal 5% $CO_2$ ausreichend.

Wie schon erwähnt, besteht ein großer Vorteil bei der Methode der Abgasanalytik im relativ hohen Informationsgehalt der erhaltenen Meßdaten.

Informationen, die dem Prozeß durch Abgasanalyse $O_2/CO_2$ abgewonnen werden, können als primäre und sekundäre Informationen unterschieden werden. Primäre Informationen sollen dabei nicht nur quantitativ bestimmte Größen sein, sondern auch qualitative Einschätzungen zum Prozeßverlauf beinhalten. Das schließt die Möglichkeit ein, Aussagen zu Stabilitätsfragen des Prozesses zu gewinnen.

Unter primären Informationen verstehen wir solche, die unmittelbar am Objekt abgenommen werden können und dadurch ständig anliegen, wie das für die $O_2$-Verbrauchsbestimmung und die $CO_2$-Bildung der Fall ist. Die relativ kurzen Totzeiten bei Änderungen des Gasstoffwechsels gestatten ein schnelles Erkennen von allgemeinen Prozeßänderungen. Prozeßänderungen können im allg. ihre Ursache haben in:

1. Der Änderung der $O_2$-Versorgung bzw. $O_2$-Situation
2. Störungen der Fermentationsbedingungen und
3. in Substratänderungen bzw. Limitation.

Änderungen in der $O_2$-Versorgung können die Folge sein bei Änderungen der Rührwerksdrehzahl, bei Schwankungen des Fermentationsdruckes, bei Veränderung der Belüftungsrate oder aber auch bei Zugaben von Antischaummittel.

Veränderungen des $O_2$-Verbrauches und der $CO_2$-Bildung können durch Abluftanalyse z. B. bei Schaumbildung im Fermenter beobachtet werden. Bei Rührfermentoren mit hochviskosen Kulturlösungen (wie Antibiotikafermentationen) wurde bei Zugaben von geringen Mengen Antischaummittel eine Erhöhung des $O_2$-Verbrauches beobachtet und mit prophylaktischer, zeitprogrammierter Antischaummittelzugabe eine Stabilisierung der Prozeßbedingungen hinsichtlich $O_2$-Eintrag erreicht (Abb. 1).

Desweiteren ist es nach der Methode von WNIIA mittels Abgasanalyse relativ einfach möglich, $O_2$-Limitation zu erkennen.

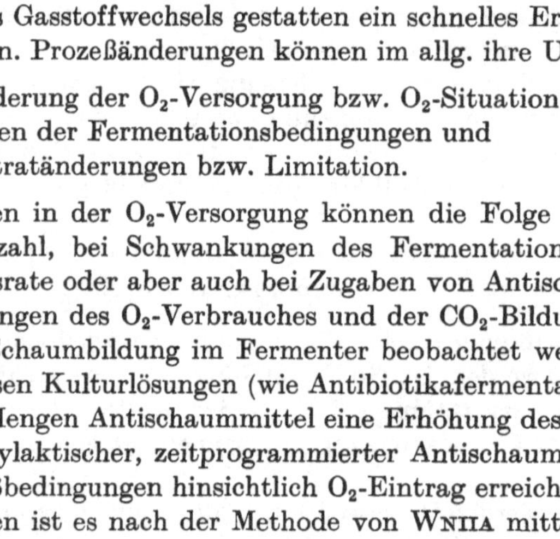


Abb. 1. Abhängigkeit des $O_2$-Verbrauchs und der $CO_2$-Bildung von der Zugabe von Antischaummittel

Bestehende $O_2$-Limitation kann durch kurzzeitige Drehzahlerhöhung des Rührwerkes festgestellt werden. Steigt der $O_2$-Verbrauch nach Erhöhung der Drehzahl an, dann besteht partielle $O_2$-Limitation. Ändert sich der $O_2$-Verbrauch nicht, dann erfolgt die Fermentation noch mit $O_2$-Überschuß im Medium (Abb. 2).

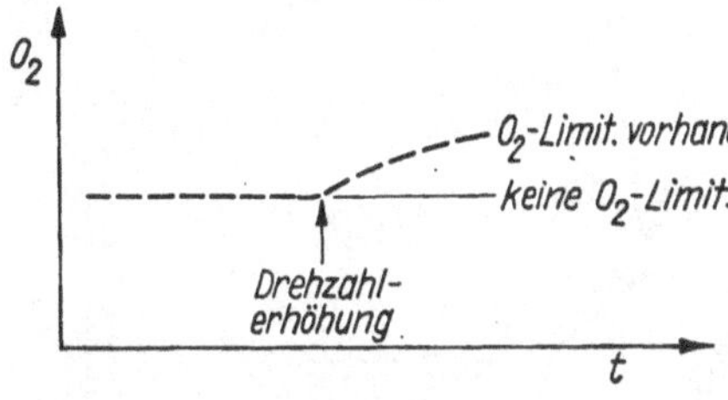


Abb. 2. Abhängigkeit des $O_2$-Verbrauchs von der Rührerdrehzahl

Störungen der Fermentationsbedingungen können auftreten durch Kontaminationen Fehldosierungen z. B. bei Elektrodendefekten und Änderungen der Fermentationstemperatur.

Bei auftretenden Kontaminationen ändert sich sowohl der Atmungsquotient als auch die absolute Größe des Gasstoffwechsels. Aus den Atmungskurven sind daher größtenteils auftretende Kontaminationen erkennbar, z. B. durch rasches Ansteigen des $O_2$-Verbrauches und der $CO_2$-Bildung je nach Art der Infektion, im Gegensatz zu normal ablaufenden Fermentation (Abb. 3).

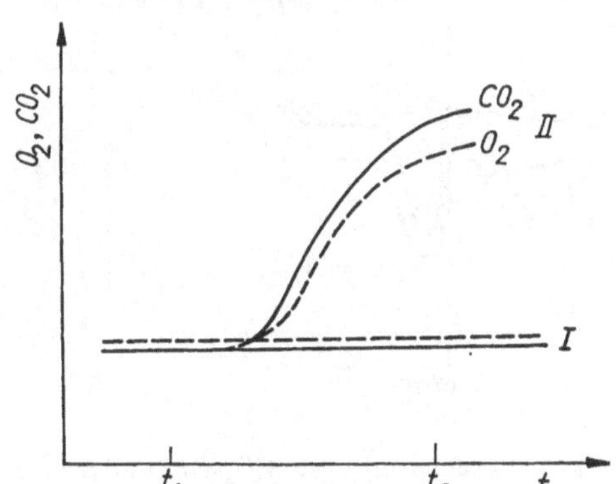


Abb. 3. Abhängigkeit des $O_2$-Verbrauchs und der $CO_2$-Bildung vom Auftreten von Kontaminationen

Auch Temperaturstörungen, die durch z. B. nicht voll funktionsfähige Kühlsysteme auftreten können, zeigen sofort registrierbare Auswirkungen im Sauerstoffverbrauch und in der $CO_2$-Bildung.

In dem aufgezeichneten Schreiberdiagramm Abbildung 4 sind die Auswirkungen von Temperaturschwankungen als Folge eines defekten Kühlwasserregelventils) auf den Gasstoffwechsel der Fermentationskultur deutlich zu erkennen.

Die 3. Gruppe der durch Gasanalyse erfaßten Prozeßänderungen sind Veränderungen des Substrates, so z. B. die Änderungen von C- und N-Quelle, auftretende Substratlimitation bzw. Substratzugaben.

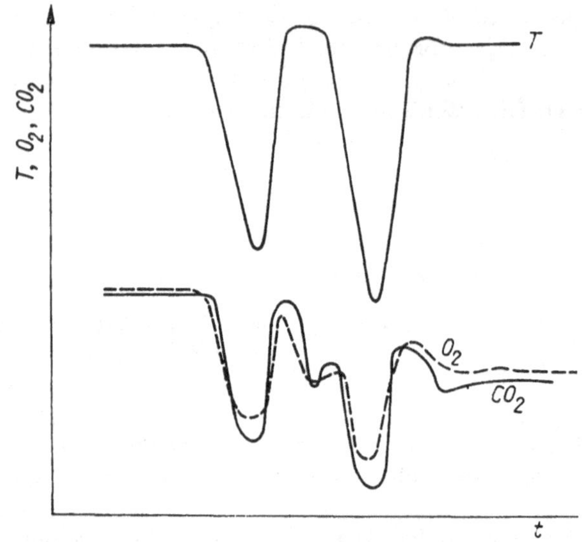


Abb. 4. Abhängigkeit des $O_2$-Verbrauchs und der $CO_2$-Bildung von Temperaturschwankungen

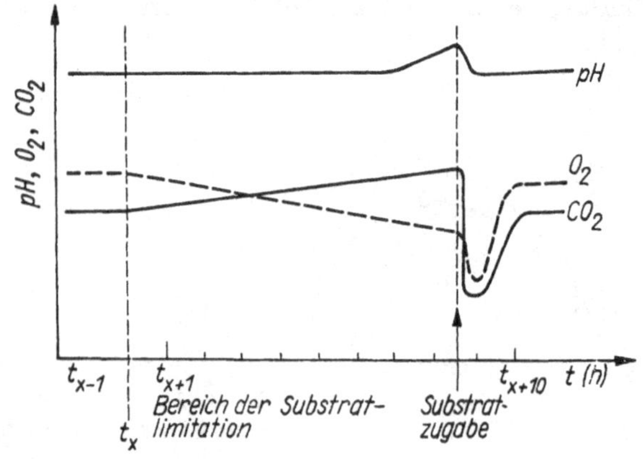


Abb. 5. Abhängigkeit des $O_2$-Verbrauchs und der $CO_2$-Bildung von Substratlimitationen und Vergleich mit pH-Änderungen

Der Atmungsquotient kann zur Beurteilung z. B. der Substratlimitation herangezogen werden, wenn über den typischen Verlauf des Gasstoffwechsels genügend Erfahrungen vorliegen. Bei Änderung des Verhältnisses $R_Q = CO_2/O_2$ während ungestörter Fermentation, kann eine Substratlimitation vorliegen. Die $R_Q$-Änderung ist unmittelbar nach Eintritt in Substratlimitation zu erkennen, hingegen ein pH-Wert-Anstieg im Kulturmedium ist erst Stunden später zu registrieren (Abb. 5).
Auch die Substratzugabe ist aus dem aufgezeichneten Schreiberdiagramm Abbildung 5 gut zu erkennen.
$O_2$-Verbrauch und $CO_2$-Bildung erreichen nach Substratzugabe nahezu ihre ursprünglichen Werte vor Auftreten der Limitation.
Es soll nicht unerwähnt bleiben, daß aus den Schreiberdiagrammen erkannte Änderungen

des Gasstoffwechsels nicht immer sofort eindeutig der ursächlich bedingten Änderung zugeordnet werden können. Es ist dabei angebracht, bei der Suche nach der Ursache nach dem Ausschließungsprinzip zu verfahren. Für das Anlagenpersonal und den Wissenschaftler im Labor ist daher detaillierte Kenntnis der Spezifik des entsprechenden Fermentationsprozesses unbedingt erforderlich.

Als Sekundärinformationen kann man berechenbare Größen verstehen, Größen, die auch zur Maßstabsübertragung geeignet sind.

1. Die $O_2$-Verbrauchsrate $qO_2$, die aus dem $O_2$-Verbrauch in g/l · h $O_2$ und dem durchschnittlichen Biomassegehalt in g/l berechnet werden kann.
2. Die $CO_2$-Bildungsrate, die sich aus der $CO_2$-Bildung in g/l · h $CO_2$ und dem Biomassegehalt in g/l berechnen läßt.
3. Der Ertragskoeffizient für $O_2$ und $CO_2$ $Y_{O_2/CO_2}$
4. Die Sulfitzahl: Diese kann nach der Sulfitoxidationsmethode bestimmt werden.
5. Die Biomasseberechnung nach Humphrey ist möglich, wenn quantitative $CO_2$-Bildung genau bekannt ist und während der Fermentation ein konstanter Atmungsquotient vorliegt, d. h. keine Änderung im Stoffwechseltyp auftritt.

## Einige Bemerkungen zur gaschromatographischen Meßmethode

Gaschromatographische Methoden haben sich in der Vergangenheit auf Grund der Variabilität und hohen Nachweisempfindlichkeit der Methodik und sicheren Technik ein breites Anwendungsfeld erobert. Untersuchungen mit Laborgaschromatographen an Fermentationsprozessen sind bekannt und haben sich bei Probenuntersuchungen bewährt. Zur Prozeßkontrolle für sich schnell verändernde Substanzkonzentrationen sind sie ungeeignet.

Bei dem von uns verwendeten Prozeßgaschromatographen GBC 2 (Hersteller: VEB Chromatron, Berlin) handelt es sich um ein Gerät für den Einsatz in der chemischen Industrie. Es besteht aus einem Ex-geschützten, thermostatierten Analysator, in dem sich Trennsäule, Probegeber für Gase, Detektor und Verstärker befinden, und der Steuereinheit zur Steuerung des Analysenablaufes und zur Signalverarbeitung. Als Detektor wurde ein Flammenionisationsdetektor mit hoher Nachweisempfindlichkeit verwendet. Der gesamte Analysenablauf wird automatisch gesteuert.

Mit dem Prozeßgaschromatographen sollen flüchtige organische Bestandteile in der Fermenterabluft gemessen werden. Bei Voruntersuchungen mit Laborgaschromatographen war in Kulturlösungen Äthanol bestimmt worden.

Es wurde deshalb bei den Arbeiten mit dem Prozeßchromatographen besonderer Wert auf die Bestimmung von Alkoholen gelegt und die Analysenbedingungen für dieses Trennproblem erarbeitet. Auf die besonderen Bedingungen bei der Spurenanalyse soll in diesem Zusammenhang nicht ausführlich eingegangen werden. Trennsäulen mit hohen Trennleistungen (kurze Säulen), die schnelle Analysen ermöglichen und eine hohe Nachweisempfindlichkeit gestatten, sind Vorbedingung. Schwierigkeiten ergaben sich bei der Meßwertverarbeitung (Störsignale). Exakte Funktion der Technik zur gaschromatographischen Analyse (Gasversorgung) ist ebenfalls erforderlich. Der Anpassung des Gaschromatographen an das Analysenproblem muß besondere Beachtung geschenkt werden, um eine Verfälschung des Meßgases bis zum Analysator zu vermeiden.

An dem Beispiel in Abbildung 6 soll die Nachweisempfindlichkeit der Anlage dargestellt werden.

Es wurde ein Wasser-Äthanol-Gemisch (70 ppm Äthanol), das in einem 5 l-Fermenter bei konstanten Bedingungen (Druck, Temperatur = 25 °C) gerührt und belüftet wurde, über die Abluft analysiert. Die Länge der Meßgasleitung betrug ca. 10 m. Am Ausgang des Fermenters wurde das Meßgas erhitzt, um Kondensation zu vermeiden. Die Reproduzierbarkeit war gut, so daß bei Anwendung der inneren Eichung (Zugabe von bekannten Substanzmengen in den Fermenter) quantitative Aussagen möglich sind.

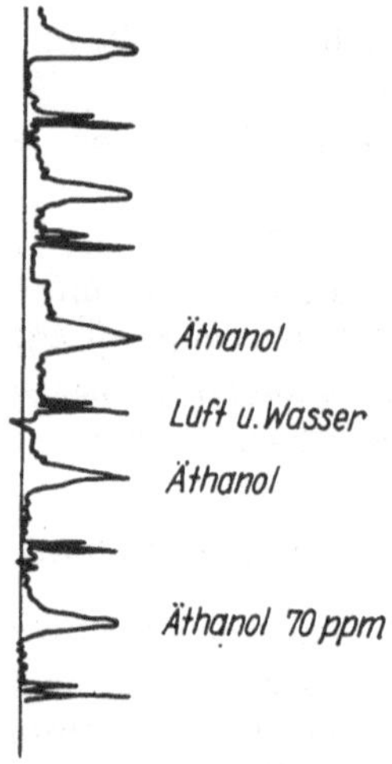


Abb. 6. Äthanol-Nachweis in der Fermenterabluft mittels Prozeßgaschromatograph (Fermenter mit Wasser gefüllt, Äthanolkonzentration: 70 ppm)

| Bedingungen: | | |
|---|---|---|
| | Wasserstoff | 0,16 |
| | Luft | 0,3 kp · $cm^{-2}$ |
| | Trägergas | 1,0 |
| | Empf. | 3 |
| | Komp. Ber. | 1 |
| | Eingangswid. | $10^{10}$ |
| | Anal. Zeit | 5 min Daueranalyse |
| | Luftdurchsatz im Ferm. | 200 l · $h^{-1}$ |
| | Überdruck im Ferm. | 0,4 kp · $cm^{-2}$ |
| | Temp. im Analysator | 100 °C |
| | Probemenge | 16 ml |
| | Trennsäule | Porapak Q, 25 cm |

## Diskussion

TSCHIRKOW: Wenn im Prozeß Instabilität entsteht, kann man dann durch den Charakter der Veränderung der Gaszusammensetzung die Ursache der Instabilität bestimmen?
TRUCKENBRODT: Die Aussagekraft und Verwertbarkeit der Informationen der Abgasanalyse bei Störungen hängt in großem Maße vom Prozeß bzw. der Prozeßfüllung selbst ab. Bei Kenntnis aller möglichen Ursachen, die eine Veränderung im Gasstoffwechsel oder auch verfahrenstechnisch nach sich ziehen (z. B. Druckschwankungen, Temperaturstörungen, Rührwerkstillstand, Fehldosierungen u. ä.), kann nach dem Prinzip des Ausschlußverfahrens die Ursache der Prozeßstörung festgestellt werden.

PÁCA: Wie oft müssen die $O_2$- und $CO_2$-Analysatoren geeicht werden?

TRUCKENBRODT: Eichungen sollten vor jedem Fermentationszyklus durchgeführt werden.

PÁCA: Wie groß sind die Abweichungen der $O_2$- und $CO_2$-Meßwerte von den Eichwerten nach 160stündiger Fermentationszeit?

TRUCKENBRODT: Die Abweichungen beziehen sich größtenteils auf die Nullpunktdrift (5%). Bei $O_2$- und $CO_2$-Meßbereichen von 4% entspricht das einer Änderung von maximal 0,2%.

KLAPPACH: Ist die Verbesserung des $O_2$-Überganges nach Zugabe von Entschäumer auf eine Verbesserung von $K_l$ oder $K_la$ zurückzuführen?

TRUCKENBRODT: Es tritt sowohl eine Erhöhung der Grenzfläche a durch bessere Gasblasenverteilung als auch eine Erhöhung des $O_2$-Überganges ein.

KLAPPACH: Wird der Verlauf der Fermentation nach Substratzugabe, d. h. nach zeitweiliger Aufhebung bis zum Wiedererreichen der Substratlimitation, für kinetische Untersuchungen genutzt?

TRUCKENBRODT: Nein, kinetische Untersuchungen wurden nicht durchgeführt.

*Akademie der Wissenschaften der DDR*
*Institut für technische Chemie, Leipzig*

# Die fermentationstechnische Aussage von biogenen Signalen

A. SCHMIDT, H. BRAUER und G. RHAN

Die meßtechnischen Ausrüstungen der Industriefermentoren und der handelsüblichen Laborfermentoren sind durch eine Informationslücke gekennzeichnet. Diese Lücke wird deutlich sichtbar, wenn man den Fermentationsprozeß nach systemanalytischen Gesichtspunkten untersucht. Im vorliegenden Falle wurde der Prozeß nach den einzelnen Phasen und der Größe der Untersysteme geordnet. Auf diese Weise erhält man die Darstellung des Fermentationsprozesses als Ordnungshierarchie mit den beiden Niveaus: Dem Niveau der Fermentation mit den Untersystemen Gasphase, Medium, Population

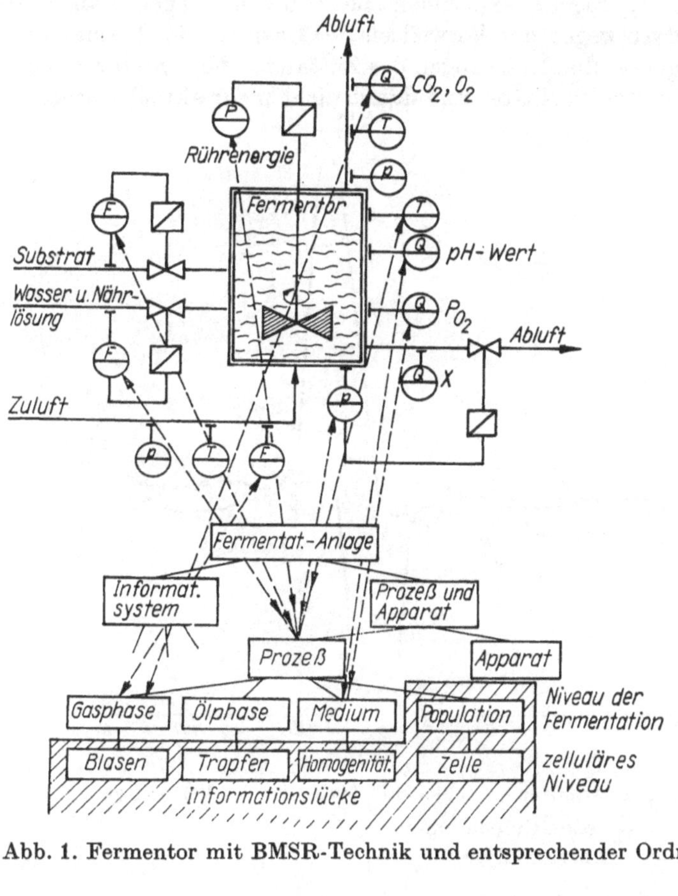


Abb. 1. Fermentor mit BMSR-Technik und entsprechender Ordnungshierarchie

und gegebenenfalls Ölphase, wenn das Kohlenstoffsubstrat ein Kohlenwasserstoff ist und dem zellulären Niveau mit den Untersystemen Blase, Homogenitätsbereich, Zelle und gegebenenfalls Tropfen.

Die bekanntgewordenen Mechanismen der Stoffübergänge in Fermentationssystemen nehmen für den Sauerstoffübergang den Weg über die wäßrige Lösung oder die Versorgung über Mikrobläschen an [1]. Gleichsinnige Mechanismen treffen für die Kohlenwasserstofftransportwege aus der Ölphase in die Mikroorganismenzelle zu [2]. Welcher der Mechanismen im speziellen Fermentationsregime auch zutreffen sollte, fest steht, daß durch die Wechselwirkung zwischen den Untersystemen des zellulären hierarchischen Niveaus die Stoffübergänge bewirkt werden und geschehen.

Vergleicht man nun das Hierarchieschema mit den gebräuchlichen BMSR-Schemen der Labor- und Industriefermentoren unter Beachtung der für den Ablauf der aeroben Fermentationsprozesse unbedingt notwendigen Stoffübergänge, wird offenbar, daß man nur aus indirekten Messungen auf den Zustand der Untersysteme des zellulären Niveaus schließen kann. So ist es möglich, den spezifischen Sauerstoffübergang zu berechnen und daraus den Sauerstoffübergangskoeffizienten zu erhalten, der implizit die Gas-Flüssigkeits-Grenzfläche einschließt.

Ähnliche Berechnungen sind auch für den Übergang der Kohlenwasserstoffe möglich. Eine weitere indirekte Größe ist der aus den Werten der Abgasanalyse zugängliche Respirationsquotient. Eigene experimentelle Untersuchungen haben aber ergeben, daß die Abgasanalyse wegen der Verweilzeit der Gasphase im Fermentor und der Totzeit der Analysengeräte die Änderungen des Zustandes der Untersysteme des zellulären Niveaus 2 bis 5 Minuten verspätet und damit nicht mehr aktuell anzeigt.

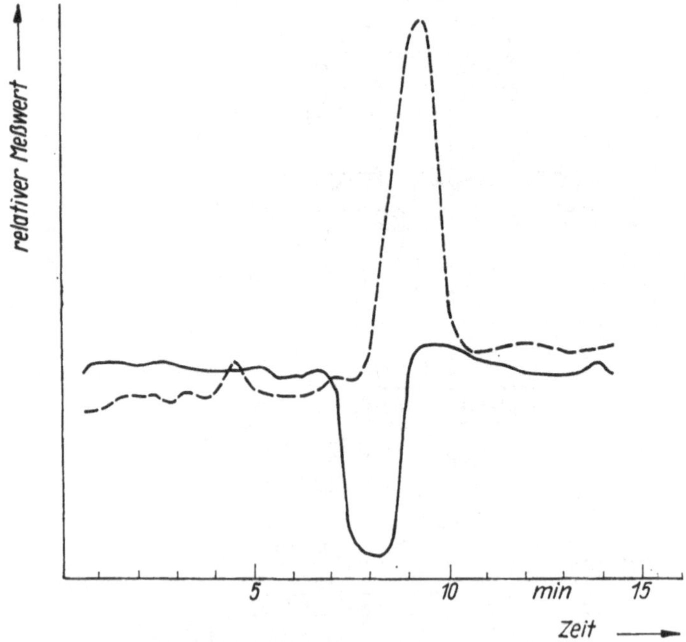


Abb. 2. Zeitverhalten verschiedener Meßwerte im Fermenter

——————— redox-Cytochrom-c

— — — — Abluftanalyse

Auch dieser experimentelle Befund läßt sich aus dem Hierarchieschema herauslesen, wenn man bedenkt, daß mit der Ordnungshierarchie eine Zeithierarchie verknüpft ist. Die beiden hier zu betrachtenden hierarchischen Niveaus, das „zelluläre" und das der „Fermentation", unterscheiden sich im zeitlichen Ablauf ihrer Prozesse um zwei Zehnerpotenzen. Das entspricht auch der allgemeinen Erfahrung, daß die übergeordneten Prozesse langsamer als die untergeordneten verlaufen.

Wegen solcher systemanalytischen Überlegungen haben wir seit Jahren begonnen, eine Reihe von Meßtechniken zu entwickeln, um diese Informationslücke zu schließen [3]. Dazu zählen Meßmethoden zum Bestimmen der Blasengröße und der Blasengrößenverteilung, worüber STOLL et al. [4] bereits berichtet haben. Diese Meßgrößen bezeichnen wir wegen ihrer fermentationstechnologischen Aussage als Homogenitätsparameter. Die Leistungsfähigkeit dieser Messungen konnten wir nachweisen, indem wir einen noch quantitativ zu bestimmenden Zusammenhang zwischen dem Homogenitätsparameter und den Ertragskoeffizienten fanden [5]. Inzwischen ist in der Literatur dazu von anderer Seite berichtet worden [6].

Die weiteren Meßmethoden gehören zum Gebiet der Photometrie und betreffen die Messung des Cytochrom-c an Fermentationsmedien nach Menge und redox-Zustand [7] und fluorometrische Messungen, wobei wir eingedenk der möglichen Unsicherheiten die Emmissionsspektren zwischen 430 und 480 nm dem NADH zunächst zuordnen.

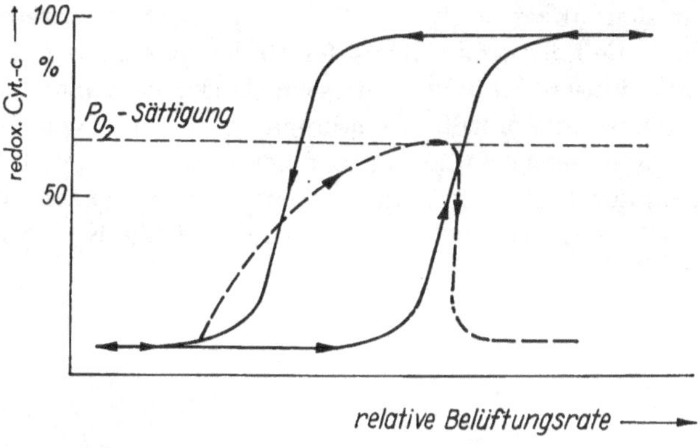


Abb. 3. Hystereseschleife
redox-Cytochrom-c in Abhängigkeit
——— redox-Cytochrom-c
— — — — $P_{O_2}$-Änderung

Die fermentationstechnologische Bedeutung dieser Meßmethoden ergibt sich auch aus dem Steuerungsaspekt der Kybernetik. Die Aussage der Kybernetik zur Steuerung von Hierarchiesystemen lautet: Zwischen den Eingangsgrößen und den Ausgangsgrößen der Hierarchiesysteme lassen sich keine eindeutigen Zuordnungen finden [8]. Zur eindeutigen Zuordnung ist selbst beim einfachsten Hierarchiesystem, dem Arbeitszylinder der Dampfmaschine, die Kenntnis des Zustandes des Systems nötig, hier im Beispiel ist es die Kenntnis über die Stellung des Steuerschiebers. Wir haben in früheren Arbeiten eine dazu passende Beobachtung am Fermenter machen können: Das Hystereseverhalten des redox-Zustandes des Cytochrom-c gegenüber der Änderung der Belüftungsrate. Die

Gelöstsauerstoffkonzentration, welche im allgemeinen als repräsentativ für die Sauerstoffversorgung angesehen wird, kann auf der Hystereseschleife nicht eindeutig abgebildet werden [9].

Aus dieser Betrachtung läßt sich der Schluß ziehen, daß Meßgrößen, die das Verhalten der Untersysteme des zellulären hierarchischen Niveaus kennzeichnen, gegenüber den Meßgrößen des hierarchischen Niveaus der Fermentation Zustandsgrößen im kybernetischen Sinne sind.

Die Meßgrößen, die wir direkt aus den Mikroorganismenzellen des Fermentationssystems ableiten, bezeichnen wir kurz als „biogene Signale". Aus unseren Arbeiten über diese biogenen Signale sollen nun einige Ergebnisse vorgestellt werden.

Während die redox-Cytochrommessungen auf Absorptionsmessungen im Sichtbaren beruhen, sind die neueren Untersuchungen mittels Fluoreszenz an Fermentationssystemen vorgenommen worden. Sowohl aus Gründen der Schwierigkeit der quantitativen Fluorometrie wie auch wegen der noch laufenden photometrischen Grundlagenarbeiten wurden nur qualitative fluorometrische Aussagen erwartet und erhalten. Die Sicherheit in den Aussagen der qualitativen fluorometrischen Meßwerte ließ sich aber erhöhen, wenn synchron zur Fluorometrie die redox-Änderungen des Cytochrom-c photometriert wurden. Für diese Untersuchungen wurde folgender Versuchsaufbau verwendet. Die Küvetten des Cytochromgerätes und des Fluorometers werden in Reihe im Bypass des Fermenters betrieben. Der Bypass enthält eine Umlaufpumpe und kann mittels eines Nebenschlusses für sich, abgetrennt vom Fermenter betrieben werden. Im Falle des Nebenschlusses werden die Küvetten mittels der Umlaufpumpe von einem geschlossenen Strom des Fermentationsmediums durchflossen. Untersucht man nun mit dieser Meßanordnung den Fermentationsprozeß, so können eine Reihe von Informationen erhalten werden, die erst aus der Verknüpfung der beiden Signale entstehen. Die hier zu betrachtenden Signaländerungen erscheinen, wenn der Nebenschluß geschlossen wird und wegen der Abreicherung des mitgeführten Sauerstoffs die Kultur in einen reduzierten Zustand übergeht.

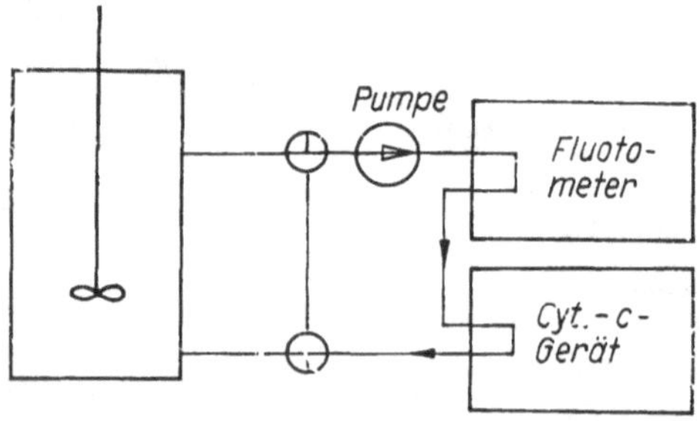


Abb. 4. Versuchsaufbau zum Ableiten von ‚biogenen Signalen' aus Fermentationsprozessen

Verfolgt man nun einen gegen Kohlenstofflimitation laufenden batch-Prozeß des Systems Hefe/Saccharose, so ist man in der Lage, mittels der beiden Signale und ihrer Verknüpfung den Zustand der Population zu erkennen und den Phasen des Wachstumsprozesses eindeutig zuzuordnen. Die zur lag-Phase gehörigen Signaländerungen sind dadurch gekennzeichnet, daß das Cytochrom-c in den reduzierten Zustand übergeht, die Änderungen des NADH-Signals aber entgegen der Erwartung eine Abnahme der Fluoreszenzintensität zeigt, weil ein physikalischer Effekt überlagert ist.

Diese Abnahme wird mit zunehmendem Verlauf des batch-Prozesses geringer und es tritt ein Zustand ein, bei dem nur das Cytochromsignal reagiert, die Fluoreszenzintensität aber unverändert bleibt. Während der exponentiellen Wachstumsphase ist eine Zunahme des Reduktionsgrades aus dem Verlauf der beiden Signale zu ersehen. Das Cytochrom-c geht von oxidiert nach reduziert und die Fluoreszenzintensität nimmt zu, was als Zunahme des NADH-Anteils interpretiert werden kann. Sobald der batch-Prozeß in die stationäre Phase übergeht, tritt zwischen dem Einsetzen der beiden Signalände-

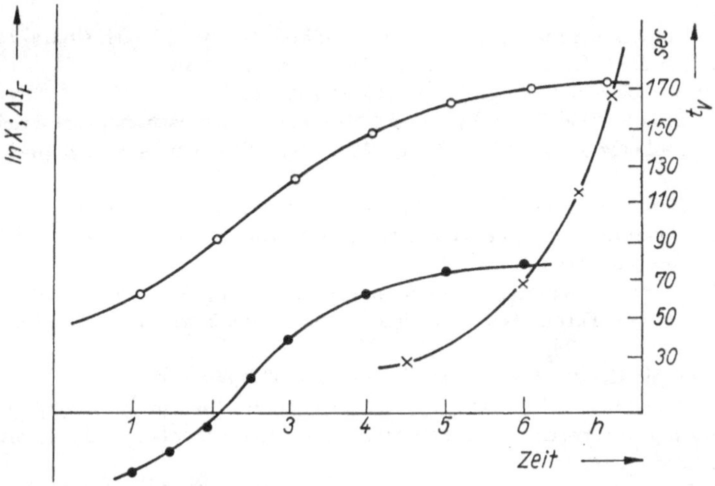


Abb. 5. Die zeitliche Verknüpfung von Biomassewachstum, redox-Cytochrom-c und NADH-Signal

— ○ — X = Biomasse in relativen Einheiten

— ● — $\Delta_F$ = Fluoreszenzintensität in relativen Einheiten

— × — $t_V$ = Zeitverzug in Sekunden

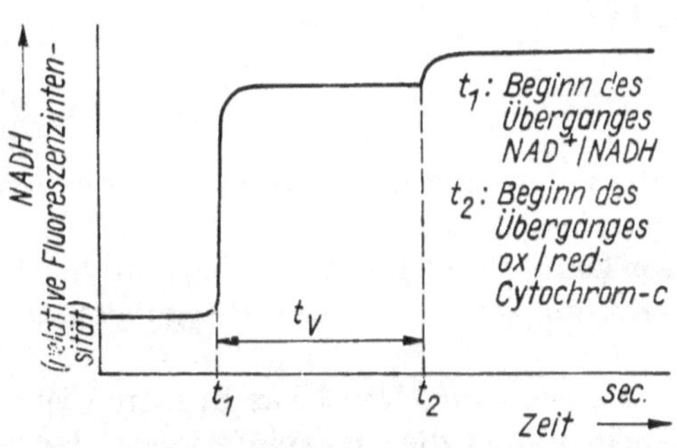


Abb. 6. Die zeitliche Verknüpfung von redox-Cytochrom-c und $NAD^+/NADH$

rungen ein Zeitverzug ein. Zuerst erfolgt die Zunahme der Fluoreszenzintensität und zwar in Form von zwei aufgestockten e-Funktionen. Mit Beginn der zweiten e-Funktion geht das Cytochrom-c aus dem reduzierten in den oxidierten Zustand über. Dieser Zeitverzug $t_v$ nimmt mit steigender Limitation zu und läßt sich durch die Zugabe von Kohlenstoffsubstrat wieder verringern. Bei dem Übergang in die stationäre Phase konnte weiterhin beobachtet werden, daß sich zusätzlich zum Zeitverzug zwischen dem Einsetzen der beiden Signale auch die Größe des Anstieges der zweiten, aufgestockten

e-Funktion des Fluoreszenzsignals ändert. Dieser Anstieg verringert sich beim Übergang in die stationäre Phase.
Diese ersten Ergebnisse sind reproduzierbar und Gegenstand vertiefender Arbeiten, die von O. SERFAS et al. [10] im Hinblick auf die photometrischen Grundlagenarbeiten besorgt werden.

## Literatur


[1] MIMUEA, A. et al.: Biotechn. Bioengin. Sympos. No 4, (1973) 467—84, Charakteristic Phenomena of Oxygen Transfer in Hydrocarbon Fermentation

[2] MIURA, Y. et al.: Biotechn. Bioengin. **19** (1977) 701—14

[3] SCHMIDT, A., H. BRAUER, I. DU PUITS und G. RHAN: Wissenschaftliche Berichte der Ingenieurhochschule Leipzig, **18** (1975) 43—48, Meßtechn. Probleme aus d. Bereich d. Mikrobiologie

[4] STOLL, P., P. FREIBERG, W. RICHTER: VI. Reinhardsbrunner Symposium der Sektion Mikrobiologie; Meßverfahren zur Charakterisierung des physikalischen Milieus von Mikroorganismen an Fermentoren 1978

[5] ROST, H.-J., D. HEGENBARTH: Ingenieurarbeit, Techn. Hochschule. Köthen „Einfluß von Gradienten auf den Fermentationsprozeß — Meßtechnik am Laborrührkesselfermentor“ 1976

[6] SITTIG, W. und H. HEINE: Chem. Ing. Techn. **49** (1977) 595—605

[7] BRAUER, H.: Dissertation Ing.-Hochsch. Leipzig „Meßtechnische Erfassung eines zur direkten Rückführung auf Fermentationsprozesse geeigneten Signals aus der Atmungskette der Mikroorganismen“ 1975

[8] LERNER, A. JA.: Grundzüge der Kybernetik, Verlag Technik, Berlin 1970

[9] SCHMIDT, A., and D. BALZER: IFAC-Symposium on Control Mechanisms on Bio- and Ecosystems, 1977, 202—207, Steuerung des Wachstums mikrobieller Populationen mittels biogener Signale

[10] SERFAS, O., A. SCHMIDT, W. GEYER und G. SCHÖN: VI. Reinhardsbrunner Symposium der Sektion Mikrobiologie, Die Kopplung von Laborfermentor u. Spektralphotometer als biotechnologisches Forschungsmittel, 1978


## Diskussion

PACA: Wenn Sie photometrische Methoden anwenden, haben Sie Schwierigkeiten mit Wandwachstum von Mikroorganismen?
SCHMIDT: Im allgemeinen haben wir keine Probleme. Unter bestimmten Bedingungen, besonders bei niedrigen Fließgeschwindigkeiten, können Belegungen der Küvettenfenster beobachtet werden.
LYR: Die Einführung einer Redox-Messung für Cytochrom-Spektren ist außerordentlich interessant. Relativ leicht scheinen mir die Interpretationen der Extremwerte (reduziert, oxydiert). Wie würden Sie aber die Zwischensituationen einschätzen, wo ja quasi-stationäre Zustände vorhanden sind, bei der Zuordnung zu Wachstums- bzw. Produktionsprozessen?
SCHMIDT: Für das Cytochrom-c-Signal haben wir Bistabilität gefunden, wie auch aus der gezeigten Hystereseschleife, welche steile Flanken aufweist, hervorgeht. Es ist daher nur mittels experimenteller Kunstgriffe möglich, Zwischenwerte für das redox-Cytochrom-c-verhältnis einzustellen. Das gelingt beim Betreiben von Schlaufenreaktoren, beispielsweise beim Tauchstrahlfermentor. Der redox-Zustand ist dann von der Umlauffrequenz abhängig.

*Akademie der Wissenschaften der DDR*
*— Institut für technische Chemie —*

# Die Durchführung kinetischer Untersuchungen in Laborfermentoren

G. Klappach, D. Weichert und K. Tannenberger

Kinetische Untersuchungen an Fermentationsprozessen werden durchgeführt, um verallgemeinerungsfähige Kenntnisse über den Zeitverlauf und über die Wirkung von Einflußfaktoren auf die Geschwindigkeit und den Umsatz zu erhalten sowie Schlußfolgerungen für die Optimierung und Automatisierung diskontinuierlicher und kontinuierlicher Fermentationsprozesse abzuleiten. Im Mittelpunkt kinetischer Untersuchungen steht deshalb meist die spezifische Wachstumsrate $\mu$ und die Wirkung von Einflußfaktoren auf diese.

Die quantitative Kenntnis der Abhängigkeit der spezif. Wachstumsrate $\mu$ von der limitierenden Substratkonzentration ist erforderlich für eine optimale Versorgung der Kultur mit allen erforderlichen Komponenten — den Sauerstoff bei aeroben Prozessen eingeschlossen, aber auch zur Vermeidung toxischer Effekte bei zu hohen aktuellen Konzentrationen von Bestandteilen des Nährmediums.

In der Literatur sind zahlreiche Methoden zur Ermittlung von $\mu$ beschrieben, die unterschiedlichen Aufgabenstellungen angepaßt sind.

Die Ermittlung der Abhängigkeit der spezif. Wachstumsrate $\mu$ von der aktuellen Konzentration einer Komponente des Nährmediums erfordert in der kontin. Fermentation unter den Bedingungen des steady-state einen hohen Zeitaufwand, da stets bis zur gesicherten Einstellung eines stabilen, bilanzwürdigen steady-state eine Einstellzeit von mindestens 3 Verweilzeiten abgewartet werden muß. Die Durchführung derartiger Untersuchungen in der diskontin. Fermentation ist mit einigen erheblichen und zum Teil so dramatischen Nachteilen verbunden, daß sie die Anwendung dieser Untersuchungsmethode für diesen Zweck überhaupt ausschließen. Es sind dies: Die Einstellung relativ hoher Substratkonzentrationen und die Ausbildung relativ geringer Biomassekonzentrationen sowie Nachteile, die sich aus ihrer Kombination ergeben.

Bei vielen Substraten sind derartige Untersuchungen zur Ermittlung der Abhängigkeit der spezifischen Wachstumsrate $\mu$ von einer aktuellen Substratkonzentration weder in diskontinuierlichen Versuchen noch unter den Bedingungen des steady-state in der einstufigen kontinuierlichen Fermentation durchführbar, weil

- die relativ hohe aktuelle Substratkonzentration von negativem physiologischen Einfluß auf das Wachstum ist oder weil
- höhere aktuelle Substratkonzentrationen unter den genannten Bedingungen überhaupt nicht einstellbar sind. Dies ist bei den sog. nicht bevorratbaren Substraten wie z. B. dem Sauerstoff der Fall, der in der wäßrigen Kulturlösung nur in äußerst geringer Menge löslich ist und deshalb durch Stofftransportprozesse mit ausreichender Geschwindigkeit bis zur Zelle zu transportieren ist.

Nachfolgend werden zwei für unterschiedliche Zielstellungen erarbeitete Methoden vorgestellt.

## 1. Methode zur Bestimmung von $\mu$ bzw. $\mu_{max}$ in Abhängigkeit von der aktuellen Konzentration eines inhibierenden Substrates

Aus dem bekannten Monod-Modell läßt sich für das betrachtete Fermentationssystem quantitativ ablesen, bei welcher Substratkonzentration die maximale spezifische Wachstumsrate $\mu_{max}$ möglich ist und welche aktuellen Substratkonzentrationen, die als Triebkraft im Gleichgewicht vorliegen müssen, bei verschiedenen Verweilzeiten der kontinuierlichen Fermentation zu erwarten sind.
Mit der Kenntnis dieser aktuellen Substratkonzentrationen ist auch eine Einschätzung der unumgänglichen Substratverluste bei einstufiger kontinuierlicher Fermentation möglich. Bei einer Vielzahl von Substraten liefert das Monod-Modell auch quantitative Aussagen über die kritische Substratkonzentration, oberhalb derer die spezifische Wachstumsrate $\mu$ unabhängig von der Substratkonzentration also von 0. Ordnung wird und eine stabile kontinuierliche Fermentation möglich ist.
Die im System Hefe/Äthanol zu erwartenden Abweichungen der funktionellen Abhängigkeit der spezifischen Wachstumsrate von der aktuellen Substratkonzentration bringen einen neuen Sachverhalt. Bei höheren aktuellen Äthanolkonzentrationen im Fermentationsmedium wird eine Verringerung der Wachstumsgeschwindigkeit beobachtet. Da in diesem System offenbar kein oder nur ein eng begrenztes Gebiet nullter Ordnung existiert, ist hier mit instabilen Bereichen für die Reaktionsführung zu rechnen. Aus diesem Grund ist eine gesicherte Kenntnis der qualitativen und quantitativen Zusammenhänge die notwendige wissenschaftl. Basis für die sichere Beherrschung der Äthanolverhefung. Analoges gilt für alle Substrate mit gleichem Einfluß auf das Mikroorganismenwachstum. Zur Beschreibung dieser funktionellen Abhängigkeit der spezifischen Wachstumsrate von der aktuellen Äthanolkonzentration sollte auf der Basis experimenteller Befunde ein Modell aufgestellt werden, das das Verhalten wiedergibt, das sich als Resultierende der zwei gegenläufigen Prozesse

— Wachstum und
— Wachstumshemmung

bei steigender Substratkonzentration ergibt.

Hierzu war eine geeignete Untersuchungsmethode zu entwickeln, die die Bestimmung der spezif. Wachstumsrate bei verschiedenen aktuellen Äthanolkonzentrationen zuläßt.
Wir wählten hierzu eine spezielle Kombination von diskontinuierlicher und kontinuierlicher Fermentation. In einer kontinuierlichen Fermentation wird bei hoher Produktivität eine hohe Biomassekonzentration im Fermenter angezüchtet. Durch etwas reichliche Dosierung der Nähr- und Spurensalze wird eine solche Akkumulation dieser Nährlösungskomponenten erreicht, daß in der sich anschließenden diskontinuierlichen Phase der Biomassezuwachs nicht durch einen Mangel dieser Elemente limitiert wird.
Nach dem Abstellen der Dosierung werden während der diskontin. Phase lediglich Äthanol als C-Quelle und Ammoniaklösung als N-Quelle weiter dosiert, was zwar zu einer geringen Volumenzunahme, nicht aber zur Strömung durch den Reaktor (mit einer bemerkenswerten Verweilzeit) führt. Aus dem Verlauf der vorangegangenen kontinuierlichen Versuchsphase ist die Geschwindigkeit des Substratverbrauchs gut bekannt.

In der diskontin. Versuchsphase wird die Äthanoldosierung entsprechend erhöht, um einen stetigen Anstieg der aktuellen Äthanolkonzentration im Fermentationsmedium auszulösen.
Um während der diskontin. Versuchsphase den zeitlichen Verlauf der Biomassekonzentration in kurzen Zeitintervallen zu ermitteln, nutzen wir den Zusammenhang zwischen Stickstoffverbrauch und Protein- bzw. Biomassebildung aus. Umfangreiche Untersuchungen bestätigen, daß folgende Voraussetzungen für die Anwendung einer solchen Methode für die Biomassebestimmung gegeben sind:

— Konstanz des N-Gehaltes der Biomasse,
— keine Bildung saurer Stoffwechselprodukte, die „Neutralisationsammoniak" verbrauchen,
— Vermeidung von $NH_3$-Verlusten mit dem Gasstrom,
— keine Bildung wasserlöslicher Stickstoffverbindungen,
— pH-Konstanz,
— Temperaturkonstanz,

Da der zugeführte Ammoniak nachweislich nur für die Biomassebildung verbraucht wird, kann er über die pH-Regelstrecke dem Fermentationsmedium zugeführt werden. Durch ständige Bilanzierung der dosierten Ammoniakmenge besteht die Möglichkeit, die gebildete Biomassemenge und ihre zeitliche Veränderung (die Produktivität) sofort zu ermitteln.

$$x_t = \frac{(M_{Fo} \cdot X_o + \text{ml}\,\text{NH}_3 \cdot \text{F})}{\left(M_{Fo} + \frac{\text{NH}_3}{1000} + \frac{\text{ml}_{\text{Äth.}} \cdot t \cdot \varrho_{\text{Äth.}}}{60000}\right)}$$

$$\text{F} = \frac{\text{C}_{\text{NH}_3}}{100} \cdot \alpha^x_{\text{NH}_3}$$

$$x_t = a_0 \cdot a_1 t + a_2 t^2 + a_3 t^3$$

$$\dot{x}_t = a_1 + 2a_2 t + 3a_3 t^3$$

$$\mu = \frac{\dot{x}t}{x_t}$$

Mit den so erhaltenen Daten für $x$ und $\dot{x}$ wird dann die spezifische Wachstumsrate berechnet.
Durch gaschromatographische Analysen wird die zum jeweiligen Zeitpunkt im Fermentationsmedium aktuelle Äthanolkonzentration ermittelt.
Weiterhin werden gemessen:

— die gelöst Sauerstoffkonzentration, um eine $O_2$-Limitation auszuschließen,
— $O_2$- bzw. $CO_2$-Gehalt der Abluft,
— Rührerleistung, -drehzahl und Begasungsintensität.

Der Gesamtverlauf der diskontinuierlichen Versuchsphase ist in Abbildung 1 dargestellt.

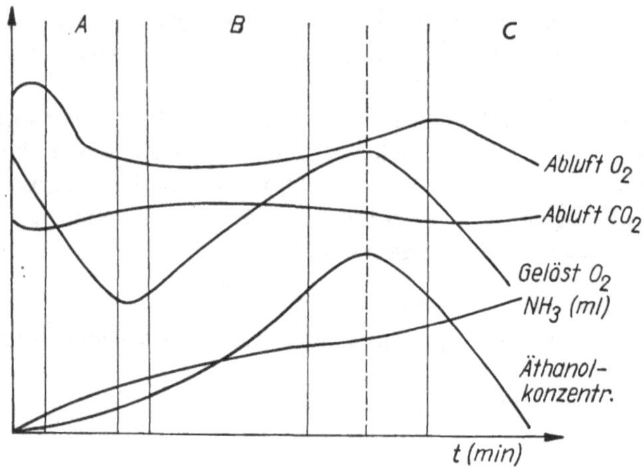


Abb. 1. Zeitverlauf einiger Meßgrößen während der diskontinuierlichen Versuchsphase

Phase A: Nach Beginn der diskontin. Versuchsphase steigt die aktuelle Äthanolkonzentration nur gering an, $\mu$ geht zurück, wir beobachten starken $NH_3$-Verbrauch, die gelöst-$O_2$-Konz. fällt deutlich ab.

Phase B: Im weiteren Verlauf geht $\mu$ mit dem weiteren Anstieg der akt. Äthanolkonzentration zurück, erkennbar am sinkenden $NH_3$-Verbrauch; in der Abluft steigt der $O_2$-Gehalt an, die $CO_2$-Bildung bleibt konstant oder steigt sogar etwas an.

Phase C: Nach Abstellen der Äthanoldosierung wird das im Medium akkumulierte Substrat utilisiert, $\mu$ steigt wieder an, die verstärkte Biomassebildung zeigt sich am stärkeren $NH_3$-Verbrauch; deshalb sinkt auch der gelöst $O_2$ wieder, der $O_2$-Partialdruck sinkt.

Nach totalem Verbrauch des Äthanols kann der Versuch wiederholt werden.
Die erhaltenen Wertepaare für die spezifische Wachstumsrate $\mu$ und die korrelierende aktuelle Äthanolkonzentration werden dann für die Ermittlung der Konstanten und Koeffizienten in einem statist. Modellansatz benutzt.

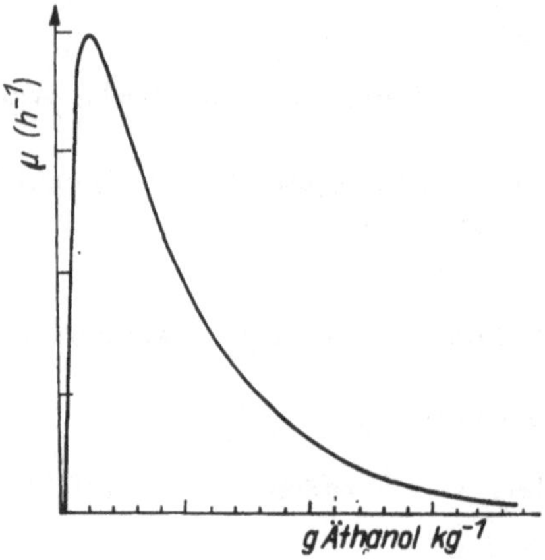


Abb. 2. Abhängigkeit der spezifischen Wachstumsgeschwindigkeit von der aktuellen Äthanolkonzentration

Die graphische Darstellung dieses funktionellen Zusammenhanges zwischen $\mu$ und $C_{\bar{A}}$ zeigt ein deutliches Maximum; danach fällt die spezifische Wachstumsrate mit steigenden Substratkonzentrationen schnell ab. Der $\mu_{max}$-Wert stellt einen charakterist. Punkt dar, der den Bereich stabiler Fermentationszustände in der kontin. Fermentation von dem Bereich labiler Fermentationszustände trennt, die bei einer zu hoch gewählten Substratdosierung auftreten. Aus dieser Tatsache lassen sich sowohl Schlußfolgerungen für eine sichere und ökonomische Reaktionsführung, aber auch Kriterien für eine Selektion neuer Stämme ableiten.

## 2. Methode zur Bestimmung von $\mu$ in Abhängigkeit von der Konzentration des gelösten Sauerstoffs ($PO_2$)

Wegen der sehr geringen Löslichkeit des Sauerstoffs im wäßrigen Fermentationsmedium kann der Sauerstoffverbrauch nicht größer sein als die Sauerstoffübergangsgeschwindigkeit aus der Gasphase. Die Begrenzung des Wachstums durch die Sauerstoffübergangsgeschwindigkeit ist deshalb ein häufig beobachteter Zustand der aeroben Fermentation. Bei sauerstofflimitierten Prozeßzuständen besteht der allgemein bekannte Zusammenhang zwischen Produktivität und Sauerstoffübergangsgeschwindigkeit.

$$\dot{x} = \alpha_{O_2}^{x} \cdot r_{O_2}$$

Die Übergangsgeschwindigkeit des Sauerstoffs aus der Gasphase in die wäßrige Phase wird durch folgende Gleichung beschrieben.

$$r_{O_2} = k_L a \,(C_S - C_L)$$

Ausgehend von dem $k_L a$-Modell von Valentin lassen sich folgende Möglichkeiten für die Beeinflussung der Sauerstoffübergangsgeschwindigkeit ableiten:

1. Veränderung des Leistungseintrages
2. Veränderung der Begasungsintensität
3. Einsatz ausgewählter Tenside
4. Erhöhung des $O_2$-Partialdruckes

Diese Maßnahmen können einzeln oder in Kombination angewendet werden, um eine gezielte Erhöhung der Sauerstoffübergangsgeschwindigkeit und damit der Produktivität zu erreichen.

Zur Darstellung der Zusammenhänge zwischen $O_2$-Übergang und Produktivität wird zweckmäßigerweise das $\dot{x}/x$-Diagramm verwendet.

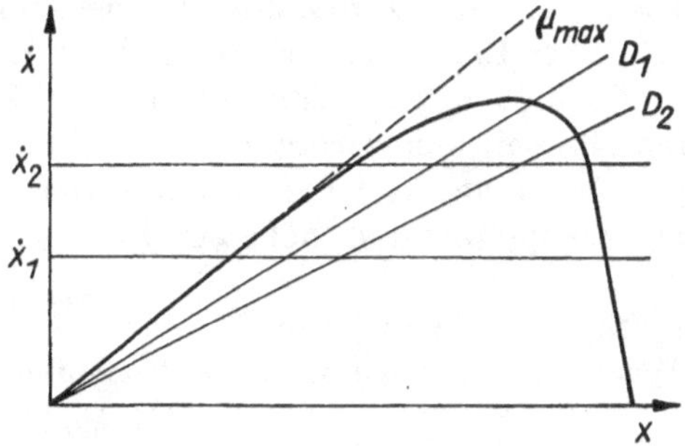


Abb. 3. Schematische Darstellung der Wirkung von $O_2$-Limitationen auf die Produktivität

Limitationen durch den Sauerstoffübergang zeigen sich im $\dot{x}/x$-Diagramm als Limitationslinien parallel zur x-Achse, also Linien konstanter, durch die Sauerstoffübergangsgeschwindigkeit bestimmter Produktivitäten. In dieser Darstellung wurden die durch die Linien 1 und 2 dargestellten Niveaus der Produktivität durch unterschiedliche Geschwindigkeiten des Sauerstoffübergangs verursacht, wobei durch die Schnittpunkte der Verweilzeitlinie mit den Linien für die Produktivitätsniveaus die in der kontinuierlichen Fermentation zu erwartende Biomassekonzentration bestimmt ist. Durch Änderung des Leistungseintrages, der Begasungsintensität, des Sauerstoffpartialdruckes oder durch Tensideinsatz sind verschiedene solcher durch die $O_2$-Übergangsgeschwindigkeit bestimmter Produktivitätsniveaus einstellbar.

In Abbildung 4 ist die Produktivitätsentwicklung bei Erhöhung der Sauerstoffübergangsgeschwindigkeit schematisch dargestellt. Bei einer Erhöhung der Sauerstoffübergangsgeschwindigkeit vom Niveau 1 auf das Niveau 2 wird die zeitlich schnelle

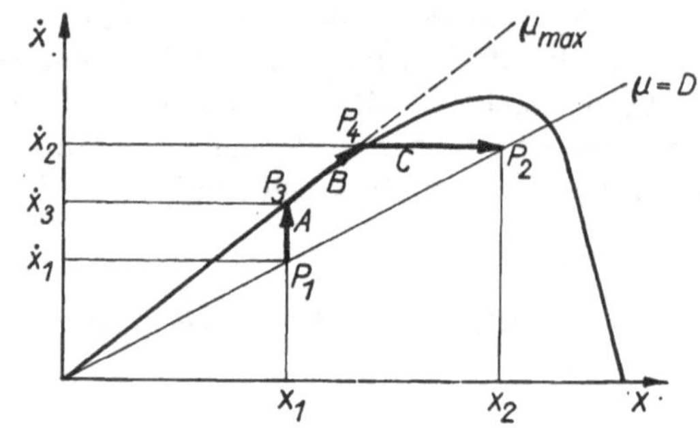


Abb. 4. Produktivitätsanstieg (schematisch) während des Übergangszustandes nach Erhöhung der Sauerstoffübergangsgeschwindigkeit

Produktivitätszunahme der unter Sauerstofflimitation gehaltenen Kultur bei konstanter Biomassekonzentration $x_1$ nur von $P_1$ längs des Weges $A$ bis $P_3$ erfolgen. Hier wird der Sauerstoffbedarf der Kultur mit der Biomassekonzentration $x_1$ voll gedeckt. Als Folge des höheren Sauerstoffeintrages gegenüber dem derzeitigen Sauerstoffverbrauch wird sich gelöster Sauerstoff im Kulturmedium akkumulieren. Gelöst-$O_2$-Konzentrationen von einigen Milligramm (je nach gewählter Verweilzeit und Biomassekonzentration) werden gemessen. Deshalb ist längs des Weges zwischen $P_3$ und $P_4$ eine Produktivitäts- und Biomassezunahme zu beobachten. In der 3. Etappe erfolgt dann auf dem neuen Produktivitätsniveau längs des Weges $C$ die Annäherung an den neuen steady-state $P_2$.

Als Ursache für diese Entwicklung wird folgender kausaler Zusammenhang gesehen:

Unter Sauerstofflimitation wird eine bestimmte spezifische Wachstumsgeschwindigkeit realisiert. Die im Übergangszustand auftretende Akkumulation von gelöstem Sauerstoff im Kulturmedium führt zu einer schnellen Erhöhung der spezifischen Wachstumsgeschwindigkeit. Damit ist unter den Bedingungen der kontinuierlichen Fermentation ein Biomassezuwachs möglich. Durch allmählichen Verbrauch des gelösten Sauerstoffs sinkt die spezifische Wachstumsrate wieder und der Biomassezuwachs wird dadurch begrenzt. Es bildet sich ein neuer steady-state auf höherem Produktivitätsniveau aus.

Dabei ergibt sich zwangsläufig die Frage nach gesicherten quantitativen Zusammenhängen zwischen der spezifischen Wachstumsrate $\mu$ und der aktuellen Konzentration an gelöstem Sauerstoff im Medium.

Zur konkreten Auswertung des auch für die Sauerstofflimitation verwendbaren Modellansatzes nach Monod werden Wertepaare von $\mu$ und $C_L$ benötigt. Der Untersuchungsmethode liegt die Tatsache zugrunde, daß im Übergangszustand von einem steady-state zu einem anderen steady-state nach sprunghafter Erhöhung der Sauerstoffübergangsgeschwindigkeit zeitweise ein Anstieg der gelöst-$O_2$-Konzentration erfolgt, der mit membranbedeckten Elektroden gut meßbar ist. Bisher wurde dieser Übergangszustand nicht oder sehr wenig für die Bilanzierung oder andere Untersuchungen herangezogen.
Zur Bestimmung der Wachstumsrate $\mu$ wird die Bilanzgleichung für die kontinuierliche Fermentation im homogen durchmischten Rührfermentor für den instationären Zustand umgestellt:

$$\frac{dx}{dt} \neq 0$$

$$\mu = \frac{1}{x}\frac{dx}{dt} + D$$

Während des Übergangszustandes werden in bestimmten Zeitabständen Proben entnommen und die Biomassekonzentration zum jeweiligen Zeitpunkt bestimmt. Die zu verschiedenen Zeiten ermittelten Biomassekonzentrationen werden nach einem Polynom als Funktion der Zeit mit einem Regressionsansatz ausgeglichen.

$$x_{(t)} = a_0 + a_1 t + a_2 t^2 + \cdots$$

Durch Einsetzen dieser Zeitfunktion für $x$ und ihrer Ableitung für $\frac{dx}{dt}$ in obige Gleichung können für beliebige Zeitpunkte die Werte für $\mu$ berechnet werden und dann der zum gleichen Zeitpunkt gemessenen aktuellen gelöst-$O_2$-Konzentration zugeordnet werden.
Die Auswertung der Wertepaare für $\mu$ und $C_L$ wurde auf einem Rechner unter Verwendung eines linearisierten Ausdruckes für das Monod-Modell vorgenommen. Die experi-

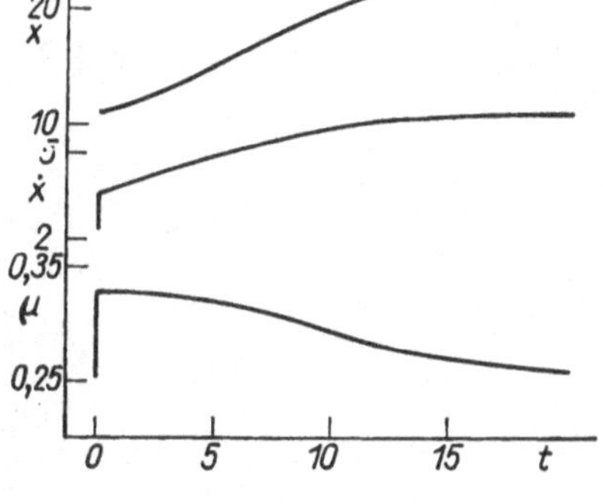


**Abb. 5.** Zeitverlauf einiger Fermentationsparameter im Übergangszustand nach Erhöhung der Sauerstoffübergangsgeschwindigkeit

mentellen Untersuchungen wurden mit einer n-alkan-utilisierten Candida durchgeführt. In der Abbildung 5 sind die Ergebnisse der Untersuchung eines solchen Übergangszustandes zusammengefaßt dargestellt.

Die beschriebene Untersuchungs- und Auswertemethodik ermöglicht mit relativ geringem experimentellen Aufwand und unter Nutzung eines programmierbaren Kleinrechners Untersuchungen zur Abhängigkeit der spezif. Wachstumsrate $\mu$ von der aktuellen gelöst-Sauerstoffkonzentration durchzuführen. Die Auswertung instationärer Zustände ist zwar im mathematischen Aufwand umfangreicher, was aber bei dem heutigen Stand der Rechentechnik nicht mehr hindernd im Wege steht, so daß die Vorteile der sehr viel einfacheren experimentellen Durchführung für die Einführung solcher Untersuchungsmethoden sprechen.

*Staatliches Institut für Immunpräparate und Nährmedien Berlin*

# Optimierung der Sauerstoffübertragungsgeschwindigkeit bei der Produktion des Toxins von Corynebakterium diphtheriae

H. E. Nikolajewski, S. Rustenbach, S. Mebel und L. Meineke

Das Toxin des *C. diphtheriae* ist ein Protein mit dem Molekulargewicht von ca. 60000. Es wird während der Kultivation von *C. diphtheriae* in das Kulturmedium ausgeschieden. Nach Reinigung und Detoxifizierung mit Formalin dient es als Impfstoff zur Diphtherieprophylaxe. Zur Produktion des Toxins werden heute Rührfermenteren verwendet, wobei vorzugsweise Oberflächenbelüftung angewendet wird, um der starken Schaumbildung durch den Pepton-Nährboden entgegenzuwirken.
Das Ziel unserer Untersuchungen war es, das Toxin in einem einfachen Blasensäulenfermentor mit einem im Vergleich zu anderen Verfahren relativ großen Produktionsvolumen von 100 bis 125 l zu gewinnen. Bei der Entwicklung des Verfahrens war die Optimierung der Sauerstoffübertragung ein wesentlicher Bestandteil der Untersuchungen.

## Material und Methoden

Die Bestimmung der Sauerstoffübertragungsgeschwindigkeit erfolgte nach Cooper et al. (1944) mittels Messung der Geschwindigkeit der Sulfitoxidation in mmol $O_2/l \cdot h$. Die nach dieser Methode erhaltenen Werte werden im Folgenden als Sulfitwerte (S) bezeichnet.
Züchtungsmedium: Pope-Bouillon, 1% Maltose, 1,5% Glycerin
Impfmaterial: *C. diphtheriae*, Stamm Park Williams 8 Weißensee
Schüttelversuche; Temperatur 36 °C
Frequenz 100/min, Amplitude 4 cm
Die Menge des gebildeten Toxins wird in Lf-Flockungseinheiten — mit einem präzipitierenden Antidiphtherie-Standardserum — Standards vom Tarassevitsch-Institut —, Moskau — gemessen.

## Ergebnisse

Die Bedeutung der Sauerstoffübertragungsgeschwindigkeit bzw. der Menge an gelöstem Sauerstoff während der Phase der Toxinbildung wurde in den Untersuchungen von P. van Hemert (1971) nachgewiesen.
Diese Ergebnisse, die während der Kultivation von C. diphtheriae in einem oberflächenbelüfteten Fermentor mit Hilfe einer Sauerstoffelektrode erhalten wurden, machen deutlich, daß Toxinbildung nur eintritt, wenn in dieser Phase ein Absinken des Partialdruckes an gelöstem Sauerstoff gegen Null vermieden wird.
Um die Abhängigkeit der Toxinausbeute vom Belüftungsgrad zu bestimmen, wurde

die Änderung der Sulfitwerte (S) (mmol $O_2$/l · h) mit der Toxinbildung korreliert. In einer Versuchsreihe wurden 1 l-Erlenmeyerkolben mit unterschiedlichem Volumen an Sulfitlösung bei konstanter Temperatur, Frequenz und Amplitude geschüttelt. Parallel erfolgte die Züchtung von *C. diphtheriae* in Schüttelkulturen mit entsprechender Variation der Kulturvolumina bei gleichem Impfmaterial und Keimdichte.
Nach Abbildung 2 steigen die Sulfitwerte mit fallendem Füllvolumen an.

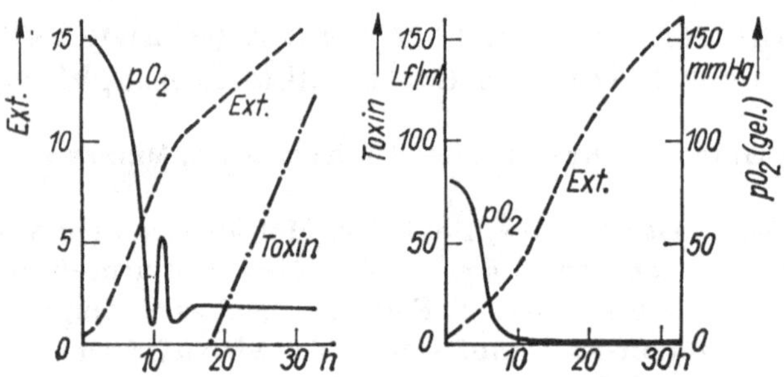


Abb. 1. Abhängigkeit der Toxinbildung von $O_2$-Partialdruck nach P. VAN HEMERT

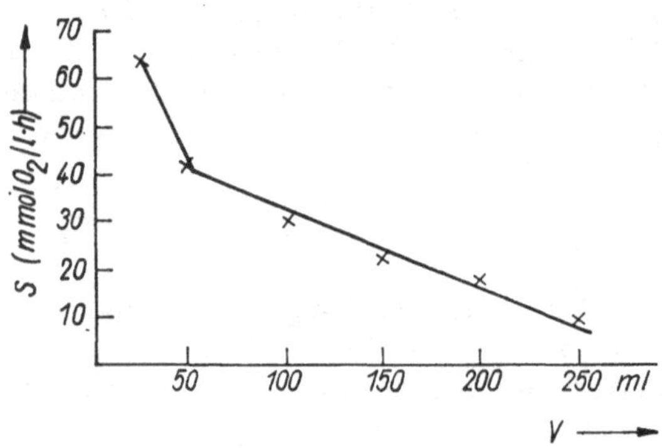


Abb. 2. Abhängigkeit der Sulfitwerte (S) vom Füllvolumen der 1 l—Erlenmeyerkolben

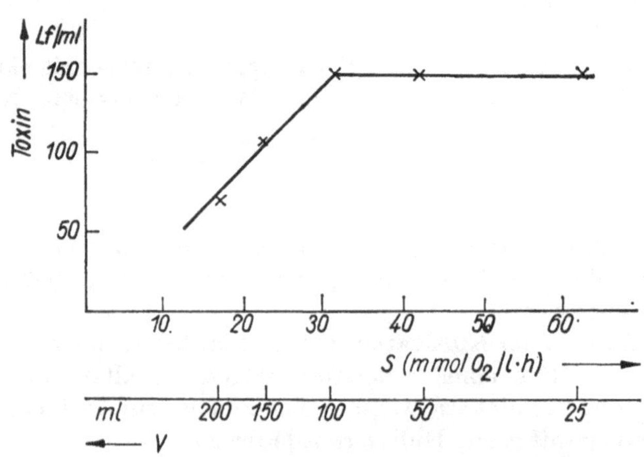


Abb. 3. Korrelation der Sulfitwerte (S) mit den Toxinausbeuten

Weiterhin besteht eine Korrelation zwischen den Sulfitwerten und der Toxinausbeute. Die Ergebnisse zeigen, daß bis zu einem Sulfitwert von 30 mmol $O_2$/l · h eine beträchtliche Steigerung der Toxinausbeute erreichbar ist, jedoch eine weitere Erhöhung der Sauerstoffübertragung im System Schüttelkolben keine Verbesserung der Toxinausbeute bewirkt.

Ausgehend von den Ergebnissen der obigen Versuche wurden 0,5 l-Blasensäulenfermenter mit unterschiedlichen Belüftungssystemen eingesetzt.

Nach der Geschwindigkeitsgleichung für die Lösung von Sauerstoff kann $\frac{\mathrm{d}c}{\mathrm{d}t}$ durch Vergrößerung der Grenzfläche $F$ und der Sättigungskonzentration $c_s$ erhöht werden:

$$\frac{\mathrm{d}c}{\mathrm{d}t} = \frac{DF}{\delta}(c_s - c)$$

$D$ cm²/h — Sauerstoffdiffusionskoeffizient
$F$ cm⁻¹ — Grenzfläche Gas/Flüssigkeit pro Liter Flüssigkeit
$\delta$ cm — Dicke der Filmschicht
$c_s$ mmol/l — Sättigungskonzentration des gelösten Sauerstoffs
$c$ mmol/l — Konzentration des gelösten Sauerstoffs in Lösung

Mittels Verkleinerung und gleichzeitiger Zunahme der Anzahl der Gasdurchtrittsdüsen wurde $F$ und durch Einsatz von reinem Sauerstoff anstelle von Luft $c_s$ erhöht.

Im 0,5 l-Blasensäulenfermenter wurden die Sulfitwerte für unterschiedliche Bedingungen der Sauerstoffübertragung ermittelt und mit den unter diesen Bedingungen erhaltenen Toxintitern verglichen (s. Tabelle).

*Tabelle*

*Untersuchungen zur Diphtherietoxinproduktion in Blasensäulenfermentern*

| | System Blasensäulenfermentor GV (l) | FV (l) | Gasdurchsatz l/min | Sulfitwerte mmol/l · h | Toxintiter Lf/ml |
|---|---|---|---|---|---|
| A | 1,0 | 0,5 | 1 l Luft | 9 | 40 |
| A | 1,0 | 0,5 | 2 l Luft | 12 | 40 |
| B | 1,0 | 0,5 | 1 l Luft | 16 | 80 |
| A | 1,0 | 0,5 | 0,3 l $O_2$ | 22 | 150 |
| A | 1,0 | 0,5 | 1 l $O_2$ | 30 | 150 |
| B | 1,0 | 0,5 | 1 l $O_2$ | 50 | 160 |
| B | 20,0 | 10,0 | 10 l $O_2$ | 37 | 170 |
| B | 160,0 | 120,0 | 12 l $O_2$ | 34 | 160 |

A — Gaseinleitungsrohr
B — Gaseinleitungssystem, hergestellt aus einem zur Spirale eingerollten perforierten Gummi- bzw. Silikonschlauch
FV — Füllvolumen (l)
GV — Gesamtvolumen (l)

Durch entsprechende Konstruktion des Gaseinleitungssystems (Beispiel B, Tabelle) und bei Verwendung von reinem Sauerstoff konnten Sulfitwerte erzielt werden, die mit

Werten aus der Literatur (ELSWORTH et al.) für oberflächenbelüftete Rührfermenter vergleichbar sind.
Bei der Maßstabsvergrößerung von 0,5 l auf das endgültige Produktionsvolumen von 120 l wurden die Bedingungen für die Sauerstoffübertragung so gewählt, daß ein Sulfitwert von 30—40 mmol $O_2$/l · h erzielt wurde. Damit wurde die in den Optimierungssystemen Schüttelkolben bzw. 0,5 l-Blasensäulenfermenter ermittelte maximale Toxinausbeute auch im Blasensäulenfermenter mit einem Füllvolumen von 120 l erreicht.

## Zusammenfassung und Diskussion

In den Untersuchungen wurde in Schüttelkolben die Abhängigkeit des Sauerstofftransports vom Füllvolumen mit Hilfe der Sulfitmethode bestimmt. Die gefundenen Sulfitwerte wurden daraufhin mit den bei unterschiedlichen Füllvolumina gefundenen Toxinausbeuten verglichen. Ausgehend von diesen Versuchen konnten unter Benutzung der Sulfitwerte im Blasensäulenfermenter die Bedingungen für maximale Toxinausbeuten ermittelt werden. Die Maßstabsvergrößerung führte anschließend von 0,5 l Versuchseinheiten zum endgültigen Produktionsvolumen von 120 l. Um jedoch im System Blasensäulenfermenter eine für die maximale Toxinausbeute notwendige Sauerstoffübertragungsgeschwindigkeit zu erreichen, mußte anstelle von Luft reiner Sauerstoff verwendet werden.
Allerdings muß bemerkt werden, daß die Übertragung der im Schüttelkolben ermittelten Ergebnisse auf das System Blasensäulenfermenter nur mit einer gewissen Einschränkung möglich ist.

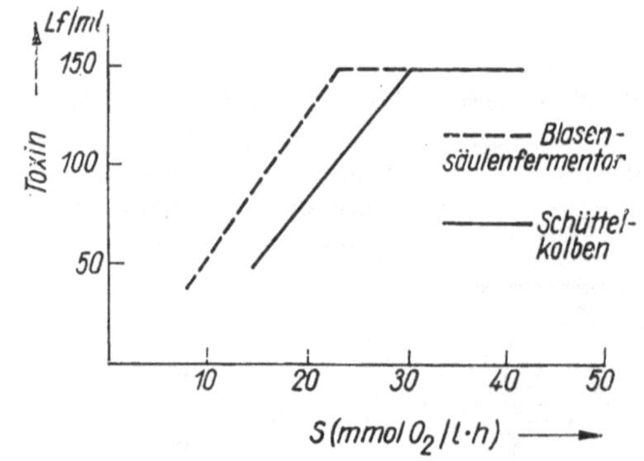


Abb. 4. Korrelation der Toxinausbeute mit Sulfitwerten (S) bei Versuchen im Schüttelkolben und bei Versuchen im Blasensäulenfermenter

In der Abbildung 4 findet man, daß im Blasensäulenfermenter bei einem etwas niedrigerem Sulfitwert als im Schüttelkolben die maximale Toxinausbeute erreicht wird. Nimmt man die Toxinausbeute als biologischen Indikator für die Effektivität des Sauerstofftransports, so muß der Sauerstoffübergang in beiden Systemen unter den gegebenen Züchtungsbedingungen unterschiedlich beeinflußt werden. Als wichtige Größe für diesen Einfluß wurde die gegenüber der Sulfitlösung weitaus niedrigere Grenzflächenspannung im Kulturmedium angesehen. Um den Einfluß der Grenzflächenspannung auf die beiden Systeme zu ermitteln, wurde die Sulfitlösung mit Hilfe grenzflächenaktiver Substanzen an die Grenzflächenspannung des Kulturmediums angeglichen. Tatsächlich konnte bei Herabsetzung der Grenzflächenspannung unter sonst gleichen Bedingungen im Blasensäulenfermenter eine Erhöhung des Sulfitwertes um 39% erreicht werden. Dagegen zeigten die Sulfitwerte in den Schüttelkolbenversuchen keine Abhängigkeit von der Grenzflächenspannung.

## Literatur

[1] Cooper, C. M., G. A. Fernstrom et S. A. Miller: Ind. Eng. Chem. **36** (1944), 504
[2] van Hemert, P.: Dissertation, Technische Hochschule Delft (1971)
[3] Elsworth, N., V. Williams et R. J. Harris-Smith: Appl. Chem. (1957), 261

## Diskussion

Polikar:

1. Bitte geben Sie eine kurze Beschreibung des Fermenters!
2. Haben Sie versucht, auch Toxin mit einem geringeren Maltoseanteil zu gewinnen, und wurde der pH-Wert der Glukose reguliert?
3. Wie erfolgt die Detoxifizierung des Toxins?
4. Welchen Reinheitsgrad des Toxins haben Sie erzielt?

Nikolajewski:

1. Der Fermenter besteht aus einem 160-l-Glasgefäß (Rasotherm).
   Die Temperaturregelung erfolgt in einem Wasserbad mit Relaisschaltung. Die Luft bzw. der Sauerstoff wird mit Hilfe eines perforierten, schneckenförmig aufgerolltem Schlauches eingetragen.
2. In unserem Medium wurden durch den Anteil der Kohlenstoffquellen (1% Maltose und 1,5% Glycerin) Bedingungen geschaffen, die in den meisten Fällen eine pH-Regelung während der Kultivation überflüssig machten.
3. Die Detoxifizierung erfolgte wie üblich mit Formalin.
4. Der Reinheitsgrad ist 1500—2000 LF pro mg Proteinstickstoff.

*Direktionsbereich Forschung und Entwicklung des VEB Arzneimittelwerk Dresden*

# Probleme des Übergangs von der Schüttelkultur zur Rührkultur bei industriell genutzten Askomyzeten

K.-D. Volzke, K. Breuel und G. Bärwald

## Einleitung

Bei der Entwicklung von Fermentationsverfahren bildet der Schüttelkolben nach wie vor die methodische Basis für den schrittweisen Aufbau eines stabilen Systems aus den beiden Komponenten Mikroorganismus und Milieu. Die Klärung der qualitativen wie quantitativen Bedingungen dieses Systems liefert den Ansatz für die weitere Verfahrensentwicklung und soll bereits möglichst genaue Ableitungen über Aufwand und Nutzen des zukünftigen Produktionsverfahrens ermöglichen.
Die Projektion der im Schüttelkolben gewonnenen Resultate auf den Fermenter bzw. auf die späteren Produktionsverhältnisse unterliegt jedoch bestimmten Einschränkungen. Ein Teil der Einschränkungen resultiert aus den Problemen der Übertragbarkeit von Ergebnissen bei Maßstabsvergrößerungen. Dieser Problemkreis soll im folgenden nicht näher erörtert werden. Es wird vielmehr ein nicht weniger problematischer Teil von Einschränkungen betrachtet, die beim Übergang vom Schüttelkolben in den Laborfermentor entstehen. Zu diesem Zeitpunkt erfährt das ursprüngliche System einige drastische Änderungen. So treten mit der Zugabe von Antischaummitteln oder mit der Wirkung von Scherkräften qualitativ neue Faktoren in das System ein, und in quantitativer Hinsicht erhöht sich vor allem die Konzentration des gelösten Sauerstoffs.
Da in der Schüttelkultur von Aerobiern der Sauerstoff unter den insgesamt begrenzenden Faktoren des Systems eine zentrale Stellung einnimmt, kann es mit der Beseitigung dieser Limitation in der Rührkultur zu erheblichen Verschiebungen in der Hierarchie der Faktorenwirkungen kommen. Diese Verschiebungen erfordern eine erneute Stabilisierung des Systems, was in der Regel zu Veränderungen im Substratverbrauch bzw. in der Biomassebildung führt.
Zahlreiche Fermentationsprozesse haben jedoch nicht nur eine maximale Substratausnutzung für eine maximale Biomasseproduktion zum Ziel, sondern die Gewinnung spezieller Zwischen- oder Endprodukte des Zellstoffwechsels. Bei Veränderungen im Bereich der Substrate oder der Kulturentwicklung sind daher auch Folgereaktionen zu erwarten, die die erforderliche Überproduktion des jeweiligen Metaboliten beeinflussen. Diese Beziehungen werden besonders deutlich bei der Gewinnung von Sekundärmetaboliten, deren Biosynthese an spezifische, substratregulierte Differenzierungsprozesse des Zellstoffwechsels gebunden ist.

## Darstellung der Ergebnisse

Die bei dem Übergang von der Schüttel- zur Rührkultur auftretenden Probleme sollen an drei Vertretern der Askomyzeten, die für die technische Mikrobiologie im Bereich der Pharmazie von aktueller Bedeutung sind, demonstriert werden (Abb. 1). Es wurden zwei Vertreter aus der Gruppe der Schimmelpilze ausgewählt, beide wachsen auf Komplexmedien.

| Objekte | Produkte | Substrate |
|---|---|---|
| Aspergillus ochraceus | alkalische Protease | Glucose, Laktose, Sojamehl, übliche Salze |
| Penicillum urticae | Griseofulvin | Glucose, Maisquellwasser, übliche Salze |
| Claviceps purpurea | Mutterkorn-alkaloide | Saccharose, Citrat, $NH_4OH$, übliche Salze |

Abb. 1.

*Aspergillus ochraceus* bildet ein Primärstoffwechselprodukt, *Penicillium urticae* einen typischen Sekundärstoff. Das dritte Beispiel liefert *Claviceps purpurea*, ebenfalls ein bekannter Sekundärstoffbildner; seine Nährlösungsansprüche zeigen einige Besonderheiten, die durch seine Lebensweise als hochspezialisierter Parasit an Gramineenblüten erklärbar sind.

In allen 3 Fällen wurden in Schüttelkolben optimierte Systeme entwickelt. Die hierbei erzielten Produktausbeuten dienen als Basis für die folgenden Vergleiche.

### *Aspergillus ochraceus*

*Aspergillus ochraceus* (Abb. 2) wächst in einem Nährmedium, das Glukose und Laktose als C-Quelle, Sojamehl als N- u. P-Quelle sowie anorganische Komponenten enthält. Bei einer Zuckerkonzentration von 80 g/l (75% Rohglukose, 25% Serol) und einer Brutto-Stickstoffkonzentration von 1,8 g/l wird innerhalb von 12 Tagen eine spezifische alkalische Protease synthetisiert, die ein hochwirksames Thrombolytikum darstellt. Die Substrate liegen am Ende der Fermentation noch im Überschuß vor.

Wird die Substratkonzentration gesenkt, kommt es zu einer Ausbeuteminderung; die weitere Erhöhung der Substratkonzentration hat dagegen keinen Einfluß auf die Ausbeute.

Obwohl die Gelöstsauerstoffkonzentration meßtechnisch im Schüttelkolben schwer faßbar ist, kann dieser Faktor hier als limitierend für das System angesehen werden. Der Fermentationsverlauf in der Rührkultur (2 l-Fermenter) zeigt nämlich (Abb. 3), daß bei gleichen Ausgangsbedingungen in der Nährlösung die gleiche Ausbeute, und zwar in der Hälfte der Zeit erreicht wird; der Substratüberschuß ist reduziert, aber noch nicht vollständig abgebaut. Aus Versuchen in großtechnischen Fermentoren (8 $m^3$) geht hervor, daß eine Steigerung des $O_2$-Eintrags zu weiteren Ausbeuteerhöhungen bei gleichzeitigem Abbau des Substratüberschusses führt.

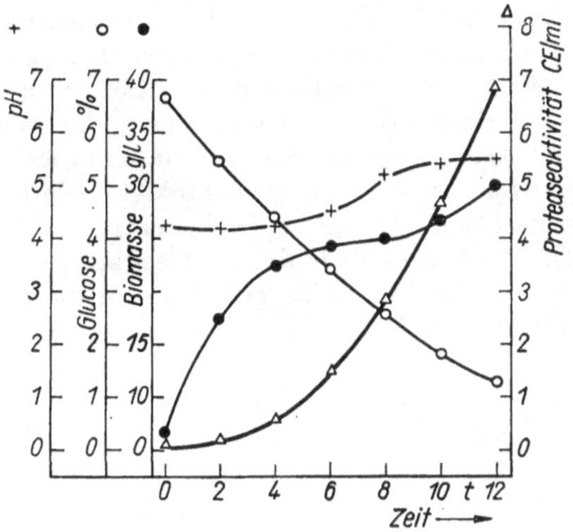


Abb. 2. Proteasebildung in Abhängigkeit von der Kulturführung — Schüttelkolben

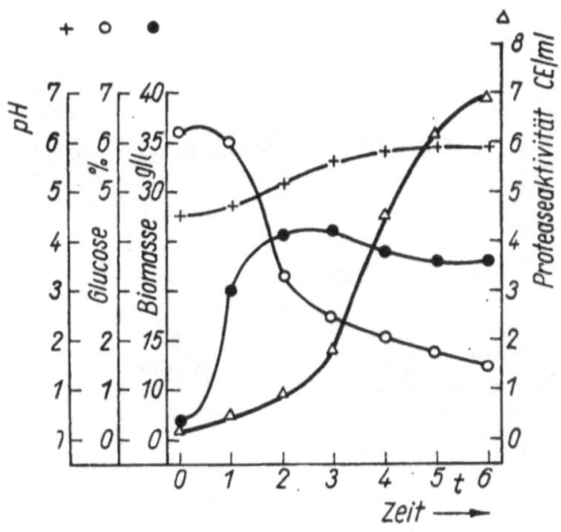


Abb. 3. Proteasebildung in Abhängigkeit von der Kulturführung — 2 l-Fermenter

### *Penicillium urticae*

*Penicillium urticae* (Abb. 4) wird in einem Medium mit technischer Glukose und Maisquellwasser sowie den üblichen Salzen kultiviert. Die organischen Komponenten sind nicht nur C- und N-Quelle, sondern gleichzeitig auch Vor- und Zwischenprodukte des Stoffwechsels. Sie bilden die Voraussetzung, daß die Griseofulvinsynthese mit maximaler Geschwindigkeit ablaufen kann. Bei der Substitution mit anorganischen Komponenten nimmt die Produktbildungsrate ab. In der Schüttelkultur wird bei einer Gesamtstickstoffkonzentration von 0,9 g/l und 70 g Rohglukose/l innerhalb von 18—20 Tagen die maximale Griseofulvinausbeute erreicht. Obwohl nachweislich bereits am 5. Kultivierungstag die Glukose limitiert, bringt ein Nachschub von Glukose keinen deutlichen Effekt. Unter der andauernden partiellen Sauerstofflimitation ist der Differenzierungsprozeß im Myzel so weit vorangeschritten, daß selbst bei Zuführung von Substraten keine Neusynthese von Biomasse und damit auch von Griseofulvin erfolgen kann. Erst unter Rührkulturbedingungen, wenn der Sauerstoffeintrag auf das

3- bis 5-fache erhöht wird, eröffnen sich Möglichkeiten, die Differenzierung zu beeinflussen und die Griseofulvinsynthese neu anzuregen. Dieser Prozeß ist energieaufwendiger und erfordert von vornherein ein höheres Substratangebot. Der Wirkungsgrad des Substrates für die Griseofulvinsynthese wird damit zu einer Funktion der $pO_2$-Konzentration. Unter technischen Bedingungen können partielle und totale Sauersstofflimitationen auftreten (beispielsweise bei stark eingeschränkter Belüftung, Rührerstillstand oder Antischaummittelzugabe infolge starker Schäumung), und bewirken, daß die vorliegende Glukose ohne Effekt auf die Griseofulvinsynthese assimiliert wird. Deshalb muß die aktuelle Glukosekonzentration gering gehalten und dynamisch an die gegebenen Bedingungen angepaßt werden.

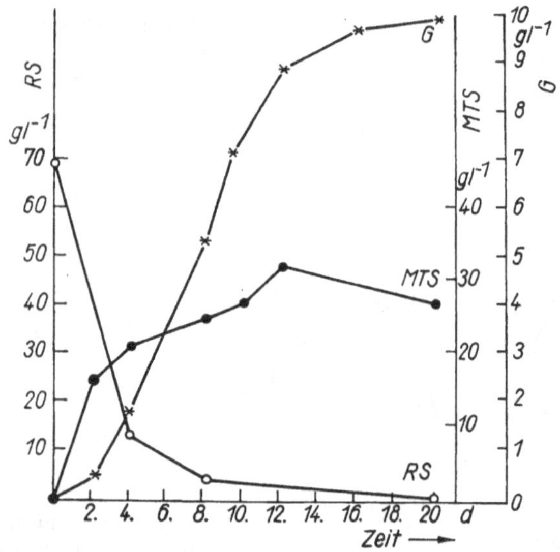


Abb. 4

*Claviceps purpurea*

*Claviceps purpurea* (Abb. 5) wird durch seine Substrate als Stoffwechselspezialist ausgewiesen. An die Stelle der gebräuchlichen Komplexmedien treten hier Saccharose, Zitronensäure und $NH_4^+$. Auffallend ist ferner, daß zur Gewährleistung einer langen Syntheseaktivität der Kultur die beiden C-Quellen bis zum Ende der Fermentation in hohem Überschuß vorhanden sein müssen. Die Alkaloidbildung wird über die Phosphatkonzentration des Mediums gesteuert; P-Überschuß fördert das Mycelwachstum und hemmt die Alkaloidbildung. Diese Beziehung verbietet es, eine maximale Produktausbeute über eine maximale Biomassebildung zu suchen, so daß das Ausbeute-Optimum nur über einen entsprechenden Kompromiß angestrebt werden kann.

Beim Übergang vom Schüttelkolben in den Laborfermenter (ein 2 l-Laborfermenter, der wahlweise mit Propeller-, Scheiben-, Turbinen- oder Blattrührern und Prallblechen ausgestattet werden kann) wurden folgende Phänomene beobachtet (Abb. 6):

Die Kulturzeit verkürzte sich um 50%, gleichzeitig sank die Alkaloidausbeute (Produkt/Volumen) auf ca. 25%. Auf Verringerung der Scherkräfte im Fermenter durch Demontage der Prallbleche und Austausch von Propeller- gegen Blattrührer reagierte die Kultur mit einem Anstieg der Ausbeuten auf 50% der Kontrolle im Schüttelkolben.

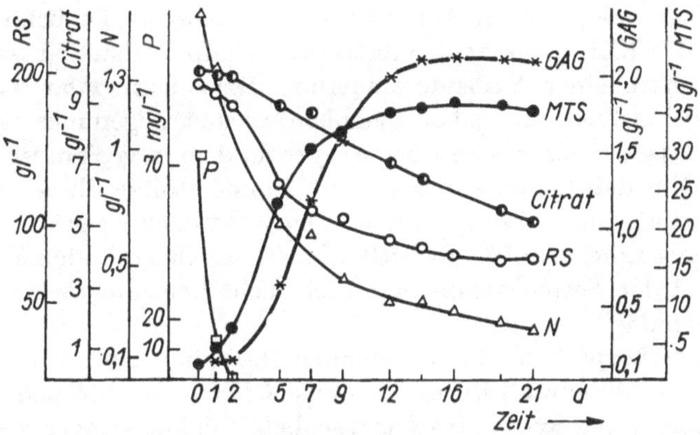


Abb. 5

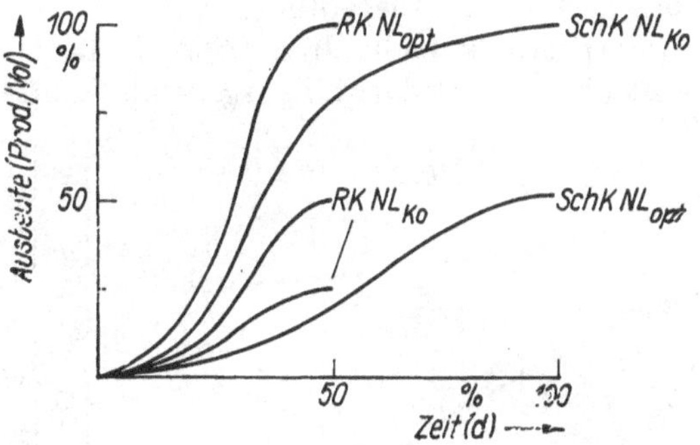


Abb. 6. Raum-Zeit-Ausbeute bei *Claviceps purpurea* in Schüttelkultur und Laborfermenter

Die Ausbeuten der Schüttelkultur wurden erst nach einer quantitativen Optimierung der Nährlösung erreicht. Diese optimierte Nährlösung rief vergleichsweise in der Schüttelkultur eine Ausbeutedepression bis zu 50% hervor.

## Diskussion

Die bekannte Beziehung, daß bei aeroben Prozessen vor allem die Gelöstsauerstoffkonzentration im Medium als begrenzender Faktor für die Prozesse des Zellstoffwechsels und damit für den Verlauf der Kultur zu berücksichtigen ist, gilt für den Schüttelkolben in besonderem Maße. Unter diesen Bedingungen wurden mit den 3 Mycelbildnern, die sich teils in der Art der Substratansprüche, teils in der Art des gebildeten Produktes unterscheiden, stabile Systeme erarbeitet. Als charakteristisch kann dabei gelten, daß der Protease- und der Alkaloidbildner für eine aximale Ausbeute bis zum Ende der Fermentation einen Überschuß an bestimmten Substraten benötigt, während für den Griseofulvin-bildner keine bzw. keine wesentliche Restkonzentration mehr erforderlich ist. Fällt mit dem Übergang in den Laborfermenter die strenge $O_2$-Limitation weg, kommt es erwartungsgemäß zu einer beträchtlichen Intensivierung des Stoffwechsels, die in allen 3 Fällen einheitlich die Kulturzeit um etwa die Hälfte verkürzt. Dieses einheitliche Verhalten führt aber je nach der Ausgangssituation, bei den einzelnen Stämmen zu einem unterschiedlichen Effekt, der sich deutlich in der Produktausbeute/Volumen niederschlägt.

Ein typisches Verhalten zeigt der Griseofulvinbildner (s. Abb. 4). Da bereits im Schüttelkolben am Ende der Kulturzeit kein Substratüberschuß vorhanden ist, kommt es im Fermenter spontan zu einer Ausbeuteminderung. Diese kann zwar relativ einfach durch eine Erhöhung der Substratangebote behoben werden, gegenüber dem Schüttelkolben entsteht dabei jedoch ein zusätzlicher Anspruch, dem in geeigneter Form Rechnung zu tragen ist. Um den für eine ungestörte Sekundärstoffsynthese erforderlichen Wechsel zwischen Aminierungs- und Desaminierungsreaktionen zu gewährleisten, darf im Fermenter das zusätzliche Substratangebot nicht durch eine einmalige Gabe zu Beginn bzw. während der Fermentation und auch nicht kontinuierlich erfolgen, sondern nur intermittierend.

Einen anderen Typ verkörpert der Proteasebildner. Das von Anfang an vorhandene, aber nicht voll nutzbare Substrat wird durch steigendes $O_2$-Angebot zunehmend aktiviert. Aus dem so optimierten System resultiert schließlich ohne weitere Substratzufuhr eine gegenüber dem Schüttelkolben gesteigerte Ausbeute.

Dem Substratüberschuß beim Mutterkornalkaloidbildner (Abb. 7) liegt dagegen ein anderes Prinzip zugrunde. Die weit über den Bedarf hinausgehende Konzentration des

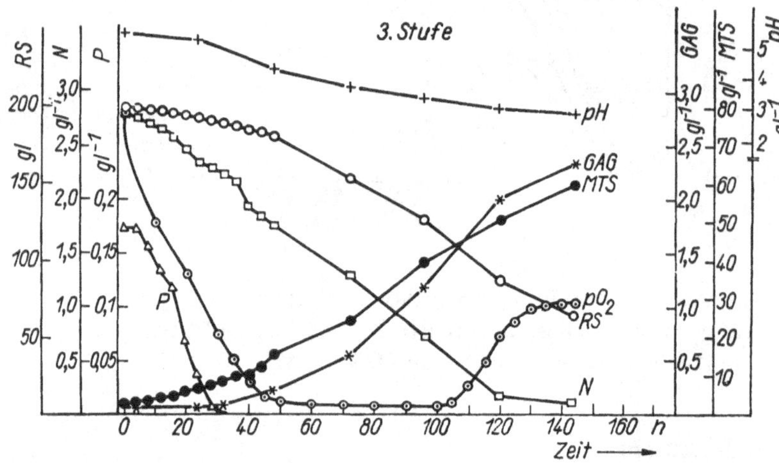


Abb. 7

Zuckers erfüllt offensichtlich die Funktion eines osmotischen Stabilisators. Infolge der Katabolitrepression wird zunächst nur die Glukosekomponente metabolisiert und im Interesse einer hohen Alkaloidausbeute muß die Saccharosekonzentration mit Fermentationsbeginn so gewählt werden, daß durch eine genügend hohe Restkonzentration des Glukoseanteils bis zum Ende der Fermentation ein Diauxie-Effekt vermieden wird. Insofern reagiert der Alkaloidbildner auf eine Verbesserung der $O_2$-Versorgung wie der Griseofulvinbildner mit einer Ausbeuteminderung, die erst nach einer quantitativen Optimierung des Substrates kompensiert wird.

Betrachtet man die Ausbeuteverhältnisse unter Berücksichtigung der zeitlichen Relationen (also Produkt/Volumen Zeit), so ergeben sich beispielsweise bei beiden Sekundärstoffbildnern trotz der absolut verringerten Beträge formal unveränderte Werte, da sich ja die Fermentationszeit erheblich verkürzt. Es ist jedoch leicht einzusehen, daß eine solche Beziehung beim Vergleich von Schüttel- und Rührkulturen für die eingangs genannten praktischen Fragestellungen keine relevanten Informationen liefert.

## Zusammenfassung

Drei verschiedene Vertreter fermentationstechnisch interessanter Askomyzeten wurden in ihrem Verhalten beim Übergang vom Schüttelkolben in den Laborfermenter verglichen. Von den zahlreichen qualitativen und quantitativen Veränderungen, die das ursprüngliche System dabei erfährt, wurde im einzelnen die Wirkung des erhöhten $O_2$-Angebotes im Medium betrachtet.
Alle drei Stämme reagierten einheitlich mit einer erhöhten Stoffwechselaktivität, die jedoch den unterschiedlichen Ausgangsbedingungen entsprechend zu unterschiedlichen Effekten führte. Eine erneute Stabilisierung der veränderten Systeme konnte in allen Fällen durch rein quantitative Veränderungen der bereits vorhandenen Substrate erreicht werden, qualitative Eingriffe waren nicht erforderlich.
Die Resultate weisen damit auf die Eignung der Schüttelkultur für gültige qualitative Aussagen zu Verfahrensentwicklungen mit Askomyzeten hin; weiterführende quantitative Fragen sollten dagegen im Laborfermenter geklärt werden.

## Diskussion

Durner: Welche Gesichtspunkte sprechen für die Schüttelkulturversuche bei der Erarbeitung von Produktionsverfahren? Stellen Sie nicht einen Zeitverlust dar, zumal die Bedingungen im Laborfermenter erneut untersucht werden müssen?
Wäre es nicht besser, von Anfang an ein Versuchstechnikum mit entsprechender Kapazität einzusetzen?
Volzke: Bestimmte Phasen der Verfahrensentwicklung erfordern oftmals sehr breit angelegte Untersuchungen zu Art und Menge der Einzelsubstrate oder zu ihrer Wechselwirkung untereinander gegenüber dem Mikroorganismus; ferner müssen ausreichende Voraussetzungen gegeben sein, um die Variationsbreite des Systems bzw. von Einzelkomponenten statistisch zu erfassen. Derartige Probleme können in der erforderlichen Breite am besten in der Schüttelkultur bearbeitet werden. Dabei ist vorauszusetzen, daß keine besonderen Erfordernisse, wie pH-Regulierung oder kontinuierlicher Substratnachschub, erfüllt werden müssen und der Fermentationsverlauf dem Wesen nach die charakteristischen Bedingungen widerspiegelt. Bei den von uns vorgestellten Systemen waren die Voraussetzungen für die umfangreiche Verwendung von Schüttelkulturen gegeben, in anderen Fällen kann es anders sein. Selbstverständlich kann und soll der Schüttelkolben nicht den Fermenter ersetzen, nach unseren Erfahrungen ist er aber eine unentbehrliche Stufe im technischen System der Verfahrensbearbeitung und vergleichsweise außerordentlich kostengünstig.
Borriss: Bei dem Übergang von der Laborschüttelkultur zur Fermenterkultur erhielten wir für den Glykoamylaseproduzenten Endomycopsis bispora ähnlich wie Herr Volzke stark veränderte Raum-Zeit-Ausbeuten. Im Fermenter war eine Beschleunigung der Enzymausschüttung unter gleichzeitiger Senkung der Absolutausbeute zu beobachten. Offenbar kommt es unter den verbesserten Bedingungen der Sauerstoffversorgung zu einer Begünstigung wachstumsfördernder Stoffwechselsequenzen ähnlich der Katabolitrepression. Diesen Prozessen kann, wie Herr Volzke darstellte, durch eine Veränderung der Medien-Zusammensetzung entgegengewirkt werden, so daß nach Optimierung der Fermentationsbedingungen gleich hohe oder verbesserte Ausbeuten nach verkürzten Fermentationszeiten erhalten werden.

VOLZKE: Nicht nur die Sauerstoffversorgung wird unter Rührkulturbedingungen verbessert, sondern insgesamt der Stoffaustausch. Die Folge davon ist eine Straffung des dreiphasigen Wachstums und der Produktbildung in bezug auf die Zeit, weil die in erhöhter Konzentration vorliegenden Metabolite umgesetzt werden können.
Veränderungen bestimmter Stoffwechselsequenzen über Metabolitmechanismen sind bei Einsatz von konzentrierten Medien in Fermentoren noch nicht festgestellt worden.
ČIRKOV: Kann man auf der Grundlage der im Vortrag vorgestellten graphischen Darstellung schlußfolgern, daß beim Übergang von der Schüttelkultur zur Rührkultur die Zusammensetzung des Mediums nicht mehr optimal ist?
VOLZKE: In dem Maße, wie in der Rührkultur die Stoffwechselaktivität gesteigert wird, verändert sich auch der Energieumsatz in der Kultur. Demzufolge entsteht ein Energiedefizit, wenn in der Rührkultur das Medium der Schüttelkultur eingesetzt wird. Mit der Erhöhung der Substratkonzentration wird diese Disproportion beseitigt.

*WTZ Technische Mikrobiologie des Ministeriums für Chemische Industrie*

# Neue Fermentertypen für aerobe mikrobiologische Prozesse

W. Bechstedt, R. Goebel und E. Prager

Die Bedeutung der Fermentergestaltung für die Leistungsfähigkeit eines im technischen Maßstab durchgeführten mikrobiologischen Prozesses hat sich in letzter Zeit immer stärker erhöht.

Während ursprünglich Oberflächenreaktoren und einfachste Belüftungssysteme ausreichten, um den Anforderungen der Technik zu genügen, erkannte man bald, daß eine Erhöhung der Produktivitäten bei aeroben Fermentationen besonders bei der Zellsubstanzsynthese zum Zwecke der Eiweißgewinnung durch entscheidende konstruktive Verbesserungen ja z. T. grundlegende Veränderungen mit Submers-Reaktoren erreicht werden kann.

Im Technikumsmaßstab erprobt man heute schon Systeme, bei denen alle Umgebungsfaktoren, die durch technische Manipulation beeinflußt werden können, derart optimiert sind, daß bei der Prozeßdurchführung die Leistungsfähigkeit des (möglicherweise sogar genotypisch optimierten) Mikroorganismenstammes den limitierenden Faktor darstellt. Wenn auch diese Systeme noch nicht ökonomisch im Großmaßstab eingesetzt werden können, so zeigt sich hier jedoch eine wichtige Entwicklungstendenz. An die Gestaltung von modernen Fermentoren sind eine Vielzahl von Anforderungen zu stellen, die in zwei Gruppen eingeteilt werden können:

## Funktionelle Anforderungen:

- Erzielung möglichst großer Gas-Flüssigkeits-Übergangsflächen
- maximale Sauerstoffübertragungsgeschwindigkeiten
- Beherrschung der Schaumphase durch speziell ausgebildete mechanische schaumzerstörende Systeme innerhalb des Fermenters
- genügendes hold up der dispergierten Gasphase
- Homogenität wird angestrebt, d. h. Totzonen sind zu vermeiden
- Kontrolliertes Fließverhalten auch bei hohen Viskositäten
- unkompliziertes und leistungsfähiges Wärmeableitsystem

## Ökonomische Anforderungen:

- billige, robuste und unkomplizierte mechanische Ausrüstungen
- leicht handhabbare Technik auch unter sterilen Bedingungen
- einfach beherrschbares Scale up
- Flexibilität hinsichtlich unterschiedlicher Prozeßanforderungen (Temperatur, pH, $pO_2$, Viskosität, Feststoffgehalt u. a.)

— Stabilität der batch- oder kontinuierlichen Fahrweise unter vorgegebenen Bedingungen
— maximale Substrat- bzw. Sauerstoffumsätze
— maximale Produktivitäten
— niedrigste spezifische Energieverbräuche in Bezug auf den Sauerstoffeintrag bzw. auf die erzielte Produktmenge

Welche Fermentersysteme wurden üblicherweise eingesetzt und wie kann ihr Einsatz unter den gegenwärtigen Bedingungen bzw. für die Perspektive eingeschätzt werden?

## Mehretagenrührreaktor

Der bisher als Prototyp für aerobe Submersfermentationen (besonders auch für Sterilfahrweise) im technischen Maßstab eingesetzte und noch heute am meisten verwendete Reaktortyp kann durch folgende Kriterien charakterisiert werden:

— Eignung auch bei hohen Viskositäten von $>2$ Pas
— Die Belüftungsrate ist begrenzt ($<2$ vvm), da über den Antrieb nur relativ geringe Energiemengen (bis $\sim 5$ kW/m$^3$ in Abhängigkeit vom Bruttovolumen) eingetragen werden können und somit die Dispergierbarkeit der eingetragenen Luft begrenzt wird.
— Es herrscht ein lokal breites Verweilzeitspektrum vor.
— Homogenität und Mischverhalten werden bis zu 100 m$^3$-Bruttovolumen gut beherrscht.
— Die Scale up-Erfahrungen für dieses System sind groß.
— Hauptanwendungsgebiete sind (und werden es auch bleiben) Antibiotika- und Enzymproduktion bzw. im weitesten Sinne die Gewinnung von Primär- und Sekundärmetaboliten.
— Hochleistungsfermentationen wie z. B. die Konvertierung unkonventioneller Substrate zu SCP können in diesen Reaktoren nicht durchgeführt werden.

*Gründe:* — zu geringer $O_2$-Transfer
— Anlagengröße begrenzt
— Schwierigkeiten bei der Wärmeabführung.

## Verschiedene Varianten des Rührreaktors

*Turbinenrührer*

Eine hohe Umwälzleistung und feinste Gasdispergierung wird durch dieses System erreicht.
Moderne Systeme z. B. das Effigas-System der Fa. CHEMAP arbeiten *selbstansaugend* — über eine Hohlachse können bis zu 1 vvm Gas ohne äußere Druckbeaufschlagung eingeschleußt werden. Für noch höhere spezifische Gasmengen genügt ein in Serie geschaltetes Niederdruckgebläse.

Nachteile sind:

— Arbeiten nur bei niedrigen Viskositäten möglich
— Flachbauweise wegen begrenzter Saughöhe (ca. 5 m) notwendig.

Eine Orientierung auf sphärische Fermentergestaltung scheint aus diesem Grunde zweckmäßig zu sein.

### Rührwerksfermenter mit Leitrohr

Durch Einbau von *Innenleitrohren* kann generell ein definierter Umlauf des Kulturmediums und ein *verbessertes Verweilzeitspektrum* erreicht werden.
Damit sind stabilere Verhältnisse für die Versorgung der Mikroorganismenzellen mit den Substraten gegeben und die Produktqualitäten können verbessert werden.
Höhere Viskositäten wirken sich nachteilig auf das Strömungsverhalten aus — es kann bis zu pulsierenden Strömungen kommen. Auch aus diesem Grunde ist das scale up für derartige Fermentoren erschwert.

### Rührkaskade

Systeme, die auch als Multistage-Reaktor bekannt geworden sind, besitzen mehrere übereinander angeordnete Stufen. Jede Stufe setzt sich aus einem zylindrischen Mittelstück und zwei damit verbundenen kegelstumpfartigen Bauteilen zusammen. In der Achse jeder Stufe befindet sich eine rotierende Lochscheibe, die als Dispergier- und Rührorgan dient. Mittels der Lochscheiben werden kleinste Gasblasen bei niedrigem Energieaufwand erzeugt. Da sich die beteiligten Phasen in einem kontinuierlichen Strom durch die übereinander angeordneten Stufen bewegen können, wird in jeder Stufe die Phasengrenzfläche zwischen Gas und Flüssigkeit neu gebildet.
Ein Vorteil ist die geringste mechanische Beanspruchung der Mikroorganismen (keine Scherkräfte) und die geringe Energiedissipation.
Eine Anwendung solcher Systeme kommt jedoch nur für niedrigviskose Nährlösungen und Kleinproduktionen zur Gewinnung von spezifischen Produkten in Frage.

### Siebbodenreaktor

Dieser Reaktortyp entspricht mehreren übereinandergestellten begasten Rührkesseln, die durch Siebböden voneinander getrennt sind. Flüssigkeit und Gasphase werden im Gegenstrom geführt. Der Reaktor enthält eine zentrale Rührwelle und jeweils einen Rührer in jedem Fermenterabschnitt.
Konstruktionen, bei denen nur rotierende Siebböden verbunden mit einer zusätzlichen Umpumpung vorhanden sind, stellen Kombinationen der verschiedenen reaktionstechnischen Prinzipien dar; Anwendungen sind für zukünftige Großproduktionen von SCP aus ökonomischen Gründen nicht zu erwarten, spezifische Produktfermentationen im relativ kleinem Maßstab scheinen günstig zu sein.
Drei prinzipielle Systeme sind mit ihren Kennzahlen in Tabelle 1 dargestellt. (Es ist darauf hinzuweisen, daß die Werte verschiedensten Literaturstellen entnommen sind; die $k_la$-Werte wurden in wäßrigen Nährmedien bei 1 vvm Belüftungsrate bestimmt; die Reaktorvolumina waren jedoch relativ unterschiedlich.)
Charakteristisch sind bei *hohem Gesamtenergieeintrag relativ niedrige $k_la$-Werte, Sauerstoffeintragswerte von 5—15 kg $O_2/m^3 \cdot h$ und geringe Produktivitäten von 1 bis 3 kg $BTS/t \cdot h$.*
Um die zu Beginn genannten Anforderungen an moderne Fermentersysteme zu erfüllen, wurden nun in den letzten Jahren (gefördert besonders durch die Forschungs- und Überführungsarbeiten zur SCP-Produktion auf Basis unkonventioneller Substrate wie Dieselkraftstoff, n-Paraffin, Äthanol, Methanol, Methan u. a.) für die Gestaltung von Fermentationsapparaten Vertreter aller bekannten Strömungsprinzipien theoretisch und auch praktisch untersucht.

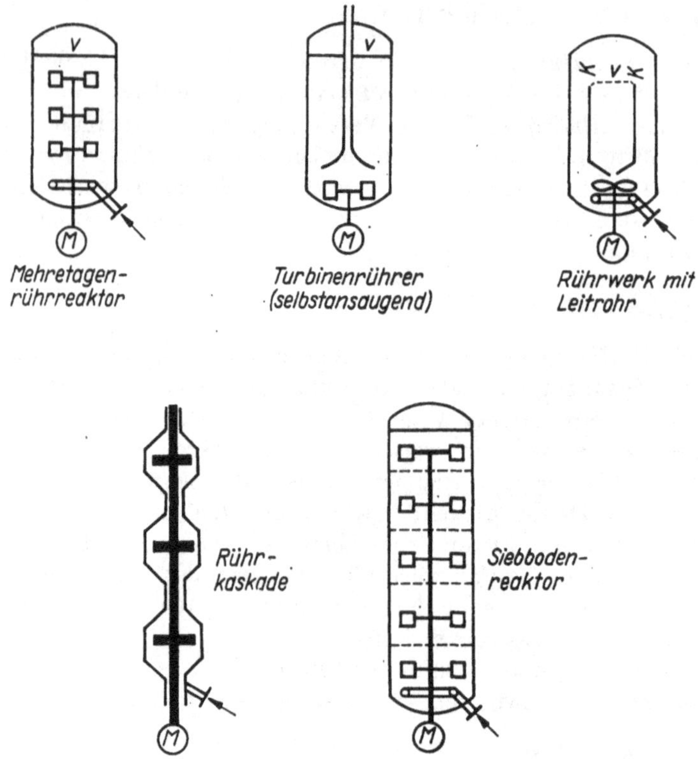


Abb. 1. Mechanische Rührsysteme

*Tabelle 1*
*Antrieb durch bewegte Einbauten (mechanische Rührsysteme)*

| | Mehretagen-rührreaktor | Rührer mit Leitrohr | Turbinenrührer selbstansaugend |
|---|---|---|---|
| mechanischer Antrieb ($kW/m^3$) | …10 | …11 | 4 |
| Belüftung ($kW/m^3$) | 4,5 | 4,5 | (1) |
| Gesamtenergieeintrag ($kW/m^3$) | 14,5 | 15,5 | 5 |
| $k_la$-Wert ($h^{-1}$) | 200 | 220 | 750 |
| Reaktorvolumen max. ($m^3$) | 400 | 80 | 120 |
| max. Viskosität (Pas) | >2! | gering | sehr gering |
| spezif. $O_2$-Eintrag kg $O_2/m^3 \cdot h$ | | 5…15 | |
| Produktivität kg BTS/t · h | | 1…3 | |

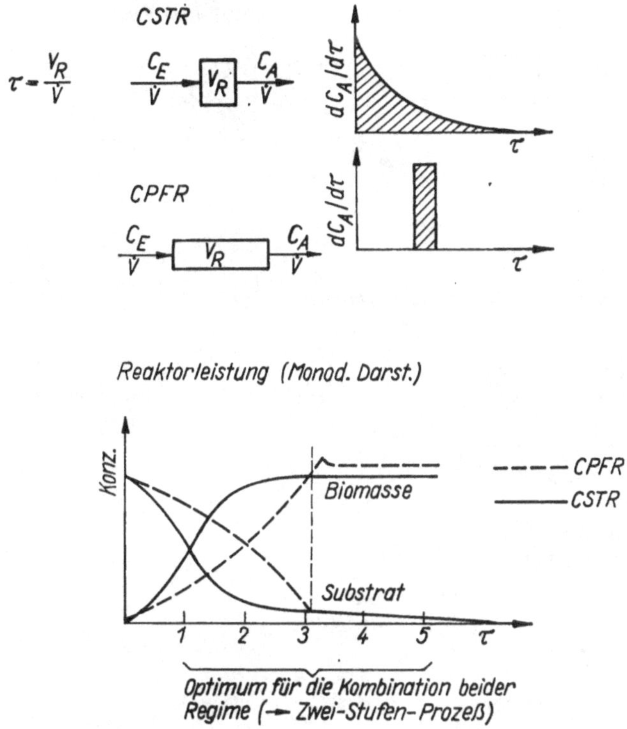


Abb. 2. Konzept der idealisierten Fließsysteme

Von welchem theoretischen Konzept gehen diese Fermenterentwicklungen aus?
Als Eckpunkte haben sich 2 idealisierte Fließregime, wie sie dem chemischen Reaktorbau ebenfalls zugrunde liegen, herausgestellt, die näher erläutert werden sollen:

*Im kontinuierlich gerührten Tank-Reaktor*⁺ (CSTR) werden alle Reaktanten praktisch unmittelbar beim Eintreten vermischt und uniform verteilt (siehe Abb. 2), so daß von einem total homogenen Reaktor gesprochen werden kann.
Die Fließcharakteristik kann durch die Verweilzeitverteilung der Reaktanten beschrieben werden. Es existiert keine definierte Verweilzeit, sondern ein Spektrum.

*Anders im kontinuierlichen Strömungsrohr* ⁺⁺ (CPFR); hier kommt keine Mischung in axialer Richtung zustande — die Reaktanten haben eine definierte Verweilzeit — jedoch ergibt sich eine räumlich unterschiedliche Konzentration der Reaktanten.

\+ Contineous Stirred Tank Reactor = CSTR
++ Continoeus Plug Flow Reactor = CPFR

Betrachtet man nun die Auswirkungen dieser beiden idealisierten Fließregime auf die Leistung eines Fermenters, so ist zu erkennen, daß die Substratverwertung und die Biomassebildung in unterschiedlicher Weise beeinflußt werden.
Bei *kürzeren Verweilzeiten* ist der *CSTR vorteilhafter*, da hier *höhere Biomassekonzentrationen* und *niedrigere Restsubstratkonzentrationen* erreicht werden; bei *längeren Verweilzeiten* sind diese Vorteile beim CPFR erkennbar.

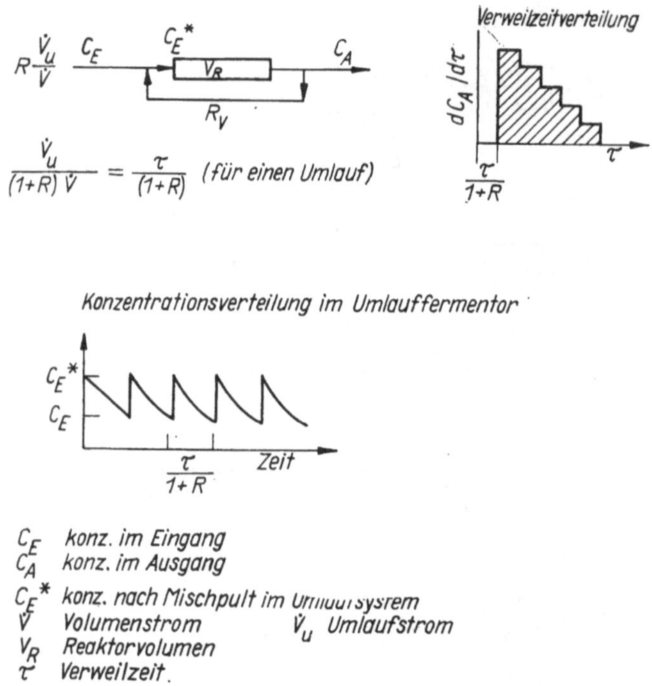


Abb. 3. Umlauffermenter

Die Schlußfolgerung daraus wurde gezogen:

In den letzten Jahren wurden die vielfältigsten Konstruktionen an Labor- und Technikumsfermentoren realisiert, die die Vorteile der 2 „Idealsysteme" zu kombinieren versuchen; praktisch einen „*Zweistufenprozeß in einem Fermenter*" anstreben.

Solche Fermentoren, die einen kontrollierten Flüssigkeitsumlauf entweder direkt im Fermenter oder in einem bypass besitzen (recycle- oder loop-Fermentoren) werden im deutschen Schrifttum allgemein als *Umlauffermentoren* bezeichnet.

Abbildung 3 zeigt ein abgestuftes Verweilzeitspektrum bzw. einen gewollt, ständigen Konzentrationswechsel der Reaktanten (in einem optimalen Bereich).

In den Umlauffermentoren wird die Energiedissipation bzw. die Erzielung einer hohen Phasengrenzfläche durch *Umpumpen*

— *pneumatisch* (Air-Lift-Systeme) oder
— *mechanisch mittels Spezialpumpen* erreicht.

## Charakterisierung moderner Umlaufsysteme

Eine Reihe neuentwickelter Fermenterkonstruktionen basiert auf dem Prinzip der pneumatischen Durchmischung (oft auch als *Air-Lift-Prinzip* bezeichnet).

*Blasensäulen mit Umlauf*

— stellen schlanke begaste Bioreaktoren ohne mechanischen Rührer dar.
— die Begasung erfolgt über Lochplatten, feinporige Sinterplatten oder Düsen, die jeweils am unteren Ende des Reaktors angebracht sind.

- Blasensäulen können ein- oder mehrstufig gebaut werden.
- Über eine externe Schleife wird bei effektiven Systemen (durch Dichtegradienten) ein Umlauf realisiert.
- Blasensäulen eignen sich besonders für Medien, die geringe Koaleszenzneigung zeigen bzw. für wasserlösliche Substrate bei geringsten Viskositäten. Sie sind vorerst für die SCP-Produktion auf Basis Methanol oder Äthanol vorgesehen.

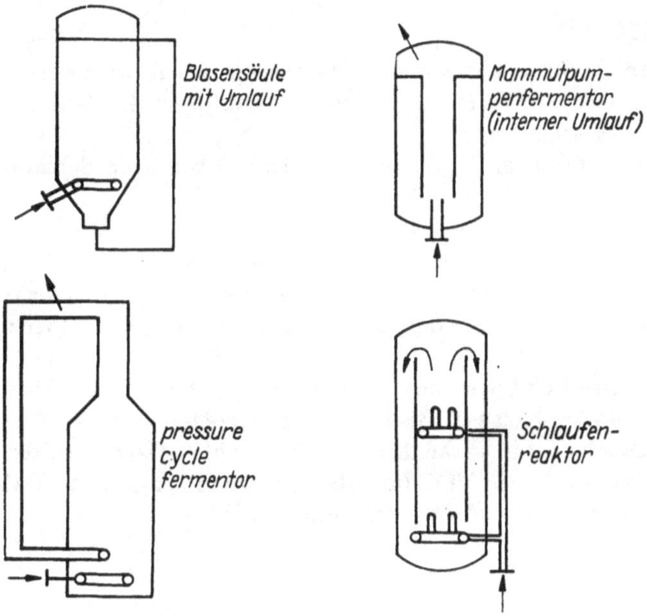


Abb. 4. Umlauffermenter mit pneumatischer Durchmischung

*Mammutpumpenfermentoren*

können mit externer oder interner Schlaufe realisiert werden.

*pressure-cycle-Fermenter*

Dieser Typ stellt einen von der ICI konstruierten Air-Lift-Fermenter dar, der als besonderes Merkmal eine Höhe von 35 m besitzt. Es ergibt sich ein hoher hydrostatischer Druck im unteren Bereich des Reaktors; Absorptionsvorgänge besonders der lokale $O_2$-Transfer werden hier begünstigt. Im oberen Bereich werden Desorptionsvorgänge besonders die Entgasung gefördert.
Eine Anwendung ist für Methanol- und n-Paraffin-Konvertierungen zu SCP vorgesehen.

*Schlaufenreaktor*

*Charakteristisch ist der Einsatz von Zweistoffdüsen* am unteren Ende (bzw. zusätzlich in mehreren Etagen) des eingebauten Leitrohres. Dabei wird die Luft aus dem die Flüssigkeitsdüse konzentrisch umschließenden Ringraum in das Turbulenzfeld des Flüssigkeitsstrahls angebracht; die Flüssigkeit wird durch den entstehenden Sog verdüst.

Zur Einregelung der Umwälzrate kann eine zentrisch angeordnete Einstoffdüse über eine Pumpe (geringster Leistungseintrag) mit Flüssigkeitsstrom beaufschlagt werden. Schlaufenreaktoren sind im wesentlichen für die Methanol- evtl. auch n-Paraffin-Konvertierung (im niedrigviskosen Bereich) vorgesehen.

### Umpumpsysteme

— *Treibstrahl-Schlaufe*

— Das Prinzip des Schlaufenreaktors wird beibehalten, jedoch wird der entscheidende Anteil der Energie über eine Pumpe, die den Kreislauf über die Zentral-Düse (unten angeordnet) realisiert, eingetragen.
Die potentiellen Anwendungsgebiete sind die gleichen wie beim Schlaufenreaktor.

— *Freistrahlbelüfter*

Durch eine spezielle Pumpe wird das Mehrphasensystem ständig umgepumpt; der Freistrahl stürzt auf die Oberfläche des Mediums und bringt über den Schachtüberfall fein verteilte Luftblasen mit. Bekannt ist die mögliche Prinziplösung als Druckstrahler.
Eine Anwendung ergab sich bisher besonders für die Verhefung von Abfallsubstraten wie Sulfitablauge, Molke, Melasse; Backhefe kann erzeugt werden.
Der sogenannte Tauchstrahlreaktor des VEB IZ Böhlen (DDR) wird auch für die n-Paraffin-Konvertierung bzw. für die DK-Verhefung eingesetzt. Dabei sind bei mehretagiger Bauweise größte Reaktorvolumina möglich.

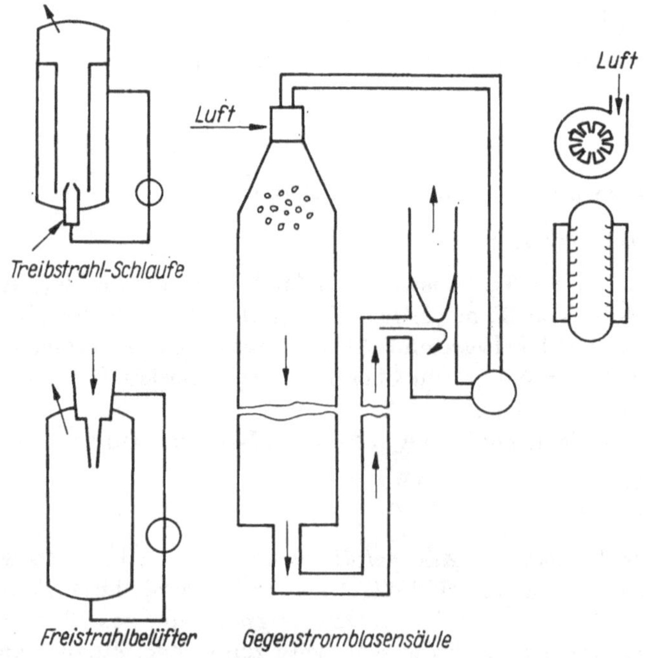


Abb. 5. Umlauffermenter mit Spezial-Mehrphasenpumpen

*Gegenstromblasensäule*

Der abwärts gerichtete Flüssigkeitsstrom wird durch ein selbstansaugendes Belüftungsorgan mit fein verteilten Luftblasen versorgt. In einem Diffusor wird durch Querschnittserweiterung ein Unterdruck erzeugt, der die Luftansaugung über eine elastische Lamellenvorrichtung gewährleistet. Durch die Abwärtsrichtung des Flüssigkeitsstromes kommt es zu einem hohen Gasaustausch an den zum Aufsteigen bestrebten Blasen, für die sich eine relativ geringe Sinkgeschwindigkeit ergibt.

*Tabelle 2*
*Umlauffermentoren (I)*
*Antrieb durch Vordruck des Gases — pneumatische Durchmischung (Air-Lift-Systeme)*

| | Blasensäule mit Umlauf | Pressure cycle-F. | Schlaufenreaktor |
|---|---|---|---|
| Gesamtenergieeintrag ($kW/m^3$) | 5 | 5 | 3,5 |
| $k_l a$-Wert ($h^{-1}$) | 400 | 450 | 350 |
| max. Reaktorvolumen ($m^3$) | 500 | 400 (1000) | 400 |
| max. Viskosität (Pas) | | <0,1 | |
| spezif. $O_2$-Eintrag kg $O_2/m^3 \cdot h$ | | <5 | |
| Produktivität kg BTS/t · h | | 2…6 | |

*Tabelle 3*
*Umlauffermentoren (II)*
*Antrieb durch Flüssigkeitspumpe*

| | Treibstrahlschlaufe | Freistrahlbelüfter (Tauchstrahler) | Blasensäule mit Zwangsumlauf (Rohrreaktor) |
|---|---|---|---|
| Mechanischer Antrieb ($kW/m^3$) | 1,5 | 5,5 | 4 |
| Belüftung ($kW/m^3$) | 3,5 | — | 3 |
| Gesamtenergieeintrag (kW/m) | 5 | 5,5 | 7 |
| $k_l a$-Wert ($h^{-1}$) | 700 | 700 | 200 |
| max. Reaktorvolumen ($m^3$) | 200 | 300 (800) | 400 |
| max. Viskosität (Pas) | <0,1 | gering | 0,4 |
| spezif. $O_2$ · Eintrag kg $O_2/m^3 \cdot h$ | | >15 | |
| Produktivität kg BTS/t · h | | 7…12 | |

In einem verengten aufsteigenden Rohr wird das Flüssigkeits-Gas-Gemisch unter sich erhöhendem Druck in einen Zyklon gefördert — die entgaste Kulturflüssigkeit wird über eine Pumpe wieder zurückbefördert.
Ein solches System hat örtlich getrennt die für ein modernes Fermentationssystem geforderten funktionellen Einheiten in sich vereinigt:

— hohe Energiedissipation in der Dispergierzone
— relativ geringe Turbulenz in der Haupt-Reaktionszone
— kontinuierliche Schaumzerstörung
— Flüssigkeitsrückführung in das Reaktorsystem mittels Pumpe

Besonders deutlich werden folgende Tatsachen wiedergegeben: Die Air Lift-Systeme haben bei geringen Gesamtenergieeinträgen nur sehr geringe spezifische Sauerstoffeintragswerte; Produktivitäten im mittleren Bereich können erreicht werden.
Die Umlauffermentoren mit spezifischen Mehrphasenpumpen erreichen bei ebenfalls geringen Gesamtenergieeinträgen höchste spezifische Sauerstoffeinträge und außerdem die bisher maximalen Produktivitäten.
Welche Anforderungen ergeben sich nun aus dem dargestellten Trend der Entwicklung der Fermentationsverfahren insbesondere der Fermentoren für die Durchführung von Laborfermentationen?
Die Testung des Systems — FERMENTER-SUBSTRAT-MIKROORGANISMUS (Produkt) beinhaltet die Klärung der Zusammenhänge von

— Substrateigenschaften und -konzentration
— Mikroprozessen (Dispergierung-Stoffaustausch-Koaleszenz-Homogenisierung)
— biologischen Systemen in Abhängigkeit der Milieufaktoren
— kinetischen Abhängigkeiten
— Kultivierung und Wärmeabführung

Ziel ist es, mit dem o. g. System eine phänotypische Optimierung durchzuführen.
Um die Variationsbreite feststellen zu können, bedarf es zunächst Apparaturen im Labormaßstab (Vol. etwa bis 50 l), in denen die Parameter besonders für den Stoffaustausch in weiteren Grenzen variierbar, jedoch auch weitgehend genau bestimmbar sind.
(Labor-Rührwerks-Fermentoren; Simulierung verschiedenster Energieeintragssysteme [Rührung-Belüftung])
Das Ergebnis dieser ersten Untersuchungen ist ein biologisches Optimum mit entsprechenden Kennwerten wie

— kinetische Parameter
— Verbrauchskennziffern
— Ausbeutewerte
— Qualitätsparameter des Produktes

In einem Labormodellreaktor mit bekannter funktionaler Abhängigkeit der Mikroprozesse vom Energieeintrag (d. h. Rührung und Begasung) sind außerdem über verschiedene Bereiche Werte für die

— Energiedissipation
— Gasbelastung
— optimale Blasengröße, Koaleszenz

— $k_la$-Wert
— Verweilzeitverteilung
— Turbulenz und Homogenität

zu ermitteln und tabellarisch festzuhalten. Die mathematische Modellierung ist in diesem Stadium ein wichtiges Hilfsmittel, um den Vergleich der spezifischen Versuchsergebnisse mit den zur Verfügung stehenden technischen Systemen (Industriefermentoren mit bekannten Leistungskurven, erreichbaren $k_la$-Werten usw.) zu ermöglichen und eine qualitative Auswahl für das im Großmaßstab zu realisierende System vorzunehmen. Hierbei müssen auch schon ökonomische Prämissen wie z. B.

— die Menge der zur Verfügung stehenden Rohstoffe (besonders Kohlenstoffquelle)
— die mögliche Standorte und
— der geforderte Produktionsausstoß einer Großanlage

mit berücksichtigt werden.
Die Überprüfung und quantitative Festlegung (für die Erarbeitung von Projektierungsunterlagen) erfolgt dann in Technikumsfermentoren ($\sim$5 $m^3$) bzw. in Pilotanlagen ($\sim$40 $m^3$).
Für hochleistungsfähige Systeme ist im Technikumsmaßstab eine baugruppenmäßige Aufgliederung des Systems „Fermenter" notwendig, um die Großanlage in jeder Weise ökonomisch auszulegen:

— Homogenisierungs-, Stoffaustausch- bzw. Absorptionszone
— Durchmischungszone (mit Begasung)
— Schaumzerstörungszone
— Wärmetauscherzone
— Entgasungszone

Die einzelnen Schritte sind so aufeinander abzustimmen, daß im Umlaufsystem bei kurzen Verweilzeiten hohe Umsätze mit geringstem Energieaufwand erzielt werden. Zu diesem Zwecke können auch Kombinationen vorgenommen werden z. B.:

— Durchmischungszone = Wärmetauscherzone
— Nutzung der Schaumzerstörungszone für den Stoffaustausch d. h. für die eigentliche Fermentation.

Zusammenfassend kann man sagen, daß zukünftig neben der Optimierung des biologischen Systems schon in den Laborfermentoren den Mikroprozessen entscheidend mehr Bedeutung beigemessen werden muß, um eine sichere Maßstabsübertragung auf hochleistungsfähige Umlauffermentersysteme im Großmaßstab zu garantieren.

*Akademie der Wissenschaften der DDR*
*Institut für technische Chemie, Leipzig*

# Beschreibung eines Fermentationssystems mit geschlossenem Gaskreislauf und die Anwendung als Respirometer und Bilanzapparatur

U. Stottmeister

Zur Messung und Bilanzierung des Gasstoffwechsels mikrobiologischer Systeme sind eine Vielzahl von Methoden bekannt, die auf den unterschiedlichsten Meßprinzipien beruhen. Besonders die Methode nach Warburg ist vielseitig einsetzbar, gut beschrieben und automatisierbar (Y. Sonoda, u. a., 1).
Bei einer Reihe von technisch wichtigen mikrobiologischen Prozessen sind Messungen zum Gasstoffwechsel durch die Eigenarten dieser Prozesse, wie z. B. hoher Viskosität, der Zeitdauer und durch Substratspezifitäten, nicht ohne Schwierigkeiten oder nur mit verringerter Aussagekraft möglich. Von W. Hartmeier (2) wurde 1972 eine Apparatur beschrieben, die unter Ausnutzung eines Gaskreislaufsystems die Erfassung von Sauerstoffverbrauch und Kohlendioxidentwicklung ermöglicht. Bei der Untersuchung von Abwässern wurde eine ähnliche Apparatur (3) vorgeschlagen.
Diese Anordnungen sind jedoch nicht für die Messungen bei vorgegebenem Sauerstoffpartialdruck vorgesehen. Respiratorische Messungen unter Berücksichtigung verfahrenstechnischer Aspekte erfordern jedoch unter anderem die Berücksichtigung des Sauerstoffpartialdruckes.
Es wird eine Apparatur vorgestellt, mit der es möglich ist, jeden gewünschten Sauerstoffpartialdruck — auch hyperbarisch — einzustellen und auch in gewünschter Weise während der Fermentation zu verändern. Sowohl batch- als auch kontinuierlicher Betrieb sind möglich. Beim Aufbau wurde Wert auf die Verwendung von Standardgeräten eines Fermentationslabors gelegt. Aufbau, Wirkungsweise und Einsatzmöglichkeiten als Respirometer und Bilanzapparatur werden nachfolgend gezeigt.

## 1. Prinzip der Methode

In einem vakuumdichten Kleinfermentersystem wird der zur Belüftung dienende Gasstrom regulierbar durch eine Pumpe im Kreislauf geführt. Vor dem Wiedereintritt in den Fermenter wird in einer mit Lauge gefüllten Waschflasche das gebildete Kohlendioxid ausgewaschen. Durch den Verbrauch des Sauerstoffes wird der Innendruck des Systems erniedrigt. Der Druckausgleich erfolgt durch ein Steuermanometer aktiv durch eine Pumpe mit reinem Sauerstoff, dessen Verbrauch an einem geeichten Gasometer oder einer Gasbürette abgelesen werden kann (Abb. 1).
Die unterschiedlichen Partialdrucke werden durch Mischungen mit Inertgasen hergestellt, wobei im einfachsten Fall die Auszehrung der im Kreislauf befindlichen Luft ausgenutzt wird.

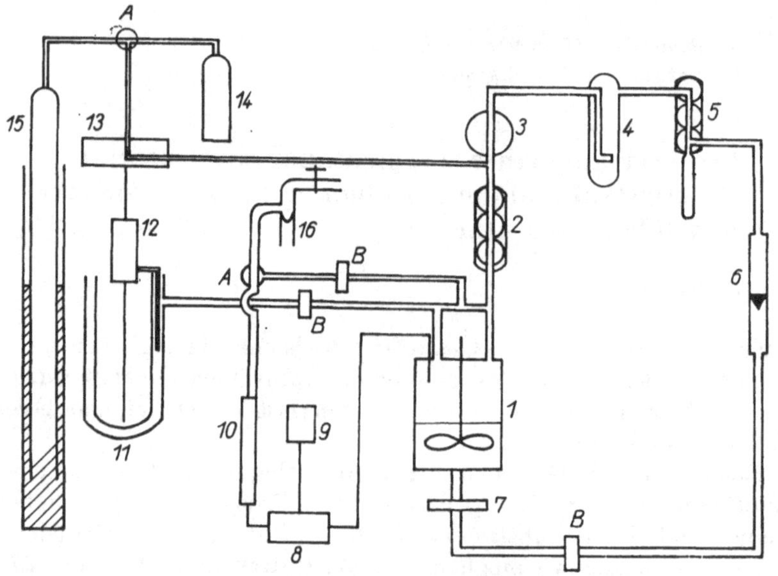


Abb. 1. Schema des Fermenters mit geschlossenem Gaskreislauf

1. Fermenter
2. Rückflußkühler
3. Gasförderpumpe
4. Waschflasche
5. Rückflußkühler
6. Rotameter
7. Sterilfilter
8. Schlauchpumpe pH-Regulierung
9. pH-Meß- und Regeleinheit
10. Laugenbürette
11. U-Rohrmanometer
12. Relais
13. Schlauchpumpe zur Gasförderung
14. Druckgasflasche $O_2$
15. Gasometer
16. Wasserstrahlpumpe

A Dreiwegehähne
B Sterilfallen

## 2. Aufbau der Apparatur

### *2.1. Fermenter*

Es wird ein Kleinfermenter verwendet, der durch die Möglichkeit des Auswechselns der Glaszylinder und der Rührer bei gleicher Boden- und Deckelplatte Arbeitsvolumina zwischen 250 ml und 1300 ml besitzt. Die verwendeten Glasrührer gestatten im Labormaßstab die Anpassung an alle vorkommenden Durchmischungsprobleme, die Schmierung mit Silikonöl ermöglicht im Dauerbetrieb Drehzahlen bis 2500 U/min.
Der Fermenter ist mit pH-Messung und -Regelung, mit $pO_2$- und Drehzahlmessung versehen (Abb. 2).

### *2.2. Sauerstoffdosierung*

Durch ein mit Platinkontakten versehenes U-Rohrmanometer erfolgt nach dem Leitfähigkeitsprinzip über ein Relais die Ansteuerung einer Schlauchpumpe (Miniflow 315). Diese Pumpe hat zwei Funktionen: Einerseits dient sie als Absperrung zum Gasometer, andererseits ermöglicht sie durch parallel eingespannte Schläuche eine zusätzliche Bestimmung des geförderten Sauerstoffes.

Abb. 2. Ansicht der Apparatur

## 3. Besonderheiten des Gaskreislaufsystems

Das Nachfördern des durch die Mikroorganismen benötigten Sauerstoffes bewirkt, daß eine Zwangsregelung des Sauerstoffpartialdruckes erzielt wird. Ein bei offenem System beliebig eingestellter Sauerstoffpartialdruck, kontrolliert durch die Gelöstsauerstoffmessung, bleibt nach dem Schließen des Systems erhalten. Voraussetzung ist dabei lediglich eine ausreichende Rührerleistung: der Fermenter darf nicht zum geschwindigkeitsbestimmenden Teil beim Sauerstoffübergang werden. Durch diese pO-statische Wirkungsweise können so hyperbarische Sauerstoffpartialdrucke durch die Erhöhung des Sauerstoffanteils des umgepumpten Gases eingestellt werden. Schwierigkeiten und prinzipielle Einschränkungen einer Regelung über die Gelöstsauerstoffmessung werden umgangen.

## 4. Arbeitsweise zur Bestimmung der Sauerstoffaufnahmeraten bzw. zur Bilanzierung

### *4.1. Gesamtfermentation im System*

Der Fermenter wird gewogen. Dadurch werden die genaue Bestimmung der Mengen des Mediums, der Animpfung und der Zusätze als Bezugsgrundlage erhalten.
Die in Intervallen am Gasometer ablesbare absolute Sauerstoffmenge spiegelt alle Phasen des Fermentationsgeschehens wieder. Die momentane spezifische Sauerstoffaufnahme-

rate wird mit einer Orsatbürette sofort bestimmt. (Mittels zum Sauerstoff-Förderschlauch parallel eingespannten Schlauch gleichen Durchmessers). Abbildung 3 zeigt den Sauerstoffbedarf einer Wachstumsphase mit nachfolgender Produktbildungsphase, Abbildung 4 die Sauerstoffaufnahme raten einer anderen Fermentation beim Wechsel des Sauerstoffpartialdruckes.

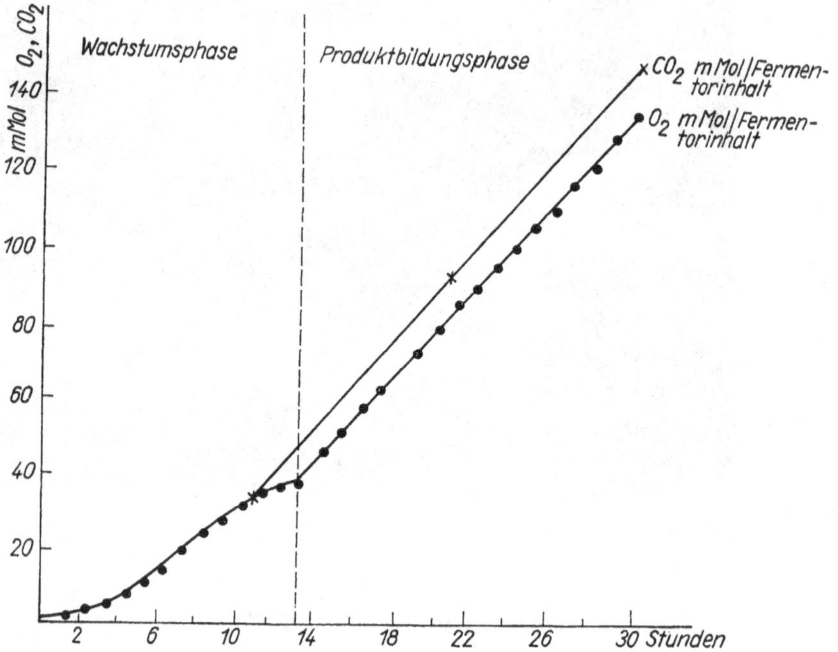


Abb. 3. Beispiel 1
Sauerstoffaufnahme und $CO_2$-Bildung bei der Bildung eines bakteriellen Heteropolysaccharides
(Endviskosität 8800 cp.)

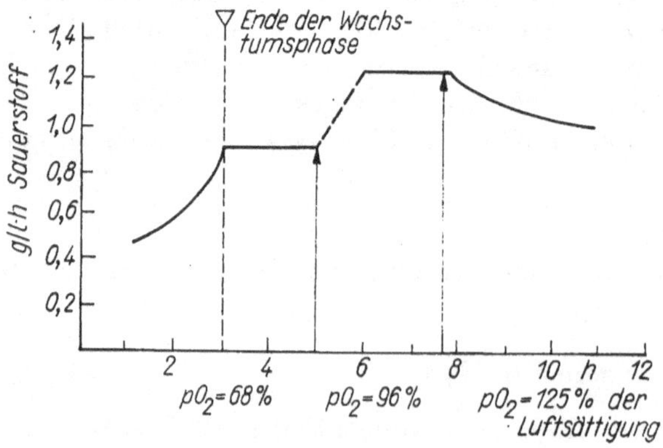


Abb. 4. Beispiel 2
Sauerstoffaufnahmeraten bei verschiedenem Partialdruck (Untersuchung bei der Bildung eines bakteriellen Heteropolysaccharides)

### *4.2. Untersuchung von interessierenden Phasen der Fermentation in Technikums- bzw. Produktionsfermentoren*

Bei der Überführung von Proben aus großvolumigen Fermentoren in das Meßsystem können interessierende Phasen vermessen werden. In gleicher Weise können Veränderungen des pH-Wertes, des Gelöstsauerstoffes, die Wirkung von Zusätzen auf den Gasstoffwechsel vor ihrer Realisierung im Stammfermenter beurteilt werden. Die Zeitdauer derartiger Messungen wird von der Art des Fermentationsprozesses und dem Ziel der Aussage bestimmt und liegt erfahrungsgemäß zwischen einer und fünf Stunden. Abbildung 5 zeigt die nach dieser Methode erhaltenen Daten einer Zitronensäuresynthese durch Candida lipolytica auf n-Paraffinen.

## 5. Erfassung der für eine Bilanzierung notwendigen Werte

### *5.1. Sauerstoff*

Die vom gesamten Fermenterinhalt im bekannten Zeitraum tatsächlich aufgenommene Menge wird am geeichten Gasometer abgelesen und unter Berücksichtigung von Luftdruck und Temperatur errechnet.

### *5.2. Kohlendioxid*

Die vom gesamten Fermentorinhalt im bekannten Zeitraum entwickelte Kohlendioxidmenge wird in der absorbierenden Lauge durch potenziometrische Titration (Titrierautomat AT 2) erfaßt (4).

### *5.3. Biomasse, Produkte*

Die im Fermenter im bekannten Zeitraum gebildete Biomasse wird nach H. Prokop u. a. (5) durch die zum Aufrechterhalten des pH-Wertes benötigte Laugenmenge bestimmt.
In gleicher Weise wird die absolute Menge gebildeter saurer Produkte nach der Wachstumsphase ermittelt. Eine Probenahme aus dem Fermenter ist somit für die Erfassung dieser Werte nicht notwendig.

### *5.4. Zusätzliche Bestimmungsmöglichkeiten*

Eine Probenahme während des Bilanzzeitraumes ist möglich. Die Entnahme der in die Rechnungen einzubeziehenden Mengen sollte 10% des Ausgangsgewichtes nicht übersteigen. Diese Proben stehen der Analytik interessierender Bestandteile zur Verfügung.

## 6. Einsatzmöglichkeiten und Weiterentwicklungen

Mit Apparaturen dieses Typs wurden bisher bzw. werden z. Z. Untersuchungen im Labor, Technikum und Betrieb an folgenden mikrobiellen Prozessen vorgenommen:

- Bilanzierung der mikrobiellen Zitronensäuresynthese auf n-Paraffinen und Glukose
- Untersuchungen der Sauerstoffaufnahmeraten hochviskoser Fermentationslösungen
- Die Untersuchung von Mikroorganismen mit extrem hohen Veratmungsraten
- Untersuchungen der aeroben biologischen Abwasserreinigung.

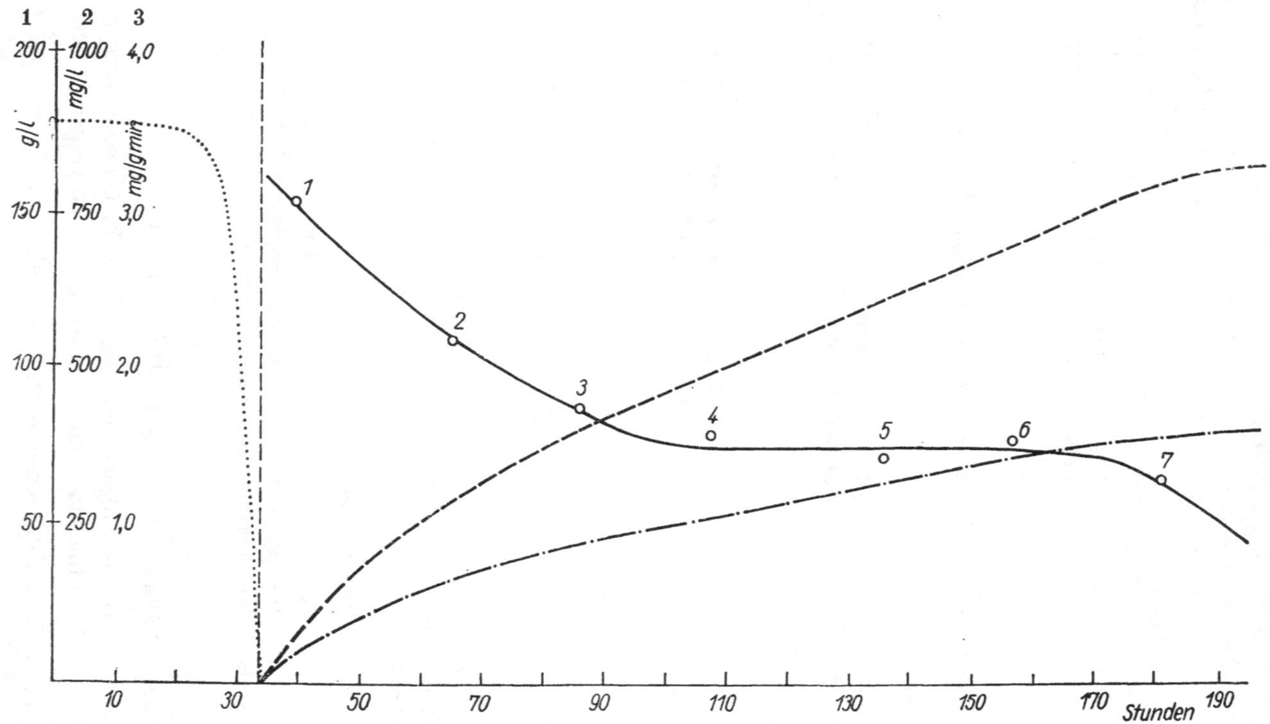


Abb. 5. Beispiel 3 Zitronensäurebildung durch Candida lipolytica aus n-Paraffinen
1 (g/l) Zitronensäuren
2 (mg/l) $(NH_4)^+$
3 mg $O_2$/g · min
·············· $(NH_4)^+$
———— Sauerstoffaufnahme (1—7 Meßpunkte)
— — — — Gesamtsäuren (Zitronensäure + Isozitronensäure)
— · — · — Zitronensäure

Die Weiterentwicklung des Systems liegt auf dem Gebiet der Automatisierung. Unter Verwendung eines normalen Laborfraktionssammlers mit Zeitschaltung wurde von Haldenwang (6) eine einfache automatische Bestimmung der Sauerstoffaufnahmeraten vorgeschlagen. Hierbei wird Wasser durch einen weiteren in die Sauerstoff-Förderpumpe eingespannten Schlauch beliebigen Durchmessers proportional zum benötigten Sauerstoff gefördert. Die Eichung erfolgt mit einer 100 ml-Orsatbürette.
Abbildung 6 zeigt die anschauliche Darstellung und auch, wie systemspezifische Besonderheiten genau erfaßt werden.

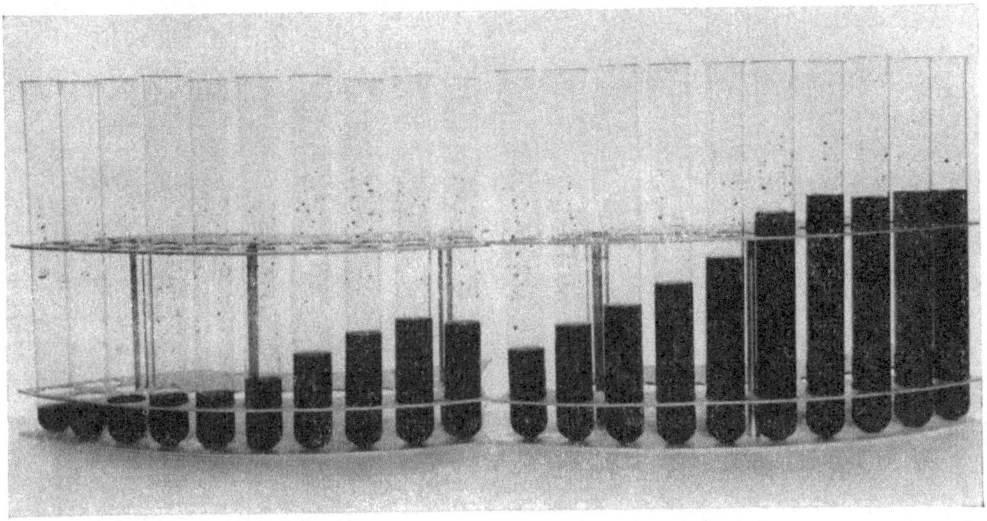

Abb. 6. Darstellung der Sauerstoffaufnahmeraten durch einen Fraktionssammler Wachstumsphase und nachgestellte Produktbildungsphase. (Schaltzeit = 30 min)

Eine Vergrößerung des Meßsystems kann durch die Notwendigkeit einer häufigeren Probenahme notwendig werden. Es wird von uns auch ein Kreislaufsystem betrieben, dessen Füllvolumen 5 l beträgt. Die notwendigen großen Sauerstoffmengen werden über ein Magnetventil aus einer Druckgasflasche dosiert, die Messung erfolgt über einen Trommelgaszähler, der auch eine Registrierung gestattet. Durch die notwendige Vergrößerung der Kohlendioxidabsorptionsgefäße geht bei noch größeren Fermentoren ein Vorteil des Meßsystems, die Handlichkeit, verloren.

## Literatur

[1] Sonoda, Y., H. Kumagai and T. Nakata: „Automatic Determination of Microbial Respiration“ J. Fermentation Technol. **50** (1972), 5, 5313–320

[2] Hartmeier, W.: „Untersuchungen über die Kinetik der mikrobiellen Sauerstoffaufnahme und den Einfluß des Sauerstoffpartialdruckes auf den Stoffwechsel in Saccharomyces cerevisiae“ Dissertation 1972, Technische Universität Berlin

[3] Anonym (Centre for Research, University of Kansas): „Oxygen consumption in continuous biological culture“ Water Poll. Control Res. Series 17050 DDS 05/71 (1971)

[4] Anonym: „Die Untersuchung von Wasser" 5. Auflage S 8 E. Merck AG Darmstadt
[5] PROKOP, A., M. SOBOTKA, J. PANOS und K. PECKA: „Batch Kinetics and Oxygen consumption of Candida lipolytica 4-1 on n-Alkanes". Folia Microbiol. **19** (1974), 125—132
[6] HALDENWANG, L.: „Aufbau eines respirometrischen Fermentors und Erprobung am Beispiel der Kultivierung von Azotobacter vinelandii" Diplomarbeit „Karl-Marx-Universität" Leipzig, Sektion Biowissenschaften, Leipzig, 1978

*Institut für Enzymologie und Technische Mikrobiologie, Berlin*

# Probleme der Maßstabsübertragung bei Produktbildungsprozessen

K.-H. MANGOLD, M. WÖLBING und D. BÖTTGER

## 1. Einleitung

Das Ziel aller Grundlagenuntersuchungen im Labormaßstab muß die industrielle Verwertbarkeit der Ergebnisse sein, d. h. die Erzeugung der Produkte unter ökonomisch günstigen Bedingungen. Während der im Labor arbeitende Chemiker bzw. Biologe den physikalischen Operationen wie Mischen, Begasen, Suspendieren usf. und ihrer wirtschaftlichen Gestaltung keine besondere Aufmerksamkeit zuwendet, gewinnt die Ökonomie in Verbindung mit der Maßstabsübertragung (MÜT) für den Verfahrensingenieur besondere Bedeutung.
Die Aufgabe der Maßstabsübertragung besteht darin, an Hand geeigneter Konzepte Verfahren bzw. Apparaturen (Fermenter) aus dem Labormaßstab in die Großtechnik zu übertragen. Dabei ist besonders zu berücksichtigen, daß einige Effekte direkt an die Größe des Apparates gebunden sind und sich deshalb beim Übergang von der Laboranlage in die Großanlage ändern *müssen*, z. B.

— Oberflächen-Volumenverhältnis ist proportional D (bei geom. ähnlicher Vergrößerung), d. h. der Anteil der aktiven Fläche (Wärmetransport) nimmt ab
— Bodendruck ist proportional D (bei geom. ähnlicher Vergrößerung) u. a.

Um eine geeignete Vorschrift zur Übertragung von Fermentoren zu erhalten, müssen die Gesetzmäßigkeiten der wesentlichen physikalischen Operationen (Begasen, Mischen, Suspend., WÜ) mit den Erfordernissen des im Fermenter ablaufenden mikrobiellen Prozesses verknüpft werden.
Das Ziel des Beitrages ist es, ausgehend von praktischen Erfahrungen bei der Überführung von Laborergebnissen über die kleintechnische Anlage in den großtechnischen Maßstab, die Probleme der Maßstabsübertragung von *Produktbildungsprozessen* darzustellen und ein Versuchsschema vorzuschlagen, das es erlaubt, die Ursachen auftretender Ausbeuteverluste zu erkennen.

## 2. Probleme der Maßstabsübertragung bei Produktbildungsprozessen

### *2.1. Charakterisierung von Produktbildungsprozessen*

Im Gegensatz zu den Verfahren zur Gewinnung von Biomasse (NEN, Futtereiweiß), die in der Regel kontinuierlich einstufig betrieben werden, und bei denen es sich um reine Wachstumsprozesse handelt, werden die Submersfermentationen für die Produktsynthese, von denen hier die Rede sein soll, im allgemeinen diskontinuierlich (überwiegende

Anzahl) oder 2- und mehrstufig betrieben. Bei der diskontinuierlichen Kultivierung laufen also Wachstum und Produktbildung in einem Fermenter ab, wobei 3 Typen zu unterscheiden sind:

— Wachstumsverbundene Produktbildung (z. B. Äthanol)
— nicht wachstumsverbundene Produktbildung (z. B. GA)
— Produktbildung in der Wachstumsphase mit „Phasenverschiebung".

(Für eine nicht wachstumsverbundene Produktbildung ist eine 2stufige kont. Kultur sinnvoll).

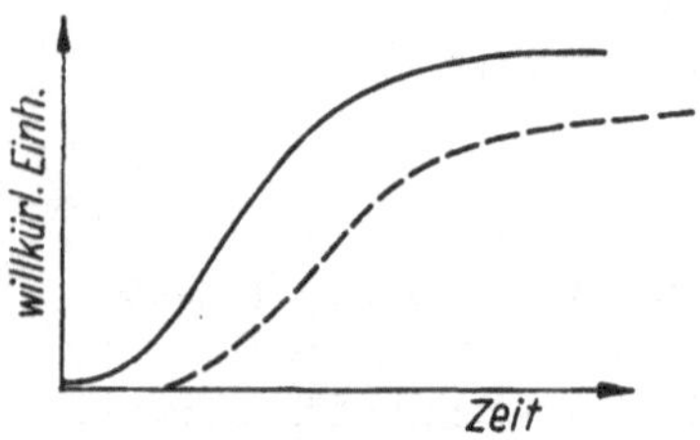


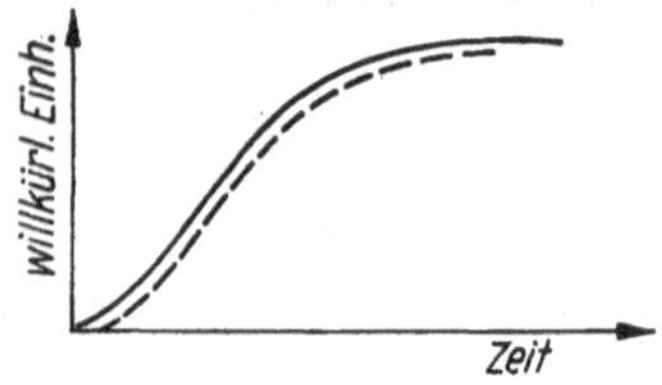


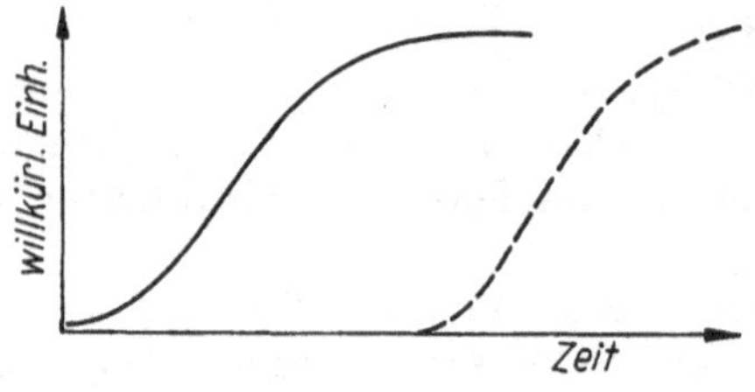


Abb. 1. Typen von Prod.-bildungsprozessen
1. wachstumsverbunden
2. nicht wachstumsverbunden
3. Phasenverschiebung

Produktbildungsprozesse werden durch folgende Merkmale charakterisiert:

— das Wachstum und die Produktbildung stellen in der Regel unterschiedliche Anforderungen an die Kultivierungsbedingungen,
— die Menge gebildeten Produktes ist im allgemeinen nicht nur abhängig von der Biomassekonzentration, sondern wesentlich vom *physiologischen Zustand*, in dem sich die Mikroorg. befinden,
— die Konzentrationen bestimmter Stoffe, die Temperatur („Wärmekonzentration") und der pH-Wert (Wasserstoffionenkonzentration) können Selektionseffekte auf Stoffwechselwege ausüben, die zu unterschiedlichen Enzymausbeuten führen können,

— Produktbildungsprozesse (extrazellulär) sind nicht nur ein Problem der *Bildung* der Produkte, sondern ebenfalls ein Problem der Ausscheidung durch die Zellmembran, deren Durchlässigkeit von den Kultivierungsbedingungen (z. B. ASM-Zugabe, Art, Menge, Zeitpunkt) abhängt,
— die Produktbildungsprozesse sind zeitabhängig (zusätzliche Dimension), d. h. Probleme des Zeitpunktes der Zugabe best. Stoffe bzw. des Auftretens von Erscheinungen (Minima, Maxima von Parametern, $\mu_{max}$.) spielen eine wesentliche Rolle,
— zur Beurteilung von Produktbildungsprozessen müssen Parameterverläufe (f(t)) herangezogen werden, die Angaben ausgezeichneter Kennwerte (Extrema) reicht oft nicht aus.

Zusammenfassung:

Wesentliche Merkmale der Produktbildungsprozesse:

1. Zeitabhängigkeit aller Parameter
2. Abhängigkeit der gebildeten Produktmenge vom *physiologischen Zustand* der Mikroorganismen

### *2.2. Übersicht über bisher verwendete MÜT-Konzepte*

Zur Maßstabsübertragung werden bisher im wesentlichen Größen herangezogen, die zur hydrodynamischen Charakterisierung von Fermentern dienen, z. B.:

— P/V
— $K_La$
— tm
— nd u. a.

Die Anwendung dieser Größen zur MÜT setzt voraus, daß die Fermentationsprozesse sich durch einen (oder mehrere) dieser Parameter charakterisieren lassen. Das ist bei reinen Wachstumsprozessen gegeben. Ausgehend vom Sauerstoffbedarf (Sauerstoffverbrauchskoeffizienten $Y_x^{O_2}$) und vom optimalen D-Wert ($\leqq \mu_{max}$.) läßt sich die einzutragende Sauerstoffmenge ermitteln, d. h. die Maßstabsübertragung beinhaltet das Erreichen bzw. Konstanthalten einer bestimmten Sauerstoffeintragsgeschwindigkeit bzw. $K_La$-Wertes.
Die aus der Literatur bekannten Beispiele der MÜT an Hand oben genannter Parameter gehen immer davon aus, daß die durch den jeweiligen Parameter charakterisierte Grundoperation

— tm, Mischen, vor allem bei hochviskosen Medien,
— $K_La$, P/V, Begasen, vor allem bei $O_2$-intensiven Prozessen und
— nd, bei scherempfindlichen Mikroorganismen

geschwindigkeitsbestimmend ist.
Das gleichzeitige Konstanthalten aller dieser Größen ist nicht möglich (vgl. Tabelle 1).
Erste Versuche, die Reproduzierung ganzer Kurvenverläufe als Basis für die Maßstabsübertragung zu nutzen oder hydrodynamische Kenngrößen (nd, P/V) in die Modellierung mit einzubeziehen, sind ebenfalls bekannt.

*Tabelle 1*

*Veränderung hydrodynamischer Kenngrößen als f(v)*
*(geometrische Ähnlichkeit Vergrößerung 125:1)*

| Parameter | Pilotanlage | Großanlage | | | | | | |
|---|---|---|---|---|---|---|---|---|
| P/v | 1 | 1 | 25 | 0,2 | 0,0016 | 25 | 1 | 0,32 |
| n | 1 | 0,34 | 1 | 0,2 | 0,04 | 1 | 0,34 | 0,23 |
| d | 1 | 5 | 5 | 5 | 5 | 5 | 5 | 5 |
| nd | 1 | 1,7 | 5 | 1 | 0,2 | 5 | 1,7 | 1,2 |
| Re | 1 | 8,5 | 25 | 5 | 1 | 25 | 8,5 | 5,85 |
| tm | 1 | 2,94 | 1 | 5 | 25 | 1 | 2,94 | 4,27 |
| $K_L$ a | 1 | 1 | 21,3 | 0,22 | 0,05 | 21,3 | 1 | — |
| $K_L$ b | 1 | 2,89 | 62,2 | 0,64 | 0,006 | 62,6 | — | 1 |

Zusammenfassung:

Die bisher angewendeten MÜT-Konzepte auf der Basis *hydrodynamischer Kenngrößen* sind nur auf solche Prozesse mit Aussicht auf Erfolg anzuwenden, die an die Intensität der durch *sie* gekennzeichneten physikalischen Operationen außerordentliche Anforderungen stellten.

### *2.3. Anwendung der Konzepte auf Produktbildungsprozesse*

Aus dem unter Punkt 2.1/2.2 Gesagten geht hervor, daß die direkte Übernahme der unter Punkt 2.2 genannten Kriterien auf Produktbildungsprozesse in der Regel keinen Erfolg haben wird, da mittels einzelner Parameter nichts über das Zeitverhalten der wesentlichen Größen ausgesagt werden kann. Diese Aussage wird dadurch erhärtet, daß Versuche, die MÜT auf der Grundlage einer max. zulässigen Scherung (Mycelbildner) und der Einhaltung eines bestimmten gasseitigen Stoffaustausches (über $v_g$ bzw. vvm) durchzuführen, bisher ebensowenig zu einem befriedigenden Ergebnis geführt haben, wie das Konstanthalten eines best. $K_La$-Wertes (mittels dyn. Messungen ist $K_La$ zeitabhängig).

Es ist daher erforderlich, von den bisher in der Literatur beschriebenen Methoden der MÜT abzugehen (für Produktbildungsprozesse) und stärker auf die Reproduzierung der Verläufe wesentlicher Prozeßparameter zu orientieren (Konzentrationen, pH-Wert, $P_{O_2}$, Temp.), z. B. durch FEEDING von Nährbodenbestandteilen (Stärke, N-Quelle, Öle) bzw. pH- und Temp.-Regulierung.

Zusammenfassung:

Die Anwendung der hydrodyn. Parameter zur MÜT von Produktbildungsprozessen ist nicht ausreichend, um eine MÜT zu gewährleisten. Die Orientierung auf die Reproduzierung der Verläufe wesentlicher Prozeßparameter sollte eher zum Erfolg führen.

## 3. Versuchsschema zur Aufklärung der Probleme der MÜT bei Produktbildungsprozessen (PBP)

Auf Grund der Tatsache, daß die Modellierung der PB-Prozesse ein z. Z. noch nicht mit gutem Erfolg zu lösendes Problem ist, müssen alle Erkenntnisse zur MÜT durch systematische Empirie, d. h. gezielte Planung, Durchführung und Auswertung einer möglichst großen Anzahl von Versuchen gewonnen werden. Zwei Probleme (Aufgaben) sind zu lösen:

1. Nachträgliche Überprüfung der in Pkt. 2 stillschweigend gemachten Voraussetzung, daß beim Übergang vom Labor- in den großtechnischen Maßstab Faktoren wie Laboranzucht, Nährbodenzusammensetzung (Chargenabhängigkeit — biolog. Test), Fermentervorkulturführung, Sterilisationsbedingungen (unterschiedliche thermische Belastung der Nb-Bestandteile durch app.-abhängige Aufheiz- und Abkühlzeiten — aktive Fläche, vgl. Pkt. 1) keinen entscheidenden Einfluß auf die MÜT haben.
2. Kultivierung in unterschiedlich großen Fermentern unter Standardisierung der unter 1. genannten Faktoren durch geschickte Versuchseinteilung mit dem Ziel, evtl. auftretende unterschiedliche Prozeßverläufe durch Versuchsauswertung zu analysieren und durch Reproduktion der Verläufe wesentlicher Prozeßparameter die MÜT zu sichern.

Im ITM werden die Versuche dazu nach folgendem Schema durchgeführt: (Vgl. Abb. 2)

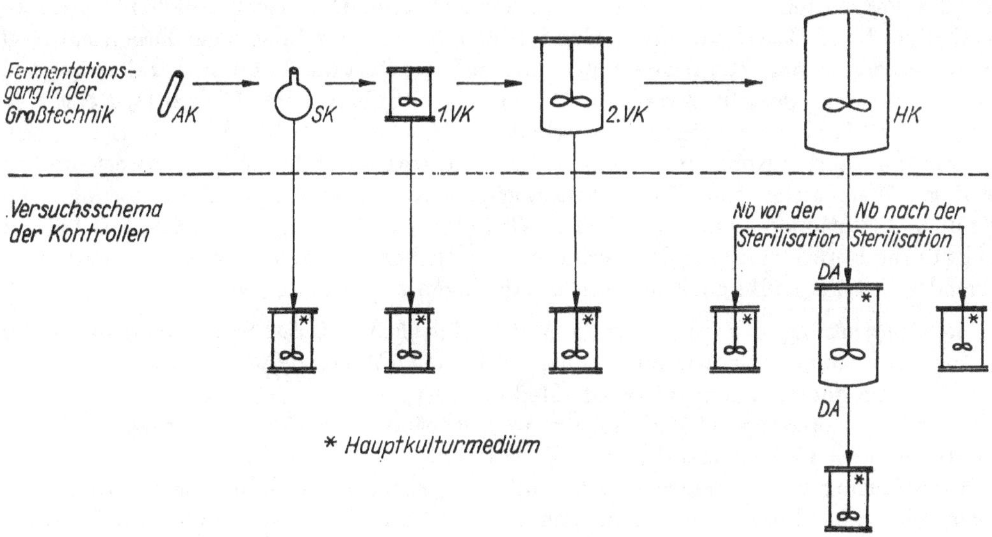


Abb. 2. Versuchsschema (Prinzip)

Erläuterung:

Von jeder Stufe werden Leistungskontrollen im Kleinstfermenter angelegt. Zum Vergleich der Ergebnisse werden folgende Parameter herangezogen:

— Aktivitäten
— Wachstumskurven
— pH, Temp., $CO_2$, $O_2$, ASM-Zugabe, Zähigkeit, $P_{O_2}$

Vorausgesetzt wird hierbei, daß die Reproduzierung des Fermentationsprozesses im Kleinstfermenter gelingt.
Schwerpunkt der Untersuchungen sind die Direktabzüge aus dem HK-Fermentor. Das Ziel ist es, nach einer genügend großen Anzahl von Versuchen durch stat. Auswertung

die Abweichung der Verläufe der wesentlichen Prozeßparameter (pH, Wachstum, $CO_2$, $O_2$, C-Quelle) zu ermitteln und durch Reproduzierung des „besten“ Verlaufs in allen Stufen gleiche Enzymausbeuten zu erreichen (Feeding, pH-Wert-Regelung).
Erste Ergebnisse zeigen, daß die unterschiedlichen Sterilisationsbedingungen einen Einfluß auf die Enzymbildung haben, wobei auch solche Prozeßparameter wie pH-Wert signifikant unterschiedliche Verläufe aufweisen. (Vergleich kurze Aufheiz- und Abkühlzeiten — lange Aufheiz- und Abkühlzeiten)
Die Untersuchungen auf diesem Gebiet werden im ITM fortgeführt.
Auf Grund der bisher gemachten Erfahrungen ist zu sagen, daß ein hohes Maß an Standardisierung aller Randbedingungen und ein hoher — in jeder Hinsicht — Aufwand erforderlich sind, um zu eindeutigen Aussagen zu kommen (Problem Analytik).

## Zusammenfassung:

Die Maßstabsübertragung von Produktbildungsprozessen ist infolge der Zeitabhängigkeit aller Parameter ein besonders komplexes Problem. Die bisher üblichen Konzepte der MÜT auf der Basis hydrodyn. Kenngrößen werden nur in solchen Fällen sinnvoll sein, wo außergewöhnliche Anforderungen an die Intensität der dadurch charakterisierten phys. Operationen gestellt werden (z. B. bei MO + Substrat mit hohem $O_2$-Bedarf → Begasen, bei Medien mit hoher Zähigkeit → Mischen, Mycelbildner → Scherung). Die Anwendung der Konzepte auf diese Prozesse wird aber dadurch erschwert, daß in der Regel Wachstums- und Produktbildungsphase unterschiedliche Anforderungen an die phys. Operationen stellen. Aus diesen Gründen ist es erfolgversprechender, bei der MÜT auf die Reproduzierung der Verläufe wesentlicher Prozeßparameter zu orientieren. Folgendes Schema sollte nach unseren Erfahrungen abgearbeitet werden:

1. Charakterisierung der eingesetzten MO'n hinsichtlich ihres Sauerstoffbedarfs auf einem best. Substrat sowie ihrer Scheranfälligkeit (Mycelbildner).
2. Ermittlung der Zähigkeit des Prod.-Mediums, f(t)
3. Ermittlung der charakt. Verläufe der wesentlichen, d. h. (*aller*) der z. Z. meßbaren Parameter im Labormaßstab.
4. Durchführung von Versuchen nach dem unter Pkt. 3 genannten Schema, vorläufige Einstellung der Fermentationsparameter — Drehzahl und Belüftung — auf der Basis der Ergebnisse aus Pkt. 1 und 2.
5. Ermittlung charakteristischer Abweichungen in Abhängigkeit vom Fermentervolumen.
6. Reproduzierung der lt. Pkt. 3 vorgegebenen Verläufe (jeweils 1 Parameter, Reihenfolge ist beliebig, da die Frage, welche Parameter unabhängig, welche abhängig sind, teilweise noch ungeklärt ist).
7. Erarbeitung einer Übertragungsvorschrift an Hand der Ergebnisse aus Pkt. 1—6.

### *Zusammenstellung der verwendeten Kurzzeichen*

1. Verwendete Symbole

| | |
|---|---|
| d | Rührerdurchmesser |
| D | Fermenterdurchmesser |
| D | Durchflußrate |
| $K_La$ | volumetrischer Sauerstoffübergangskoeffizient |

| | |
|---|---|
| n | Rührerdrehzahl |
| P | Energieeintrag |
| $P_{O_2}$ | Gelöstsauerstoffkonzentration |
| Re | Reynoldszahl |
| t | Zeit |
| tm | Mischzeit |
| V | Fermentervolumen (netto) |
| Vg | Luftdurchsatz |
| vg | lineare Gasgeschwindigkeit |
| vvm = Vg/V | |

2. Verwendete Kurzzeichen

| | |
|---|---|
| ASM | Antischaummittel |
| GA | Glucoamylase |
| HK | Hauptkultur |
| MO | Mikroorganismus |
| Nb | Nährboden |
| WÜ | Wärmeübertrager |

## Diskussion

SIKYTA: Sie sprechen über Maßübertragung in Richtung „Scale-up“. In manchen Fällen ist es vorteilhaft „Scale-down“ durchzuführen.
BÖTTGER: Das Problem der Maßstabsübertragung wird nicht nur in Richtung des „Scale-up“ sondern ebenfalls in Richtung eines „scale-down“ bearbeitet. Versuche zum Simulieren z. B. der Sterilisationsbedingungen der Großanlage in der Technikumsanlage sind Arbeiten im Hinblick auf ein „scale-down“. Solche und ähnliche Versuche werden im ITM durchgeführt.

*Forschungsinstitut für Antibiotika u. Biotransformationen, Roztoky bei Prag, ČSSR*

# Studie über die Bedingungen der Oxytetracyclinbildung

P. ETTLER und V. CECHNER

Bei der Optimierung des Fermentationsverlaufes bei der Antibiotikaherstellung ist es möglich, mittels der Systemanalyse vorzugehen und die Problematik auf einigen Ebenen zu lösen (Abb. 1) [1].

a) des metabolischen Ablaufs der Oxytetracyclinbildung (weiter nur OTC-Bildung), der enzymatischen Kinetik,
b) des Wachstums der Kultur, der Beziehung zur Produktbildung, des Substratabbaus;
c) des Fermentermodells, der Geometrie des Gefäßes und des Rührers, des hydrodynamischen Verhaltens.

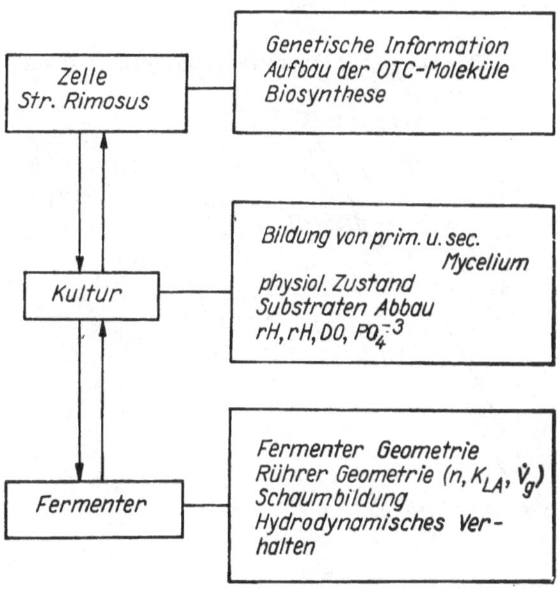


Abb. 1. Schema des Ablaufes bei Systemanalyse von OTC-Fermentation

Die Festsetzung von gegenseitigen Abhängigkeiten von einzelnen Größen des zu prüfenden Prozesses der OTC-Fermentation ermöglicht uns, unsere Kenntnisse über den Mechanismus der OTC-Bildung zu vertiefen und die Beziehungen zwischen den meßbaren Größen mathematisch zu formulieren.

Der Zweck dieser Arbeit war, aus dem Maßstab von 15 m³ die Erkenntnisse über das hydrodynamische Verhalten, die OTR, das Wachstum des *Streptomyces rimosus* und die OTC-Bildung zusammenzufassen. Den Fermentationsversuchen ist eine hydrodynamische Studie im Versuchsfermenter Chemap 300 vorausgegangen. Mit der statischen Methode wurde die Abhängigkeit von OTR unter verschiedenen Luftdurchsätzen und Rührerdrehzahlen festgestellt. Es wurde herausgefunden (Abb. 2), daß Kulturbrühen

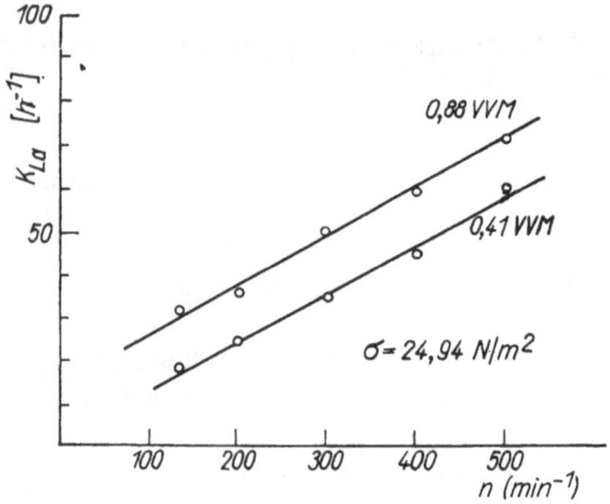


Abb. 2. OTR-Werte im Nährboden für Oxytetracyclin-Fermentation

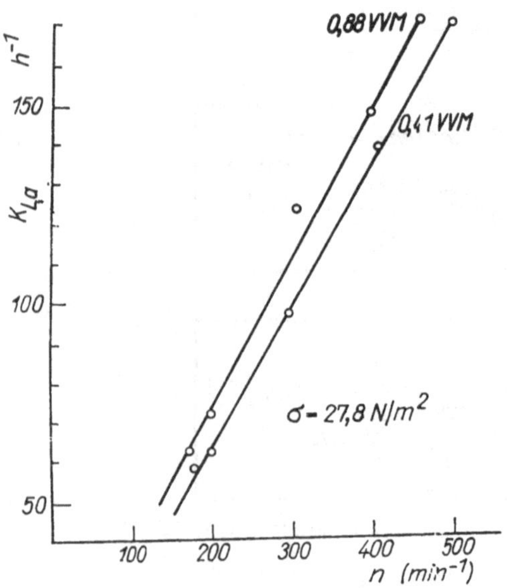


Abb. 3. OTR-Werte im Nährboden für Erythromycin-Fermentation

für die OTC-Herstellung signifikantere Abhängigkeiten von höherem Luftdurchsatz als z. B. im Falle der Erythromycin-Fermentation zeigten (Abb. 3). Die Rührerdrehzahl hat bei der OTC-Fermentation einen geringeren Einfluß auf die spezifische Sauerstofftransportrate als bei der Fermentation von Erythromycin. Aus diesen Gründen ist auch

die OTC-Herstellung im Betriebsmaßstab energetisch weniger anspruchsvoll, resp. die Relation P/V kann, um einen hohen Wirkstofftiter sicherzustellen, niedriger als im Falle der Erythromycin-Fermentation sein.
Als experimentelle Apparatur wurde ein 15 $m^3$ großer Rührwerksfermenter benutzt. Die Belüftungsrate lag bei 0,3—0,8 VVM, die Antriebsleistung war 1,7 $kW/m^3$ bei einer Rührerdrehzahl von 120 $min^{-1}$. Als C, N und P Fermentationssubstrate wurden Stärke, Trockenhefe und Ammoniumsulfat verwendet. Als Antischaummittel und C-Quelle wurden pflanzliche Öle und Silikone eingesetzt. Die Herstellung der Impflösung von *Str. rimosus* ging aus der zweiten vegetativen Generation in den Impffermenter und dann nach ca. 22 Stunden in den Produktionsfermenter.

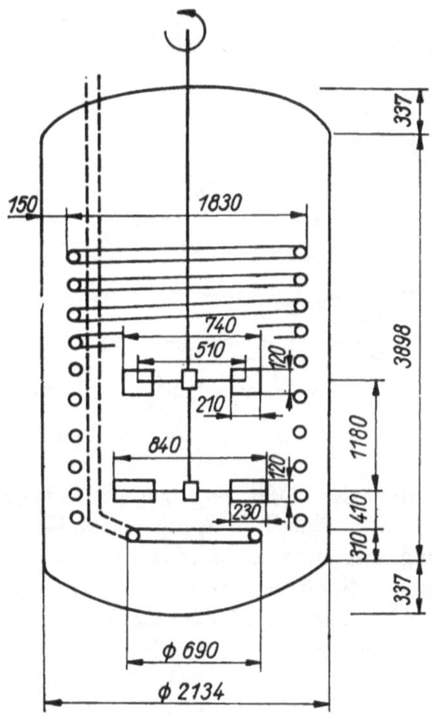


Abb. 4. Die Geometrie des 15 $m^3$-Rührwerksfermenters

OTR wurde mit der statischen [2] und der dynamischen [3] Methode festgestellt. D. O. C. wurde mit der sterilisierbaren Meßkette Sensorlabs IL 530 ermittelt, Ketosäuren wurden kolorimetrisch festgestellt. Aus dem Medium abgegebene $CO_2$-Menge wurde mit dem Analysator Infralyt (DDR) in der Abluft gemessen. Viskosimetrische Charakteristik wurde auf Rheomat 30 (Schweiz) gemessen.
Es wurde angenommen, daß die Bildung des tetracyclinen Ringsystems mit Acetat als Vorstufe über den Weg der Shikimisäure geht. Glukose ist als Vorstufe für einen Teil des A-Ringes beschrieben [4]. Neuere Studien beschrieben die Bildung des Tetracyclingrundkörpers über Pyruvat, Phosphoenolpyruvat, Oxalacetat und Malonyl-Co A [5]. Im Mittelpunkt der enzymatischen Studien standen in diesem Zusammenhang der Oxalacetatdehydrogenase- und Pyruvatdehydrogenase-Komplex. Die Tetracycline werden von Streptomyceten hergestellt, bei welchen die physiologischen Studien zur

Wirkstofftitererhöhung mit Verhältnis C:N:P-Quellen im Nährboden eng gekoppelt sind. Im Sinne von BU'LOCK ist die OTC-Fermentation eine typisch zweiphasige, in der das Wachstum von Primär- bzw. Sekundärmycel an die Antibiotikabildung gebunden ist.

In der ersten Phase (Abb. 5) der OTC-Bildung durch *Str. rimosus* kommt es zu schnellem Wachstum mit starker Aufnahme von Stickstoff, Kohlenstoff und Phosphor sowie D. O. C. Absinken auf Limitkonzentration. Die höchste Konzentration des erzeugten $CO_2$ in der Abluft (nach der 20. Stunde) und der maximale Ketosäurespiegel gehören

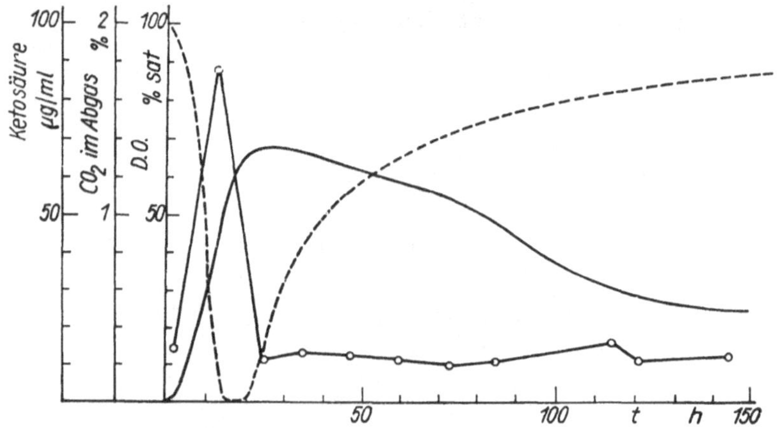


Abb. 5. Die Änderungen der D. O. C., Ketosäuren und des $CO_2$-Inhaltes im Abgas während der OTC-Fermentation

zum Zeitpunkt des intensiven Wachstums, der nach der Fragmentierung des Mycels bei beginnender OTC-Bildung auftritt. Unter den Bedingungen des 15 m³ Fermentors fällt der Beginn der Antibiotikabildung mit dem Zeitpunkt des Verschwindens der P-Quelle aus dem Nährmedium zusammen. Nach der 20. Stunde der Fermentation ist eine langsame Erhöhung der D. O. C. und eine Herabsetzung des erzeugten $CO_2$ zu beobachten, die von der Ausbildung des Sekundärmycels gefolgt wird. Am Ende der OTC-Fermentation wurde eine partielle Autolyse des Mycels festgestellt. Aus diesen Ergebnissen geht hervor, daß das Sekundärmycel nicht auf hohe Sauerstoffzufuhr angewiesen ist. Der Ablauf der scheinbaren Zähigkeit während der OTC-Fermentation zeigt, daß in der 60. Stunde der Fermentation eine Verschiebung der scheinbaren Zähigkeit der Kulturbrühen fast um das Dreifache auftritt. Die Kurve der OTR-Werte ist umgekehrt proportional dem Wachstum des dreidimensionalen Netzes des Mycels. Die Korrektur der Verzögerung der Meßkette wurde nicht durchgeführt.

Bei erniedrigtem Luftdurchsatz wird die für das Wachstum der Zellen benötigte Energie durch die Intensivierung der Glykolyse gewonnen. Längere Limitierung der Sauerstoffkonzentration im Nährboden schlägt sich nicht nieder auf die Produktivität des Prozesses. Diese Ergebnisse sollen zur ersten Erwägung von Möglichkeiten der Optimierung der OTC-Herstellung dienen. Die Regulierung der Relation zwischen den Stickstoffquellen, den Kohlenstoffquellen, den Phosphorquellen, den Mineralsalzen u. a. Biofaktoren ist der Weg, der den Mangel an Ausrüstung der Apparatur, der Homogenität des Nährbodens, der hohen Viskosität und des Stoffübergangs lösen kann.

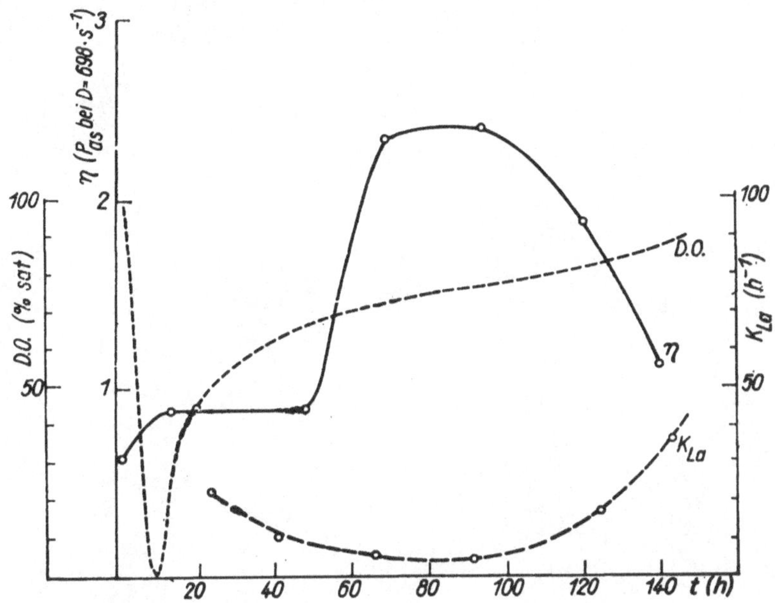


Abb. 6. Verlauf der scheinbaren Zähigkeit, OTR und D. O. C. bei OTC-Herstellung durch *Str. rimosus*

## Literatur


[1] Votruba, J.: Matematické metody v mikrobiologii, ČVTS MBÚ ČSAV (1976), 37

[2] Linek, V., M. Sobotka, A. Prokop: Biotechnol. Bioengng. Symp. No 4, Wiley and Sons, Inc. (1973), 429

[3] Páca, J., V. Grégr: J. Appl. Chem. Biotechnol. (1976) 27, 155

[4] Rehm, H. J.: Industrielle Mikrobiologie, Springer-Verlag, Berlin (1967), 215

[5] Hošťálek, Z.: Genetika prům. mikroorganismů, Mikrob. Gesellschaft ČSSR (1977), 113


## Diskussion

Bormann: Ist der Energiebedarf der Oxytetracyclinfermentation gegenüber der Erythromycinfermentation geringer in bezug auf Primärwachstum?

Ettler: Nach 24 Std. Fermentationszeit fängt sich das Sekundärmycel an zu formieren, und es beginnt die Synthese des OTC.

Unter optimalen Bedingungen fällt der Beginn der OTC-Bildung mit dem Zeitpunkt des Verschwindens des Phosphors aus dem Nährmedium zusammen.

*VEB Komplette Chemieanlagen Dresden,*
*VEB Chemieanlagenbau Staßfurt — Kombinat —*

# Probleme der Maßstabsübertragung bei der Fermentation von Antibiotika

H. WEISSGÄRBER und H.-O. MÖCKEL

Für die Produktion von Antibiotika ist die Verwendung von Rührfermentoren in diskontinuierlicher Fahrweise dominierend. Dabei ist in den vergangenen Jahren als Entwicklungstendenz die Vergrößerung der Behältervolumen auf ca. 100 $m^3$ und darüber sowie die Erhöhung der Ausbeuten zu erkennen. Es ergeben sich daraus Probleme für die Modellierung und Maßstabsübertragung, die bereits in der Phase der Vorbereitung und Durchführung von klein- oder halbtechnischen Versuchen beachtet werden sollten.
Die Anzahl der Einflußfaktoren auf den Fermentationsprozeß ist sehr groß. Sie können in ihrer gegenseitigen Wechselbeziehung und in ihrer Auswirkung auf die Ausbeute nicht vollständig erfaßt werden. Es ist deshalb erforderlich, die für eine Fermentorauslegung relevanten Zielgrößen entsprechend ihrer unterschiedlichen Abhängigkeit von physikalischen Gesetzmäßigkeiten getrennt zu analysieren.
Im folgenden soll dies für einige hydrodynamische Fragen bzw. Stoffübertragungsprobleme geschehen.
Bei der Versorgung der Mikroorganismen mit Sauerstoff sind die beiden Teilschritte der Stoffübertragung von der Gasblase zur Flüssigkeit und von der Flüssigkeit zur Zelle von Bedeutung. Welcher von beiden den limitierenden Faktor bildet, hängt von der Struktur der Zellkultur sowie von den Misch- und Dispergiereigenschaften des Fermenters ab. Es dürfte geklärt sein, daß bei der Verwendung von Einzellern wie Bakterien bzw. Hefen in einem kontinuierlichen Prozeß in niedrigviskosen Flüssigkeiten der $O_2$-Übergang gas-flüssig im allgemeinen den limitierenden Faktor bildet, sofern keine Flokkenstruktur auftritt. Mischprobleme als Ursache für eine schlechte Versorgung der Mikroorganismen treten in niedrigviskosen Kulturmedien ebenfalls nicht auf. Bei der Fermentation von Sekundärmetaboliten wie beispielsweise Antibiotika sind die Kulturmedien jedoch mittel- bis hochviskos und weisen nicht-Newtonsche Fließeigenschaften auf. Der Fließindex liegt im Bereich von 0,15···0,3 und ist damit extrem niedrig. In diesen Medien muß der Sauerstoff zu einem gleichmäßig verteilten Mycelgeflecht transportiert werden, wobei eine ausreichende Versorgung aller Teile der Flüssigkeit erforderlich ist. Wegen der erwähnten Fließeigenschaften dieser Kulturmedien treten bei schlechter Gestaltung bzw. Auslegung des Rührsystems häufig ungenügend durchmischte Gebiete bzw. sogar Totzonen auf. Eine ausreichende Versorgung des Mycels ist nur dann möglich, wenn die Auszehrzeit von einem mit Sauerstoff angereicherten Substanzgebiet größer ist als die Aufenthaltszeit in einem schlecht durchmischten Gebiet. Die Auszehrzeit von einem Substanzgebiet, das mit Sauerstoff gesättigt ist, beträgt bei einem $O_2$-Bedarf von $r_{O_2} = 2$ kg $O_2/m^3h$ und dem üblichen Überdruck im Fermentor von 0,5 at etwa 24 s. In unvermischten Gebieten kommt es also sehr schnell zu Mangel-

erscheinungen, so daß Totzonen bei der Auslegung auf jeden Fall vermieden werden müssen. In Medien mit Newtonschen Fließeigenschaften treten solche schlecht vermischten Gebiete unterhalb einer kritischen REYNOLDSzahl auf, die bei Schaufelrührern bei der Re $\approx$ 200···300 liegt. In Kulturmedien mit nicht-Newtonschen Fließeigenschaften treten unvermischte Gebiete auch dann auf, wenn die mit der scheinbaren Zähigkeit in Rührernähe gebildete Re-Zahl größer als 300 ist. Ursache ist eine Bingham-Charakteristik dieser Medien.

Zur Vermeidung der Totgebiete ist eine minimale Schubspannung und damit eine minimale Leistung erforderlich, die bei Schaufelrührern in mittelviskosen Flüssigkeiten im Bereich von 0,5···1,5 kW/m³ liegt. Ein Modellgesetz ist dafür gegenwärtig noch nicht ermittelt worden. Auf Grund dieser Umstände ergibt sich, daß die Wahl des Rührers zugunsten eines größeren Durchmessers ausfallen muß, als es für den Stoffübergang günstig wäre. Außerdem ist es bei schlanken Behältern mit Füllhöhen $h_0/d_1 \gtrapprox 1{,}2$ aus diesem Grund erforderlich, mehrere Rührer übereinander anzuordnen.

Die minimale Leistung zum Verhindern von Totgebieten muß nicht übereinstimmen mit der erforderlichen optimalen Leistung zur Fermentation. Sie stellt lediglich eine untere Schranke dar, bei der gerade alle Flüssigkeitsteilchen bewegt werden. Zur Ermittlung der optimalen Leistung ist die Messung des in der Flüssigkeit gelösten Sauerstoffs von ausschlaggebender Bedeutung, womit auch Aussagen über Limitationen gewonnen werden. Hier stößt man jedoch auf die Grenzen durch die bekannten meßtechnischen Probleme.

Der Sauerstoffübergang aus der Gasblase in die Flüssigkeit ist in starkem Maße abhängig von den Stoffeigenschaften an der Phasengrenzfläche, die gegenwärtig analytisch nicht erfaßbar sind. Auf Grund umfangreicher Messungen des Stoffübergangs, des Gasgehalts und z. T. der Blasengröße in verschiedenen Medien und Behältergrößen sowie einfacher theoretischer Überlegungen lassen sich dennoch Hinweise zur Modellierung und Maßstabsübertragung ableiten.

Der räumliche Stoffübergangskoeffizient $k_La$ setzt sich zusammen aus

$$k_La = k_L \cdot \frac{1-\varphi}{\varphi} \cdot \frac{6}{d_{BS}} \tag{1}$$

Empirisch ermittelte Modelle für den Gasgehalt $1 - \varphi$ sind in Tabelle 1 für 3 verschiedene Medien angegeben.

*Tabelle 1*

*Empirische Modelle für hold-up und Stoffübergang*

| Medium | hold-up | Stoffübergang |
|---|---|---|
| $Na_2SO_3$-Lösung | $1-\varphi \sim \left(\frac{P}{m}\right)^{0,29} \cdot \overline{V}_g^{\,0,6}$ | $k_La \sim \left(\frac{P}{m}\right)^{0,93} \cdot \overline{V}_g^{\,0,66}$ |
| Wasser | $1-\varphi \sim \left(\frac{P}{m}\right)^{0,194} \cdot \overline{V}_g^{\,0,415}$ | $k_La \sim \left(\frac{P}{m}\right)^{0,55} \cdot \overline{V}_g^{\,0,44}$ |
| Kulturmedium (Beispiel) | $1-\varphi \sim \left(\frac{P}{m}\right)^{0,055}$ | $k_La \sim \left(\frac{P}{m}\right)^{0,406} \cdot \overline{V}_g^{\,0,117} \cdot V_L^{\,-0,024}$ |

Für den Gasgehalt gilt allgemein

$$\frac{1-\varphi}{\varphi} = \left(\frac{P}{m}\right)^{\alpha} \cdot \overline{V}_g^{\beta} \tag{2}$$

Es fällt auf, daß die Exponenten medienabhängig sind, wobei stark unterschiedliche Medien verwendet wurden. Mit dem verwendeten Ansatz zur Berechnung des Gasgehaltes ist eine Maßstabsübertragung bis zu sehr großen Behältern möglich. Der mittlere Blasendurchmesser im Behälter ist von der Primärblasengröße an der Dispergierstelle und von der Koaleszenzfrequenz abhängig. Abbildung 1 zeigt gemessene Werte.

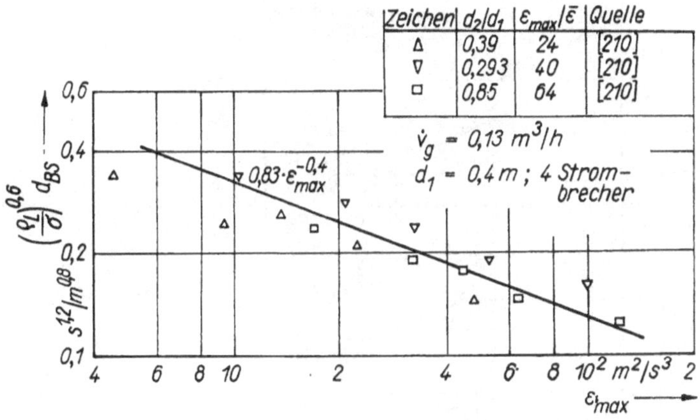


Abb. 1. Primärblasen in Wasser/Luft für verschiedene Rührer

Die theoretische Abhängigkeit der Primärblasengrößen von der örtlichen Dissipation an der Dispergierstelle konnte experimentell bestätigt werden. Auf Abb. 1 sind fotografisch ermittelte Blasengrößen in unmittelbarer Rührernähe über der örtlichen Energiedissipation $\varepsilon_{max}$ aufgetragen, die jeweils für die verschiedenen Rührerdurchmesser aus Turbulenzmessungen [1] ermittelt wurde. Als Exponent wurde $d_{BS} \sim \varepsilon_{max}^{-0,4}$ erhalten. Bei Berücksichtigung von anderen Medien ergibt sich für den Exponenten der Bereich $-0,4 \cdots -0,5$, je nachdem, ob die Dispergierung vorwiegend durch turbulent oder laminar fließende Wirbel erfolgt.

Auf Abbildung 2 ist der Einfluß der Koaleszenz dargestellt, in dem über der mittleren Energiedissipation im Behälter sowohl die Primärblasengröße als auch die mittlere Blasengröße dargestellt sind.

Daraus geht hervor, daß der Exponent auch für die mittlere Blasengröße im gleichen Bereich wie für die örtliche Blasengröße bleibt.

Demnach bietet sich an, alle Meßergebnisse für den Stoffübergang in verschiedenen Medien und Behältergrößen über der spezifischen Leistung bei Eliminierung des Gasgehaltes aufzutragen. Abbildung 3 zeigt diese Darstellung.

Der auf der Ordinate aufgetragene Ausdruck ist proportional der mittleren Blasengröße. Berücksichtigt man die sehr unterschiedlichen Medien und Behältergrößen, dann ist die Korrelation der Meßergebnisse bemerkenswert.

Auf Grund dieser Überlegungen und Meßergebnisse können die Modelle für $1 - \varphi/\varphi$ und $\bar{d}_{BS}$ zusammengefaßt werden. Beachtet man

$$\bar{V}_g = \dot{V}_g/V_L \cdot h_0 \tag{3}$$

ergibt sich für die Maßstabsübertragung mit (2)

$$k_L a \sim h_0^{\beta} \tag{4}$$

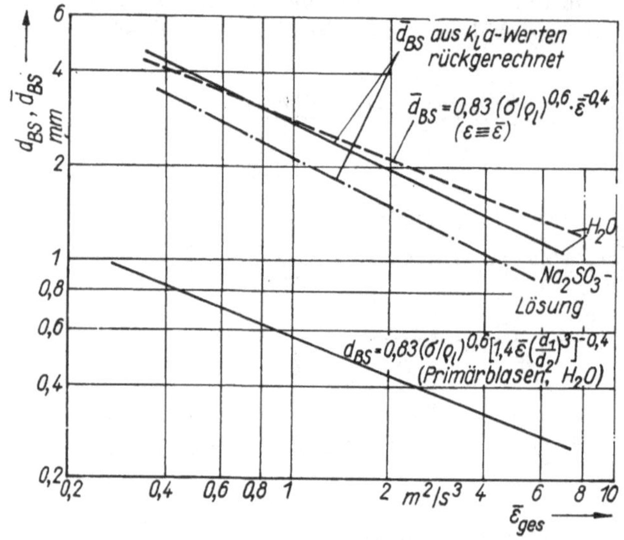


Abb. 2. Primärblasen (Rührernähe) und mittlere Blasendurchmesser $d_{BS}$ im Behälter ($d_2/d_1 = 0{,}3$)

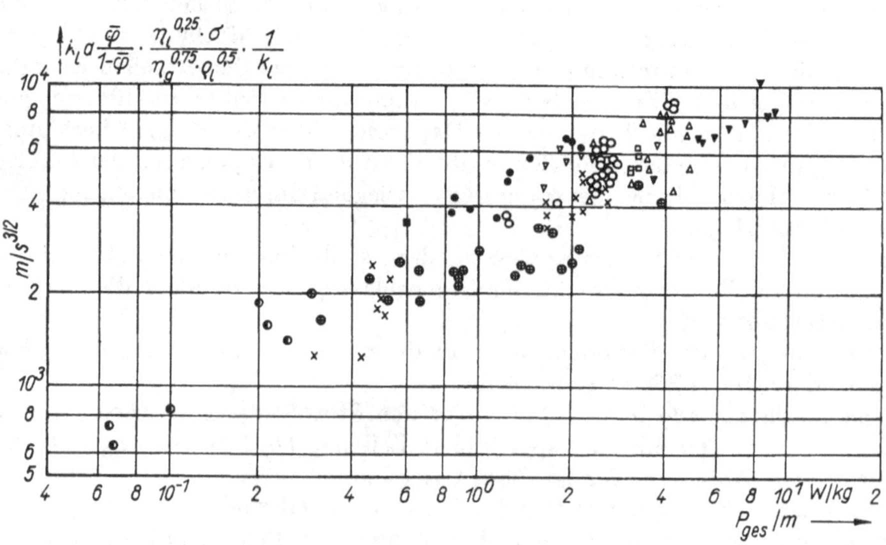


Abb. 3. Stoffübergang in verschiedenen Medien für Schaufelrührer mit Begasungskegel

wenn P/m = const und $\dot{V}_g/V_L$ = const verwendet wird. Der Exponent $\beta$ entspricht dem Exponenten über $\overline{V}_g$, der sowohl im hold-up-Modell als auch im Stoffübergangsmodell etwa gleich groß ist und je nach Medieneigenschaften zwischen 0,1…2/3 liegt. Darin zeigt sich die große Bedeutung solcher Stoffeigenschaften, die das hold-up-Verhalten des Mediums bestimmen. Da diese nicht universell erfaßbar sind, ist das Experiment erforderlich. Dabei ist zu bemerken, daß gerade bei der Antibiotikafermentation das hold-up während der Fermentationszeit sehr großen Schwankungen unterworfen ist, insbesondere auch durch die bedarfsweise Zugabe von Antischaummitteln. Damit ist die genauere Eingrenzung des Exponenten $\beta$ sehr erschwert. Die Beziehung $k_La \sim h_0{}^\beta$ gilt nur bei konstanten geometrischen Bedingungen, so daß besser $k_La \sim d_1{}^\beta$ gilt. Denn bei Vergrößerung der Füllhöhe bei gleichem Behälterdurchmesser $d_1$, d. h. bei Vergrößerung des Schlankheitsgrades, ändert sich der $O_2$-Eintrag bei gleichem $\bar{v}_g$ und $P/V_L$ kaum.

Aus Meßergebnissen in Sulfitlösung (Abb. 4) kann kein systematischer Einfluß der Füllhöhe abgelesen werden (Kurven 1 und 7 bzw. 3 und 6).

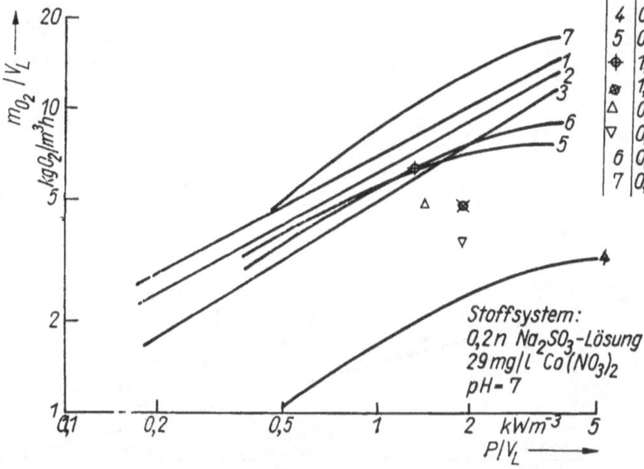


| Nr. | $d_1$ | $d_2/d_1$ | $\bar{v}_g$ | $h_0/d_1$ | N |
|---|---|---|---|---|---|
| 1 | 0,4 | 0,3/0,4 | 3,7 | 1,0 | 1 |
| 2 | 0,4 | " | 2,5 | " | 1 |
| 3 | 0,4 | " | 1,2 | " | 1 |
| 4 | 0,9 | 0,35 | 1,4 | 2,0 | 3 |
| 5 | 0,9 | 0,35 | 2,8 | 2,0 | 3 |
| ⊕ | 1,4 | 0,31 | 2,48 | 1,25 | 1 |
| ⊠ | 1,4 | 0,31 | 1,24 | 1,25 | 1 |
| △ | 0,3 | 0,4 | 0,44 | 1,0 | 1 |
| ▽ | 0,3 | 0,4 | 0,22 | 1,0 | 1 |
| 6 | 0,4 | 0,35 | 1,25 | 2,0 | 3 |
| 7 | 0,4 | 0,35 | 3,75 | 2,0 | 3 |

Abb. 4. Sauerstoffübergang im Sulfitsystem für unterschiedliche Geometrie

Die für den Stoffübergang angegebenen Ergebnisse gelten alle nur unter der Bedingung einer vollständig dispergierten Gasphase, d. h. oberhalb des Überflutungspunktes. Die Kenntnis der Lage des Überflutungspunktes ist für die Auslegung eines Rührfermenters von großer Bedeutung.

Zur Berechnung des Überflutungspunktes wurde ein Modell für ein Rührsystem mit 1 Schaufelrührer abgeleitet [2]. In Abbildung 5 ist der aus diesem Modell berechnete Verlauf mit Meßwerten verglichen. Dieses Modell läßt sich in vielen Fällen auch für Kulturmedien anwenden.

Für ein 3-Rührersystem in schlanken Behältern muß die Konstante in diesem Modell

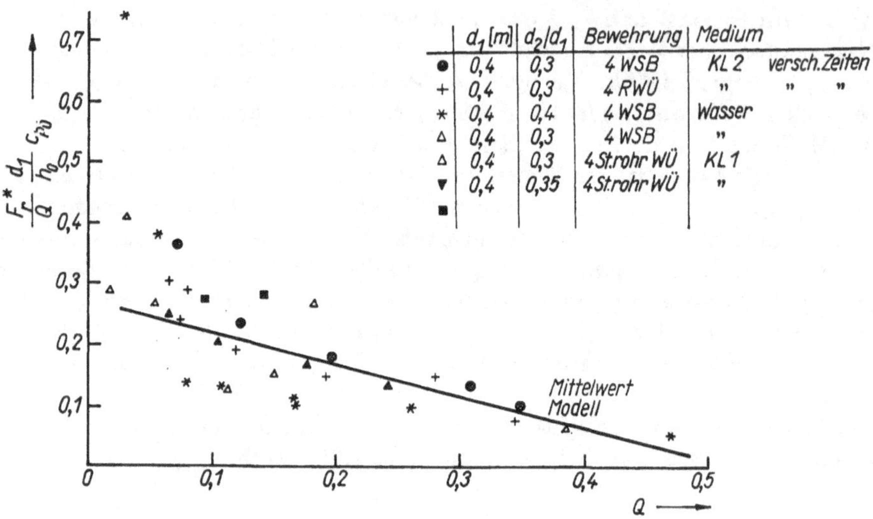


Abb. 5. Überfluten beim 1-Rührer-System, aus hold-up bestimmt

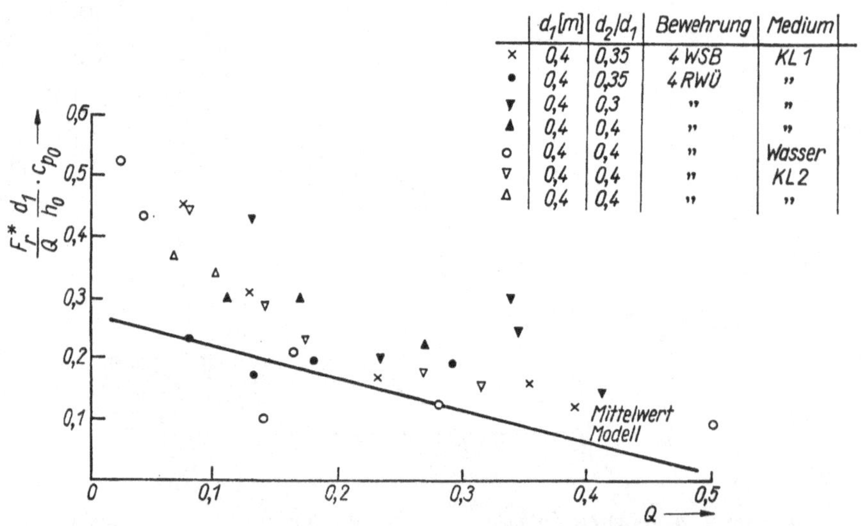


Abb. 6. Überfluten beim 3-Rührer-System, aus hold-up bestimmt

modifiziert werden. Die Meßergebnisse (Abb. 6) liegen bei dieser Auftragung höher als der Mittelwert für das 1-Rührersystem. Das erklärt sich daraus, daß im wesentlichen nur der Impulsstrom des unteren Rührers zum Verhindern des Überflutens genutzt wird. Zur Auslegung des Rührantriebes ist die Kenntnis der Leistungsbeiwerte $c_{p\varrho}$ erforderlich, die zweckmäßig auf den unbegasten Zustand bezogen werden.
Ebenfalls in einer früheren Arbeit [2] wurde für ein Rührsystem mit 1 Schaufelrührer für Wasser/Luft gefunden, das die Modellierung und Maßstabsübertragung bei Verwendung der FROUDE-Zahl des Gases möglich ist. Auf Abbildung 7 sind Meßwerte aus Kulturlösungen mit dem Modell verglichen.

Die Konstante in der zugehörigen Berechnungsgleichung ist stoffabhängig, aber unabhängig von der Art der Bewehrung. Es war deshalb erstaunlich, daß sich die gleiche Beziehung für die beiden untersuchten Kulturmedien verwenden ließ.

Bei der Verwendung von Rührfermentoren mit 3 Schaufelrührern übereinander ergibt sich eine Erhöhung des Verhältnisses $c_p\varrho/(c_p\varrho)_0$ gegenüber dem 1-Rührersystem (Abb. 8). Die aufgetragenen Meßergebnisse deuten darauf hin, daß auch für diese Systeme, die hauptsächlich bei Großfermentoren verwendet werden, eine Berechnung des Leistungseintrages möglich sein wird. Bei der Auslegung unbedingt zu beachten sind jedoch die Schwankungen, die durch die Zugabe von Antischaummitteln hervorgerufen werden.

Zum Abschluß dieser Ausführungen noch einige Bemerkungen zur Frage der möglichen

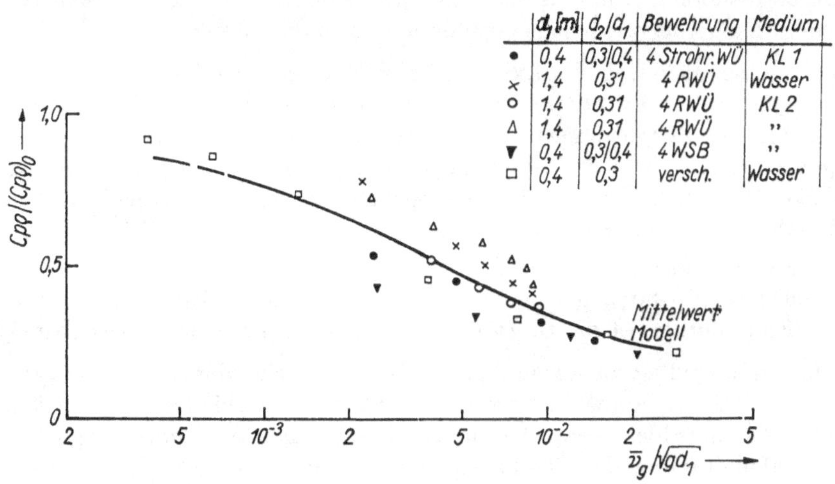


Abb. 7. Leistungsaufnahme bei 1-Rührer-Systemen

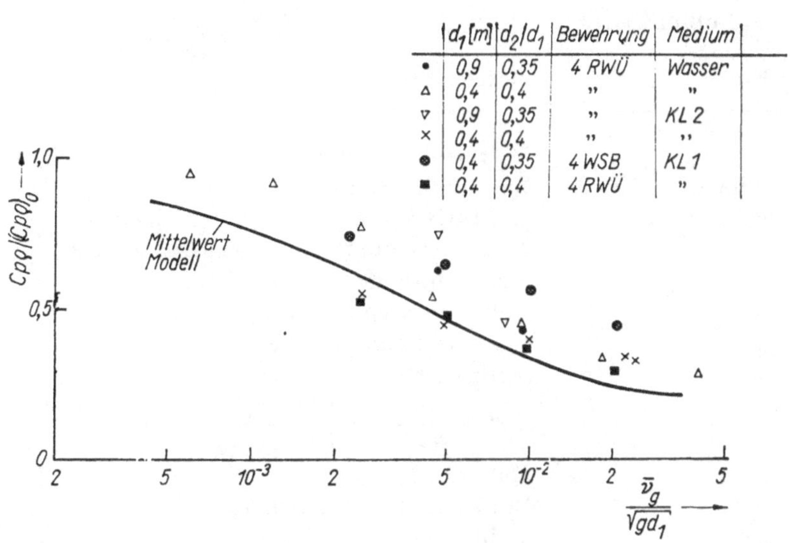


Abb. 8. Leistungsaufnahme bei 3-Rührer-Systemen

maximalen Behältergrößen und damit im Zusammenhang stehend zur Frage „*Schlanker oder gedrungener Behälter?*“.

Die einsetzbare Behältergröße wird durch folgende Faktoren begrenzt:

1. Bei einer Wärmetönung einschließlich der durch den Rührer zugeführten Wärme von ca. 9 kcal/kgh ist eine spezifische Wärmeübertragungsfläche von

$$0{,}4 \leqq A/V_L \leqq 1{,}6 \text{ m}^2/\text{m}^3 \; KL$$

   je nach $k$-Zahl und $\Delta t_m$ erforderlich.
   Zur Verfügung stehen beim gegenwärtigen 100 $m^3$-Fermenter 165 $m^2$.
2. Durch die technische Realisierbarkeit der Getriebebaugrößen
3. Durch technologische und ökonomische Faktoren der Verfügbarkeit der Behälter.
4. Durch fertigungstechnische Gründe in der Endmontage.

Eine Begrenzung durch hydrodynamische Faktoren erfolgt nur von Seiten der maximal möglichen Geschwindigkeit des Gases bei etwa 10 cm/s, so daß sinnvolle Behältergrößen für die diskontinuierliche Fermentation von Antibiotika unter sterilen Bedingungen zwischen 100…200 $m^3$ liegen werden. Dabei sprechen folgende Punkte für eine schlanke Bauart, da die Stoffübergangsbedingungen in erster Näherung nicht vom Schlankheitsgrad abhängig sind.

1. Größere Wärmeübertragungsflächen
2. Etwa um 10…20% geringere Drehmomente bei 3 Rührern gegenüber 1 Rührer
3. Die Endmontage ist bis zu größerem Volumen im Herstellerbetrieb möglich.

Zusammenfassend ist zu sagen, daß ein Teil der vorhandenen Auslegungsunterlagen für die Maßstabsübertragung geeignet sind. Bei der Verschiedenartigkeit der eingesetzten Substrate sind jedoch Versuche zur Anpassung meistens unumgänglich. Insbesondere für die Modellierung des Stoffüberganges ist die Aussagekraft von Versuchen durch Verbesserung und Erweiterung der Meßmethoden zu erhöhen.

## Nomenklatur

| Symbol | Einheit | Bezeichnung |
|---|---|---|
| $A$ | $m^2$ | Wärmeübertragungsfläche |
| $a$ | $m^2m^{-3}$ | Spezifische Phasengrenzfläche |
| $c_p\varrho$ | kg $m^{-3}$ | Leistungsbeiwert im begasten Zustand |
| $(c_p\varrho)_0$ | kg $m^{-3}$ | Leistungsbeiwert im unbegasten Zustand |
| $d_{BS}$ | m | Blasendurchmesser nach Sauter |
| $d_1$ | m | Behälterdurchmesser |
| $d_2$ | m | Rührerdurchmesser |
| $Fr^*$ | — | Modifizierte Froudezahl $Fr^* = \frac{n^2 \cdot d_2}{g} \cdot \left(\frac{d_2}{d_1}\right)^3 \cdot \frac{c_p\varrho}{(c_p\varrho)_0}$ |
| $h_0$ | m | Füllhöhe |
| $k_L$ | m $h^{-1}$ | Stoffübergangskoeffizient |
| $m$ | kg | Füllmenge |
| $\dot{m}_{O_2}$ | kg $h^{-1}$ | Sauerstoffübergangsmenge |

| Symbol | Einheit | Bezeichnung |
|---|---|---|
| $n$ | $s^{-1}$ | Drehzahl |
| $P$ | W | Leistungseintrag |
| $Q$ | — | Gasdurchsatzkennzahl $Q = \dot{V}_g/(n \cdot d_2^3)$ |
| $Re$ | — | Reynoldszahl $Re = (n\, d_2^2)$ |
| $r_{O_2}$ | $kg\ O_2 m^{-3} h^{-1}$ | Spezifische Sauerstoffübergangsmenge |
| $\dot{V}_g$ | $m^3 s^{-1}$ | Gasmenge |
| $V_L$ | $m^3$ | Flüssigkeitsvolumen |
| $\bar{V}_g$ | $m\ s^{-1}$ | Leerrohrgeschwindigkeit |
| $\alpha$ | — | Exponent |
| $\beta$ | — | Exponent |
| $\bar{\varepsilon}$ | $m^2 s^{-3}$ | Mittlere Energiedissipation |
| $\varepsilon_{max}$ | $m^2 s^{-3}$ | Maximale Energiedissipation |
| $\eta_g$ | Pas | Dynamische Viskosität des Gases |
| $\eta_L$ | Pas | Dynamische Viskosität der Flüssigkeit |
| $\nu$ | $m^2 s^{-1}$ | Kinematische Viskosität |
| $\varrho_L$ | $kg\ m^{-3}$ | Dichte |
| $\sigma$ | $N/m^2$ | Grenzflächenspannung |
| $\varphi$ | — | Phasenanteil |

Abkürzungen:

KL — Kulturlösung
WSB — Wandstrombrecher
St-rohr WÜ — Steilrohrwärmeüberträger
RWÜ — Rohrwendelwärmeüberträger

## Literatur

[1] Möckel, H. O.: Hydrodynamische Untersuchungen in Rührmaschinen Dissertation IHS Köthen 1978

[2] Weissgärber, H.: Begasen von Flüssigkeiten in Rührmaschinen Dissertation Bergakademie Freiberg 1976

*Institut für Gärungs- und Getränkeindustrie, Berlin*

# Beitrag zur Maßstabsübertragung kontinuierlicher quasi-zweiphasiger fermentativer Prozesse in einem mehrstufigen Rührreaktor

K.-H. Wolf

## 1. Probleme und Aufgaben der Maßstabsübertragung

Die Maßstabsübertragung von Verfahren bzw. Verfahrensstufen aus dem Labor-, Technikums- oder Pilotanlagenmaßstab in den großtechnischen Maßstab hat eine zentrale Bedeutung, da die Steigerung der Produktion unmittelbar mit der größenordnungsmäßigen Vorausberechnung der Apparate und hierbei besonders der Reaktoren zusammenhängt. Bei der Inbetriebnahme neuer großtechnischer Anlagen kommt es oft zu unangenehmen Überraschungen, die sich in folgendem äußern:

1. Nichterreichen der geforderten Gebrauchswerteigenschaften des Produktes
2. Nichterreichen der projektierten Kapazität der Anlage
3. Reaktorsystem arbeitet nicht stabil.

Die genannten Probleme treten gewöhnlich kombiniert, seltener einzeln auf. Die Fehlerursachen solcher Erscheinungen, die zu erheblichen Verzögerungen bei der Inbetriebnahme, zu unvorhergesehenen Produktionsausfällen und zu bedeutenden zusätzlichen Kosten führen, sind oft in der unbefriedigt gelösten Maßstabsübertragung und einer fehlerhaften apparativen Lösung zu suchen.

In der fermentativen Industrie gelangen sowohl Rührkolonnen als auch Siebbodenkolonnen (segmentierte Blasensäulen) für aerobe und anaerobe Prozesse zum Einsatz [1—5]. Aufgrund der Besonderheit der partiellen Rückvermischung zwischen den einzelnen Stufen bei gleichzeitiger biochemischer Reaktion ist die Maßstabsübertragung komplizierter Natur. Da mikrobiologische Prozesse mindestens quasi-zweiphasig sind (Substrat; Biokatalysator; Gasphase wird bei anaeroben Prozessen eliminiert), müssen bestimmte Vermischungszustände gewährleistet bleiben, damit dem Biokatalysator optimale Stoffübergangsverhältnisse geboten werden, um die Prozeßdauer zu verkürzen. Gleichzeitig darf die Turbulenz nur begrenzt sein, weil sonst die Rückvermischung zwischen den Stufen und die Scherkräfte auf den Organismus zunehmen, was zur Prozeßzeitverlängerung und unter Umständen zur Schädigung des Organismus führt. Weiterhin sind experimentell gesicherte geometrische Nebenbedingungen (Vorzugsverhältnisse) in Zusammenhang mit den Turbulenzverhältnissen so zu realisieren, daß optimale Stoffübergangsverhältnisse bestehen. Aus ökonomischen Gründen ist darüber hinaus die Energiedissipation zu minimieren.

Aus ökonomischer Sicht ergeben sich noch zusätzliche Forderungen an eine Maßstabsübertragung. Bekanntlich werden Reaktoren für biochemische Prozesse grundsätzlich aus CrNi-Stählen gefertigt, die kostenintensiv (Material- und Fertigungskosten) sind. Damit erhebt sich die Forderung nach der Minimierung der gesamten Reaktoroberfläche. Daß ein solches Optimierungsziel sinnvoll ist, zeigten Lindsay und Larson [6]. Sie fanden, daß die Kosten $K'$ sich zum Volumen bei Tanks unterschiedlicher Geometrie wie folgt verhalten:

$$K' \sim V^{0.65} \tag{1}$$

Gleichzeitig gilt:

$$0 \sim V^{2/3} \tag{2}$$

Gl. (1) durch Gl. (2) ausgedrückt ergibt

$$K' \sim 0^{0.975} \tag{3}$$

Die Kosten sind der Oberfläche annähernd direkt proportional.
Ein weiterer ökonomischer Aspekt aus der Sicht des Apparatebaues ist die grundsätzliche Verwendung standardisierter Bauteile bzw. Serien und Abmessungen.
Unter Beachtung dieser Ziele soll dann auch noch die biochemische Reaktion ablaufen, wobei der gewünschte chemische Umsatz zu erreichen ist. Diese Zielstellung ist nur mit der höchsten Form der Maßstabsübertragung, der fundamentalen Maßstabsübertragung, mit sicherem Erfolg und aufwandsminimal durchzuführen.

## 2. Methode der fundamentalen Maßstabsübertragung

Über die Anwendung der fundamentalen Methode der Maßstabsübertragung soll in folgendem berichtet werden. Wolf [8] differenzierte die Formen der Maßstabsübertragung in sechs Methoden, wobei er die fundamentale Maßstabsübertragung als höchste Form darstellte. Sie besitzt folgende Charakteristik:

Die fundamentale Maßstabsübertragung, eine Sonderform der reaktionsstechnischen Maßstabsübertragung, ist die anspruchsvollste Form der Übertragung, da sie

1. *auf reaktionstechnischer Basis aufgebaut ist;*
Charakteristik:
— gesicherte, mathematisch begründete Zusammenhänge für Hauptmodell einschließlich Teilmodelle (Verweilzeitverhalten, Kinetik)
— gesicherte Zusammenhänge aus den Grundoperationen (z. B. Homogenisieren, Suspendieren, Dispergieren und Wärmeübertragung) zur optimalen Gestaltung des Stoffüberganges
— Berechnungs- bzw. Lösungsalgorithmus bekannt

2. *ökonomische Kriterien berücksichtigt;*
Charakteristik:
— minimaler Materialeinsatz, standardisierte Bauteile (z. B. Rührer) und Größen (z. B. Drehzahlen), genormte Abmessungen (aufwandsoptimale Fertigung)

3. *die verfahrenstechnisch-ökonomische Optimierung ermöglicht;*
Charakteristik:
— Berücksichtigung verschiedener Variabler mit diversen Nebenbedingungen (geometrische, hydrodynamische und reaktionstechnische Nebenbedingungen (Umsatz); ggf. auch zusätzliche Qualitätskennziffern, falls die Kinetik einer solchen Reaktion bekannt ist)

4. *die Möglichkeit der Simulation von Prozeßzuständen auf dem Rechner in dem (nach den Pkt. 1—3) ausgelegten großtechnischen Reaktor gestattet;*

Charakteristik:

— Untersuchungen zur Stabilität und Dynamik auf dem Rechner (Ermittlung stationärer Betriebspunkte und Stabilitätsverhalten im großtechnischen Reaktor; Simulation des Anfahr- bzw. Abfahrverhaltens; Einfluß von aufgezwungenen Störungen, z. B. Durchsatz-, Konzentrations-, Temperatur und Druckschwankungen)
— Versuchsplanung mit dem Ziel, den optimalen Betriebspunkt beim Versuchsbetrieb aufwandsminimal zu ermitteln.

Mit der fundamentalen Methode der Maßstabsübertragung sind theoretisch beliebige Übertragungsfaktoren möglich. Daß diese praktisch nicht erreicht werden, liegt daran, daß statt der wahren Kinetik oft nur eine Effektivkinetik (quasihomogene Modelle) ermittelt werden kann, die einen begrenzten Gültigkeitsbereich und beschränkte Genauigkeit besitzt. Weiterhin sind bestimmte Teilmodelle (z. B. hydrodynamische Koeffizienten) nur begrenzt abgesichert und auch die Modelle nicht immer physikalisch begründet. Daraus folgt, daß man sich mit „endlichen" Übertragungsfaktoren begnügen muß.
Bei mikrobiologischen Prozessen, die in Rührreaktoren durchgeführt werden und bei denen das limitierende Regime (geschwindigkeitsbestimmender Vorgang) eindeutig im kinetischen Gebiet liegt, d. h. der äußere Stofftransportwiderstand ist vernachlässigbar klein, ist die Erarbeitung quasihomogener Modelle grundsätzlich gerechtfertigt. Das trifft vor allem genau auf anaerobe Fermentationen in Rührfermentoren zu, bei denen eine vergleichbare langsame Reaktion — $k \approx (10^{-4} \ldots 10^{-5})\ s^{-1}$ — abläuft. Ein ganz typischer Prozeß hierfür ist der Extraktabbau bei der Biergärung und -reifung in Reaktoren mit erzwungener Turbulenz

$$(\mathrm{Re} > 10^4 \text{ und } 0{,}5\ \mathrm{W/m^3} \lessapprox \mathrm{P/V} \lessapprox 20\ \mathrm{W/m^3}).$$

## 3. Mathematische Modelle

Nachfolgende mathematische Modelle (vorwiegend physikalisch begründet) — Gleichungen (4, 5) — sind das Ergebnis langjähriger Forschungsarbeiten im kleintechnischen Maßstab am Institut für die Gärungs- und Getränkeindustrie

*Modelle*

1. *Differentialgleichung für den Substratabbau nach [7]*

$$D_{ax} \frac{d^2c}{dj^2} - \overline{u}_K \frac{dc}{dj} - k_4 e^{-\frac{\Delta \bar{v} k_5 j}{RT}} \quad c\, c_x = 0 \tag{4}$$

$$\left.\begin{aligned} k_4 &= 1{,}3066 \cdot 10^{-6}\ \mathrm{l/g\ s} \\ k_5 &= 9{,}9714\ \mathrm{J/cm^3\ m} \\ \Delta \bar{v} &= -9{,}788 \cdot 10^3\ \mathrm{cm^3\ mol} \end{aligned}\right\} \tag{7}$$

2. *Gleichung zur Bestimmung des axialen effektiven Diffusionskoeffizienten nach [7]*

$$\frac{1}{Bo_s} = \frac{j_{\text{vorh}}}{\sqrt{4(j_{\text{vorh}}\,\beta' - 1)^2 - 1}} + \frac{K\,d_2 n}{\beta' \overline{u}_K} \left(\frac{d_2}{d_1}\right)^{3/4} \left(\frac{h_0}{d_1}\right)^{2/15} \left(\frac{z_s d_R}{d_1}\right)^{1/9} \left(\frac{d_{sP}}{d_1}\right)^2 \quad (5)$$

mit $D_{ax} = \overline{u}_K h_0 / Bo_s$

$K = 0{,}137$ [7]

$\beta' = 2$ für $Re > 10^4$ [7, 9, 10]

$h_0/d_1 \geqq 0{,}5$

3. *Volumenbezogene Rührleistung im Großmaßstab [11]*

$$\left(\frac{P}{V}\right)_0 = \left(\frac{P}{V}\right)_M \left(\frac{V_0}{V_M}\right)^{0,1} \left(\frac{n_{Hs,0}}{n_{s,M}}\right)^3 \frac{c_{ps_1}\,(d_2/d_1)}{c_{ps_1}\,(d_2/d_1 = 0{,}35)} \quad (6)$$

$\left(\frac{P}{V}\right) = \left(\frac{P}{V}\right)_M = 1\ \text{W/m}^3$ [7] $\quad \frac{n_{Hs,0}}{n_{s,M}} = 2$ [7]

$V_M = 0{,}04\ \text{m}^3$ $\quad c_{ps_1} = 2{,}8$ [11]

Weiterhin gilt [7]:

$$c_p = 7{,}45\,(d_2/d_1)^{1/4} \quad (h_0/d_1)^{2/5} \quad (z_s d_R/d_1)^{1/3} \quad (7)$$

## 4. Konstruktive Auslegung der Rührkolonne unter Beachtung ökonomischer, hydrodynamischer und reaktionstechnischer Kenngrößen

### *4.1. Konstruktive Parameter*

Für die Auslegung der Rührkolonne werden im wesentlichen folgende Angaben benötigt:

A Kolonnendurchmesser — $d_1$
B Kolonnenhöhe — L
C Segmentanzahl — j
D Rührerdurchmesser — $d_2$
E Rührfrequenz — n

### *4.2. Optimierungsaufgabe*

Für die unabhängigen Variablen A, B, C, D, E wird eine Optimierungsaufgabe formuliert.
Die Zielfunktion ist dabei die Gesamtfläche der Kolonnenwandung, die dem Materialeinsatz angenähert proportional ist.
Diese Zielfunktion ist zu einem Minimum zu führen

$$W\,(A, B, C,) \Rightarrow \text{Min} \quad (8)$$

Hierbei sind folgende Nebenbedingungen zu beachten:

1. *Geometrische Nebenbedingungen*

Sie beinhalten Begrenzungen für einzelne Variable bzw. für den Quotienten zweier Variablen:

$$\begin{aligned} 12\,\mathrm{m} &\leqq \mathrm{B} \leqq 18\,\mathrm{m} \\ 0{,}6 &\leqq \frac{e}{A} \leqq 1{,}46 \\ \mathrm{C} &\geqq 5 \\ 0{,}3 &\leqq \frac{\mathrm{D}}{\mathrm{A}} \leqq 0{,}4 \end{aligned} \tag{9}$$

2. *Hydrodynamische Nebenbedingungen*

Sie umfassen eine Eingrenzung der Strömungsgeschwindigkeit sowie Mindestwerte für die Reynoldszahl und den spezifischen Leistungseintrag bei der Rührung:

$$\frac{1}{2} \leqq \frac{\bar{u}}{\bar{u}^*} \leqq 2 \qquad \bar{u}^* = 0{,}294\ \mathrm{m/h} \tag{10}$$

$$Re \geqq 10^4$$

$$\left(\frac{P}{V}\right)_{Hs} \geqq \left(\frac{P}{V}\right)_{Hs\mathrm{ber}}$$

3. *Gewährleistung des Substratabbaues*

Als wichtigste Nebenbedingung wird ein Mindestsubstratabbau gefordert. Diesen charakterisiert man durch den Substratabnahmefaktor $Q$, der unterhalb der vorgeschriebenen Grenze verbleiben muß:

$$Q(A, B, C, D, E) \leqq q \tag{11}$$

$$q = \frac{1{,}34}{35{,}51} = 0{,}0377$$

### 4.3. *Behandlung der Nebenbedingungen*

Die Optimierungsaufgabe besitzt die Besonderheit, daß von den insgesamt fünf unabhängigen Variablen nur die ersten drei in die Zielfunktion eingehen; die restlichen beiden beeinflussen das Optimum lediglich über die Nebenbedingungen.
Dementsprechend sind $A$, $B$, $C$ Hauptvariable und $D$, $E$ Nebenvariable.
Bei gegebenen Werten $A$, $B$, $C$ ermittelt man $D$, $E$ im Einklang mit den geometrischen und hydrodynamischen Nebenbedingungen, so daß der Substratabnahmefaktor sein Minimum erreicht:

$$Q(A, B, C, D, E)\ \mathrm{Min} \Rightarrow (\text{bezüglich } D, E)$$

Dieses partielle Minimum wird für $D_0'$, $E_0'$ erreicht; sein Wert beträgt dann

$$Q_0' = Q(A, B, C, D_0', E_0') \tag{12}$$

(Diese Werte hängen noch von $A$, $B$, $C$ ab.)

Im Anschluß hieran genügt es zu überprüfen, ob

$$Q_0' \leqq q \tag{13}$$

ist.

Falls diese Ungleichung nicht gilt, so läßt sich offenbar die geforderte Substratabnahme überhaupt nicht erreichen und $(A, B, C)$ ist unzulässig.

### *4.4. Beschränkung auf standardisierte Serien*

In den bisherigen Darstellungen wurden $A$, $B$, $C$, $D$, $E$ zunächst als beliebige reale Variable aufgefaßt. Tatsächlich aber kommen für $A$, $C$, $D$, $E$ nur jeweils endlich viele genormte Werte laut Typenreihe [12] in Betracht. Damit gibt es für die Hauptvariablen $(A, B, C)$ nur endlich viele Möglichkeiten.

Das gleiche gilt für die Nebenvariablen $(D, E)$ bei gegebenen Werten von $(A, B, C)$.

Es werden alle möglichen Kombinationen der Variablen durchgespielt. Für jede Kombination werden zuerst die Nebenbedingungen überprüft. Sind sie sämtlich erfüllt, so wird der zugehörige Wert der Zielfunktion ermittelt. Schließlich wird die Kombination registriert, für welche dieser Wert optimal ausfällt.

## 5. Abschlußbetrachtung

Auf Basis des Programmablaufplanes, der aufgrund seines Umfanges im Rahmen der Veröffentlichung nicht vorgestellt werden kann, wurde für Auslegung der Rührkolonne ein EDV-Programm (FORTRAN) entwickelt.

Im „print-out" der Rührkolonne werden folgende Angaben ausgedruckt:

1. geometrische Werte: $d_1, d_2, d_W, d_{\text{Ring}}, d_L, L, h_0, \frac{d_{sp}}{d_1}, n_L, j_{\text{vorh}}$
2. rührtechnische Werte: $n, c_p, \left(\frac{P}{V}\right), P/j_{\text{vorh}}, P, Re, Fr$
3. Kennzahlen: $(D_{ax}), Bo_s, Da_j$
4. Konzentrationsprofile, Reaktionsgeschwindigkeitsprofil und Wärmeabgabe für alle realen Stufen:

$$c, r, \dot{Q}_{ab} = f(j)$$

$$\text{mit } \dot{Q}_{ab} = \dot{Q}_{R_{\text{stufe}}} + P_{\text{stufe}}$$

Dieses Optimierungsprogramm verwirklicht die fundamentale Maßstabsübertragung bis auf die Teile Dynamik, Stabilität und Versuchsplanung.

| Formelzeichen | Erklärung | Maßeinheit |
|---|---|---|
| $Bo_s$ | Bodensteinzahl bezogen auf ein Segment | — |
| $c$ | Konzentration | $kg\ m^{-3}$ |
| $c_0$ | Einlaufkonzentration | $kg\ m^{-3}$ |
| $c_{ps}$ | Suspendierbeiwert | — |
| $c_x$ | Zellkonzentration | $kg\ m^{-3}$ |
| $D_{ax}$ | axialer effektiver Diffusionskoeffizient | $m^2\ s^{-1}$ |

| Formelzeichen | Erklärung | Maßeinheit |
|---|---|---|
| $d_1$ | Behälterinnendurchmesser | m |
| $d_2$ | Rührerdurchmesser | m |
| $d_R$ | Rohraußendurchmesser der Strombrecher | m |
| $d_{sp}$ | äquivalenter Spaltdurchmesser ($d_{\mathrm{Ring}}$) | m |
| $Fr = \frac{n^2 d_2}{g}$ | Froude-Zahl | — |
| $g$ | Erdbeschleunigung | $\mathrm{m\,s^{-2}}$ |
| $h_0$ | Segmenthöhe, Füllhöhe | m |
| $j$ | Längsvariable Gl. (4) | m |
| $j_{\mathrm{vorh}}$ | vorhandene Stufen- bzw. Segmentzahl | — |
| $K$ | Koeffizient Gl. (5) | — |
| $k_4$ | kinetischer Koeffizient Gl. (4) | $\mathrm{m^3\,kg^{-1}\,s^{-1}}$ |
| $k_5$ | Koeffizient Gl. (4) | $\mathrm{J\,cm^{-3}\,m^{-1}}$ |
| $L$ | Länge des Reaktors | m |
| $n$ | Drehzahl des Rührers | $\mathrm{s^{-1}}$ |
| $n_{Hs}$ | Drehzahl bei homogener Suspension, Gl. (6) | $\mathrm{s^{-1}}$ |
| $n_s$ | Suspendierdrehzahl Gl. (6) | $\mathrm{s^{-1}}$ |
| $n_{s,M}$ | Suspendierdrehzahl im Modellbehälter | $\mathrm{s^{-1}}$ |
| $P$ | Leistungseintrag | W |
| $P_{Hs}$ | Leistung bei homogener Suspension | W |
| $P/V$ | volumenbezogener Leistungseintrag | $\mathrm{Wm^{-3}}$ |
| $R$ | molare (universelle) Gaskonstante, $R = 8{,}314$ | $\mathrm{Ws\,mol^{-1}\,K^{-1}}$ |
| $Re$ | Reynolds-Zahl | — |
| $\bar{u}_K$ | mittlere Strömungsgeschwindigkeit | $\mathrm{m\,s^{-1}}$ |
| $V$ | Volumen | $\mathrm{m^3}$ |
| $\Delta\bar{v}$ | Aktivierungsvolumen Gl. (4) | $\mathrm{cm^3\,mol^{-1}}$ |
| $W$ | Gesamtoberfläche der Kolonnenwandung einschließlich Segmentböden | $\mathrm{m^2}$ |
| $Z$ | Anzahl der Stromstörer | — |
| Indizes | | |
| $0$ | bezogen auf Originalausführung | |
| $M$ | bezogen auf Modellausführung | |
| $s$ | bezogen auf Suspendieren | |

## Literatur


[1] FALCH, E. A., and E. L. GADEN: Biotechn. Bioengng. **11** (1969) 5, 927—943 und **12** (1970) 3, 465—482

[2] AULT, R. G., A. N. HAMPTON, R. NEWTON and R. H. ROBERTS: J. Inst. Brew. **75** (1969) 3, 260 bis 277

[3] WOLF, K.-H. und J. MÖWIUS: Lebensmittel-Industrie **22** (1975) 7, 309—314

[4] MOSER, A.: Tabular reactor for aerobic processes Biotechn. Bioengng. Symp. No. 4. (1973), 399—411

[5] LEE, S. S., L. E. ERICKSON, and L. T. FAN: Biotechn. Bioengng. Symp. No. 2, (1971), 141 bis 173

[6] LINDSAY, J. H., and J. W. LARSON: MBAA Technical Quarterly 12 (1975) 4, 264—272

[7] WOLF, K.-H.: Beiträge zur Maßstabsübertragung und Dynamik kontinuierlicher quasi-zweiphasiger fermentativer Prozesse in Rührreaktoren, unveröff. Bericht, Institut für die Gärungs- und Getränkeindustrie, Berlin 1977

[8] WOLF, K.-H.: Beitrag zur Maßstabsübertragung kontinuierlicher quasi-zweiphasiger fermentativer Prozesse in einem mehrstufigen Rührreaktor
Vortrag auf dem VI. Reinhardsbrunner Symposium der Sektion Mikrobiologie, 21.—27. 5. 1978, Reinhardsbrunn, DDR

[9] MIYAUCHI, T., H. MITSUTAKE, and HARASE, J.: AICHE-J. 12 (1966) 3, 508—513

[10] MIYAUCHI, T., and VERMEULEN, T.: I & E C Fundam. 2 (1963) 4, 304—310

[11] HENZLER, H.-J.: Modelle für Prozeßeinheiten des Stoffvereinigens in Rührausrüstungen, unveröff. Bericht des GFZ für Chemieanlagen Dresden, 1972

[12] Katalog: Rührmaschinen, VEB Chemieanlagenbau Erfurt-Rudisleben, DDR, 1975

[13] MANGOLD, K.-H., M. WÖLBING und D. BÖTTGER: Problem der Maßstabsübertragung von Produktbildungsprozessen. Vortrag auf dem VI. Reinhardsbrunner Symposium der Sektion Mikrobiologie, 21.—27. 5. 1978 Reinhardsbrunn, DDR

[14] WEISSGÄRBER, H. und H.-O. MÖCKEL: Probleme der Maßstabsübertragung bei der Fermentation von Antibiotika. Vortrag auf dem VI. Reinhardsbrunner Symposium der Sektion Mikrobiologie, 21.—27. 5. 1978 Reinhardsbrunn, DDR

## Diskussion

PACA: Warum haben Sie den Gegenstrom und nicht Parallelstrom benutzt?

WOLF: Das Verfahren wurde für die kontinuierliche Biergärung und -reifung entwickelt. Bei der Gärung entbindet sich $CO_2$, das das Jungbier im Gegenstrom passiert. Hierbei werden durch Desorption die flüchtigen Jungbucketstoffe teilweise durch diese Art „Gaswäsche" ausgewaschen. Das ist ein Effekt, der nur diesem Verfahren spezifisch ist. Prinzipiell wäre auch eine andere Strömungsrichtung denkbar, wenn die Desorption nicht von Bedeutung wäre.

PACA: Experimente wurden nur bei der Bierherstellung gemacht?

WOLF: Die Experimente mit technologischem Medium wurden nur für die Biergärung durchgeführt. Die Untersuchungen zum Verweilzeitverhalten wurden in wäßriger Phase durchgeführt. Die Modelle dürften jedoch für anaerobe Prozesse allgemein anwendbar sein.

PACA: Haben Sie irgendwie Beziehungen zwischen der Rückvermischungsgröße und der Effektivität von der Biomassebildung aus dem Kohlenstoffsubstrat gefunden?

WOLF: In dem Mehrstufenfermenter findet keine Biomassebildung aufgrund des erhöhten Druckes (Kopfdruck ca. 0,2 MPa) statt. Die Züchtung erfolgt in einem vorgeschalteten Propagationsfermenter (einstufig) im „steady-state". Es wurde jedoch ein Modell zur Ermittlung des Rückvermischungseffektes für die kontinuierliche Phase ermittelt, das in einem weiten Arbeitsbereich genaue Ergebnisse liefert. Es wurde auf physikalisch begründeter Basis hergeleitet. Eine Kalkulation des Stufeneffektes ist damit möglich. Es hat sich gezeigt, daß der Stufeneffekt aufgrund der niedrigen Strömungsgeschwindigkeit gering ist. Der Stufenwirkungsgrad ist ca. 0,5.

PACA: In konstruktiven Parametern: Wo ist nach Ihrer Meinung die Limitierung in der Größe für diese Anlagen (Rohrdurchmesser, Höhe?)

WOLF: Die Limitierung erfolgt durch die konstruktive Lösung der Rührwelle. Bei ARD und RDC-Extraktionskolonnen werden in der Petrol-chemischen Industrie Wellenlängen von max. 20 m bei Drehzahlen bis $n = 5 \cdots 8\ s^{-1}$ erreicht. Bei der hier

im speziellen Fall extrem niedrigen Drehzahl von $n \approx 0{,}5\ \mathrm{s}^{-1}$ müßten sich Wellenlängen von 25 m technisch beherrschen lassen. Die Wellenlänge dürfte durch mehrfach aufgesetzte Stücke erreicht werden. Damit dürften Kolonnendurchmesser von $d_1 = 3{,}0$ bis 4,0 m und Kolonnenhöhen von $L = 25$ m erreichbar sein.
Hierfür sind auch die Beziehungen für die Maßstabsübertragung entwickelt worden, die Gegenstand des Vortrages waren. Es wäre wünschenswert, wenn die vorgetragene Methodik und die mathematischen Modelle an anderen mikrobiologischen Systemen überprüft würden.

*Akademie der Wissenschaften der Lettischen SSR*
*August-Kirchstein-Institut für Mikrobiologie, Riga*

# Fermentationsanlagen zum Züchten von aeroben Mikroorganismen

M. Kristapson, U. Wiestur und M. Beker

Gegenwärtig werden verschiedenartige Labor-Fermenter-Anlagen zum Submerszüchten von aeroben Mikroorganismen verwendet.

Labor-Fermenter werden gewöhnlich nach der Durchführung von „*screening*“ von vorhergehender physiologischer Untersuchung der Mikroorganismen in Schüttelkolben gebraucht. Das Züchten der aeroben Mikroorganismen in Schüttelkolben hat den Vorteil, daß man gleichzeitig mehrere Varianten der Experimente untersuchen und Experimente unter ähnlichen Bedingungen wiederholen kann. Zu den Nachteilen kann man die Unmöglichkeit des Variierens der Temperatur während eines Experimentes, die begrenzte Möglichkeit der Regulation des Sauerstoffaustausches und der Turbulenz des Nährmediums zählen. Es ist kompliziert, die Zuführung des Nährmediums und die Regulation des Säuregehalts (des pH-Wertes) in Schüttelkolben zu sichern. Die obengenannten Nachteile werden beim Züchten von aeroben Mikroorganismen in modernen Labor-Fermenter-Anlagen beseitigt.

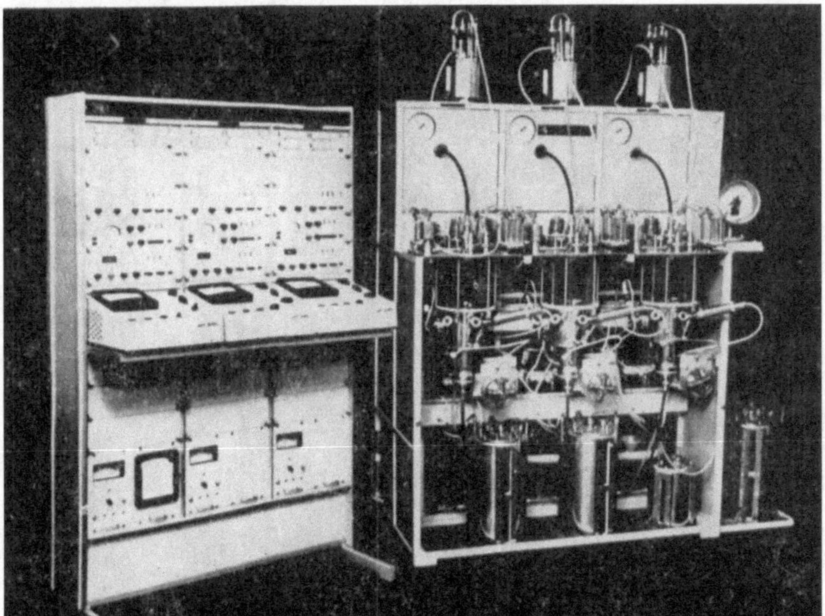

Abb. 1. Der Labor-Fermenter Stand *ФС-6*.

Für die Forschungsarbeiten in der modernen technischen Mikrobiologie, Biochemie und Physiologie und der Molekularbiologie gebraucht man gewöhnlich Labor-Fermenter mit einem Fassungsvermögen von 0,5 bis 50—100 Liter. Zur Forschung der optimalen Fermentationsverhältnisse kann man auch Fermenter mit einem Fassungsvermögen von 0,5 bis 5 Liter verwenden, die eine elastische Regulation der Prozeßparameter (Temperatur, pH-Wert, $pO_2$-Wert, $pCO_2$-Wert, Konzentration der Biomasse, Drehzahl des Rührers u. a.) sichern.

Es ist zweckmäßig, Fermenter-Anlagen beim periodischen, als auch beim kontinuierlichen Züchtungsverfahren zu verwenden. Eine jede Fermenter-Anlage soll hermetisch sein, die Sterilität des Prozesses sichern und mit einem effektiven Schaumzerstörungssystem ausgerüstet sein.

Diese Prinzipien lagen dem Labor-Fermenter-Stand *ФС*-6, der Fermenter-Kolonnen-Anlage *ФУК*-20, als auch der Fermenter-Anlage *ФУ*—30 zugrunde, die in den Abbildungen 1, 2 und 3 zu sehen sind (U. WIESTUR, 1978).

Abb. 2. Die Fermenter-Kolonnen-Anlage *ФУК-20*.

Abb. 3. Die Fermenter Anlage *ФУ-30*.

Die Hauptmerkmale dieser Fermentationsanlagen werden in der Tabelle 1 gezeigt.

Der Labor-Fermenter-Stand *ФС*-6 ist für kontinuierliches Züchten der Mikroorganismen nach dem homo- und heterogenen Schema, als auch fürs Züchten nach dem periodischen Schema bestimmt. Die Fermenter-Anlage besteht aus 3 Blöcken:

einem Fermenter-Block mit der Vorrichtung für die Befeuchtung und Warmsterilisation des Belüftungsgases,

einem Block für automatische Regelung von Temperatur, pH-Wert, Schaumbildung, Verdünnungsrate,

einem Block für die Messung und Regulation vom Gelöstsauerstoff ($pO_2$).

Der Fermenter-Block weist 3 zylindrische oder konische Fermenter, eine Befeuchtungsvorrichtung des Belüftungsgases, elektrische Heizung, Filter, Rotamesser, pH-Wert-Geber, Messung des chemischen Schaumzerstörungsmittels, mechanische Schaumzerstörer und Rührer, eine Dosierpumpe mit Kommunikationen und Armatur, als auch ein Gerüst auf, an dem alle genannten Bestandteile angebracht sind. Die unteren Teile der Fermenter (Abb. 4) werden aus nichtrostendem Stahl angefertigt, der obere Teil aus Glas, was ermöglicht, den Fermentationsprozeß visuell zu beobachten.

Der mechanische Rührer ist an der unteren Welle (Drehzahl 100—1000 U/min) befestigt und besteht aus 2 offenen Turbinen, jede mit 6 Schaufeln. Die Gesamtoberfläche der

*Tabelle 1*
*Charakteristik der Labor-Fermenter-Anlagen ФС-5, ФУК-20 und ФУ-30* (U. WIESTUR, *1978*)

| Hauptmerkmale | ФС-5 oder ФС-6 | ФУК-20 | ФУ-30 |
|---|---|---|---|
| Anzahl der Fermenter | 3 | 1 | 1 |
| Fassungsvermögen der Fermenter, [l] | 5 | 20 | 30 |
| Grenztemperaturen: | | | |
| bei der Fermentation | 20—35 ± 0,5 | 20—35 ± 0,5 | 20—35 ± 0,5 |
| bei der Sterilisation des Belüftungsgases | 100—200 ± 5 | bis 200 ± 5 | 100—200 ± 5 |
| Verbrauch des Belüftungsgases, in bezug auf 1 Fermenter, [Norm $m^3$/h] | 0,2—2,2 | 0,1—12 | 0,1—2,4 |
| Durchflußgeschwindigkeit des Mediums, [l/h] | 0—0,750 | 0—3 | 0,1—0,8 |
| Sauerstoffübertragungsgeschwindigkeit beim Verbrauch des Belüftungsgases 2:1 [g/l · h] | 20 | 2—12 | 2—10 |
| Anzahl der Dosierungsvorrichtungen, Stück peristaltische solenoide | 6 | 6 | 7 |
| | 12 | 4 | 5 |
| Anzahl der Turbinen-Rührer auf der unteren Welle, Stück | 2 | 4 | 2 |
| Maximale Leistungskapazität, [kW] | | | |
| des unteren Motors | 3 × 0,35 | 0,35 | 0,7 |
| des oberen Motors | 3 × 0,20 | 0,20 | 0,20 |
| des Sterilisators des Belüftungsgases | 3 × 0,8 | 0,8 | 0,8 |
| Abmessungen, [mm] | | | |
| Block der Fermenter und der Sterilisation des Belüftungsgases | 625 × 1500 × 1625 | 1150 × 1850 × 2400 | 650 × 1610 × 1860 |
| Block des automatischen Regelsystems | 500 × 1200 × 1620 | 600 × 1120 × 1600 | 600 × 1120 × 1750 |
| Block der Meß- und Registriervorrichtungen (für *ФС-5*) | 577 × 623 × 1620 | | |
| Fermenter | H = 300, D = 148 | H = 1400, D = 148 | H = 650, D = 250 |

Abb. 4. Der Fermenter für Stand *ФC-6*.

Schaufeln des oberen Rührers beträgt 600 $mm^2$, des unteren Rührers 400 $mm^2$. Der Durchmesser der Turbine beträgt 64 mm. Jeder Fermenter hat 3 Schaumzerstörungsvorrichtungen mit einer Gesamtoberfläche einer jeden von 4300 $mm^2$. Der mechanische Schaumzerstörer ist an der oberen Welle befestigt und hat Scheiben mit einem Durchmesser von 900 mm und einer Drehzahl von 800–2000 U/min.

Der Fermenter und die Kommunikationen, die mit dem Nährmedium und mit der Kulturflüssigkeit in Berührung kommen, werden im Autoklaven bei einer Temperatur von 140 °C sterilisiert.

Das automatische Meß- und Regelsystem weist dem UdSSR-Standard entsprechende Geräte auf, wie Thermoregulationsvorrichtungen, Rotamesser, als auch nichtstandardisierte Meßgeräte für die Konzentration des Gelöstsauerstoffes ($pO_2$-Wert )vom Typ „MHP", die für den Fermenter-Stand ФC-5 bestimmt sind, als auch im August-Kirchenstein-Institut für Mikrobiologie erarbeitete Geräte vom Typ „APKO", die für die automatische Kontrolle und Regulation des Säuregehalts (pH-Wert) der Kulturflüssigkeit bestimmt sind, Geräte vom Typ „ПАП“ zur Regulation der Schaumzerstörung, Geräte vom Typ „POM“ zur Regulation der Drehzahl des Rührers in Abhängigkeit von dem vorgesehenen $pO_2$-Wert, Geräte vom Typ „PHT“ zur Regelung der Arbeit der Pumpen im Falle der kontinuierlichen Kultivierung.

Das obengenannte Meß- und Regelsystem ermöglicht eine ununterbrochene Kontrolle der Prozeßparameter wie Temperatur, pH-Wert, $pO_2$-Wert, als auch eine automatische Regulation der Arbeit der Dosierpumpen, der Temperatur, des pH-Wertes, der Schaumbildung.

Die Labor-Fermenter-Anlagen, die im August-Kirchenstein-Institut erarbeitet wurden, sind in Abb. 2—4 zu sehen.

Um spezifische Aufgaben zur Optimierung der Kultivierungsverhältnisse zu lösen, kann der Fermenter-Stand mit einem Elektronen-Rechner gekoppelt werden. Das August-Kirchenstein-Institut verfügt über eine M-6000 und zwei 15BCM5.

Solche Kopplung wurde zur Erarbeitung eines mathematischen Modells der L-Lysin-Biosynthese ausgenutzt (W. SAWENKOV, et. al. 1976).

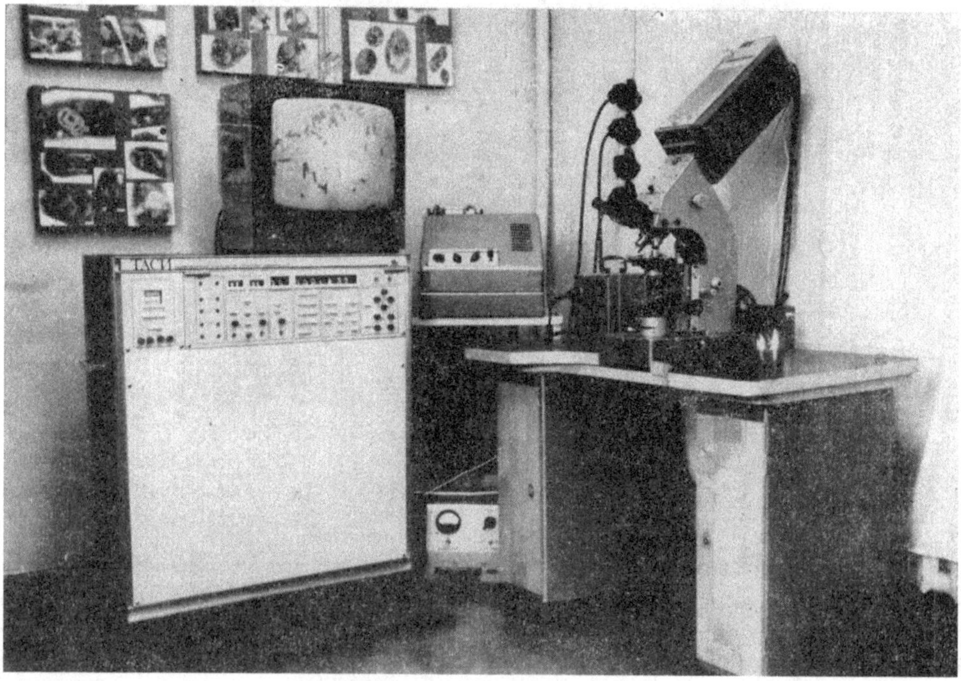

Abb. 5. Fernseh-Struktur-Analysator „*TACЫ-2*“.

Dieses Forschungssystem kann auch durch ein „TACЫ-2“-Gerät (ein Fernseh-Struktur-Analysator) ergänzt werden, das ermöglicht, geometrische Parameter des mikrobiologischen Objektes zu erhalten (G. MESHINA, et. al. 1978) (Abb. 5).

In der obenbeschriebenen Fermenter-Anlage kann man Hefen, als auch Bakterien und mikroskopische Pilze mit einigen Ausnahmen kultivieren (Tabelle 2).

Die Wechselwirkung zwischen Kultur und Fermenter-System ist deutlich am Beispiel

*Tabelle 2*

*Verzeichnis der Mikroorganismenkulturen, bei deren Kultivierung Fermenter-Anlagen vom Typ ΦC verwendet wurden*

| Mikroorganismen | Ziel der Forschungsarbeit (außer der Prüfung der Apparatur). Erarbeitungsstufe des Themas |
|---|---|
| 1. Rhodotorula gracilis Mn | Herstellung einer an Karotinoiden reichen Hefebiomasse nach dem periodischen und kontinuierlichen Kultivierungsverfahren. Es wurden Vorschriften für die Produktion gegeben. |
| 2. Brevibacterium sp. 22<br>Brevibacterium sp. 22 LD | Industrielle Herstellung des L-Lysin-Futterkonzentrates und des kristallenen L-Lysins in den biochemischen Werken in Obol und Liwani. |
| 3. Rhizobium meliloti | Labor- und industrielle Herstellung von Nitrangin. Es wurden Vorschriften für die industrielle Herstellung gegeben und experimentale Partien des Präparates im Experimentalen biochemischen Werk in Riga hergestellt. |
| 4. Pseudomonas liquefaciens 399 | Herstellung wachstumsfördernder Präparate für die Pflanzenzucht. Es wurden Vorschriften für die Labor- und industrielle Herstellung der Präparate gegeben. |
| 5. Pseudobacterium lacticum 392 | Herstellung wachstumsfördernder Präparate für die Pflanzenzucht. Es wurden Vorschriften zur Labor- und industriellen Herstellung der Präparate gegeben und experimentelle Partien der Präparate hergestellt. |
| 6. Candida utilis 295 t | Herstellung des L-Tryptophans. Es wurden Vorschriften für die Herstellung gegeben und experimentale Partien hergestellt. |
| 7. Saccharomyces cerevisiae | Forschungsarbeiten zur Bestimmung der optimalen Kultivierungsbedingungen der Hefen. |
| 8. Endomycopsis fibuliger R-9 | Herstellung der Glukamylase und der Biomasse des Produzenten. Es wurden experimentale Partien des Präparates hergestellt. |
| 9. Candida lipolytica-674<br>Aspergillus niger | Herstellung der Zitronensäure und der -ketoglutarsäure. Herstellung experimentaler Partien der Präparate. |
| 10. Escherichia coli C 3000 Hfr mit dem Phagen MS-2, Escherichia coli S 26 mit dem Phagen R 17 und dessen Mutanten am B 11 | Herstellung des Präparates zur Indikation des Interferons. Herstellung experimentaler Partien des Präparates zur Prüfung an Ratten. |
| 11. Bacterium cadaveris | Herstellung der Lysindekarboxylase für die Forschungsarbeit |
| 12. Escherichia coli BKM-b-125 | Herstellung einer Reihe von Fermenten |
| 13. Trichosporon cutaneum M-19 | Herstellung der Biomasse im biochemischen Werk in Liwani |
| 14. Erwinia carotovora | Herstellung der Asparaginase |
| 15. Micrococcus glutamicus P-471 | Herstellung der Glutaminsäure |
| 16. Trichoderma viride und Trichoderma lignorum, Aspergillus terreus | Herstellung der Zellulase |
| 17. Candida paralipolytica | Herstellung der Lipase |

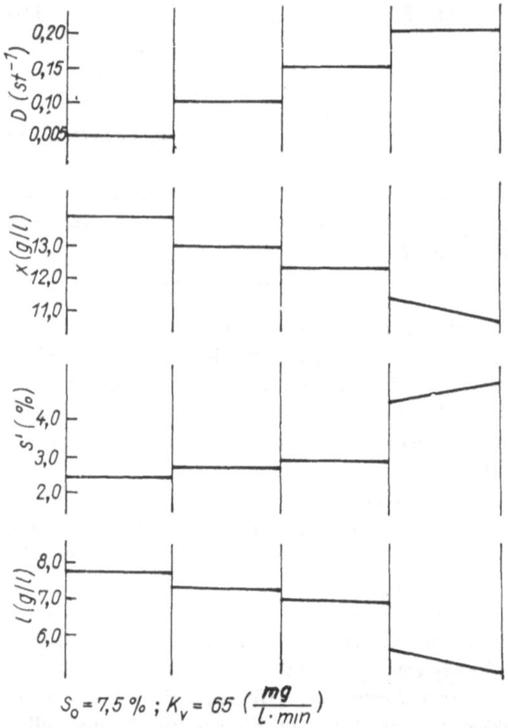


Abb. 6. Zusammenhang zwischen der Durchflußgeschwindigkeit (Verdünnungsrate) des Nährmediums und der Produktivität des L-Lysin-Biosynthese-Systems nach dem kontinuierlichen Schema.

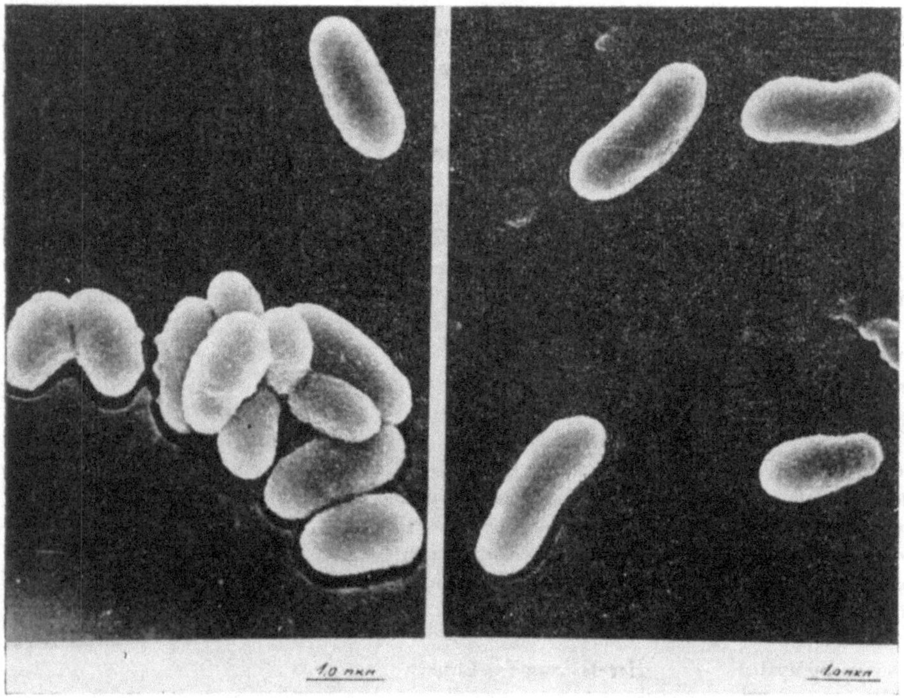

Abb. 7. Die Oberfläche der Brevibacterium-Zellen bei einer Verdünnungsrate von 0,1–0,2 $h^{-1}$

der Kultivierung des L-Lysin-Produzenten und der Biosynthese dieser Aminosäure nach dem stationären (periodischen) und kontinuierlichen Schema zu sehen (Abb. 6). Es gibt einen engen Zusammenhang zwischen der Durchflußgeschwindigkeit des Nährmediums und den physiologischen Charakteristiken des L-Lysin-Produzenten, als auch einen Zusammenhang zwischen der Intensität der Aeration (Konzentration des Gelöstsauerstoffes) und der Rührungsintensität (Drehzahl des Rührers) und der Produktivität des Systems. Die Kultivierungsverhältnisse wirken stark auf die Aktivität der Fermentsysteme und auf die Ultrastruktur der Zelle (M. RUKLISHA, et. al. 1976; M. BEKER, et. al. 1976).

Es wurde z. B. eine hohe Aktivität der Lysin-Synthese bei der Kultur, die bei einer Durchflußgeschwindigkeit von 0,1—0,2 $h^{-1}$ gezüchtet wurde, und bei den Zellen von mittlerer Größe beobachtet.

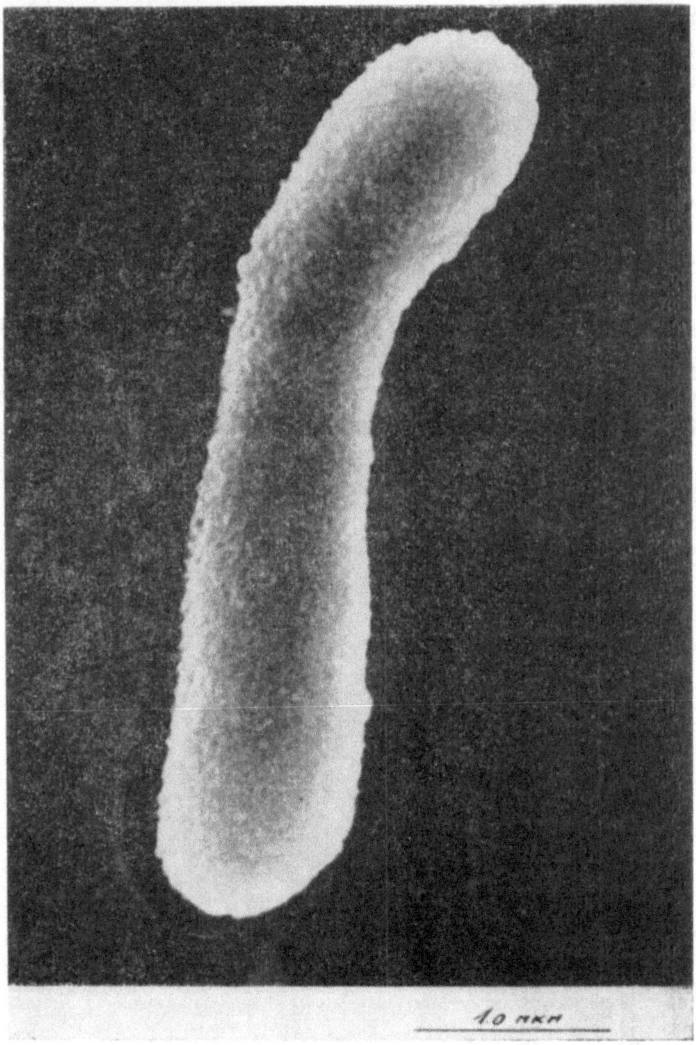


Abb. 8. Die Oberfläche der Brevibacterium-Zelle bei einer Verdünnungsrate von 0,4 $h^{-1}$

Die Projektionsfläche der Zellen beträgt 2,5 ± 0,3 $\mu m^2$, die Oberfläche der Zellen beträgt 8,1 ± 0,8 $\mu m^2$ (Abb. 7). Solche Zellen weisen eine stark entwickelte Membran auf.

Die schnellwachsenden Zellen ($\mu = 0{,}4\ h^{-1}$) haben eine Projektionsfläche von 3,5 ± 0,4 $\mu m^2$ und eine Oberfläche von 11,2 ± 1,4 $\mu m^2$ (Abb. 8) (G. MESHINA, et. al. 1978).

Das „TACЫ-2"-System zur Bestimmung der geometrischen Parameter der Zellen ermöglicht, Meßgrößen der der Kulturflüssigkeit periodisch entronnenen Proben zu analysieren.

Das Erarbeiten eines kontinuierlichen Systems bildet eine Aufgabe und ein Ziel der zukünftigen Forschungsarbeit.

Um Biomasse oder die extrazellulären Metabolite in großen Mengen zu erhalten, was besonders bei der biologischen und biochemischen Untersuchung neuer Präparate von großer Bedeutung ist, sind Fermenter-Anlagen mit einem Fassungsvermögen von 100 l und mehr erforderlich.

Die Labor-Fermenter-Anlagen *ФУК*-20 und *ФУ*-30, die ein Fassungsvermögen von 20 und 30 l haben, können dazu beitragen, einige Aufgaben dieser Art zu lösen.

Die Fermenter-Anlage *ФУК*-20 ist eine 1400 mm hohe Kolonne mit einem Durchmesser von 148 mm. Die Anlage weist folgende Bestandteile auf: eine Fermenter-Kolonne, eine Vorrichtung zur Befeuchtung des Belüftungsgases, eine Heizung und andere Vorrichtungen, die bei der Beschreibung von *ФС*-5 erwähnt wurden.

Die Kolonne besteht aus 2 zylindrischen Teilen aus nichtrostendem Stahl, Zylindern aus Quarzglas und ist mit einem Deckel versehen.

Das Gas- und Flüssigkeitsgemisch wird auf zweierlei Weise gründlich vermischt: mit Hilfe eines Luftstromes durch die Kaskade der Kontaktvorrichtungen (Abb. 9), die in der ganzen Höhe des Fermenters eingerichtet sind, oder aber mit Hilfe eines Rührers, wenn der Verbrauch des Belüftungsgases nicht groß ist (bei stark schaumbildenden Medien).

Der mechanische Rührer hat die Form einer glatten Scheibe.

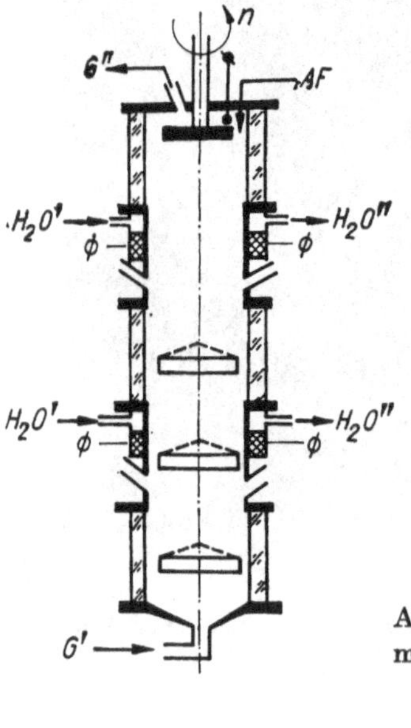


Abb. 9. Die Kolonne der Fermenter-Anlage *ФУК*-20 mit einer Kaskade der Kontaktvorrichtungen.

Die Thermoregulation und die Wärmesterilisation wird mit Hilfe heißen Wassers oder Dampfes, als auch mit Hilfe der Elektroenergie durchgeführt.
Die peristaltischen Dosierpumpen sorgen für die Zuführung und Abführung der flüssigen Komponenten.
Die oben beschriebenen Anlagen, ebenso wie die Anlagen anderer Firmen, ermöglichen das Züchten der aeroben Mikroorganismen nach dem Submersverfahren. Die Mikrobiologen interessieren sich aber auch für das Züchten der Mikroorganismen auf der Oberfläche von feuchten mineralischen und organischen Körpern, ähnlich wie es in der Natur geschieht — auf dem Boden, auf der Oberfläche der Pflanzen u. s. w., Anlagen für gesteuertes Oberflächenzüchten der Mikroorganismen gibt es gegenwärtig nicht. Die genannten Anlagen, die ein Befeuchtungssystem des Belüftungsgases aufweisen, können auch zum Züchten der aeroben Mikroorganismen auf fixierten Oberflächen dienen.

## Literatur

[1] Wiestur, U. E. (Herausgeber): Technische Systeme für die Kultivierung von Mikroorganismen. Riga, Zinatne, 1978, S. 29
[2] Mežinja, G. R., A. F. Apsite, M. A. Ekabsone und W. P. Ose: Untersuchung der Parameter zur Steuerung des Prozesses der Biosynthese von Lysin. Thesen des Symposiums für Biotechnologie und Biotechnik, Riga, Zinatne **1** (1978), 94—95
[3] Rukliša, M. P., U. E. Wiestur, M. E. Beker: Regulation des Stoffwechsels von Brevibacterium sp. 22L. Izvestija Akademii nauk Latv. SSR, **3**, (1976), 90—101
[4] Beker, M., G. Mežinja, M. Rukliža, W. Ose, A. Apsite und U. Wiestur: Morphologische und physiologische Untersuchungen des L-Lysin-Produzenten Brevibacterium sp. 22L unter den Bedingungen der kontinuierlichen Kultivierung. Z. allg. Mikrobiol. **16** (1976), 7, 497—506
[5] Sawenko, V. V., S. E. Segla und M. P. Rukliša: Wechselbeziehung zwischen den physiologischen Faktoren und dem Sauerstoff bei der Biosynthese von L-Lysin. In: Limitierung und Inhibierung von Prozessen der mikrobiellen Synthese. Akademie der Wissenschaften der UdSSR, Puščino, 1976, 86—90
[6] Beker, M. E., G. R. Mežinja: Theorie und Praxis der Gewinnung von Sekundärprodukten bei der kontinuierlichen Kultivierung. Itogi nauki i techniki. Mikrobiologija, 4 WINITI, 1975, 52—75

## Diskussion

Bocker: Erfolgt eine gasanalytische Untersuchung der Abluft? Welche Geräte werden im gegebenen Falle zur Bestimmung des abgegebenen Sauerstoffs und des Kohlendioxids eingesetzt?
Beker: Die Laboranlage *ФС*-6 ist nicht mit Gasanalysatoren komplettiert.
Vogt: Welche Möglichkeiten bestehen zur kontinuierlichen Zelldichtebestimmung in den sowjetischen Fermenteranlagen?
Beker: Die Anlage *ФС*-6 besitzt gegenwärtig keine kontinuierliche Zelldichtebestimmung. Die Zelldichte wird diskontinuierlich an entnommenen Mustern bestimmt, wobei photometrische bzw. gewichtsmäßige Methoden eingesetzt werden.
Sobieszczansky: 1) Zu welcher Art gehören die Bakterien, die Sie auf den Diapositiven gezeigt haben?

2) Nach Prof. Mulders Ansicht soll Brevibacterium zu Arthobacter sp. gehören. Ich habe deshalb gefragt, weil die Zellen, die Sie gezeigt haben, dieser Art ähneln.

BEKER: 1) Auf den Diapositiven wurden die Zellen von Brevibacterium — eines Lysinproduzenten unter dem Elektronenmikroskop gezeigt. Es wurde eine Wechselbeziehung zwischen der Größe der Zelloberfläche, der spezifischen Wachstumsgeschwindigkeit der Zelle und ihrem Vermögen, Lysin zu synthetisieren, festgestellt.

2) Gegenwärtig wird über die Eigenschaften der Gattungen Brevibacterium Micrococcus und Corynebacterium diskutiert. Sie sind recht ähnlich.

*Allunionsforschungsinstitut für Eiweißsynthese, Moskau*

# Anforderungen an die Fermentationsanlage zur Untersuchung der Wachstumskinetik der Mikroorganismen

I. M. Čirkov und W. M. Nikitin

Die Untersuchung der Fermentation zwecks der Gestaltung dieses Prozesses im Industriemaßstab kann in zwei Etappen getrennt werden. In der ersten Etappe — bei Laboruntersuchungen — ist es erforderlich, die Wachstumskinetik der Mikroorganismen „in reiner Form", ohne Einfluß der Rührbedingungen, der Wärme- und Diffusionseffekte zu untersuchen. In der zweiten Etappe — bei Pilotuntersuchungen — wird der Einfluß der konstruktiven Besonderheiten des Fermenters auf die Wachstumskinetik der Mikroorganismen untersucht.

In Anlehnung an die Fermentationsprozesse, deren Ziel die Biomassengewinnung ist, ist der wichtigste Kennwert für die Intensität des Prozesses die spezifische Wachstumsgeschwindigkeit, deren Begriff erstmalig von Slator (1916) eingeführt wurde. Bekanntlich (z. B. Jerusalimski 1959, 1962, 1965; Jonson 1966; Pirt 1975, Artikelsammlung, 1976) ist die spezifische Wachstumsgeschwindigkeit der Mikroorganismen von vielen Faktoren abhängig, welche die Fermentationsbedingungen bestimmen.

Betrachten wir die Anforderungen an die Fermentationsanlage zur Durchführung der ersten Etappe der Untersuchungen.

*1. Fermenter.* Man kann den Einfluß der Rührbedingungen, der Wärme- und Diffusionseffekte ausschließen, indem man den Apparat der Idealvermischung anwendet (Kassatkin, 1973).

*2. Fermentationsregime.* Für die am meisten verbreitete Methode zur Untersuchung der Wachstumsgesetzmäßigkeiten von Mikrobenpopulationen wird heutzutage das Prinzip des Chemostaten gehalten (Pirt, 1975, Rabotnowa, 1975).

Die Gleichungen der Stoffbilanz für den Fermenter beim Chemostaten sind:

— für die Produkte, die von Mikroorganismen utilisiert werden

$$\frac{dS}{dt} = D(S_0 - S) - am\mu \qquad (1)$$

— für Produkte, die die Mikroorganismen ausscheiden

$$\frac{dP}{dt} = b \cdot m \cdot \mu - D \cdot P, \qquad (2)$$

worin bedeuten: $S_0$, $S$ — die Konzentration der Nährkomponente im Ausgangsnährmedium bzw. im Fermenter;

$m, P$ — die Konzentration der Biomasse und des Stoffwechselproduktes im Fermenter;
$D$ — Verdünnungsrate;
$\mu$ — spezifische Wachstumsgeschwindigkeit der Mikroorganismen;
$a$ — Verbrauch der Nährkomponente für die Bildung einer Biomasseneinheit;
$b$ — Konzentration der Stoffwechselprodukte bei der Bildung der Biomasseeinheit.

Die Abhängigkeit der spezifischen Wachstumsgeschwindigkeit von der Konzentration irgendeiner Komponente des Nährmediums wird untersucht, indem die Verdünnungsrate folgerichtig verändert wird. Dabei wird sich auch die Biomassenkonzentration ändern (HERBERT, 1956, 1958; PIRT, 1975).

Aus den Gleichungen (1) und (2) für das stabile Regime haben wir folgendes:

$$S = S_0 - a \cdot m; \qquad P = b \cdot m \tag{3}$$

Daraus resultiert, daß das chemostatische Regime keine konstante Konzentration des Nährmediums und der Stoffwechselprodukte bei der Untersuchung der Wachstumskinetik der Mikroorganismen gewährleistet.

Die genannten Mängel des chemostatischen Regimes können beseitigt werden, wenn eine automatische Stabilisierung der Biomassekonzentration im Fermenter (turbidostatisches Regime) verwirklicht wird. Dabei wird mit den Konzentrationen gearbeitet, die auf dem stabilen Abschnitt der Kurve $\mu = f(D)$ liegen. Hier wird eine gute Empfindlichkeit des Reglers der Biomassekonzentration gesichert.

### 3. *Biomassenkonzentration*

Es wurde gezeigt (STERKIN et. al., 1973), daß die Transferfunktion des Fermenters als geregeltes Objekt im Kreislauf der automatischen Regelung der Biomassenkonzentration wie folgt aussieht:

$$W_1(p) = \frac{\frac{1}{Dn} \cdot p + 1}{\left(\frac{1}{Dn} \cdot p\right)^2 + \frac{1}{Dn} \cdot p + W_4} \tag{4}$$

$$W_4 = \frac{K_1\, a,\, m_n}{Dn},$$

worin bedeuten: $Dn$, $m_n$ — nominale Bedeutungen der Verdünnungsrate und der Biomassenkonzentration;

$K_1$ — den Koeffizienten der Wechselwirkung zwischen $\mu$ und $S$ im limitierenden Bereich.

Die Analyse des Übergangsprozesses des geregelten Objektes beim Eintreten einzelner Einwirkungen (Veränderung der Verdünnungsrate) zeigt, daß der Schwankungsprozeß bei $W_4 > \frac{1}{4}$ entsteht. Auf diese Weise muß die Biomassenkonzentration zur Gewährleistung der aperiodischen Eigenschaften des geregelten Objektes so vorgegeben werden, daß die Ungleichung

$$m_n \leqq \frac{D}{4 \cdot K_1 \cdot a} \tag{5}$$

erfüllt ist.

So muß zum Beispiel bei der Untersuchung des Einflusses der $n$-Paraffinkonzentration auf die spezifische Wachstumsgeschwindigkeit der Hefe der Gattung *Candida* im turbidostatischen Regime mit den Biomassenkonzentrationen von höchstens 5 g/l gearbeitet werden.

## *4. System zur Bestimmung der Biomassenkonzentration*

Am häufigsten werden zur Bestimmung der Biomassenkonzentration photometrische Geräte eingesetzt (z. B. ANDERSON, 1953, Artikelsammlung, 1967; PIRT, 1975). Dabei wird die mikrobiologische Suspension durch die Meßküvette des Photometers gepumpt. Es ist ersichtlich, daß die Transferfunktion solch einer Meßeinrichtung folgenderweise ausgedrückt werden kann:

$$W_2(p) = \frac{1}{T_2p + 1} \cdot 1^{-p\tau}; \qquad \tau = \frac{V_1}{Q_n}; \qquad T_2 = \frac{V_2}{Q_n}, \tag{6}$$

worin bedeuten: $T_2$ — Zeitkonstante;
$\tau$ — Transferverzögerung;
$V_1$ — Flüssigkeitsvolumen in der Transferlinie bis zur Küvette;
$V_2$ — Flüssigkeitsvolumen in der Küvette;
$Q_n$ — Flüssigkeitsdurchsatz durch die Küvette.

Die Verweildauer der mikrobiologischen Suspension in der Transferlinie bis zur Meßküvette (im Falle, wo das Signal der Meßeinrichtung für die Biomassenkonzentration vom physiologischen Zustand der Mikroorganismen abhängig ist) darf eine bestimmte Größe nicht übersteigen, da sich die Bedingungen der Lebenstätigkeit der Zellen während deren Transportes zur Meßeinrichtung schnell ändern. Wenn man annimmt, daß am schnellsten die Konzentration des gelösten $O_2$ abfällt, so kann man $\tau_k$ aus folgender Formel bestimmen:

$$\tau_k = \frac{S}{a \cdot m \cdot \frac{\mu}{3600}} \tag{7}$$

worin bedeuten: $S$ — Sauerstoffkonzentration in der Flüssigkeit, mg/l;
m — Biomassenkonzentration, g/l;
a — Sauerstoffverbrauch für die Bildung einer Biomasseneinheit, mg/l;
$\mu$ — spezifische Wachstumsgeschwindigkeit der Biomasse, $h^{-1}$.

Für die Hefezellen, die kohlenwasserstoffhaltige Substrate utilisieren, kann man a = 2500 mg/g; m = 5 g/l nehmen. Wenn dabei angenommen wird, daß im Moment der Probenentnahme die Suspension mit Sauerstoff gesättigt war (S = 5,0 mg/l), so erhalten wir:

$$\tau_k \leqq \frac{1{,}5}{\mu}, \text{ sec.}$$

*5. Verstärkungsgrad des Systems der automatischen Regelung*

Betrachten wir die Einschränkungen zum Verstärkungsgrad für das System der automatischen Regelung der Biomassenkonzentration, ausgehend von den Stabilitätsbedingungen.
Im Falle, wenn das Meßglied kein Verzögerungselement hat ($\sigma = 0$), ist es bequem, die Stabilität unter Ausnutzung des MICHAILOWschen Kriteriums zu untersuchen (FELDBAUM, BUTKOWSKI, 1971).
Die Gesamtansicht des Hodographen der charakteristischen Gleichung des geschlossenen Systems ist in Abb. 1 dargestellt.

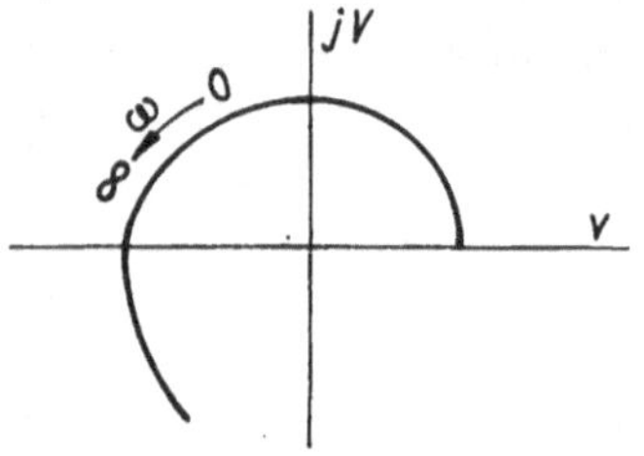


Abb. 1. Gesamtaussicht des Hodographen der charakteristischen Gleichung des geschlossenen Systems

$$A(j\omega) = V(\omega) + jV(\omega) = \left[K + 1 - \frac{1}{k_1 \cdot a \cdot m_n}\left(T_2 + \frac{1}{D_n}\right)\omega^2\right] + j\left[-\frac{T_2}{k_1 \cdot a \cdot m_n \cdot D_n}\cdot\omega^3 + \left(T_2 + \frac{1}{k_1 \cdot a \cdot m_n} + \frac{K}{D_n}\right)\omega\right]$$

Die Untersuchung seines Verhaltens bei der Veränderung der Parameter des Systems zeigt, daß es beim beliebigen Verstärkungsgrad stabil bleibt.
Im Falle, wenn das Meßglied ein Verzögerungselement hat, kann man für die Untersuchung der Stabilität die Methode der D-Zerteilung nach dem Verstärkungsgrad des Systems ausnutzen. (Feldbaum, Butkowski, 1971).
Bei $\tau = 20$ sec und $T_2 = 10$ sec erhalten wir einen Ausdruck für den Höchstverstärkungsgrad des Systems:

$$K_k = \frac{200}{K_1 am_n} \tag{8}$$

Bei der Arbeit mit einer Genauigkeit von $\pm 2{,}5\%$ erhalten wir aus der Formel (8), daß es für die Stabilität des Systems erforderlich ist:

$$K_1 am_n \leqq 8{,}6\, h^{-1}$$

Diese Anforderung wird praktisch für alle Mikroorganismenarten bei der Limitation ihres Wachstums durch verschiedene Komponenten des Nährmediums erfüllt.

*6. Dynamik des automatischen Regelungssystems*

Eine Besonderheit des turbidostatischen Züchtungsregimes ist die Möglichkeit der automatischen Registrierung der spezifischen Wachstumsgeschwindigkeit der Mikroorganismen in Übergangsregimen.

Betrachten wir die Genauigkeit der $\mu$-Reproduktion durch entsprechende Veränderungen der Verdünnungsrate $D$. Der kinetische Fehler kann bei einer gleichmäßigen Veränderung von $\mu$ infolge der Veränderung der Züchtungsbedingungen in Richtung einer Wachstumsstimulierung oder -unterdrückung entstehen.

Ein Gesamtbild der Bedeutung des Fehlers zwischen $\mu$ und $D$ kann anhand der Formel gefunden werden:

$$\delta = \frac{1}{1 + W_p(p)} \cdot \bar{\mu}, \tag{9}$$

worin bedeuten: $W_p(p)$ — Transferfunktion des unterbrochenen Systems; $\bar{\mu}$ — LAPLACEsche Abbildung des relativen Anstiegs der spezifischen Wachstumsgeschwindigkeit.

Bei konstanter Geschwindigkeit (C) der $\mu$-Veränderung erhalten wir den kinetischen Fehler:

$$\delta_k = \frac{1}{k \cdot D_n} \cdot C \tag{10}$$

Daraus resultiert, daß die Untersuchung der Übergangsregime bei Veränderungen des physiologischen Zustandes der Mikroorganismen bei hohen spezifischen Wachstumsgeschwindigkeiten durchzuführen ist.

Auf diese Weise wurde gezeigt, daß das turbidostatische Regime der Mikroorganismenzüchtung eine effektive Methode zur Untersuchung der Wachstumskinetik ist. Dabei ist ein Fermenter der idealen Vermischung einzusetzen, und die Biomassenkonzentration auf dem Niveau zu stabilisieren, das der Ungleichung (5) entspricht. Wenn der Fühler der Meßeinrichtung zur Bestimmung der Biomassenkonzentration außerhalb des Fermenters ist, so darf die Summenverweildauer der mikrobiologischen Suspension in der Transferlinie den $\tau_k$-Wert nicht übersteigen, der laut der Formel (7) bestimmt wird. Dabei wird der höchste Verstärkungsgrad des Systems nach der Formel (8) bestimmt. Letzten Endes ist es zweckmäßig, die Untersuchung der Übergangsprozesse der Fermentation bei hohen Werten der spezifischen Wachstumsgeschwindigkeit zu verwirklichen, was auf Nährmedien von optimaler Zusammensetzung bei niedrigen Biomassenkonzentrationen erreicht werden kann.

## Literatur


[1] ANDERSON, A.: J. gen. Physiol. **36** (1953), 6

[2] JONSON, M.: Mikroorganismenwachstum bei niedrigen Sauerstoffkonzentrationen. Der XI. Internationale Kongreß zur Mikrobiologie, Moskau, 1966

[3] HERBERT, D., R. ELSWORTH und R. C. TELLING: J. gen. Microbiol., **14** (1956)

[4] HERBERT, D.: Chem. and Ind. **29** (1958) 3

[5] HERBERT, D.: Continuous Culture of Microorganisms. Some Theorietical Aspects. A Symposium. Continuous Cultivation of Microorganismus, NCSAV, Praha, 1958

[6] IJERUSALIMSKI, N. D.: Über die Gesetzmäßigkeiten des Wachstums und der Entwicklung der Mikroorganismen. Arbeiten des Instituts für Mikrobiologie der AdW der UdSSR, Nr. 6, 1959.

[7] IJERUSALIMSKI, N. D.: Nachrichten der AdW der UdSSR, biol. Serie, Nr. 3, 1962

[8] IJERUSALIMSKI, N. D. und N. M. NERONOWA: Vorträge der AdW der UdSSR, **161** (1965), 6, 1437

[9] Kassatkin, A. G.: Hauptprozesse und -apparate in der chemischen Technologie, Moskau, Verlag Chimija, 1973
[10] Rabotnowa, I. L.: Untersuchung des physiologischen Zustandes der Mikroorganismen bei der ununterbrochenen chemostatischen Züchtung. Im Sammelband „Ergebnisse der Wissenschaft und Technik", Serie „Mikrobiologie", Bd. 4, 1975
[11] Pirt, S. John: Principles of Microbe and Cell Cultivation, Oxford London, 1975
[12] Slator, A.: Trans. Chem. Soc., **109** (1916), 1, 2
[13] Artikelsammlung: „Ununterbrochene geregelte Züchtung der Mikroorganismen". Moskau. Verlag Nauka, 1967
[14] Artikelsammlung: „Limitation und Unterdrückung der Prozesse der mikrobiologischen Synthese", Puschtschino, 1975
[15] Feldbaum, A. A. und A. G. Butkowski: Methoden der Theorie der automatischen Regelung. Moskau, Verlag Nauka, 1971
[16] Sterkin, V. E., I. M. Čirkov, V. A. Samoylenko: Biotechnol. and Bioeng, Symp. (1973), No. 4, 53–60

## Diskussion

Schmidt: Wie ist die photometrische Meßzelle konstruiert und für welche technische Substrat/Mikroorganismen-Kombinationen ist diese geeignet?
Čirkov: Bei unseren Untersuchungen mit der Kultur Pseudomonas fluorescens, die auf Glukose kultiviert wurde, setzten wir eine photometrische Meßzelle ein, die ein Bestandteil der Anlage ANKUM war.

*„ХУМАН“ Институт вакцин и Сывороток, Венгрия*

# Опыты в области массового культивирования аэробных патогенных бактерий с помощью ферментера типа „Билтховен“

A. JAGICZA и L. SZTANKOV

Наш институт по своему профилю занимается массовым культивированием аэробных патогенных бактерий, главным образом для производства вакцин с активным действием на человека. Массовое культивирование патогенных бактерий в целях производства вакцин предъявляет специальные требования. Из них подчеркиваю следующие:

1) Необходимо обеспечить особенно строгие асептические условия с двух сторон:
   а) защита культур от инфекций чужеродных бактерий — так как большинство организмов, использованных для производства вакцин на их оптимальной среде способны заражать непатогенные бактерий
   б) с другой стороны защита работающих в таких условиях, так как лабораторные штаммы часто патогенные для человека
2) Созданный продукт не является главным метаболитом. Необходимо подчеркнуть, что здесь конечный продукт состоит из клеток или антигена или из антигенов комплексного химического состава, которые отделены от клеток.
3) При сравнении объема культуры с другими промышленными процессам, он относительно низкий. В наши задачи входит производство

— *Enterobacterium* (*Salmonella typhi, E. coli*)
— *Bordetella pertussis*
— *Vibrio cholerae*
— *Diphtheria* токсина в ферментере.

Цель этого доклада, дать в какой то степени сведения о ферментере типа „Билтховен“ и о производственном опыте, накопленном в работе с этим ферментером.
Ферментер изготовлен под принципиальным управлением голландского ученого Paul VAN HEMERT [Ryks Institut voor de Volksgesondheit, Bilthoven].
Ферментер состоит из двух основных единиц:

а) Регулирующая и управляющая система
б) Стеклянный резервуар ферментера с объемом 10, 40 и 60 л.

При оформлении ферментера обратили внимание на использование таких материалов, которые хорошо можно стандартизировать. Существенно, что распределение всех компонентов в системе оптимальное и легко рассматриваемое.

а) С помощью регулирующей системы можно автоматически установить температуру, pH культуры и оптимальную аэрацию.
б) Ферментер состоит из стеклянного сосуда (тип КФ Йена) и из крышки, которая сопротивляется кислотам. Внутри сосуда расположена мешалка.

На крышке находятся отверстия, через которые проходят электроды и трубы — сопротивляющие кислотам — для введения и выведения жидкости и газов.
Резиновое кольцо (0-кольцо) препятствует контакту между крышкой и стеклом, и кроме того обеспечивает герментическое закрытие. Резервуар ферментера закреплен к крышке винтами.
В дальнейшем в центре внимания стоят наши опыты в области массового культивирования. Во время культивирования мы автоматически поддерживаем строго определенные, по возможности, оптимальные параметры (pH, аэрация, температуру, смешивание).
Определение и регулирование pH:

Определение и регулирование pH нас меньше беспокоит из-за употребления современных комбинированных стерильных электродов типа ,,Инголд''.
Регулирование pH обеспечивается двумя точными контролями pH (pH макс. и pH мин.) при помощи питающего механизма и насосов путем автоматического добавления добавочных материалов. В большистве случаев мы используем 10% глюкоза и 20% гидроокися натрия. Во время культивирования автоматически поддерживаем pH в следующих пределах:

Enterobacterium pH = 7,2—7,4
*Vibrio cholerae* мин. pH = 7,6 — макс. pH = 7,8

Из международной литературы известно, что для подходящего рости холеры требуется высокая величина pH. Это мы учитывали при составлении питательной среды. С помощью соотвествующего установления pH питательной среды можно избежать добавления большого количества щелочи в среду во время культивирования. Щелочь играет роль ингибитора роста культуры.

*Corynebacterium diphtheriae* макс. pH = 7,7
*Bordetella pertussis* — pH регулируетса, но pH выше 8,0—8,2 не позволяют выращивать культуры.
Аэрация:

В целях производства вакцин с активным действием для культивирования аэробных бактерий необходимо оптимальное количество воздуха. Воздух пускаем на поверхность жидкости. Если этого воздуха не хватает, то автоматически добавляем кислород в культуру, и таким образом обеспечиваем необходимое количество растворенного кислорода в культуре. По общим данным в логарифмической фазе размножения аэробных бактерий потребность кислорода экспоненциально меняется до тех пор, пока не достигает уровня максимального расхода. После этого, поскольку параметры культуре не меняются, употребление в кислороде характеризуется константом. В линейном интервале размножения употребление кислорода очень низкое. Значение лимитирующего фактора у большинства аэробных бактерий не превышает $10^{-3}$ мМ.
В том случае, если во время культивирования можно измерять уровень растворенного кислорода, мы регистрируем парциальное давление кислорода, т. е. у нас возможность изучать метаболизм, который зависит от давления кислорода. Метод, разработанный Gleihmann и его сотрудникам позволяет нам провести такие работы.

Метод включается в следующем: электрод стерилизируется в аппарате паром, и в связи с ним есть регистер, который параллельно работает с регулирующей системой. Через регулирующую систему в ферментер можно подать воздух, кислород и азот и их смеси.

В дальнейшем хочу говорить о наших опытах в области производства внешнеклеточного токсина *Corynebacterium diphtheria.*

В прошлые годы при культивировании достигнутое значение токсина с 80—100 ЛФ возрастало выше 200 ЛФ и в этом большую роль играла регугуляция аэрации рядом с другими факторами. VAN HEMERT и его сотрудники считают самым значительным начальное парциальное давление кислорода (100—150 mm Hg).

После 48 часового культивирования было достигнуто значения в размере 200 ЛФ/мл.

Известно, что образование токсина в зависимости от времени попадает в линейной фазе размножения клеток, и оно не пропорционально с числом клеток.

Это объясняет нам результат, по которому после очищения и концентрирования токсина значение ЛФ на мл белка выше 1500, напротив стационарных культур.

С точки зрения иммонологии результат значительный. Оптимальная аэрация для 40-л-ферментера по нашим данным:

| | |
|---|---|
| Enterobacterium | 5 л/мин, постоянно смешивание 800 об/мин |
| Токсин диотерии | 6 л/мин смешивание 1000 об/мин |
| *Vibrio cholerae* | 8 л/мин постоянно смешивание 850 об/мин |
| *Bordetella pertussis* | 6 л(мин постоянно смешивание 750 об/мин |

Температура:

Определение оптимальной температуры процесса культивирования не легко. Она зависит от натуры желаемого антигена.

Общая потребность температуры, это температура самого быстрого роста, другими словами самое короткое время усвоения. Оптимальной температурой для производства вакцин считают 35 °C. При такой температуе мы также проводили массовое культивирование.

В таким случае, когда процесс экзотермически дается потребность и на охлаждение. Так как мы провели ферментацию патогенных бактерий, следует обратить внимание на защиту окружающей среды.

Наш доклад кроме своих опытов полагается на предварительные опыты нашего института (JOÓ, PUSZTAY, VERES) и на работу VAN HEMERT и его сотрудников в области ферментации патогенных бактерий.

*Allunionsforschungsinstitut für Eiweißsynthese, Moskau*

# Fermentationsanlage für die Untersuchung der Akkumulationskinetik von Stoffwechselprodukten und Mineralstoffanionen bei der Fermentation von Mikroorganismen mit Rückführung der Kulturflüssigkeit

I. M. Čirkov, I. I. Šamonov, V. S. Kolodjažny und G. A. Swerewa

Eine der aktuellen Fragen der Vervollkommnung der Technologie der mikrobiologischen Synthese ist die Senkung des Frischwasserverbrauches pro Einheit Produkt, was beispielsweise durch die Rückführung der Kulturflüssigkeit erreicht werden kann.
Die Besonderheiten dieses technologischen Verfahrens sind gegenwärtig ungenügend untersucht worden, hauptsächlich wegen des Fehlens einer wissenschaftlichen Apparatur, die gestattet, eine langzeitige Rückführung der Kulturflüssigkeit mit automatischer Regelung der wichtigsten Regimeparameter der Fermentation zu verwirklichen.
Zur Durchführung der genannten Untersuchungen wurde eine Fermentationsanlage mit zwei Fermentoren eingesetzt, die auf der Grundlage eines Apparatekomplexes für die kontinuierliche Mikroorganismenzüchtung ANKUM-1 (Tschirkow u. a., 1969) aufgebaut wurde.
Sie ist durch folgende Besonderheiten gekennzeichnet:

1. Eine hohe Sauerstoffübergangsgeschwindigkeit (18 g $O_2$/l · h) bei einer Drehzahl des Rührers von 1500 U/min und einer Luftzugabe von 10 l/min. Die letztere wurde durch Anwendung einer zweistufigen selbstansaugenden Turbine erhalten (siehe Abb. 1). Die Luft tritt in die Turbine durch eine Hohlwelle ein. Die Suspension wird in die Turbine von oben und von unten eingesaugt und mit Luft gesättigt, durch drehbare Ejektoren 2 ausgeschleudert.
Zur Erhöhung des Stoffübergangs tragen Prallbleche und das richtungsgebende Glas 4 bei.
2. Die automatische Füllstandsregelung im Fermenter erfolgt mit Hilfe eines automatischen pneumatischen Reglers, dessen schematische Darstellung in Abbildung 2 angegeben ist. Der Füllstandsgeber ist auf Grundlage eines piezometrischen Füllstandmessers ausgeführt, bestehend aus dem Luftdurchsatzregler 1, dem Druckverstärker 2, dem Piezorohr 3 und der Drossel 4. Das dem Füllstand proportionale pneumatische Signal erreicht den Regler 5, an dessen Ausgang ein Steuersignal für das Ventil 6 gebildet wird. Das Wirkungsprinzip des Druckverstärkers ist in Abbildung 3 und das des Auslaßventils in Abbildung 4 dargestellt.
3. Die Fermentoren stehen in unterschiedlicher Höhe und sind der Reihe nach angeschlossen. Die Suspension gelangt aus dem zweiten Fermenter in die Zentrifuge, wo die Biomasse von der Kulturflüssigkeit abgetrennt wird. Die Kulturflüssigkeit wird in einem bestimmten Verhältnis zum frischem Nährmedium mittels einer Dosierpumpe in den ersten Fermenter rückgeführt.

Die Untersuchung des Fermentationsprozesses der Hefekultur der Gattung *Candida*, gezüchtet auf einem n-Alkangemisch unter Rückführung der Kulturflüssigkeit,

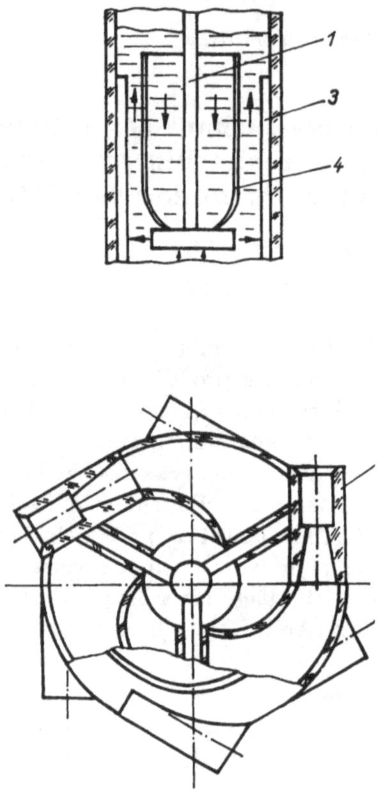


Abb. 1. Zweistufige selbstansaugende Turbine
1. Turbinenwelle
2. Ejektor
3. Prallblech
4. richtungsgebendes Glas

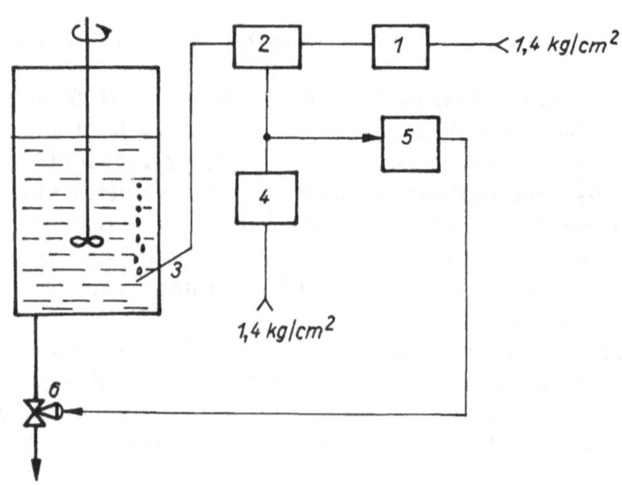


Abb. 2. Füllstandsregelungssystem

1. Luftdurchsatzregler
2. Druckverstärker
3. Piezorohr
4. Drossel
5. Regler
6. Entleerungsventil

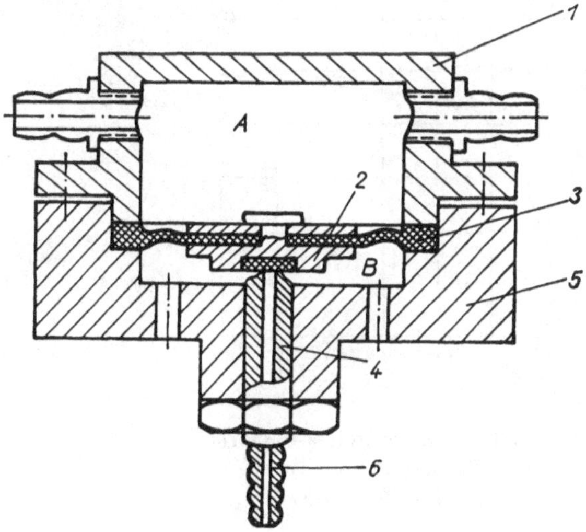


Abb. 3. Druckverstärker
A. Durchflußgaskammer, angeschlossen an den Luftdurchsatzregler und Piezorohr
1. Oberdeckel
2. Schieber
3. Membrane
4. Düse
5. Unterer Deckel
6. Auslaufstutzen

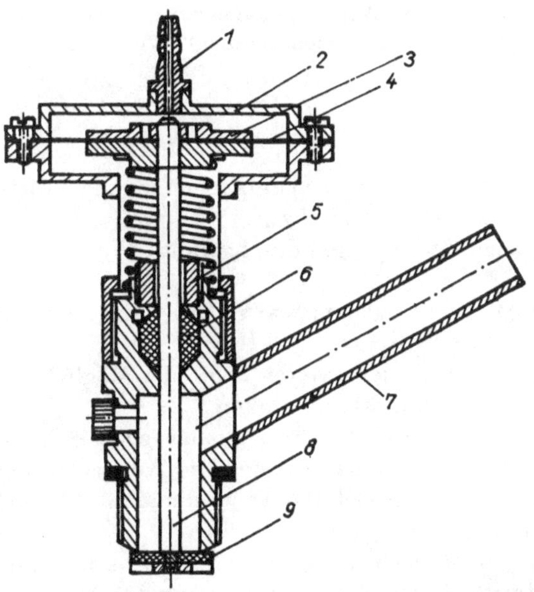


Abb. 4. Entleerungsventil
1. Einlaufstutzen
2. Deckel
3. Scheibe
4. Membrane
5. Mutter
6. Stoffbuchse
7. Auslaufsstutzen für Suspension
8. Stock
9. Schieber

zeigte, daß die langzeitige Fermentation im gegebenen Regime durch eine Verminderung der Produktivität des Prozesses infolge der Veränderung des physiologischen Zustandes der Hefe in Richtung der Erhöhung des Energieumsatzes in den ersten 50 bis 80 Stunden der Fermentation und durch die nachfolgende Erhöhung der Produktivität bis zum ehemaligen Niveau gekennzeichnet wird. Ein typisches Bild des Fermentationsverlaufs mit einer vollen Rückführung der Kulturflüssigkeit ist in Abbildung 5 dargestellt.

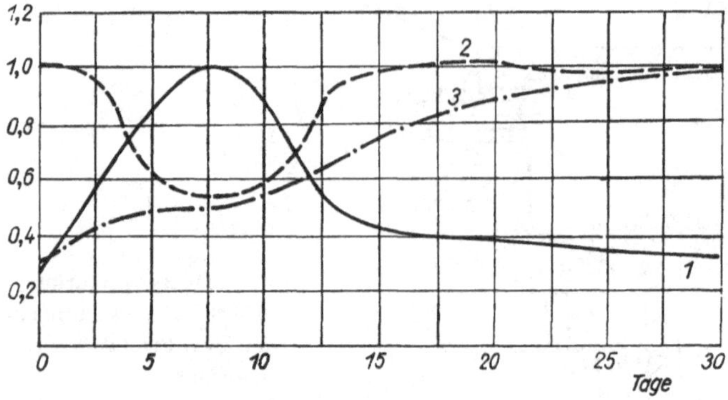


Abb. 5.
1. Konzentration von organischen Säuren im zweiten Fermenter
2. Biomassenkonzentration im zweiten Fermenter
3. Konzentration von $SO_4$-Anionen im zweiten Fermenter

## Literatur

ČIRKOV, I. M., N. D. JERUSALIMSKI, V. V. TICHOMIROV u. a.: Apparatekomplex für die kontinuierliche Mikroorganismenzüchtung. Sammelband „Mikroorganismenzüchtung", Verlag Znanije, Riga, 1969.

## Diskussion

FROMMHOLZ: Wurde der Fermentationsprozeß unter sterilen Bedingungen durchgeführt? Wenn nein, kam es zur Kontamination und in welchem Umfang?

ČIRKOV: Der Prozeß wurde nicht unter sterilen Bedingungen durchgeführt. Wesentliche Kontaminationen waren nicht feststellbar.

HILDEBRANDT: Könnten Sie nähere Ausführungen geben, warum Sie Ihren Prozeß zweistufig ausführen?

ČIRKOV: Der Prozeß ist deshalb zweistufig, weil in der zweiten Stufe die Möglichkeit gegeben ist, den Kohlenwasserstoffgehalt in der Biomasse zu senken.

HILDEBRANDT: Nach den auf dem Diapositiv vorgestellten Ergebnissen regelt sich die Produktivität wieder nach einiger Zeit auf den Anfangswert ein. Die Konzentration der Ionen steigt also bis zum 30. Tag an. Wie verhält sich das System nach 30 Tagen? Ist dann noch eine 100%ige Rückführung möglich?

ČIRKOV: Bei Änderung der Produktivität erhöhte sich der Energiestoffwechsel. Wahrscheinlich veränderten sich auch die Stoffwechselwege. Nach Beendigung der Adaption war der Zustand der Kultur dem Ausgangszustand ähnlich.

KLAPPACH: Haben Sie das Rezirkulationswasser auch der Dialyse unterworfen, um Metaboliten zu entfernen und dann die Ergebnisse verglichen?

ČIRKOV: Das Rezirkulationswasser wurde nicht der Dialyse unterworfen. Ziel des Experimentes stellte die Betrachtung der Vorgänge bei einer vollständigen Langzeitzirkulation dar. Es wurden zwei Varianten verglichen:

50%ige und 100%ige } Rückführung.

Dabei wurden ähnliche Ergebnisse erzielt.

SCHMIDT: Aus welchen Gründen haben Sie die Steuerung des Füllstandes mit Hilfe einer Luftdrossel gewählt, obwohl andere, zum Teil einfachere technische Lösungen bekannt sind?
ČIRKOV: Ein Füllstandsregler einer solchen Konstruktion hatte man nach Gegenüberstellung der verschiedenen Verfahren ausgewählt:

— gewichtsmäßige Bestimmung:

Die gewichtsmäßige Bestimmung ist nicht ausreichend exakt und empfindlich; sie erfordert einen höheren technischen Aufwand (EDV)

— Messung des Bodendrucks:

Den Bodendruck im Fermenter kann man mit einer Gummimembran bzw. einer anderen Membran messen. Bei Einsatz muß die Membran infolge Quellen des Gummis oft ausgewechselt werden, bzw. die Schutzfolie geht entzwei.
Aus diesem Grund haben wir dieses Verfahren ausgewählt. Es hat ebenfalls einen Nachteil: Es ist erforderlich, den dynamischen Druck der Flüssigkeit zu kompensieren.

*Akademie der Wissenschaften der DDR*
*Forschungszentrum für Molekularbiologie und experimentelle Therapie, Jena*

# Konstruktive Änderungen am Laborfermenter ANKUM-2 zur Erweiterung von dessen Einsatzmöglichkeiten

H. Bocker, M. Menner und W. Effenberger

Es soll hier über Erfahrungen mit dem von uns betriebenen sowjetischen Laborfermenter ANKUM-2 berichtet werden. Wie die Abkürzung der russischen Bezeichnung „ankum" (= apparat nepretywnowo kultiwirowanija mikroorganismow) zum Ausdruck bringt, handelt es sich seiner Bestimmung nach um ein Gerät zur kontinuierlichen Züchtung von Mikroorganismen — insbesondere von nichtpathogenen Hefen und Bakterien — in gerührten und belüfteten Nährmedien.

Die gesamte Apparatur besteht aus einem Schaltschrank, der den größten Anteil der elektronischen Geräte aufnimmt, und einem Tisch, der das Fermentationsgefäß trägt und die Vorrichtungen zur Temperierung, Rührung und Belüftung beinhaltet (Abb. 1).

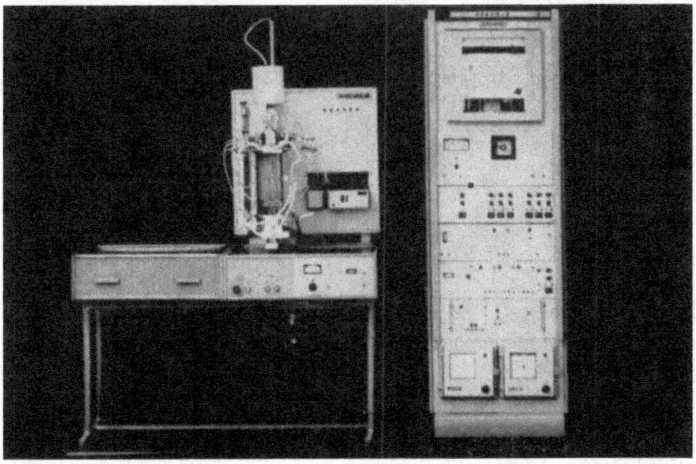

Abb. 1. Gesamtansicht des Laborfermenters ANKUM-2

Das Fermentationsgefäß ist eine Metall-Glas-Kombination: Es besteht aus einem Glaszylinder mit Deckel und Boden aus nichtrostendem Edelstahl (Abb. 2).

Im Bodenteil des Fermentationsgefäßes befinden sich sechs große Stutzen zur Aufnahme der Meßsonden sowie vier kleinere Stutzen für Bypath-Anschlüsse bzw. zum Ablassen der Kulturlösung.

Der Deckel enthält acht verhältnismäßig engdimensionierte Eingangsstutzen zum Dosieren von Flüssigkeiten, zum Beimpfen des Fermentationsansatzes, für die Abluft u. a.

Abb. 2. Fermentationsgefäß

Wir haben in den Deckel zusätzlich noch einen größeren Stutzen mit einem Innendurchmesser von 8 mm eingesetzt, um so das Einfüllen zähflüssiger Nährmedien zu erleichtern.
Entsprechend der spezifischen Belange des Nutzers können Vorratsgefäße für diskontinuierliche Dosagen, beispielsweise zur Entschäumung, zusätzlich am Fermentationsgefäß installiert werden.
Die Kraftübertragung vom Antriebsmotor auf die Rührerwelle erfolgt am Deckel des Fermentationsgefäßes mittels einer Magnetkupplung (Abb. 3). Diese gewährleistet eine hermetische Abdichtung.
Das Rührersystem besteht aus einem 6-Blattrührer. An der Rührerwelle ist zusätzlich ein in seiner Höhe veränderlicher Flachflügelrührer als Schaumzerschläger angebracht. Die Drehzahl des Rührwerks ist im Bereich von 100 bis 1800 U/min stufenlos regelbar. Die Steuerung der Dosierung erfolgt mittels eines eigenen Moduls, des sogenannten Blocks „GAMMA II" (Abb. 4).
In diesem werden von einem in seiner Frequenz variierbaren Generator die Steuerimpulse erzeugt, welche in einem in weiten Grenzen einstellbaren Untersetzungsverhältnis auf die einzelnen Dosage-Kanäle gegeben werden. Diese Impulse steuern über elektromagnetische Schalter die pneumatischen Dosierer.
Über zwei Kanäle kann der pH-Wert innerhalb des vorgegebenen Sollbereichs geregelt werden. Diese Sollwerte werden im 6-Kanalschreiber eingegeben. Dieser richtet, wenn die Meßstelle „pH-Wert" anliegt, entsprechende Steuersignale an den Säure- bzw. den Laugendosierer.
Über die restlichen vier Kanäle können gelöste Zusätze getrennt dem Fermentationsmedium zugegeben werden. Hierzu wird die Anzahl der Impulse je Stunde für die ein-

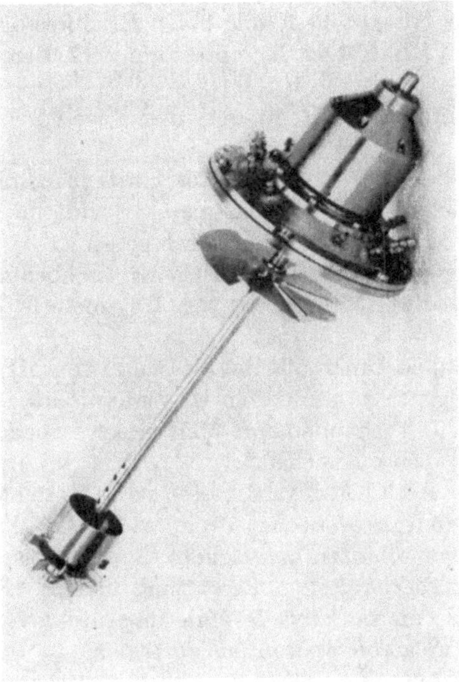

Abb. 3. Rührwerk

Abb. 4. Blick „Gamma II“

zelnen Kanäle gesondert vorgewählt. Jeder Impuls bewirkt an den Dosierern eine im Bereich von 0,3 bis 0,6 ml individuell einstellbare konstante Dosis.

Zur Belüftung des Fermentationsgefäßes hat sich nach unseren Erfahrungen eine Analysenpumpe inländischer Produktion (Typ: Betriebspumpe 312646:1.0200; maximale Förderleistung für Luft bei $p = 0$: über 250 l/h; Hersteller: VEB Reglerwerk Dresden) ausgezeichnet bewährt. Für die Steuerluft, die einen Druck von mindestens

3 atm besitzen muß, verwenden wir mit gutem Erfolg einen Kompressor mit Puffergefäß (Typ: HS 40/70; Hersteller: VEB Harzer Kompressorenwerk Benneckenstein), der maximal 8 atm liefert.

Der Laborfermenter ANKUM-2 besitzt Meß-, Registrier- und Regelvorrichtungen für folgende Parameter:

Die *Rührwerksdrehzahl* und die *Temperatur* sind stufenlos einstellbar; hierfür fehlen allerdings direkt anzeigende Meßinstrumente. Die Temperatur wird im Bereich von 20 bis 60 °C mit einer Genauigkeit von ±0,25 °C automatisch geregelt.

Der *Luftdurchsatz* für die Belüftung der Fermentationslösung ist ebenfalls stufenlos einstellbar. Der aktuelle Wert ist an zwei Meßrohren, sog. Rotametern, direkt ablesbar.

Die *Azidität* der Fermentationslösung ist innerhalb des Bereiches von pH 4 bis 9 meß- und regelbar. Der pH-Wert wird registriert; außerdem ist seine direkte Ablesung am Anzeigeinstrument möglich. Dieser hier vorhandene pH-Meßbereich ist jedoch nicht für alle anstehenden Untersuchungsaufgaben ausreichend.

Zum Liefersatz des Laborfermenters ANKUM-2 gehört eine vorteilhaft kleindimensionierte, hitzesterilisierbare Glaselektrode sowjetischer Produktion (SIP-Werk, Gomel), die sich durch hervorragende Meßeigenschaften auszeichnet. So war beispielsweise ein Exemplar dieser Elektrode bis zur mechanischen Zerstörung nahezu 18 Monate bei uns in ständigem Einsatz und wurde hierbei etwa 50 Male im Autoklaven sterilisiert, ohne daß störende Änderungen des Elektrodenpotentials auftraten.

Der *Sauerstoffpartialdruck* wird mittels einer partiell hitzesterilisierbaren $pO_2$-Sonde gemessen. Von dieser Meßsonde wird deren Außenhülle, einschließlich der Membran, zusammen mit dem Fermentationsgefäß im Autoklaven entkeimt. Nachher wird die $pO_2$-Sonde durch den Einbau des Elektrodeneinsatzes, einer Platin-Silberchloridelektrode, vervollständigt. Das Meßgerät erfaßt 0 bis 100% des Sauerstoff-Sättigungswertes. Die niederen Meßbereiche 0 bis 50% und 0 bis 16,6% lassen sich spreizen. Der Meßwert wird registriert und kann auch direkt abgelesen werden.

Das *Redoxpotential* wird mittels einer blanken Platinelektrode gemessen. Der Meßbereich umfaßt die Werte $E_H = +600$ bis $-900$ mV. Der Meßwert wird registriert und ist direkt ablesbar.

Die *optische Dichte* wird im Nebenfluß gemessen. Der Spektralbereich erstreckt sich von 800 bis 1300 nm; der Meßbereich der Extinktion beträgt 0 bis 2,2 bei einem Grundfehler von ±2,5%. Da wir mit filamentösen Mikroorganismen in komplexen Medien arbeiten, können wir dieses Meßsystem nicht nutzen.

Der 6-Kanalschreiber registriert außer den bereits genannten Parametern, Temperatur, pH-Wert, $pO_2$-Wert, $E_H$-Wert und optische Dichte, noch den Volumendurchsatz der Dosagen. Außerdem erfolgt über diesen Schreiber die Steuerung der Temperatur-, der pH- sowie der $pO_2$-Regelung.

Für ein exaktes Arbeiten des Laborfermenters werden nach Angaben des Herstellers eine Raumtemperatur von 25 ± 10 °C, eine relative Luftfeuchte von 65 ± 15% und ein atmosphärischer Druck von 750 ± 30 Torr gefordert. Die zum Einsatz kommenden Kulturmiedien sollen wäßrige Lösungen ohne gröbere feste Bestandteile (unter 1 mm ∅) mit ener Viskosität von maximal 2 cp sein. Durch diese Forderungen wird allerdings der Einsatzbereich dieses Laborfermenters wesentlich begrenzt.

Bedingt durch unsere Aufgabenstellung setzen wir diesen Laborfermenter dennoch mit Erfolg zur Batch-Kultur von filamentösen Mikroorganismen in komplexen Medien ein.

In diesen Medien kann die durch BIGHAM-plastische Substanzen bedingte Pseudoviskosität bis zu 30 cp ansteigen. Um solche Arbeiten möglichst störfrei ausführen zu können, waren einige konstruktive Änderungen am Laborfermenter ANKUM-2 notwendig, über die im folgenden noch berichtet werden soll.

Da das Nutzvolumen des Fermentationsgefäßes nur etwa 1,5 l beträgt, machen sich beim mehrtägigen Batch-Betrieb die durch Verdunsten bedingten Flüssigkeitsverluste störend bemerkbar. Um diesem vorzubeugen, gliederten wir noch innerhalb der Sterilseite des Abluftsystems einen Intensivkühler ein. Dieser Kühler wurde zusätzlich noch mit einer Vorrichtung zur Kondensatrückführung mit Druckausgleich versehen (Abb. 5).

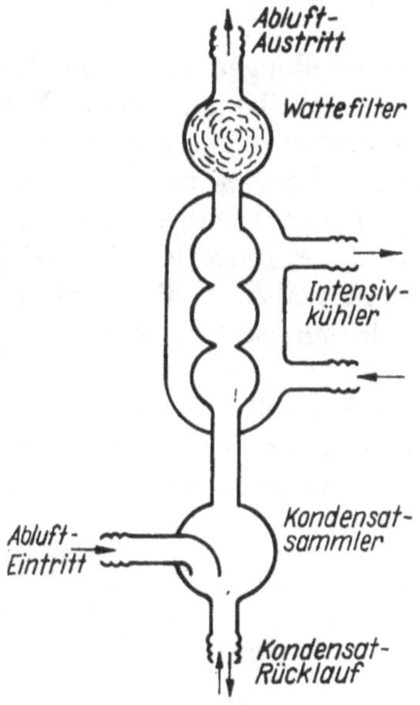


Abb. 5. Prinzip des Abluftkühlers und der angeschlossenen Kondensatrückführung mit Druckausgleich

Der Druckausgleich ist erforderlich, um unkontrollierbare Beeinflussungen der Messung des Sauerstoffpartialdrucks auszuschließen. Dieses von uns entwickelte System ist inzwischen vom Hersteller für die Grundausrüstung solcher Laborfermenter übernommen worden.

Der Parameter Sauerstoffpartialdruck erwies sich für unsere Untersuchungen, der submersen Kultur von Antibiotika-bildenden *Streptomyceten*, als eine sehr wichtige Einflußgröße. Wir führten daher zur näheren Charakterisierung des Fermentationsgefäßes umfangreiche Messungen zur Erfassung des Sauerstoffübergangs nach der Sulfitmethode [1] in unterschiedlichen Modellsystemen durch. Als Maximum fanden wir unter vertretbaren technischen und physiologischen Bedingungen bei 25 °C, einer Belüftungsrate von 1,5:1,0:1,0 (Vol. Luft:Vol. Kulturlösung:Minute) und einer Rührwerksdrehzahl von 1500 U/min einen Sauerstoffübergang von 9500 ml $O_2$/l · h; das entspricht 0,43 Mol $O_2$/l · h. Beim Einsatz praxisnaher komplexer Medien ist der Wert für den Sauerstoffübergang häufig bis zu 60% niedriger als unter den vorgenannten Bedingungen. Dies wird durch das Vorliegen von Feststoffen und der größeren Zähigkeit solcher komplexer Medien bedingt.

Bei der Optimierung der Bedingungen für den Sauerstoffübergang mittels der Gradienten-Methode nach BOX-WILSON [2 u. 3] wurde für die Faktoren Temperatur ($x_1$), Belüftungsmenge ($x_2$) und Rührwerksdrehzahl ($x_3$) das Polynom:

$$y = a_0 + 1x_1 + 4{,}5x_2 + 23x_3$$

gefunden.
Dies läßt erkennen, daß unter den von uns gewählten Versuchsbedingungen der Faktor Rührwerksdrehzahl den stärksten Einfluß auf die Zielgröße Sauerstoffübergang hat.
Erfahrungsgemäß ist der Sauerstoffbedarf von Submerskulturen raschwüchsiger, aerober Mikroorganismen während der einzelnen Fermentationsphasen der Batch-Kultur unterschiedlich. Er kann daher mittels einer konstanten Dauerbelüftung nicht optimal gedeckt werden.
Unter Bezug auf unsere bereits dargelegten Feststellungen über den dominierenden Einfluß der Drehzahl des Rührwerks auf den Sauerstoffübergang in der Fermentationskultur bietet sich als technischer Lösungsweg ein automatisch arbeitendes System der $pO_2$-Regelung über die Veränderung der Rührwerksdrehzahl an. Dies erfordert jedoch erhebliche Ergänzungen im steuer- und regeltechnischen Teil dieses Laborfermenters.
Unter weitgehender Nutzung von serienmäßig im Laborfermenter ANKUM-2 vorhandenen Baugruppen haben wir eine technische Lösung realisiert, die im Bedarfsfalle über eine zeitweilig erhöhte Luftzufuhr die ausreichende Sauerstoffversorgung der Fermentationslösung sichert.
Der Laborfermenter ANKUM-2 wird zwar vom Hersteller mit einem automatischen Regelsystem für den Sauerstoffpartialdruck, mit einem sogenannten Oxystaten, ausgerüstet. Hierbei kann die Belüftung der Fermentationslösung wahlweise nach zwei verschiedenen Betriebsweisen erfolgen (Abb. 6; Weg 2):

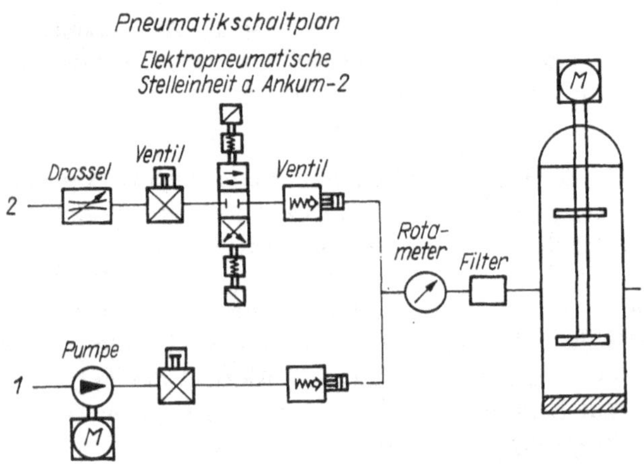


Abb. 6. Pneumatikschaltplan der automatischen $pO_2$-Regelung

- Im abgeschalteten Zustand des Oxystaten erfolgt eine konstante Dauerbelüftung dem vorgegebenen Belüftungsverhältnis entsprechend.
- Im eingeschalteten Zustand des Oxystaten ist dessen Luftdurchgang primär geschlossen. Dessen Öffnung und somit die Freigabe des Luftstromes erfolgen impuls-

mäßig entsprechend dem eingestellten Zeitintervall. Der Steuerbefehl hierzu erfolgt erst dann, wenn am 6-Kanalschreiber die betreffende Meßstelle anliegt und gleichzeitig der von der $pO_2$-Sonde gemessene Wert den Sollwert unterschreitet.

Es kommt also beim eingeschalteten Oxystaten im Vergleich zur Dauerbelüftung zwangsläufig zu einer Reduzierung des Gesamtluftstromes und somit zu einer Minderung der Sauerstoffversorgung in der Fermentationslösung.

Bei der kontinuierlichen Kultur von wenig atmungsaktiven Mikroorganismen — dem eigentlichen Einsatzgebiet des Laborfermenters ANKUM-2 ist diese automatische $pO_2$-Regelung zwar ausreichend; bei unseren stark sauerstoffbedürftigen Submerskulturen gelingt es allerdings auf diese Weise nicht, den $pO_2$-Wert innerhalb des vorgesehenen Bereiches zu regeln.

Unsere mit Erfolg erprobte konstruktive Änderung des $pO_2$-Regelsystems beruht auf folgendem Prinzip (Abb. 6):

Zur Belüftung des Fermentationsgefäßes ist außer der bereits vorhandenen Stelleinheit, bestehend aus Drossel, Ventil, pneumatische Stelleinheit (Oxystat) und Rückstoßventil, noch eine zusätzliche Luftversorgungseinheit (Weg 1) installiert, die einen nur verhältnismäßig geringen Vordruck, beispielsweise 0,1 atm, bringt. Über diesen Weg erfolgt die konstante Dauerbelüftung. Bei erhöhtem Sauerstoffbedarf in der Fermentationslösung kommt die im Laborfermenter vorhandene elektropneumatische Stelleinheit (Weg 2) zur Wirkung. Diese impulsgesteuerte Luftversorgungseinheit speist jetzt aber mit einem wesentlich höheren Vordruck, beispielsweise 1,4 atm, ein.

Sobald der in der Fermentationslösung gemessene $pO_2$-Wert den Sollbereich unterschreitet, wird der Luftweg über den Oxystaten freigegeben. Somit wird entsprechend dem vorgewählten Zeitintervall in Abhängigkeit von der bestehenden Vordruckdifferenz eine wesentlich größere Luftmenge zur Befriedigung des aktuellen Sauerstoffbedarfs verfügbar.

Mit Hilfe des von uns entwickelten Systems der zwei voneinander unabhängigen Belüftungswege kann bei günstig gewählter Vordruckdifferenz auch in stark sauerstoffbedürftigen Submerskulturen der $pO_2$-Wert innerhalb des im Versuchsplan vorgesehenen Bereichs konstant gehalten werden.

Durch diese hier aufgeführten konstruktiven Änderungen haben wir den Laborfermenter ANKUM-2 weitgehend unseren experimentellen Forderungen angepaßt.

Wie wir zwischenzeitlich bei Vergleichen mit ähnlichen Laborfermentern anderer Hersteller feststellen konnten, ist trotz der bei der Entwicklung solcher Geräte angestrebten Universalität dennoch immer die bevorzugte Eignung für bestimmte Einsatzgebiete erkennbar. Es wird also vorerst auch zukünftig notwendig bleiben, die Laborfermenter den spezifischen Erfordernissen der jeweiligen Aufgaben anzupassen.

## Literatur

[1] Cooper, C. M., G. L. Fernstrom u. S. A. Müller: Ind. Eng. Chem. **36** (1944) 504

[2] Box, G. E. P. u. B. K. Wilson: J. Roy. Statist. Soc. **B 13** (1951) 1

[3] Grimm, H., G. Wesser u. H. Bocker: Biom. Zschr. **15**, 1973, 85

## Diskussion

KRÜGER: Sie haben die Regelung des Gelöstsauerstoffgehaltes in der Kulturlösung über die Veränderung der Luftmenge (bzw. des Luftdurchsatzes) realisiert.
Diese Regelungsmöglichkeit scheidet in allen den Fällen aus, in denen Fermentationsanlagen mit Abgasanalytik (z. B. zur Erstellung von kompletten Massenbilanzen) ausgerüstet sind. Halten Sie eine Regelung des Gelöstsauerstoffgehaltes in solchen Fermentationsanlagen für realisierbar, wenn man berücksichtigt, daß eine Variation der Rührerdrehzahl nur in sehr engen Grenzen möglich ist, wenn keine zusätzliche Veränderung weitere Prozeßparameter (z. B. Dichte, Stoffübergänge, Antischaummittelbedarf) zugelassen werden kann?
BOCKER: Es ist richtig, daß durch die zeitweilige Erhöhung der Belüftungsrate die Abgasanalytik beeinträchtigt wird. Es zeigen sich deutliche Peaks im Kurvenverlauf für $O_2$ mit $CO_2$ der Abluft. Diese Peaks sind jedoch diskret begrenzt und können somit beim Auswerten der gasanalytischen Aufzeichnungen leicht eliminiert werden. Es ist noch zu bemerken, daß bei unseren Untersuchungen in Abhängigkeit vom jeweiligen physiologischen Zustand der betreffenden Fermentationskultur die zur Regelung des $pO_2$ notwendige Erhöhung der Belüftungsrate stets nur wenige Sekunden zu betragen braucht und außerdem nur in größeren Zeitabständen (über 30 Minuten) erforderlich ist. Aus diesem Grunde ist bei einer zeitweiligen Erhöhung der Drehzahl des Rührwerkes zur Regelung des $pO_2$ bei unseren Untersuchungsobjekten noch keine störende Beeinflussung anderer Prozeßparameter festgestellt worden.
STOTTMEISTER: Beim Prinzip der Erhöhung des Luftdurchsatzes zur Erhaltung eines konstanten $pO_2$ gibt es vom Meßprinzip her Einwände.

1. polarographische Meßsonden messen bekannterweise auch in gasförmigen Medien.
2. Im Fermenter-2-Phasen-System erfolgt eine integrale Messung von gelöstem und in den Gasblasen vorhandenem Sauerstoff.
3. Eine Luftdurchsatzerhöhung ohne Erhöhung der Drehzahl kann zu einer Vortäuschung eines Meßwertes führen, der mit den realen Verhältnissen im Fermenter nichts gemein hat.

BOCKER: Die gemachten Einwände sind zu akzeptieren. Wir beurteilen jedoch den Prozeßverlauf vorrangig anhand der Bildung des betreffenden Sekundärmetaboliten in der Kulturlösung. Mittels der dargelegten Methode der $pO_2$-Regelung konnten wir bei unseren Versuchen den Prozeß gemäß des Versuchsplanes steuern.
SERFAS: Können sie bitte quantitative Angaben über Empfindlichkeit und Genauigkeit der gelöst $O_2$-Messung in ihrer Anlage im Bereich niedriger Konzentrationen machen?
EFFENBERGER: Quantitative Angaben über Meßgenauigkeiten im unteren Meßbereich können noch nicht gemacht werden. Schätzungen liegen bei $\pm 10\%$.
Die Meßgenauigkeiten liegen unterhalb der Grenze unserer Beobachtungsmöglichkeiten.
SIKYTA: Bei der Regulierung des Sauerstoffs im Medium stellt die Regulierung der $O_2$-Konzentrationen im Gasgemisch, das bei einer konstanten Drehzahl des Rührwerks und bei einem konstanten Luftvolumen in den Fermenter eingetragen wird, die beste Methode dar. Wenn wir das Verfahren der Drehzahlregulierung einsetzen, dann ändern wir das Volumen des Mediums im Fermenter, die Schaummenge, den mechanischen Einfluß auf die Mikroorganismen (shear rate) usw. Verändern wir die Gasmenge (das Volumen), dann verändern wir die Menge an $CO_2$ und Stoffwechselprodukten usw.

BOCKER: Bei den unter unseren Versuchsbedingungen möglichen Erhöhungen der Drehzahl haben wir bisher keine nachteiligen Wirkungen von Scherkräften beobachtet.

BEKER:

1. Warum haben die Autoren zwecks Gewährleistung einer automatischen Einstellung des $pO_2$ keine Regelung der Drehzahl des Rührwerkes vorgesehen?
2. Zum Vortrag von Dr. SIKYTA hinsichtlich einer Regelung des Sauerstoffanteils im Gas ist es dennoch erforderlich zu erwähnen, daß eine Erhöhung der Sauerstoffkonzentration im Gas mitunter einen negativen Einfluß auf die Physiologie der Mikroorganismen hat. Solche Arbeiten sind in der Literatur zu finden.

BOCKER: Eine Regelung des $pO_2$ durch gesteuerte Variation der Drehzahl des Rührwerkes sind von uns vorgesehen; die aufwendige technische Realisierung ist allerdings noch nicht abgeschlossen. Mit der im Vortrag dargestellten Variante einer nur zeitweiligen Erhöhung der Belüftungsrate wollen wir den verschiedenen Nutzern solcher Laborfermentoren einen Hinweis geben, wie mit einem nur verhältnismäßig geringen technischen Aufwand unter ausschließlicher Verwendung vorhandener Bauteile dieses Steuerproblem für mehrere fermentationsbiologische Fragestellung befriedigend gelöst werden kann.

*Институт физиологии растений им. К. А. Тимирязева АН СССР, ВНИИ Биотехника*

# Использование культиваторов разного типа для выращивания культур растительных клеток

Р. Г. Бутенко, А. Х. Липский, В. Н. Пауков и И. М. Давыдова

Большой научный и практический интерес представляют вопросы о возможности глубинного выращивания в ферментерах суспензионных культур клеток высших растений при сохранении ими способности синтезировать экономически ценные вторичные соединения [1, 2]. Примеров такого выращивания немного [3, 4, 5]. Как правило, эти работы велись на модельных культурах, не представляющих большой практической ценности. Биотехнология глубинного культивирования клеток высших растений, имея ряд общих принципов с глубинным культивированием микроорганисмов (повышенные требования к асептике, перемешиванию, эффективности массо- и теплообмена и др.), обладает некоторыми особенностями, которые определяются гетерогенностью суспензии, большой механической и осмотической повреждаемостью, более длительным периодом удвоения числа клеток. Этими особенностями клеток высших растений объясняется большое разнообразие способов глубинного выращивания [6, 7, 8]. Данная работа посвящена отработке методов асептического глубинного культивирования клеток *Dioscorea deltoidea Wall* в ферментере M*F*-107 и сопло-конусном культиваторе; определению способности клеток *D. deltoidea* синтезировать диосгенин — источник для получения стероидных гормональных препаратов — при выращивании в ферментере M*F*-107; изучению характера роста клеток лекарственного растения женьшеня настоящего (*Panax ginseng May*) в пневмоимпульском культиваторе.

## Материалы и методы

Объектом исследования служили культуры ткани, полученные из корневищ растений *Dioscorea deltoidea Wall* в 1969 г. Саркисовой М. А. и Бутенко Р. Г. и *Panax ginseng May* в 1960 г. Бутенко Р. Г. В 1975 г. и 1971 г. соответственно культуры были переведены в жидкую питательную среду и выращивались на качалке в режиме: 95 об/мин, ч — 20 мм в темноте при 26 $\pm$ 1 °C. Питательными средами служили модифицированные среды Мурасиге и Скуга [9, 10]. Стерилизацию аппаратуры вместе с питательной средной проводили в режиме — 15 мин. пропаривания и 20 мин. автоклавирования при 116—118°C (0,7—0,8 ати). Инокулятом для опытов в культиваторах служили культуры клеток *D. deltoidea* и P. ginseng пересевавшиеся каждые 2 недели в 1 л колбы с добавлением 20 мл 2-х недельной суспенсии к 100 мл свежей питательной среды.

Работу проводили на ферментере фирмы ,,NEW BRUNSWICK" США модели M*F*-107. Общий объем культиватора 7,5 л, рабочий — 5,0 л. Расход воздуха на бар-

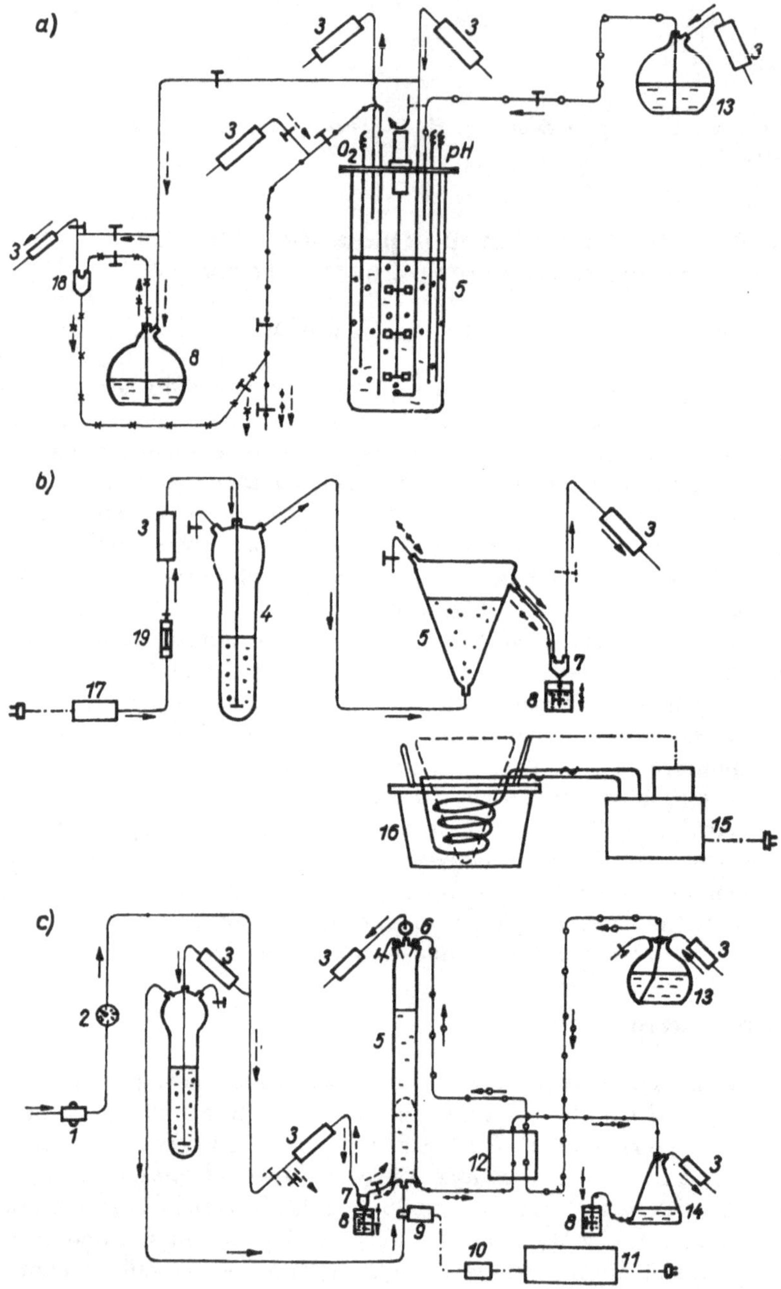

Рис. I. Схема потоков а) в ферментере MF-107; б) в сопло-конусном культиваторе; в) в пневмоимпульсном культиваторе.

1 — редуктор; 2 — манометр; 3 — воздушный фильтр; 4 — увлажнитель; 5 — культиватор; 5 — каплеуловитель; 6 — пробоотборник; 8 — стерилизующий раствор; 9 — соленоидный клапан; 10 — блок управления; 11 — стабилизатор; 12 — перистальтический насос; 13 — питательная среда; 14 — сборник суспензии; 15 — ультратермостат; 16 — термостатирующая рубашка; 17 — компрессор; 18 — мерник стерилизующего раствора; 19 — ротаметр; ——— воздух; —○— питательная среда; —●— суспензия клеток; —×— стерилизующий раствор; —·— теплоноситель; —~— электрокоммуникации.

ботаж — 0,5—1,0 л/л мин, скорость перемешивания культуральной жидкости трехъярусной турбинной мешалкой — 350 об/мин, а при плотности культуры свыше 6 г/л биомассы — 500 об/мин. Температура в культиваторе — 27 ± 0,25 °C.
Для проведения асептического культивирования суспензионной культуры клеток *D. deltoidea* в ферментере MF-107 была разработана потоковая схема (рис. 1а), обеспечившая полную асептику всех этапов работы в течение 80 дней (2 накопительных и 1 полупроточном циклах).
В качестве лабораторного культиватора был использован модифицированный вариант сопло-конусного культиватора (рис. 1б) [11], применявшийся для выращивания суспензионной культуры клеток Acer pseudoplatanus [7]. Общий объем культиватора 2,5 л, рабочий — 1,0 л. Аэрация и перемешивание осуществлялись продуванием воздуха — 0,5—1,0 л/л мин через сопло. Температура в культиваторе —27 ± 0,5 °C. В обоих случаях выращивание проводили на рассеянном дневном свету. М и Х определяли по результатам 2 циклов выращивания в каждом типе культиваторов.
Синхронизацию культуры клетох *P. ginseng* проводили в пневмоимпульсном культиваторе, созданном нами по измененной схеме Kurz [6] (рис. 1в). Культивирование проводили в термостатируемой комнате при 26 ± 1 °C в темноте.
В циклах выращиваний определяли изменение числа клеток [9], сырой и сухой вес биомассы. Абсолютно сухой вес биомассы определяли высушиванием при 60 °C до постоянного веса. Содержание диосгенина определяли с помощью газожидкостной хроматографии [12].

## Результаты и обсуждение

Динамика роста суспензионной культуры клеток *K. deltoidea* по сухой биомассе при накопительном выращивании в 2 типах культиваторов представлена на рис. 2. Аналогичные кривые получены нами по изменению числа клеток и сырому весу биомассы. Плотность культуры в начальный период выращивания в сопло-конусном культиваторе составляла 0,8×10⁶ кл/мл (1,4 г/л биомассы), а в ферментере MF 107 — 0,9 × 10⁶ кл/мл (1,6 г/л биомассы). Соотношение объемов культуральной жидкости инокулята и свежей питательной среды в обоих случаях было 1:7. Ростовые кривые при культивировании в различных типах культиваторов оказались

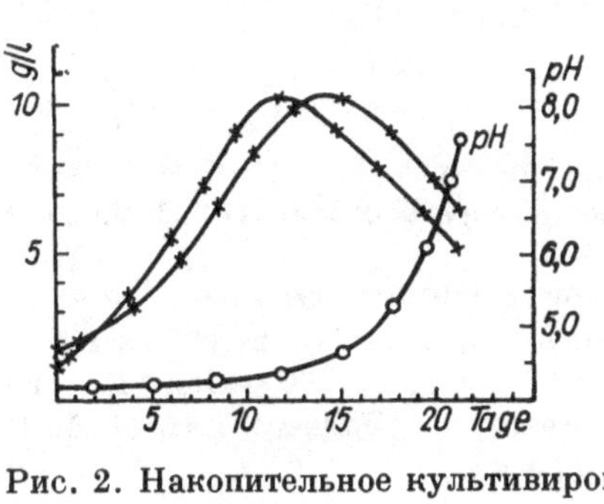


Рис. 2. Накопительное культивирование *D. deltoidea* в ферментере MF-107 и сопло-конусном культиваторе.
1 — в сопло-конусном культиваторе; 2 — в ферментере MF-107; 3 — pH культуральной жидкости.

близки (рис. 2). Удельная скорость роста на экспоненциальном участке кривой как в сопло-конусном культиваторе, так и в ферментере MF-107 находились в пределах M = 0,2 — 0,33 дня$^{-1}$. Максимальное содержание биомассы наблюдалось на 12—14 день культивирования X = 10—11,5 г/л при числе клеток (6—7) $\times 10^6$ кл/мл. pH культуральной жидкости в процессе выращивания в обоих культиваторах от начала ферментации до стационарной фазы находился в пределах 4,0—4,5, а при переходе к фазе отмирания быстро возрастал до 6,0—7,0 (рис. 2). Содержание диосгенина в биомассе на 3—4 неделю культивирования в ферментере MF-107 составляло 0,74—1,37%, что совпадает с содержанием диосгенина в суспензионной культуре клеток *D. deltoidea*, выращивавшейся в колбах на качалке [2]. Наблюдающийся по ростовым кривым несколько более замедленный рост *D. deltoidea* в ферментере MF-107 по сравнению с сопло-конусным культиватором можно объяснить потерей части клеток в МФ-107 за счет образования ,,мертвой зоны,, на границе раздела фаз. В то же время относительно высокие скорости трехъярусной турбинной мешалки (500 об/мин), необходимые для обеспечения перемешивания в ферментере MF-107, могут, повидимому, отрицательно влиять на жизнеспособность культуры, особенно при увеличении доли вакуолизированных клеток (на ростовой кривой этот период приходится на стационарную фазу и фазу отмирания) [8].

В качестве выводов по этой части работы можно отметить: а) соплоконусный лабораторный культиватор (1,0 л) и ферментер MF-107 (5,0 л) способны обеспечить удовлетворительные условия роста суспензионной культуры клеток *D. deltoidea* и проведение широкого круга физиолого-биохимических исследований; б) для выращивания суспензионной культуры клеток *D. deltoidea* в ферментере MF-107 необходимо энергичное перемешивание культуральной жидкости со скоростью от 350 до 500 об/мин; в) при глубинном выращивании в ферментере MF-107 клетки *D. deltoidea* сохранили способность синтезировать диосгенин в тех же количествах, что и в колбах на качалке.

В работе, проведенной на суспензионной культуре клеток *P. ginseng*, выращивавшейся 2 недели в пневмоимпульсном культиваторе (рис. 1в) в накопительном режиме, а затем 5 дней в полупроточном режиме (Д = 0,1 дня$^{-1}$) получено увеличение митотического индекса до 5,1% при 1,5% в суспензионной культуре, выращивавшейся в колбах на качалке. В то же время доля отдельных клеток и мелких агрегатов возросла в 4 раза по сравнению с суспензионной культурой, выращивавшейся на качалке.

## Список литературы

[1] Street, H. E.: In Applied and Fundamental Aspects of Plant Cell, Tissue, a. Organ Culture. Springer-Verlag Berlin. N. Y., 1977, 651—67
[2] Бутенко, Р. Г., Изв. АН СССР, Сер. биол. (1977) 5, 697—709
[3] Wilson, S. B., P. J. King, and H. E. Street: J. Exp. Bot. **22** (1971), 177—207
[4] Rose, D., S. M. Martin and P. P. F. Clay: Can. J. Bot. **50** (1972), 1301—1308
[5] Kato, A., S. Kawazoe, M. Iijima and Y. Shimizu: J. Ferment. Technol., **54** (1976) 2, 82—7.
[6] Kurz, W. G. W.: Exp. cell Res. **64** (1971), 476—9
[7] Wilson, G.: Ann. Bot. **40** (1976), 919—32
[8] Wagner, F. and H. Vogelmann: In. Plant Tissue Culture and its Bio-technological Application. Springer-Verlag. Berlin. N. Y.: (1977), 245—53.

[9] Саркисова, М. А.: Культура ткани диоскореи дельтовидной (*Dioscorea deltoidea* Wall) как продуцент стероидных сапонинов. Канд. дисс. М. Ин-т физиологии растений АН СССР, 1973
[10] Писецкая, Н. Ф.: Некоторые особенности роста культуры изолированных тканей женьшеня. Канд. дисс. Владивосток. Биолого-почвенный ин-т Дальневосточного научного центра, Ин-т физиологии растений АН СССР, 1971
[11] Виеструр, У. Э., Н. С. Долгицер: Способы культивирования микроорганизмов и аппараты. Москва, 1972
[12] Cooke, B. K.: The Analyst. **95**, 1126 (1970), 95–7.

*Pädagogische Hochschule „Wolfgang Ratke" Köthen*
*Sektion Chemie/Biologie, Forschungskollektiv GMM*

# Die Submerskultur der Lemnacee Wolffia arrhiza (L.) Horkel et Wimmer im Unterwasserlicht-Fermenter

W. Wüstling und H. Böhm

Der Produktion von Biomasse im Fermenter wird wachsende Beachtung geschenkt. Lemnaceen, die als Blütenpflanzen in ähnlicher Weise wie Mikroorganismen kultiviert werden können, sind neben der Verwendbarkeit als Objekte für physiologische und biochemische Untersuchungen ihres relativ hochwertigen Proteingehaltes wegen interessant. Zieht man in Betracht, daß *Lemna minor* bei einem Proteingehalt von 16% der Trockenmasse auf Grund der Aminosäure-Zusammensetzung den EAA-Index (essential amino acid index) 76 gegenüber 97 vom Hühnereiprotein erzielt [Maciejewska-Potapczyk et al., 1970, 1975], so ist den Lemnaceen eine gewisse Bedeutung als potentielles Nahrungsmittel zur Deckung des menschlichen Proteinbedarfs nicht abzusprechen. Für *Wolffia arrhiza*, die zu den kleinsten und am einfachsten organisierten Blütenpflanzen gehört und durch ihre einfache Handhabbarkeit Vorzüge aufweist, die eine Fermenter-Kultur auch im größeren Maße begünstigen, beträgt der Proteingehalt der Trockenmasse bei Kulturbedingungen unseres Typs 14,2% (TCA-unlösliche N-Verbindungen).

*Wolffia arrhiza* (Abb. 1) bildet an der Wasseroberfläche schwimmende, morphologisch wenig differenzierte Assimilationsorgane aus, die wurzellos sind. Sie können 0,5 bis 1 mm lang sein. Die ellipsoidalen Körper sind an der Oberseite schwach, an der Unter-

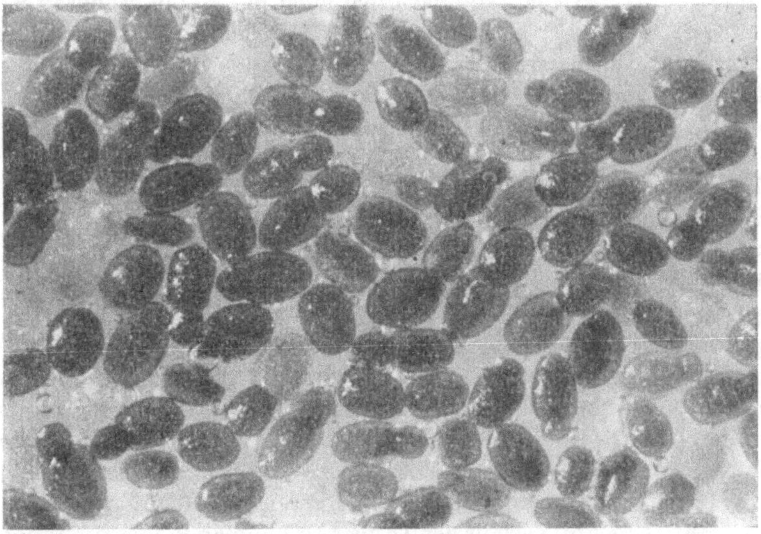

Abb. 1. Vegetationskörper von *Wolffia arrhiza*

seite stärker gewölbt. *Wolffia arrhiza* vermehrt sich unter Laborbedingungen ausschließlich vegetativ durch seitliche Sprossung. Ihre Körperform begünstigt die Suspendierbarkeit in der Nährlösung. Wird über eine zum Kulturgefäßboden gerichtete Düse Luft zugeführt, so erzeugen die aufsteigenden Gasblasen Turbulenzen, die die Vegetationskörper in Suspension halten. Die gleichmäßige Verteilung in der Nährlösung sichert die relativ einheitliche Belichtung aller Wolffien und die Aufnahme der Nährlösungskomponenten sowie der gelösten und ungelösten Gaskomponenten über die gesamte Vegetationskörper-Oberfläche. Der Submerskultivierung größerer Dimension im 70-l-Unterwasserlicht-Fermenter wurden Untersuchungen in 500-ml-Kulturgefäßen vorausgeschickt, die im von BÖHM [1970] konzipierten Lichtthermostaten erfolgten. Sie dienten der Ermittlung eines für das Wachstum von Wolffia arrhiza günstigen Bedingungsgefüges.

In Form einer batch-Kultur wurde stereotyp nach jeweils 48 Stunden die rein mineralische Nährlösung spezifischer Zusammensetzung völlig erneuert, die Wachstumsparameter der Wolffien als Volumen- und Trockenmasseänderungen erfaßt sowie die auf 50 ml reduzierte Wolffienmenge in 450 ml Nährlösung dem Untersuchungsziel entsprechend weiter kultiviert.

Zur langfristig optimalen Gestaltung der wachstumsrelevanten Kultivierungsfaktoren sollen hier kurz einige Hinweise gegeben werden.

Die im Lichtthermostaten erzielte Lichtintensität von 17500 Lux pro Lichtwand ist als suboptimal anzusehen. Das bestätigen auch Photosyntheseuntersuchungen von BELTZIG [1976], die bis zu 24000 Lux pro Lichtwand durchgeführt wurden und keine Lichtsättigung erkennen ließen. Durch höhere Lichtintensitäten sind beträchtliche Wachstumssteigerungen zu erreichen, die natürlich auch mit einem erhöhten Energieaufwand verbunden sind. Wird die Wolffiakultur dem Dauerlicht ausgesetzt, so sind kurzfristig (48 Stunden) hohe Wuchsleistungen erreichbar. So konnte bei 30 °C und 2 Vol.% $CO_2$ im Belüftungsgas ein Wachstumsfaktor von 3,5, gemessen an der Trockenmassezunahme, bewirkt werden. Im zweiten Kultivierungsturnus war schon ein rapides Absinken der Wuchsleistung feststellbar, die schließlich völlig ausblieb. Die Vegetationskörper-Reproduktion stagniert bei Dauerlichtbelastung, da die Photosyntheseprodukte gespeichert werden und nicht der Zellneubildung dienen. Als optimalste Variante der intermittierenden Belichtung konnte der Licht-Dunkel-Wechsel 12:12 ermittelt werden, da hier Energieaufwand und gewonnene Biomasse in einem günstigen Verhältnis stehen.

Auf langfristige Überschreitungen der als Optimaltemperatur von 30 °C ermittelten Kultivierungstemperatur reagierten die Wolffien in ähnlicher Weise wie auf Dauerlicht. Auch hier waren z. B. bei 35 °C kurzfristig hohe Wuchsleistungen feststellbar. Während jedoch der durch die Trockenmassezunahme ermittelte Wachstumsfaktor über 2 beträgt, die Trockenmasse des Ausgangsmaterials sich in 48 Stunden bei einem Licht-Dunkel-Wechsel 12:12 mehr als verdoppelt, blieb der volumenmäßige Zuwachs dahinter zurück (Wachstumsfakt. 1,5). Im Verlauf der Testserien blieb auch hier die Wuchsleistung aus. Der normale $CO_2$-Anteil der Luft von 0,03 Vol.% begrenzte in starkem Maße das Wachstum der an 2 Vol.% $CO_2$ adaptierten Wolffia-Kulturen. Die $CO_2$-Anreicherung auf 0,25 Vol.% bzw. 0,5 Vol.% bewirkte bei Wolffien bereits einen Wachstumsfaktor von 1,3 bzw. 1,5 während 48 Stunden. Die stabilste Dauerwuchsleistung wurde bei 2 Vol.% $CO_2$ im Belüftungsgas erzielt. Höhere $CO_2$-Anteile steigern die Biomasseausbeute nicht wesentlich.

Die Abbildung 2 zeigt Ergebnisse von Untersuchungen, die die Verwendung von kostensparendem Reinwasser (Trinkwasser) erproben. Die als N bezeichnete Nährlösung basiert auf destilliertem Wasser, in dem pro Liter als Hauptkomponenten 1 g $KNO_3$ — 0,8 g $KH_2PO_4$ — 0,28 g $Na_2HPO_4 \cdot 12\,H_2O$ — 0,25 g $MgSO_4 \cdot 7H_2O$ und 0,025 g $CaCl_2 \cdot 6H_2O$ neben Spurenelementen und Eisenionen in Form des Eisen-EDTA-Komplexes gelöst wurden [Böhm, 1970, modifiziert nach Kuhl und Lorenzen, 1964].

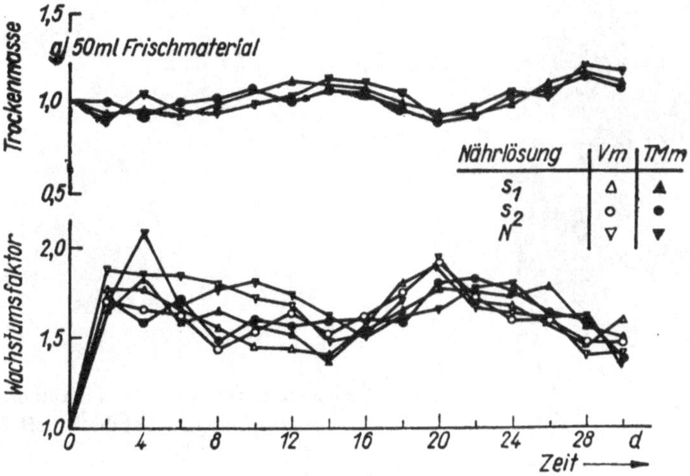


Abb. 2. Die Wuchsleistung und die Volumen-Trockenmasse-Relation von *Wolffia arrhiza*, kultiviert bei 30°C, LDW 12:12 und 2 Vol. % $CO_2$ in Nährlösungen mit differentem Kalziumchlorid-Gehalt.

Vm : Volumenmessung

TMm : Trockenmassemessung

N : Nährlösungskomponenten komplett in Aqua dest.

$S_1$ : Nährlösungskomponenten ohne $CaCl_2$ in Reinwasser

$S_2$ : Nährlösungskomponenten mit vierfachem $CaCl_2$-Gehalt in Aqua dest.

Das Verwendung findende naturelle Reinwasser, in diesem Falle von der Trinkwasseraufbereitungsanlage Wienrode, enthält im mehrjährigen Mittel 21,1 mg $Ca^{++}$ pro Liter und übertrifft damit den Kalziumgehalt der Nährlösung N (4,6 mg pro Liter). Der höhere Kalziumgehalt der Nährlösungsvarianten $S_1$ (Nährlösungskomponenten mit vierfachem $CaCl_2$-Gehalt in Aqua dest.) hat keinen Einfluß auf das Wachstum der Wolffien. Die unterschiedlichen Nährlösungen verändern auch die Volumen-Trockenmasse-Relation nicht wesentlich, abgesehen von rhythmisch auftretenden Schwankungen um den Wert von 1 g Trockenmasse pro 50 ml Frischmaterial *Wolffia arrhiza*. Die relative Konstanz der Volumen-Trockenmasse-Relation erwies sich im Verlauf der Bedingungsgefüge-Untersuchungen als Kriterium für die günstige Gestaltung aller exogenen Kultivierungsfaktoren. Der volumenmäßige Zuwachs und der Trockenmasse-Zuwachs korrelieren so, daß die Vermehrung der Vegetationskörper und die Gewinnung von Trockenmasse langfristig gewährleistet sind.

Der 70-l-Unterwasserlicht-Fermenter (Abb. 3), hier sind sechs handelsübliche 65-W-U-Leuchtstoffröhren nach entsprechender Präparation total in die Kultursuspension ein-

Abb. 3. 70-l-Fermenter mit sechs submers arbeitenden 65-W-U -Leuchtstofflampen, beschickt mit *Wolffia arrhiza*

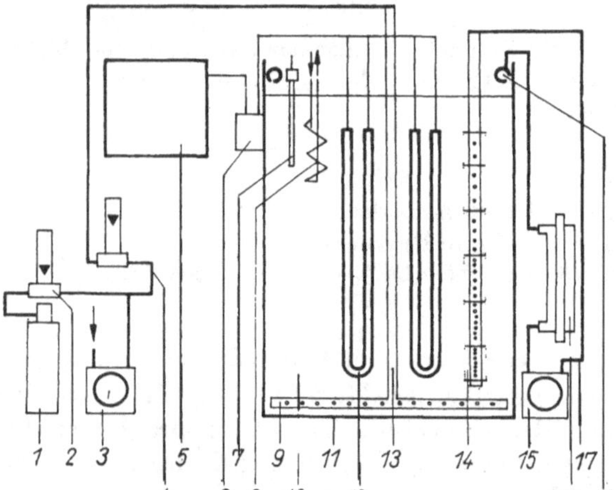


Abb. 4. Schematische Darstellung des 70-l-Fermenters

1 — $CO_2$-Druckgasflasche
2 — durchflußgeregelte Drossel
3 — Belüftungspumpe
4 — Druckleitung mit Rotameter
5 — Schalt- und Steuerzentrale für Elektroenergie
6 — Kabelverteiler
7 — Temperaturfühler
8 — ventilgesteuerte Kaltwasserkühlung
9 — Gasverteiler
10 — Innenraum des Fermenters
11 — Fermentor
12 — gekapselte Leuchtstoffröhre
13 — Gaszuleitung
14 — Filterkorb
15 — Pumpe
16 — Sterilisationseinrichtung
17 — Saugleitung zwischen Filterkorb und Pumpe
18 — Druckleitung mit Ringverteiler

gebracht, ermöglicht die Kultivierung von *Wolffia arrhiza* in größerem Maße unter Nutzung der Gesamtenergie der Lichtquelle für den Kultivierungsprozeß. Mit diesem Fermenter können in 24 Stunden pro Liter bis zu 1 g Trockenmasse produziert werden und die Produktivität der unter den gleichen Bedingungen kultivierten Grünalgen der Species Chlorella vulgaris nahezu erreicht werden.

Wie die schematische Darstellung (Abb. 4) zeigt, ist der Fermenter neben den technologischen Elementen zur kontinuierlichen Begasung mit $CO_2$-angereicherter Luft (1—4, 9, 13), zur Temperaturkonstanthaltung (7, 8) und zur Belichtung (5, 6, 12) mit einer Sterilisationsstrecke ausgerüstet, durch die die Semisterilität der Suspension über längere Zeit durch einen externen Sterilisationsprozeß der Nährlösung stabil gehalten werden kann. Über einen Filterkorb (14) wird die Nährlösung abgepumpt (15, 17), in der Sterilisationseinrichtung (16), einer glasummantelten UV-Strahlerröhre mit Zu- und Ablauf, den UV-Strahlen ausgesetzt und wieder in den Fermenter befördert (18).

Daneben kann die Nährlösung nach dem batch-Prinzip erneuert werden oder kontinuierlich nach dem Chemostaten-Prinzip. Eichhorn und Augsten [1969, 1974] setzten zur Ermittlung physiologischer Parameter mittels Chemostaten bereits *Wolffia arrhiza* ein.

Die Ernte der Biomasse ist problemlos. Nach Unterbrechung der Luftzufuhr steigen die Wolffien an die Oberfläche und können abgeschöpft werden. Die so gewonnenen Vegetationskörper können in vielfältiger Weise genutzt werden. So wurden sie bereits erfolgreich als Indikatormaterial zur Ermittlung von Phytopharmaka-Effekten eingesetzt.

## Literatur


[1] Beltzig, R.: Diss. (A), Fak. Nat., Martin-Luther-Universität Halle—Wittenberg (1976)

[2] Böhm, H.: Diss. (B), Math.-Nat. Fak., Päd. Hochschule Potsdam (1970)

[3] Eichhorn, M. und H. Augsten: Flora, Abt. A, **160** (1969), 576—580, 371—385

[4] Kuhl, A. und H. Lorenzen: in Methods in cell physiology, ed. Prescott, D., Vol. 1, 159—187, New York: Academic Press 1964

[5] Maciejewska-Potapczykowa, W., L. Konopska und E. Narzymska: Acta Soc. Bot. Pol. Warszawa **39** (1970), 251—255

[6] Maciejewska-Potapczyk, W., L. Konopska und K. Olechnowicz: Biochem. Physiol. Pflanzen **167** (1975), 105—108


## Diskussion

Nicklisch: *Wolffia* ist ein Organismus, der sich sehr gut von der Nährlösung trennen läßt. Wie schätzen Sie die Möglichkeit ein, diesen Organismus zur Eliminierung von Nitrat im Trinkwasser einzusetzen?

Wüstling: Damit wäre eine weitere Einsatzmöglichkeit für den Organismus gegeben. In den bisherigen Untersuchungen wurden die verschiedensten N-Quellen eingesetzt, unter anderem Harnstoff, die alle vom Organismus akzeptiert wurden.

Köhler: Welche Phytoeffektoren werden mit dem entwickelten Testsystem geprüft und anhand welcher Parameter werden entsprechende Wirkungen beurteilt?

Wüstling: Wird *Wolffia arrhiza* als Testobjekt für Phytoeffektoren genutzt, so kann die gesamte Substanzpalette eingesetzt werden, die die chemische und pharmazeutische

Industrie zur Testung liefert. Das sind in erster Linie herbizid wirkende Substanzen. Daneben werden auch sonst biozid wirkende Reagenzien vom Testorganismus signalisiert. Hierzu sind die Substanzeffekte auf dem photosynthetischen und respiratorischen Gaswechsel Kriterien für die Bewertung von Phytoeffektoren.

LIEBS: Sie stellten in Ihrem Vortrag die Kultivierung von Lemnaceae dar. Treten bei diesen Fermentationen Infektionen durch Algen auf? Wenn ja, wie bekämpfen Sie die Infektionen?

WÜSTLING: Der offen gestaltete Fermentor und die starke Übereinstimmung der Kulturbedingungen für Grünalgen und submers kultivierte Lemnaceen begünstigten die Kontamination mit Algen. Durch die UV-Bestrahlung der Nährlösung mit Beiflora parallel zur *Wolffia*-Kultivierung wird das Algen-Wachstum im wesentlichen eingeschränkt.

KAMENICKY: Wie reinigen Sie die Lichtröhren?

WÜSTLING: Treten Verunreinigungen auf, kann der Kultivierungsprozeß unterbrochen werden. Zur Reinigung des Fermentors einschließlich Leuchtstoff-Röhren eignet sich das in der Milchwirtschaft Verwendung findende Kaltsterilisationsmittel (15—20 °C) „Trosilin“.

*Akademie der Wissenschaften der DDR*
*Forschungszentrum für Molekularbiologie und Medizin*
*Institut für Biochemie der Pflanzen, Halle/S., und Zentralinstitut für Genetik und Kulturpflanzenforschung, Gatersleben*

# Anwendungsmöglichkeiten von Fermentersystemen in der pflanzlichen Zell- und Gewebekultur

H.-P. Schmauder und H. Koblitz

Über die ersten Bemühungen, pflanzliche Zellen in Kultur zu bringen, berichtete 1902 Haberlandt. Er konnte jedoch bei diesen Versuchen die Zellen nicht zur Zellteilung anregen. Erst etwa 35 Jahre später gelang es durch die Verwendung von Auxin und Vitaminen teilungsfähige Kalluskulturen verschiedener Pflanzen anzulegen. Anfangs wuchsen diese Kalli auf verfestigten Medien, und erst zu Beginn der fünfziger Jahre wurden die ersten submersen Zellkulturen beschrieben. Für diese Variante der Kultivierung pflanzlicher Zellen setzte man vor allem Erlenmeyerkolben ein, die mit 10 bis etwa 300 ml Nährlösung auf Schüttelmaschinen geschüttelt wurden.
Den bahnbrechenden Arbeiten von Tulecke und Nickell [72, 73] ist es zu verdanken, daß Zellkulturen in größeren Volumina an Nährmedien technisch zugänglich wurden. Durch diese Pionierarbeiten konnte der Weg zur Gewinnung von großen Mengen Zellmasse sowie zur Untersuchung bestimmter Eigenschaften und physiologischer Charakteristika von Zellkulturen erschlossen werden. Es ist nunmehr möglich, in einigen bisher schwer zugänglichen Forschungsrichtungen der Botanik, wie z. B. speziellen Problemen der Regulation des Primär- und Sekundärstoffwechsels, der Pflanzenzüchtung, des „genetic engineering“ und der Haplontentechnik, zu experimentieren. Auch die rationelle Produktion von Biomasse und/oder wichtigen Pflanzenstoffen ist inzwischen in greifbare Nähe gerückt. Über die Möglichkeiten der pflanzlichen Zellkultur, ihre Grenzen und Probleme wurde bisher u. a. in verschiedenen Übersichten berichtet [z. B. 2, 23, 43c, 53, 58, 58a, 65, 66, 70 und 87]. Mit der vorliegenden Übersicht soll versucht werden, einige der wichtigsten bisher publizierten Daten zur Kultivierung im größeren Maßstab von pflanzlichen Zellen und Geweben zusammenzufassen und kritisch zu werten. Als relevant wurden Experimente angesehen, bei denen Nährmedienmengen von mindestens 1 Liter je Kulturgefäß zum Einsatz kamen, gleichgültig, ob die Kultivation in Eigenbau- oder handelsüblichen Gerätesystemen erfolgte.

## 1. Kultivation in Eigenbaugeräten

Seitdem 1959/1960 Tulecke und Nickell [72, 73] ein System vorstellten, mit dem es möglich wurde, in etwa 9—10 l NL pflanzliche Zellkulturen in befriedigenden Ausbeuten anzuziehen, ist eine Vielzahl von Arbeiten erschienen, die unterschiedliche und z. T. originelle Verfahren bzw. Gerätekombinationen beschreiben (s. Tab. 1).[1] Im Arbeits-

[1] Erläuterungen zum Tabellenteil
1. Abkürzungen
TG = Trockengewicht

kreis von TULECKE verwendete man großvolumige Glasflaschen bzw. -ballons, in denen man durch Einblasen von Luft unter Umgehung jeglicher mechanischer Rührung die Suspension bewegte und gleichzeitig mit Sauerstoff versorgte. Man wendete auch erstmals Antischaummittel (Silicone) an. Mit dieser Technik konnten Zellen von z. T. sehr unterschiedlichen Pflanzenarten in Kultur — auch „kontinuierlich“— genommen werden [72—75].
Auch die anderen in Tabelle 1 genannten Verfahren verwendeten einfache, in jedem Laboratorium vorhandene Glasgeräte und stellten daraus Gerätesysteme zusammen. Eine besonders gut durchentwickelte Kombination stand der Gruppe um STREET zur Verfügung. Die Grundkombination wurde 1970 beschrieben [63] und ist für batch-, semikontinuierliche und kontinuierliche Kultivation vor allem von *Acer pseudoplatanus*-Zellen verwendet worden. Mit speziellen Steuerteilen baute man ein System von Chemostaten bzw. Turbidostaten auf. Das zentrale Kulturgefäß stellte in jedem Falle ein Mehrhals-Glaskolben, versehen mit allen notwendigen Anschlüssen, dar. Die Durchmischung erfolgte oft mittels Magnetrührern [14, 36—39, 63, 84—86].
VELIKY und MARTIN [76, 77] beschrieben ein spezielles, V-förmig gestaltetes Reaktionsgefäß, in dem sie u. a. *Phaseolus vulgaris*, *Pisum sativa* und *Glycine max* anzogen.
DAWSON et al. stellten dagegen eine Variante des Glockenfermenters vor. Sie kultivierten *Vicia* sp., *Rosa* sp. und *Reseda* sp. in einem Reaktor, bestehend aus einem zylindrischen Glasgefäß mit Stahlboden und runder Kuppel. Durch ein im Boden angebrachtes System von Öffnungen, Diaphragmen und Pumpen wird mit Hilfe von Luft das Nährmedium mit den gewachsenen Zellen in Umlauf gebracht. Das bei der Umlaufbewegung an die runde Glaskuppel gebrachte Gemisch läuft in einem dünnen Film in den unteren Gefäßteil zurück. Durch dieses Umwälzprinzip können die Zellen sehr gut mit Nährstoffen und Sauerstoff versorgt werden. Es wird eine homogene, nahezu schaumfreie Kultur erzielt. Die Autoren verwendeten das System für 0,5 bis 1,5 l NL im batch-, kontinuierlichen bzw. Chemostatbetrieb. Sie konnten auch auf diesem Wege Synchronisationseffekte erzielen. Die Temperierung erfolgte in einem thermostatierten Raum [19]. Einer Vergrößerung des Systems auf größere Volumina dürften jedoch technische Probleme im Wege stehen.
Verschiedene Gruppen verwendeten Glaszylinder, in die auf verschiedenen Wegen Luft

$TG_i$ = Trockengewicht des Inokulums
FG = Frischgewicht
$FG_i$ = Frischgewicht des Inokulums
NL = Nährlösung
d = Tag
h = Stunde

Fermentermaße:

Da = Durchmesser des Außenrohres
Di = Durchmesser des Innenrohres
Ha = Höhe des Außenrohres
Hw = Höhe des Nährlösungsspiegels

2. Angaben zum Wachstum:

Soweit in der Arbeit das Wachstum pro Liter NL und Tag angegeben wurde, ist es zitiert. Aus den Tabellen und Abbildungen wurde der Maximalwert mit Altersangabe, bezogen auf die Einimpfmenge berechnet.

*Tabelle 1*
*Anzucht pflanzlicher Zellen in Eigenbau-Geräten*

| Lfd. Nr. | Organismus | Gerätetyp | Volumen Liter NL | Bedingungen | Wachstum | Bemerkungen | Literatur |
|---|---|---|---|---|---|---|---|
| 1 | *Acer pseudoplatanus* | Rundkolben | 2—5 | | $\frac{TG}{TG_i} \sim 8$ (13 d) | Roller-Apparat, 60—120 Upm, Neigung 45°, Luftrührung, Generationszeit 2 d, $Q_{O_2} = 5$, RQ = 1 | 46 |
| 2 | | Flasche | 4,5 | 25 °C | $\frac{TG}{TG_i} \sim 4{,}4$ (21 d) | Roller-Apparat, 120 Upm, Neigung 45° | 11, 61, 62 |
| 3 | | Rundkolben | 4 | 25 °C, 0,5 l/min Luft, Magnetrührung, 260 Upm | $\frac{TG}{TG_i} \sim 12$ (26 d, batch) | Kontinuierlicher Betrieb möglich, Zellsynchronisation, Chemostat (bis zu 100 d), Turbidostat, Generationszeiten: 70—150 h (Turbidostat), 80—88 h (Chemostat) | 14, 36—39, 63, 84—86 |
| 4 | | Flasche | 20 | 25 °C, 60 l/h Luft, Magnetrührung, 200 Upm | $\frac{TG}{TG_i} \sim 48$ (ca. 30 d) | kontinuierlicher Betrieb möglich (bis zu 1 kg Zellen pro Tag und Kultureinheit) | 9 |
| 5 | *Arachis hypogeae* | Dreihalsrundkolben | 2 | Luftrührung | 3,2 g FG/l · d | Um Klumpung zu vermeiden, zusätzliche langsame Rührung; starke Belüftung verringert Wachstumsrate | 79 |
| 6 | *Catharanthus roseus* | Glaszylinder mit Sinterplatte | 2 | 25 °C | 0,98 g TG/l · d | Diskontinuierliche Belüftung mit periodischem Ablaufen der NL, Kultivierung 5—6 d Keine Bildung bekannter Vinca-Alkaloide | 43a |
| 7 | *Daucus carota* | Flasche | 6 | Zimmertemperatur, Luftrührung | 4,6 g FG/l · d | | 13 |

*Tabelle 1, Blatt 2*

| Lfd. Nr. | Organismus | Gerätetyp | Volumen Liter NL | Bedingungen | Wachstum | Bemerkungen | Literatur |
|---|---|---|---|---|---|---|---|
| 8 | *Daucus carota* | Rundkolben | 4 | Belüftung, Flachblattrührung, 90 Upm | $\frac{TG}{TG_i} \sim 80$ (nach 50 d) | Generationszeit: ca. 3 d | 34, 35 |
| 9 | | Zylindrisches Glasgefäß | 1,8 | Luftrührung | | Kultivierungszeit bis zu 3 Monaten | 45 |
| 10 | *Ginkgo biloba* | Glasballon | 10 | Luftrührung | 3,1 g FG/l · d (28 d) | | 73 |
| 11 | *Haplopappus gracilis* | Rundkolben „Phytostat" | 3,5 | | 330 mg TG/l · d | bis zu 10 mg/g TG Anthocyan | 16 |
| 12 | *Ilex aquifolium* | vgl. Nr. 10 | | | 3,1 g FG/l · d (20 d) | | 73 |
| 13 | *Lolium perenne* | vgl. Nr. 12 | | | 3,1 g FG/l · d (6 d) | | 73 |
| 14 | *Mentha spicata* | Flasche | 3 | 28 °C, 4,5 oder 27 l/h Luft, Magnetrührung, 90 Upm | $\frac{TG}{TG_i} \sim 20{,}8$ (8 d) | | 83 |
| 15 | *Nicotiana tabacum* ‚Bright Yellow-2' | Blasensäulenfermenter | 1 500 u. 360 | 28 °C, Luft 0,3 vvm $K_{La}$ 15/h (im 1 500 l Fermenter) | $\frac{FG}{FG_i} \sim 15$ (11 d) | Kontinuierlicher Betrieb mit 0,61/d Verdünnungsrate | 31, 32 |
| 16 | *Nicotiana tabacum* | vgl. Nr. 6 | | | 1,10 g TG/l · d | | 43a |
| 17 | *Phaseolus vulgaris* | Konisches Glasgefäß (V-Form) | bis zu 12 | 27 °C, 1 l/min Luft, Magnetrührung, 175 Upm | $\frac{TG}{TG_i} \sim 5{,}33$ (10 d)<br>$\frac{TG \sim 0{,}42\ g\ (34\ d)}{TG_i \sim 0{,}75 g\ (41 d)}$ | Generationszeit ca. 85 h | 76, 77 |

*Tabelle 1, Blatt 3*

| Lfd. Nr. | Organismus | Gerätetyp | Volumen Liter NL | Bedingungen | Wachstum | Bemerkungen | Literatur |
|---|---|---|---|---|---|---|---|
| 18 | *Reseda* spec. | Glasgefäß mit Stahlbodenplatte und runder Kuppel („Glockenfermenter") | 0,5—1,5 | Thermostatierter Raum | keine Angaben | sehr homogene Kultur mit guter Belüftung durch ständiges Umwälzen von NL und Zellen an der Glocke, dadurch werden sehr dünne Filme (0,33 mm) erzielt (Umwälzung 100 ml/sec) Kontinuierlicher Betrieb als Chemostat möglich, Synchronisierung | 19 |
| 19 | *Rosa* spec. (Paul's Scarlet Rose) | Glasballon | 9 | Luftrührung | $\frac{FG}{FG_i} \sim 15$ (14 d) | Kultivierungszeit 2—4 Wochen | 72 |
| 20 | | Flasche („Phytostat") | 8 | 12 l/min Luft | 111 g FG/l (31 d) | Proteingehalt: 16—19%, Infektion mit Achromobacter liquefaciens stimuliert das Wachstum | 74, 75 |
| 21 | | vgl. Nr. 18 | | | | | 19 |
| 22 | *Ruta graveolens* | vgl. Nr. 6 | | | 1,62 g TG/l · d | Organbildung (Sproßregeneration) | 43a |
| 23 | *Glycine max* | vgl. Nr. 9 | | 27 °C, 800 lux | ca. 1,3 g TG/l · d | Partielle Synchronisation (bis zu 26%) durch $N_2$-Pulse, bei kontinuierlichem Betrieb Generationszeit 25—35 h | 17, 18, 44, 45 |
| 24 | | Rundkolben („Phytostat") | 2 | 26 °C, 50 ml/min Luft, Magnetrührung, 125 Upm, 800 lux | 1,34 g TG/l · d | Kultivierungszeit 19 d, Generationszeit ca. 33 h, aber auch unter 16 h | 51 |
| 25 | *Triticum monococcum* | vgl. Nr. 9 | | | | | 44, 45 |

*Tabelle 1, Blatt 4*

| Lfd. Nr. | Organismus | Gerätetyp | Volumen Liter NL | Bedingungen | Wachstum | Bemerkungen | Literatur |
|---|---|---|---|---|---|---|---|
| 26 | *Vicia* spec. | vgl. Nr. 18 | | | | | 19 |
| 27 | *Vinca minor* | vgl. Nr. 3 | 2,6 | 30 °C, 0,2—0,3 l/min Luft, Magnetrührung, 60—80 Upm, ca. 250 lux | Impfmaterial für Fermenter (s. Tabelle 2) | Kultivierungszeit 10—12 d, Zellverdopplungszeit 4—6 d | 57 |
| 28 | *Zea mays* ‚Black Mexican Sweet' | Stehkolben | 5 | Luftrührung | 5000 g FG im kontinuierlichen Betrieb nach 5 Monaten | | 22 |

eingeblasen wird bzw. durch Rührsysteme eine Durchmischung erfolgt [9, 17, 18, 43a, 44, 45, 75]. Weiterhin sind Vorläufer der Airlift-Fermentoren beschrieben [31].
Eine Durchmischung wurde meist durch Rührung mit Magnetrührern, Luftströmen oder großen Schüttelmaschinen, auf denen die Gefäße um 45° geneigt befestigt sind [z. B. 45], erreicht. Die Temperierung erfolgte durch Aufbau der Geräte in temperierten Räumen, in Heizbädern oder durch Heiz- bzw. Kühlschlangen.

## 2. Verwendung von Rührfermentoren

Tulecke und Nickell [73] kultivierten offenbar schon 1960 Zellen von *Ginkgo biloba* und *Rosa* sp. in Fermentoren bzw. Tanks mit 28 bzw. 134 l NL. Sie erreichten gute Wachstumsverhältnisse mit 37,4 bzw. 19,5 g FG/l NL. Es mußten allerdings Antibiotika zugesetzt werden, um die Kulturen steril zu halten.
Aus den in Tabelle 2 zusammengestellten Daten kann man entnehmen, daß Pflanzenzellen in handelsüblichen Fermentoren angezogen werden können. Es fällt allerdings auf, daß vielfach nur geringe Rührgeschwindigkeiten angewendet werden, da sonst durch die auftretenden Scherkräfte die Zellen sehr leicht zerstört werden können. Als günstig sind oft Werte von 50—150 Upm beschrieben [z. B. 12, 30, 31, 33, 43b, 56, 57, 82]. Wahl [82] schreibt z. B. daß Prallbleche und Rührgeschwindigkeiten oberhalb 50 Upm bei *Duboisia myoporoides* die Zellen so stark zerstörten, daß keine normale Kulturkontrolle möglich war. Die Zellen bildeten bei geringeren Rührgeschwindigkeiten leicht Aggregate, so daß die Anzucht in Rührkulturen bei dem genannten Organismus als wenig geeignet erscheint. Luckner [47] verwendete bei Kulturen von *Digitalis lanata* bzw. *D. purpurea* nur 15 Upm. Diese geringen Drehzahlen des Rührers waren notwendig, um eine einheitliche Durchmischung zu erzielen. Luftrührung allein reichte nicht aus. Trotz dieser geringen Drehzahl waren deutlich morphologische Unterschiede zwischen Schüttel- und Fermentorkulturen zu beobachten. Wagner und Vogelmann [81] wendeten bei *Catharanthus roseus* ebenfalls nur geringe Umdrehungszahlen der Rührer an. Trotz dieser geringen Rührung trat nach etwa 5 Tagen Zellzerstörung auf.
Mit Rührfermentoren konnten bei gegen mechanische Kräfte stabilen Zellkulturen recht gute Wachstumsraten erzielt werden. Über die Ausbildung von speziellen Stoffwechselreaktionen in diesen Systemen ist dagegen weniger berichtet worden. Es wurde bislang die Bildung von Furanochromen (Visnagin) [33], Alkaloiden [Spuren — (56, 77), 2,5% — (15, 57, 82)], Tryptophol [78], Ubichinon 10 [52, 54] und die Akkumulation von Kohlehydraten [60] beschrieben.

## 3. Verwendung von Kultursystemen ohne mechanische Rührung

Bei der Empfindlichkeit pflanzlicher Zellen gegenüber mechanischer Beanspruchung lag es nahe, auch Kulturbedingungen ohne mechanische Rührung zu testen. In Tabelle 3 sind alle bisher publizierten Ergebnisse zusammengestellt. Vor allem die Gruppen um Wagner [80, 81], Kato [31], Zenk [71, 88, 89] und Reinhard [25, 26, 82, 87] haben sich hierbei Verdienste erworben. Wahl [82] beschreibt den Umbau eines handelsüblichen Fermenters auf ein Airliftsystem sowie den Neubau eines Airliftfermentors. Das Grundprinzip des Airliftfermenters ist dem der Mammutpumpe sehr ähnlich. Nach dem

*Tabelle 2*
*Kultur pflanzlicher Zellen in handelsüblichen Fermentoren mit mechanischer Rührung*

| Lfd. Nr. | Organismus | Fermentertyp | Volumen Liter NL | Bedingungen | Wachstum | Bemerkungen | Literatur |
|---|---|---|---|---|---|---|---|
| 1 | *Ammi visnaga* | New Brunswick FS-314 | 3 | 29 °C, 1–4 l/min Luft, Rührung, 100–150 Upm | 6,8 g FG/l · d<br>11,1 g FG/l · d<br>18,16 g FG/l · d<br>(Angaben für verschiedene Experimente) | Kultivierungszeit 7–35 d, Produktbildung: Visnagin 0,13% (zum Vergleich: im Erlenmeyerkolben 0,31%; Samen 0,04–0,06%), β-Carotin 0,05 mg/100 FG | 33 |
| 2 | *Catharanthus roseus* | New Brunswick FS–300 | 3 | 0,8 l/min Luft | 3,6–6,6 g FG/l · d | | 56 |
| | | New Brunswick FS–314 | 1,8 | 4 l/min Luft Rührung, 150 Upm | $\frac{TG}{TG_i} \sim 5{,}35$ (21 d) | | |
| | | | 2,4 | 1 l/min Luft Rührung, 150 Upm | $\frac{TG}{TG_i} \sim 5{,}8$ (21 d) | | |
| 3 | | nicht angegeben (Blattrührer) | | Rührung, 28 Upm | 16 g TG/l (5 d) | Zellen nach 5 d völlig zerstört, Air-Lift-System besser (vgl. Tab. 3) | 81 |
| 4 | *Choisya ternata* | nicht angegeben | 7,5 | 28 °C | | Kultivierungszeit ca. 8 d, Bildung von Dihydrofurochinolinalkaloiden | 15 |
| 5 | *Daucus carota* | nicht angegeben (4-Blattrührer) | 10 | | 6 g TG/l · d<br>$\frac{TG}{TG_i} \sim 246$ (38 d) | bei kontinuierlicher Kultur | 12 |
| 6 | | New Brunswick | 5–6 | 26 °C, 3 l/min Luft, Rührung, 175 Upm | $\frac{TG}{TG_i} \sim 6–8$ (5 d) | | 59, 60 |
| 7 | *Digitalis lanata* | Biotec Ultroferm 1601 | 4 | 26 °C, 2–3 l/min Luft, Rührung, 15 Upm | $FG/FG_i \sim 3$ (14 d) | Wachstumsbeginn erst nach 48 h, keine Sekundärstoffbildung | 47 |
| 8 | | vgl. Tab. 4 | | | | | 82 |

*Tabelle 2, Blatt 2*

| Lfd. Nr. | Organismus | Fermentertyp | Volumen Liter NL | Bedingungen | Wachstum | Bemerkungen | Literatur |
|---|---|---|---|---|---|---|---|
| 9 | *Digitalis pupurea* | vgl. Nr. 7 (ähnliche Verhältnisse) | | | | | 47 |
| 10 | *Duboisia myoporoides* | Virtis (Blattrührer) | 4 | 27 °C, Rührung, 50 Upm | $\frac{TG}{TG_i} \sim 5$ (21 d) | teilweise Zellzerstörung (auch nach Entfernung der Prallbleche), Produktbildung: Spuren Scopolamin | 82 |
| 11 | *Ginkgo biloba* | Stahltank | 28 | 27–28 °C | 2,6 g FG/l · d | | 73 |
| 12 | *Hordeum vulgare* ‚Diamant' | New Brunswick MF 214 | 2–7 | 25 °C, 3 l/min Luft, | 0,9 g FG/l · d (nach 7 d)<br>0,86 ( " 14 d)<br>0,93 ( " 21 d)<br>0,97 ( " 28 d) | | 43 b |
| 13 | *Ipomoea* spec. ‚Morning Glory' | New Brunswick jar-Fermenter | 5 u. 10 | 26 °C, 0,3 vvm Luft, Rührung | $\frac{TG}{TG_i} \sim 9{,}3$ (6 d) | | 59 |
| 14 | *Lactuca sativa* | nicht angegeben | 5 | | 2,3 g FG/l · d | | 49, 50 |
| | | New Brunswick CF-500 | 15 | 26–28 °C, 1–1,5 l/min Luft, Rührung, 120 Upm | 1,6–2,3 g FG/l · d | kontinuierliche Kultur mit Ernten von 1,5–2,5 l alle 2–3 d | |
| 15 | *Morinda citrofolia* | vgl. Tab. 4 | | | | | 81 |
| 16 | *Nicotiana tabacum* 'Bright Yellow-2' | Marubichi Laborequipment MSJ 303 | 20 | 28 °C–32 °C, 15 l/min Luft, Rührung, 50 Upm | 12–13 g FG/l · d | Generationszeit ca. 1 d | 30 |
| 17 | | Marubichi Laborequipment MSJ 15 | 12 | 0,12···1 vvm Luft | $\frac{TG}{TG_i} \sim 15$ (6 d) | | 31 |

*Tabelle 2, Blatt 3*

| Lfd. Nr. | Organismus | Fermentertyp | Volumen Liter NL | Bedingungen | Wachstum | Bemerkungen | Literatur |
|---|---|---|---|---|---|---|---|
| 18 | | nicht genannt (jar-Fermenter) | | | | Produktbildung 10 mg Ubichinon aus 4 kg Zellen | 52, 54 |
| 19 | | nicht genannt (jar Fermenter) | 35 u. 20000 | 28 °C, 0,3 vvm Luft | 6,4—7,4 g TG/l · d | Verdopplungszeit in der Wachstumsphase ca. 15 h | 55 |
| 20*) | | nicht genannt | | | 12—13 g TG/l · d | Phosphatzugabe induziert Wachstum, Rohmaterial für Zigaretten | 28, 41, 42, 52, 67—69 |
| 21 | | vgl. Tab. 3 | 15 | | | Impfmaterial für Air-Lift-System | 32 |
| 22 | *Rosa* soec. (Paul's Scarlet Rose) | nicht genannt (Pilotanlage) | 134 | 27—28 °C | 9,7 g FG/l · d | | 73 |
| 23 | *Silene alba* | Biolafitte; New Brunswick | 10 | 22 °C, 3 l/h Luft, Rührung, 200 Upm | | | 10 |
| 24 | *Glycine max* | nicht genannt | 12 | 27 °C, 2 l/min Luft, Rührung, 200 Upm | | Zur Isolierung von Enzymen | 20, 24 |
| | | | 30 | 15 l/min Luft, Rührung, 400 Upm | | | |
| | | | | 300 l/min Luft, Rührung, 400 Upm | | | |
| 25 | | nicht genannt (Ciba AG) | 12 u. 300 | | | Zur Isolierung von Enzymen | 40 |
| 26 | *Vinca minor* | New Brunswick Magnaferm (Schaufelblatt-rührer) | 12 | 30 °C, 1,5 l/min Luft, Rührung, 100 Upm | | 2,5% Alkaloid (bezogen auf TG) | 57 |

*) an dieser Stelle werden weiterhin folgende Pflanzenarten erwähnt: *Glycyrrhiza glabra*, „*popula*" (?), *Ipomoea batatas*, *Daucus carota*, *Rosa* spec., *Helianthus annuus*

*Tabelle 3*

*Kulturen, die in Airlift-Fermentoren oder Systemen ohne mechanische Rührung angezogen wurden.*

| Lfd. Nr. | Organismus | Volumen Liter NL | Bedingungen | Wachstum | besondere Syntheseleistungen und Bemerkungen | Literatur |
|---|---|---|---|---|---|---|
| 1 | *Catharanthus roseus* | 22 | 0,5 vvm Luft | $\frac{TG}{TG_i} \sim 6{,}5$ (22 d) | bis zu 40 mg/l Serpentin (30 d). Sekundärstoffe treten erst in der zweiten Hälfte der log-Phase auf | 89 |
| 2 | | 10 | 28 °C, 0,33 vvm Luft | $\frac{TG}{TG_i} \sim 3$ (15 d) | bis zu 52 mg/l Serpentin (28 d). Impfdichte 20% (bezogen auf FG) | 81 |
| 3 | | | 30 °C, 0,3 vvm Luft | | verwendet für Enzymisolierungen | 71 |
| 4 | *Coleus blumei* | 30 | | | Synthese von Rosmarinsäure. 3,5 g/l Rosmarinsäure nach 13 d in der Schüttelkultur; höchste Ausbeute eines Naturstoffs in pflanzlicher Submerskultur! Ausbeute geht im Fermenter auf 1/3 zurück und benötigt hierfür auch noch einen längeren Zeitraum | 88 |
| 5 | *Digitalis lanata* | 20 u. 35 (s. Abb. 1) | 27 °C, 200 l/h Luft | $\frac{TG}{TG_i} \sim 11$ (35 d) | 12-$\beta$-Hydroxylierung des $\beta$-Methyldigitoxins und Glucosidierungen | 82 |
| 6 | *Digitalis lanata* Stamm E | 20 | | $\frac{TG}{TG_i} \sim 25{,}8$ (24 d) | sofortige Bildung von Digitalis-Glycosid A, keine Hydroxylierung | 26 |
| | Stamm 291 | | | $\frac{TG}{TG_i} \sim 2{,}17$ (5 d)<br>$\frac{TG}{TG_i} \sim 4{,}33$ (11 d)<br>$\frac{TG}{TG_i} \sim 15{,}8$ (20 d) | Schnelle Hydroxylierung in den ersten 24 h: 6 mg TG/l · d; ab 2,3 g TG/l Biomasse ist eine Umsetzung von ca. 4 g $\beta$-Methyldigitoxin in ca. 2 g $\beta$-Methyldigoxin im Verlaufe einer Fermentation möglich bei schubweiser Verfütterung | 25 |
| 7 | *Morinda citrifolia* | 10 | 28 °C, Da/Ha = 0,47 | $\frac{TG}{TG_i} \sim 7{,}5$ (7 d) | Impfdichte 10% FG | 81 |

*Tabelle 3, Blatt 2*

| Lfd. Nr. | Organismus | Volumen Liter NL | Bedingungen | Wachstum | besondere Syntheseleistungen und Bemerkungen | Literatur |
|---|---|---|---|---|---|---|
| 8 | *Morinda citrifolia* | 10 | 0,5 vvm Luft, D/H = 0,44 | 2,1 g TG/l · d | Produktbildung: Anthrachinone 0,41 mMol/l · d pH-Verlauf als Test für Wachstum und Produktbildung | 80 |
| 9 | | bis zu 700 l (Angaben f. 50 l) | | $\frac{TG}{TG_i} \sim 9$ (10 d) | Produktbildung: Anthrachinone bis ca. 3 mMol/l. Ausbeute liegt höher als in der Schüttelkultur | 87 |
| 10 | *Nicotiana tabacum* 'Bright Yellow-2' | 40 | 28 °C, Höhe 730 mm, Nutzhöhe 480 mm, Nutzdurchmesser 345 mm | $\frac{TG}{TG_i} \sim 7$ (7 d) | | 31 |

von BLENKE et al. [3] beschriebenen Schlaufenreaktor für die chemische Industrie baute Wahl einen Airliftfermenter[1] für 20 l Nutzvolumen, dessen Funktionsmodell in Abb. 1 schematisch dargestellt ist. Ein ähnliches Bauprinzip liegt auch den meisten patentierten Airliftfermentoren zugrunde [4–8, 21, 29]. Die Firma Chemap AG stellte z. B. kürzlich einen analog aufgebauten Airliftfermenter vor, der für Nutzvolumina von 75 l ausgelegt ist.

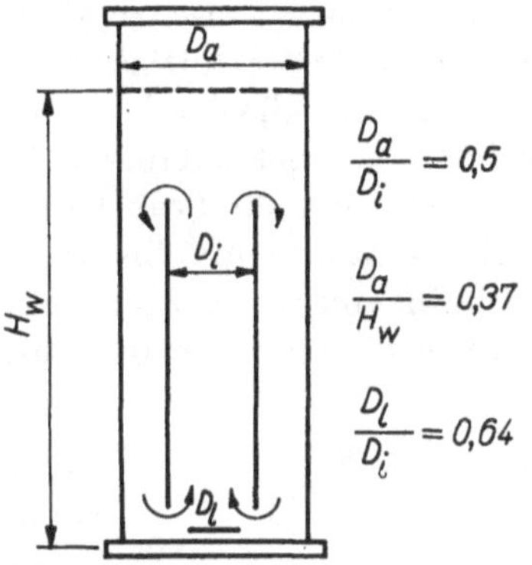


Abb. 1. Schematische Darstellung eines Airliftfermentors (nach WAHL, 82)

Um einen günstigen Kreislauf des Mediums und der Zellen im Fermentor zu erzielen, scheint das Hauptproblem neben dem Maßverhältnis der einzelnen Baugruppen zueinander die Art des Lufteintrages zu sein. Diese Probleme sind bei den einzelnen Modellen zwar unterschiedlich gelöst, beruhen jedoch auf dem gleichen Prinzip.
Drei wichtige Regeln sind nach BLENKE et al., WAHL, VOGELMANN et al. [3, 4–8, 80, 82] zu beachten:

1. Die durchströmten Querschnitte sollten annähernd gleich groß sein, um Turbulenzen zu verhindern.
2. Die Querschnitte und das Gesamtgerät müssen so durchströmt werden, daß die Abscheidungsrate von Zellen an den Wänden, Luftdüsen und Meßfühlern auf einem Minimum gehalten werden kann.
3. Die Lufteintragssysteme sollten so angeordnet und gebaut sein, daß der Strömungswiderstand gering ist und eine gute und vor allem gleichmäßige Blasenverteilung ermöglicht wird. Nach WAHL [82] scheint eine Ringdüse günstig zu sein. Bei Einsatz von Glasfritten konnte eine schlechtere Strömung und dadurch verstärkt Sedimentation beobachtet werden.

Die in Tabelle 3 zusammengestellten Anwendungsbeispiele dieses Fermentortyps zeigen klar, daß ein Anzuchtsystem ohne mechanische Rührung positive Einflüsse auf eine Sekundärstoffbildung haben kann [Anthrachinone [80, 81, 87], Rosmarinsäure [88] und Serpentin [81, 89]]. Weiterhin ist in Kulturen von *Digitalis lanata* die Möglichkeit einer 12$\beta$-Hydroxylierung nachgewiesen worden [25, 26, 82].

[1] ZENK benutzte für einen von ihm vorgestellten Airliftfermenter die Bezeichnung „Schlaufenreaktor" [87].

## 4. Vergleiche verschiedener Fermentersysteme untereinander

Tabelle 4 und Abbildung 2 kann man Daten entnehmen, die bei vergleichenden Untersuchungen mit verschiedenen Fermentorsystemen gewonnen werden konnten. Diese Experimente wurden in den Laboratorien von WAGNER, ZENK und REINHARD durchgeführt [80—82]. Sie verfolgten bei *Morinda citrifolia* bzw. *Digitalis lanata* nicht nur das Wachstum, sondern versuchten auch, zu Korrelationen zwischen Fermentersystem (Art der Durchmischung) und Produktivität der Sekundärstoffbildung zu kommen. Allen Daten kann man entnehmen, daß Airliftfermentoren allen anderen Systemen überlegen zu sein scheinen. Vor allem die Produktivität der Sekundärstoffsynthese erwies sich als deutlich überlegen. Nach WAHL [82] scheint auch das Problem der Anpassung handelsüblicher Rührfermentoren an das Airliftsystem als unproblematisch, wenn die oben genannten Regeln beachtet werden. Einschränkend sei allerdings ein Befund von ZENK et al. [88] erwähnt: Die Gruppe beobachtete bei *Coleus blumei* in Airliftfermentoren

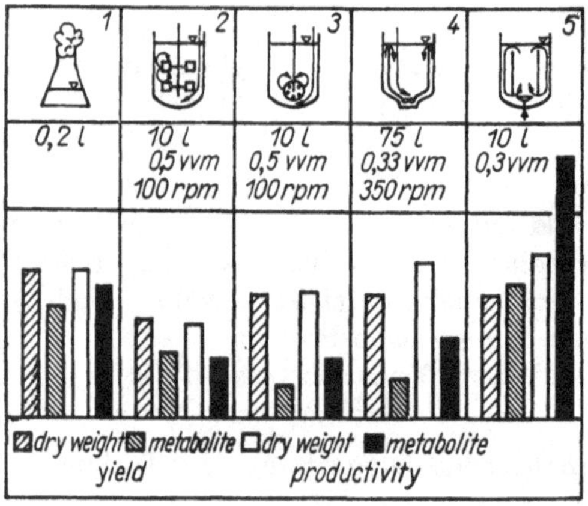


Abb. 2. Ausbeute und Produktivität der Zellmasse- und Anthrachinonbildung bei Anzucht von *Morinda citrifolia* in verschiedenen Anzuchtsystemen:
1: Schüttelkolben, 2: Fermenter mit Blattrührer, 3: Fermentor mit Scheibenrührer, 4: Fermentor mit Kaplan-Turbine, 5: Airliftfermentor (aus 81)

zwar eine eindeutige Produktbildung (Rosmarinsäure). Die Menge der gefundenen Substanz lag allerdings deutlich (etwa um $^2/_3$) unter dem Ertrag, der bei Kultivation in Schüttelkolben ermittelt werden konnte. Die Produktbildung setzte in den Fermenterkulturen später und langsamer ein. Es ist jedoch offen, ob dieser Produktivitätsabfall auf eine Sensibilität des Organismus gegenüber dem erhöhten Lufteintrag zurückzuführen ist oder ob nicht durch weitere Optimierung der Kulturbedingungen der beobachtete Effekt beseitigt werden kann. Für das Wachstum von *Arachis hypogaea* L. wurde z. B. von VERMA und VAN HUYSTEE [79] bereits eine Sensibilität gegenüber verstärktem Lufteintrag beschrieben.

## 5. Meß- und Regeltechnik

Auch bei der Kultur von pflanzlichen Zellen und Geweben kann man die in der Mikrobiologie üblichen Meß- und regeltechnischen Steuerteile verwenden. Zu beachten ist allerdings, daß bei pflanzlichen Zellkulturen oftmals Zellaggregate auftreten können,

*Tabelle 4*

*Vergleiche verschiedener Gerätesysteme auf ihre Eignung zur Kultur von pflanzlichen Zellen*

| Lfd. Nr. | Hersteller Fermentertyp | Volumen Liter NL | Rührgeschwindigkeit Upm | Luftmenge | Wachstum | Biologische Leistung | Bemerkungen |
|---|---|---|---|---|---|---|---|
| | | | *Morinda citrifolia* (80, 81) | | | | |
| | | | | vvm | g TG/l · d | Anthrachinonbildung mMol/l · d | |
| 1 | Schüttelkolben (zum Vergleich) | 0,2 | | | 1,8 | 0,2 | |
| 2 | nicht genannt Turbinenrührer | 10 | 100 | 0,5 | 1,22 | 0,08 | |
| 3 | nicht genannt Scheibenrührer | 10 | 100 | 0,5 | 1,5 | 0,08 | |
| 4 | Giovanola Kaplan-Turbine | 75 u. 700 | 350 | 0,33 | 1,9 | 0,12 | |
| 5 | nicht genannt Air-Lift | 10 | — | 0,33–0,5 | 2,1 | 0,41 | Di/Da = 0,44; Da/Ha = 0,47 |

*Tabelle 4, Blatt 2*

| Lfd. Nr. | Hersteller Fermentertyp | Volumen Liter NL | Rührgeschwindigkeit Upm | Luftmenge | Wachstum | Biologische Leistung | Bemerkungen |
|---|---|---|---|---|---|---|---|
| | | | | *Digitalis lanata* (82) l/h | $\frac{TG}{TG_i}$ | Produktwandlung | |
| 1 | Virtis Blattrührer | 4 | 100 | 50 | | | Ungünstig wegen zu hoher Inhomogenität der Kultur |
| 2 | Giovanola Blattrührer | 10 | 50 | 200 | | | Schlechtestes Wachstum |
| 3 | Giovanola Propellerrührer | 10 | 50 | 200 | 4,33 (25 d) | 1. Glucosidierung (prädominant) | |
| 4 | Giovanola Kaplan-Turbine | 24 | 300 | 200 | 7,5—8 (35 d) | 2. 12-$\beta$-Hydroxylierung von $\beta$-Methyldigitoxin | |
| 5 | Giovanola umgebaut auf Luftrührung | 10 | — | 300 | 4,5 (25 d) | Produktwandlung findet kaum in der stationären Phase statt. Am günstigsten verläuft | |
| 6 | Giovanola umgebaut auf Air-Lift | 35 | — | 200 | 6,2—10,2 (20 d) | Reaktion 1 bei Glucose-Administration. Für beide Produktwandlungen sind Air- | |
| 7 | Eigenbau Air-Lift | 20 | — | 200 | 6—10 (10—36 d) | Lift-Apparaturen bedeutend besser als andere Systeme. | |

die bis zu 5 mm im Durchmesser sind. Demzufolge müssen die Öffnungen für Probenahme und Meßsonden in der Größe variiert werden. Auch kann bei der Kultivation ein Bewachsen der Wände und der Meßfühler auftreten. Neben diesen Problemen ist zu berücksichtigen, daß die Zellkulturen bedeutend langsamer wachsen. Dadurch müssen alle Meßfühler, Sonden und Probenahmeventile so ausgelegt sein, daß sie über einen längeren Zeitraum steril bleiben. Weiterhin sollten sie schnell und problemlos austauschbar sein. Besonderes Augenmerk ist der Sterilisierung der Luft zu schenken, da diese, wie erwähnt, oftmals auch die einzige Möglichkeit der Durchmischung darstellt und in erhöhten Strömungsmengen zum Einsatz kommt. An vielen Gerätesystemen ist ein Kondensator für die Abluft angebracht, um bei dem notwendigen Langzeitbetrieb zu große Wasserverluste zu vermeiden.

## 6. Biologische Probleme

Wiederholt ist der Einsatz von Antibiotika beschrieben worden. Diese Substanzen wurden verwendet, um die Infektionsrate zu verringern. Die pflanzlichen Zellen erwiesen sich als unterschiedlich resistent gegenüber den üblichen Antibiotika [10, 13, 73].
Im allgemeinen war auch ohne Antibiotika die Infektionsanfälligkeit nach den Angaben der Literatur relativ gering. Kurioserweise schilderten jedoch 1965 Tulecke et al. [74], daß eine Infektion der Rosen-Zellkulturen durch *Achromobacter liquefaciens* sich sogar günstig auf das Wachstum der Pflanzenzellen auswirkte.
Zur Schaumbekämpfung kamen mechanische Einrichtungen [z. B. 57] und chemische Verbindungen [z. B. 30, 31, 73] zum Einsatz. Über den Einfluß der verschiedenen Methoden und Mittel auf die physiologischen Eigenschaften der Zellen ist allerdings wenig bekannt.
Es gibt wiederholt Angaben in der Literatur über Möglichkeiten zum semikontinuierlichen bzw. kontinuierlichen Betrieb (vgl. Tab. 1 und 2). Es wurden Laufzeiten von mehr als 50 Tagen — vor allem bei Kulturen von *Rosa* sp. — beschrieben [74, 75].
Angaben über die Generations- bzw. Verdopplungszeiten sind in einer Reihe von Arbeiten zu finden. Im Gegensatz zu den schnell wachsenden Mikroorganismen liegen die für pflanzliche Zellkulturen ermittelten Werte zwischen 16—33 Stunden (*Glycine max* — 51) und mehreren Tagen. Diese Eigenschaften der einzelnen Organismen sind auf jeden Fall bei dem Aufbau eines speziellen Kultursystems zu berücksichtigen.
Angaben über erste Versuche zur — wenn auch vorerst kurzzeitigen bzw. partiellen — Zellsynchronisierung findet man u. a. bei Wilson et al. [85], King et al. [36], Street et al. [63], Dawson et al. [19] sowie Constabel et al. [17, 18]. Dawson et al. erreichen eine Synchronität bei Verwendung des von ihnen entwickelten Glockenfermenters, ebenso wie Street und Mitarbeiter durch das Einhalten bestimmter Techniken. Street et al. konnten 2—5 synchrone Zellteilungszyklen beobachten. Die Gruppe um Constabel erzielte eine 26%ige Synchronität über bis zu 2 Zellteilungszyklen durch Verwendung von $N_2$-Pulsen.
Sehr unterschiedlich reagierten verschiedene Zellkulturen in ihrem morphologischen Bild auf die bei der Fermenterkultur veränderten Bedingungen. Im Vergleich zu Schüttelkulturen konnte man beobachten, daß in Fermentoren gewachsene Kulturen aus kleineren Aggregaten bzw. Einzelzellen bestanden [z. B. 24, 31, 32, 40, 46, 79]. Durch das Rühren traten aber oftmals Schädigungen bis zur Zellzerstörung auf [siehe oben,

81, 82]. LUCKNER [47] beobachtete z. B. schon in der Anfangsphase bei Fermenterkulturen von *Digitalis lanata* bzw. *D. purpurea* verstärkt Zellen, die in ihrem Aussehen denen der späten stationären Phase von Schüttelkolben entsprachen. Die in Fermentoren angezogenen Zellen waren plasmaärmer, groß und aufgebläht. KOBLITZ [43b] dagegen beschrieb für *Hordeum vulgare*-Kulturen, daß sich die in Rühr- und Schüttelkulturen angezogenen Zellen kaum voneinander unterscheiden. Angaben zur Morphologie und Ultrastruktur von Zellkulturen kann man einer Arbeit von STREET et al. [64] entnehmen.

## 7. Zusammenfassung

Es wird eine Übersicht über Kultivierung im größeren Maßstab von pflanzlichen Zellen und Geweben gegeben. Durch Vergleiche der mit Eigenbaugeräten, handelsüblichen Rührfermentoren und Airliftfermentoren erzielten Ergebnisse kann festgestellt werden, daß aufgrund der hohen Empfindlichkeit pflanzlicher Zellen gegenüber mechanischen Belastungen die Airliftfermentoren als die zur Zeit günstigsten Gerätesysteme anzusehen sind. Die wichtigsten Parameter der Airliftfermentoren werden diskutiert. Weiterhin wird über meß- und regeltechnische Probleme sowie das physiologische Verhalten der Zellen in der Kultur berichtet.

## Literatur

[1] BAYLISS, M. W., and A. R. GOULD: J. exp. Bot., [London], **25** (1974), 772–783

[2] BERESNEGOWSKAJA, L. H., I. F. GUSEW, S. E. DMITRUK, A. W. SMORODIN, H. A. TROFIMOWA, i N. A. SCHMYKOWA: Univ. Tomsk, 1975

[3] BLENKE, H. K. BOHNER und S. SCHUSTER: Chemie-Ing.-Techn. **37** (1965), 289–294

[4, 5] BLENKE, H. und R. SEIPENBUSCH: DOS 24 36 793 (1976) und DOS 25 39 502 (1977)

[6] BLENKE, H., W. HIRNER und R. SEIPENBUSCH: DOS 25 41 202 (1977)

[7] BLENKE, H., und R. SEIPENBUSCH: DOS 26 03 668 (1977)

[8] –: DOS 26 03 769 (1977)

[9] BLIGNY, R.: Plant Physiol **59**, (1977), 502–505

[10] BRASSART, C., P. EB, B. PLICHON, et J. DUBOIS: Actes du 101$^{e}$ Congres national des sociétés savantes, Lille, (1976), Sciences, fasc. I, 455–463

[11] BROWN, E. G., and K. C. SHORT: Phytochemistry **8**, (1969), 1365–1372

[12] BYRNE, A. F.: Activities Report **14**, (1962), 177–180

[13] BYRNE, A. F., and R. B. KOCH: Science [Washington] **135** (1962), 215–6

[14] CELLA, R., F. SALA, and H. E. STREET: J. exp. Bot. [London] **27** (1976), 263–76

[15] CHENIEUX, J. C., M. RIDEAU, et M. GÉRARD: Bull. Soc. bot. France **124** (1977), 265–280

[16] CONSTABEL, F., J. P. SHYLUK, and O. L. GAMBORG: Planta **96** (1971), 306–316

[17] CONSTABEL, F., W. G. W. KURZ, B. CHATSON, and O. L. GAMBORG: Exp. Cell. Res. **85**, (1974), 105–110

[18] CONSTABEL, F., and W. G. W. KURZ: Plant tissue culture methods, Ed. O. L. GAMBORG and L. R. WETTER. Nat. Res. Counc. of Canada, Saskatoon, Saskatchewan (Canada), (1975) 79–82

[19] DAWSON, P. S. S., W. G. W. KURZ, M. ANDERSON, and A. E. YORK: Canad. J. Microbiol. **17**, 229–233, (1971)

[20] EBEL, J., B. SCHALLER-HEKELER, K. H. KNOBLOCH, E. WELLMANN, H. GRISEBACH, and K. HAHLBROCK: Biochim. biophys. Acta [Amsterdam] **362**, (1974), 417–424

[21] GIACOBBE, F., and G. LONGOBARDI: US-Pat. 3, 963, 581 (1976)
[22] GRAEBE, J. E., and G. D. NOVELLI: Exp. Cell Res. **41**, (1966), 509—520
[23] GRISEBACH, H., und K. HALBROCK: Biologie in unserer Zeit **7**, (1977), 170—177
[24] K. HAHLBROCK, J. EBEL, and A. OAKS: Planta **118**, (1974), 75—84
[25] HEINS, M., J. WAHL, H. LERCH, F. KAISER und E. REINHARD: Planta med. **33**, (1978), 57—62
[26] HEINS, M.: Dissertation, Univ. Tübingen, 1978
[27] JÜTTNER, F.: Biotechnol. Bioeng. **19**, (1977) 1679—1687
[28] KANEMATSU, N.: Japan. Patent (Kokai) 73—19798 (1973), ziziert bei [52]
[29] KATAOKA, A.: US-Pat. 3,910,826 (1975)
[30] KATO, K., Y. SHIOZAWA, A. YAMADA, K. NISHIDA, and M. NOGUCHI: Agr. Biol. Chem. **36**, (1972), 899—902
[31] KATO, A., Y. SHIMIZU, and S. NAGAI: J. Ferment. Technol. **53**, (1975), 744—751
[32] KATO, A., S. KAWAZOE, M. IIJIMA, and Y. SHIMIZU: J. Ferment. Technol. **54**, (1976), 82—87
[33] KAUL, B., and E. J. STABA: Planta med. **15**, (1967), 145—156
[34] KESSELL, R. H. J., and A. H. CARR: J. exp. Bot. [London] **23**, (1972), 996—1007
[35] KESSELL, R. H. J., C. GOODWIN, J. PHILP, and M. W. FOWLER: Plant Sci. Letters **10**, (1977), 265—274
[36] KING, P. J., B. J. COX, M. W. FOWLER und H. E. STREET: Planta **117**, (1974), 109—122
[37] KING, P. J.: J. exp. Bot. [London] **27**, (1976), 1053—1072
[38] KING, J.: Plant Sci. Letters **6**, (1976), 409—418
[39] KING, P. J.: J. exp. Bot. [London] **28**, (1977), 142—155
[40] KNOBLOCH, K. H. und K. HALBROCK: Planta med., Suppl. (1975), 102—106
[41] KOBARI, M., K. HAGIWARA, and K. UCHIJAMA: Japan Patent 73—7360 (1973), zitiert bei [52)
[42] —: Japan Patent 74-1878 (1974), zitiert bei [52]
[43a] KOBLITZ, H.: unpublizierte Ergebnisse, (1968)
[43b] KOBLITZ, H.: unpublizierte Ergebnisse, (1978)
[43c] KOBLITZ, H.: Zell- und Gewebezüchtung bei Pflanzen. VEB Gustav-Fischer-Verlag, Jena, (1972)
[44] KURZ, W. G. W.: Exp. Cell Res. **64**, (1971), 476—479
[45] KURZ, W. G. W.: Plant tissue culture methods, Ed. O. L. GAMBORG and L. R. WETTER, Nat. Res. Counc. of Canada, Saskatoon, Saskatchewan (Canada), (1975), 74—78
[46] LAMPORT, D. T. A.: Exp. Cell. Res. **33**, (1964), 195—206
[47] LUCKNER, M.: persönl. Mitteilung (1977)
[48] MANDELS, M.: Advances in Biochem. Bioeng. **2**, (1972), 201—215
[49] MANDELS, M., R. O. Matthern, and H. M. EL-BISI: Techn. Rep. 69—22-FL. U. S. Army Natick Laboratories, Natick, Mass., p. 30 (1968), zitiert bei (48).
[50] MANDELS, M., J. JEFFERS und H. M. EL-BISI: Techn. Rep. 69-36-FL. U. S. Army Natick Laboratories, Natick Mass., p 69 (1968), zitiert bei [48]
[51] MILLER, R. A., J. P. SHYLUK, O. L. GAMBORG, and J. W. KIRKPATRICK: Science [Washington] **159**, (1968), 540—542
[52] MISAWA, M.: Plant tissue culture and its bio-technological application, Proc. of the 1st International Congress on medicinal plant research, Section B, München 1976, Ed. W. BARZ, E. REINHARD and M. H. ZENK, Springer-Verlag, (1977), **17**—26
[53] NICKELL, L. G.: Advances applied Microbiol. **4**, (1962), 213—236
[54] NOGUCHI, M., T. MATSUMOTO, K. OKUNISHI, and T. IKEDA: Japan. Patent 76-32788 (1976), zitiert bei [55]
[55] NOGUCHI, M., T. MATSUMOTO, Y. HIRATA, K. YAMAMOTO, A. KATSUYAMA, A. KATO, S. AZECHI, and K. KATO: Plant tissue culture and its biotechnological application, Proc. of the 1st International Congress on medicinal plant research, Section B, München 1976. Ed. W. BARZ, E. REINHARD and M. H. ZENK, Springer-Verlag, (1977), 85—94

[56] PATTERSON, B. D., and D. P. CAREW: Lloydia **32**, (1969), 131—140
[57] PETIARD, V., et P. R. GUINEBAULT: Französ. Pat. 2 300 131 (1976)
[58] PUHAN, Z., and S. M. MARTIN: Progr. ind. Microbiol. **9**, (1971), 13—19
[58a] REINHARD, E.: Dtsch. Apoth. Ztg. **107**, (1967), 1201—1207
[59] ROSE, D., S. M. MARTIN, and P. P. F. CLAY: Canad. J. Bot. **50**, (1972), 1301—1308
[60] ROSE, D., and M. MARTIN: Canad. J. Bot. **52**, (1974), 903—912
[61] SHORT, K. C., E. G. BROWN, and H. E. STREET: J. exp. Bot. [London] **20**, (1969), 572—578
[62] —: J. exp. Bot. [London] **20**, (1969), 579—590
[63] STREET, H. E., P. J. KING, and K. J. MANSFIELD: Coll. Internat. du Centre National de la Recherche Scientifique, No. 193, Les Cultures des tissues de Plantes (1970), 17—40
[64] STREET, H. E., M. R. DAVEY, and B. SUTTON-JONES: Symp. Biol. Hung., Ed. I. Törö and G. Rappay, (1972), Vol. **14**, 145—159
[65] STREET, H. E.: Botanical Monographs, Ed. H. E. STREET, Blackwell, **11** (1973), 59—93
[66] STREET, H. E.: Applied and fundamental aspects of plant cell, tissue and organ culture. Ed. J. REINERT and Y. P. S. BAJAJ, Springer-Verlag, (1977), 649—716
[67] TAMAKI, E., M. NOGUCHI, and K. KATOH: Japan. Patent 71-274 (1971), zitiert bei [52]
[68] TAMAKI, E., K. NISHIDA, K. KATOH, and T. MATSUMOTO: Japan. Patent 73-4560 (1973), zitiert bei [52]
[69] TAMAKI, E., M. NOGUCHI, K. NISHIDA, K. KATOH, T. MATSUMOTO, A. KOIWAI, und K. UCHIYAMA: Japan. Patent 73-52993 (1973), zitiert bei [52]
[70] TEUSCHER, E.: Pharmazie **28**, (1973), 6—18
[71] TREIMER, J. F., and M. H. ZENK: Phytochemistry **17**, (1978), 227—231
[72] TULECKE, W., and L. G. NICKELL: Science [Washington] **130**, (1959), 863—4
[73] —: Trans. New York Acad. Sci., Ser. II, **22**, (1960), 196—206
[74] TULECKE, W., R. TAGGART und L. COLAVITO: Contr. Boyce Thompson Inst. **23**, (1965), 33—46
[75] TULECKE, W.: Ann. New York Acad. Sci. **139**, (1966), 162—175
[76] VELIKY, I. A., and S. M. MARTIN: Canad. J. Microbiol. **16**, (1970), 223—6
[77] VELIKY, I. A., and K. M. BARBER: Lloydia **38**, 125—130 (1975)
[78] VELIKY, I. A.: Lloydia **40**, (1977), 482—486
[79] VERMA, D. P. S., and R. B. VAN HUYSTEE: Exp. cell. Res. **69**, (1971), 402—8
[80] VOGELMANN, H., M. H. ZENK, and F. WAGNER: Abstr. of the 5th Int. Fermentations Symposium, Berlin (1976), 309
[81] WAGNER, F. und H. VOGELMANN: Plant tissue culture and its biotechnological application, Proc. of the 1st International Congress on medicinal plant research, Section B, München, 1976. Ed. W. BARZ, E. REINHARD and M. H. ZENK, Springer-Verlag. (1977), 245—252
[82] WAHL, J. Fermentation von pflanzlichen Zellkulturen und 12-$\beta$ Hydroxylierung von $\beta$-Methyldigitoxin durch Zellkulturen von Digitalis lanata. Dissertation, Universität Tübingen, (1977)
[83] WANG, C. J., and E. J. STABA: J. Pharm. Sci. **52**, (1963), 1058—1062
[84] WITHERS, L. A.: J. exp. Bot. [London] **27**, (1976), 1073—84
[85] WILSON, S. B., P. J. KING, and H. E. STREET: J. exp. Bot. [London] **22**, (1971), 177—207
[86] YOUNG, M.: J. exp. Bot. [London] **24**, (1973), 1172—1185
[87] ZENK, M. H.: Vorträge der Rheinisch-Westfälischen Akademie der Wissenschaften, Nr. 257, (1976), 27—62
[88] ZENK, M. H., H. EL-SHAGI, and B. ULBRICH: Naturwissenschaften **64**, (1977), 585
[89] ZENK, M. H., H. EL-SHAGI, H. ARENS, J. STÖCKIGT, E. W. WEILER, and B. DEUS: Plant tissue culture and its bio-technological application, Proc. of the 1st International Congress on medicinal plant research, Section B, München, 1976, Ed. W. BARZ, E. REINHARD and M. H. ZENK, Springer-Verlag, (1977), 27—43

## Diskussion

KRANZ: Es zeigte sich, daß insbesondere stationäre Phase-Zellen Sekundärstoffe bilden. Zur Gewinnung bestimmter Sekundärstoffe müßte man daher Zellen kultivieren, die sich nicht mehr teilen. Hierbei dürfte wohl die Kultivierung der Zellen in einem geschlossenen kontinuierlichen System von Interesse sein. Sind Ihnen aus der Literatur derartige Experimente bekannt?

SCHMAUDER: Bisher sind uns keine Angaben zur Bildung von Sekundärstoffen in geschlossenen kontinuierlichen Systemen bekannt.

KRANZ: Ein Problem ist die Anhaftung pflanzlicher Zellen an Gefäßwänden des Fermenters, am Rührwerk und anderen Teilen. Wie kann man ein derartiges Anhaften verhindern?

SCHMAUDER: Eine Ideallösung zur Verhinderung bzw. Verringerung des Anhaftens der Zellen an den Wänden bzw. Geräteteilen gibt es nicht. Verschiedene Autoren lösten dieses Problem durch kurzzeitiges Erhöhen der Rührerdrehzahl, Umschütteln oder Veränderungen des Lufteintrages. Gut durchkonstruierte Airliftfermentoren scheinen weniger Anhaftungsphänomene zu zeigen.

KÖHLER: Nach Ihren Angaben wurden kontinuierliche Zellkulturen über 200 Tage lang durchgeführt. Es ergibt sich die Frage, inwieweit es dabei gelungen ist, eine Fremdinfektion auszuschließen. Überhaupt ist die Frage zu stellen, welche Methoden und Möglichkeiten bestehen, die Entwicklung einer unerwünschten Begleitflora zu hemmen bzw. zu verhindern.

SCHMAUDER: Es ist bisher wenig über Infektionen berichtet worden. Einige Autoren beugten Infektionen vor, indem sie Gewebekulturen Antibiotika zusetzten. Den gängigen Antibiotika gegenüber waren aber eine Reihe von Zellen sehr empfindlich. Unter Beachtung der Steriltechnik ist es durchaus möglich, auch ohne Antibiotikazusätze die Kulturen frei von Infektionen zu halten.

KÖHLER: Welche Möglichkeiten bestehen zur Verbesserung der Wachstumskinetik (Wachstumsrate) aus Zellsuspensionen?

SCHMAUDER: Je nach Zellart und nach Art der Pflanzen müssen optimale Wege gesucht und ermittelt werden. Entscheidend sind hierbei Zusätze zu den Nährmedien — Vitamine, Wuchsstoffe, Hormone, Effektoren bestimmter Stoffwechselwege usw. — und die Animpfdichte. Oftmals spielen auch Art und Form des Fermentors und die Größe der Scherkräfte eine Rolle.

KLAPPACH: Ich bin nicht der Meinung, daß Angaben zur Rührerdrehzahl ausreichen, um die Auswirkung der Hydrodynamik eines Fermenters auf Gewebekulturen zu charakterisieren. Eindeutiger wäre die Angabe der Schergeschwindigkeit, die auch vom Rührertyp und der Fermentergeometrie beeinflußt wird.
Gibt es hierzu Hinweise aus der Literatur?

SCHMAUDER: Auch wir sind der Meinung, daß die Angaben zur Rührerdrehzahl allein nicht ausreichen. Weitere Daten werden jedoch von den meisten Autoren nicht gegeben, aus denen man Schergeschwindigkeiten und Scherkräfte herleiten kann. Es ist jedoch auffällig, daß in bezug auf die Sekundärstoffbildung die Airliftfermentoren günstigere Eigenschaften zu haben scheinen. Diese Systeme üben eine sehr geringe Scherwirkung aus.

HILLGER: Aus den Ausführungen ging hervor, daß eine Reihe interessante Produkte mit Hilfe von pflanzlichen Zellkulturen gewonnen werden kann. Können Sie ein paar

Angaben zum jetzigen Stand und der Perspektive der halbtechnischen bzw. großtechnischen Produktion von Sekundärprodukten aus Pflanzenzellen machen?
SCHMAUDER: Pflanzliche Zellkulturen scheinen in Japan bereits im größeren Maßstab angewendet zu werden, wie man Patentanmeldungen entnehmen kann. Im Weltmaßstab besteht großes Interesse an der Bildung therapeutisch interessanter Naturstoffe unter Umgehung der Ganzpflanze. Interessant sind beispielsweise die Vinca-Alkaloide, Digitalis-Glykoside und durch Umwandlungsreaktionen zugänglichen Stoffe. Es sind eine Reihe von Patenten publiziert worden. Auch aus Angaben der Literatur kann man diese Interessen entnehmen. Eine Produktion solcher Substanzen im großtechnischen Maßstab scheint noch nicht realisiert zu sein, ist aber sicher in den nächsten 10 Jahren zu erwarten. Im Labormaßstab ist vor allem das Problem der Umwandlung bestimmter Digitalis-Inhaltsstoffe sehr gut untersucht.
SOBIESZANSKI: Welche Nährböden benutzen Sie?
SCHMAUDER: Für Hordeum vulgare wurde die Nährlösung B5 nach O. L. Gamborg und D. E. Eveleigh [Canad. J. Biochem. **46** (1968) 417—421] verwendet, die als wachstumsstimulierenden Stoff 2 mg/l 2,4-Dichlorphenoxyessigsäure enthielt.
SOBIESZANSKI: Welche als Wuchsstoffe vorhandenen Substanzen wurden eingesetzt?
SCHMAUDER: Es werden für die einzelnen Pflanzenarten verschiedene Wirkstoffkonzentrationen beschrieben. Allgemein kann man sagen, daß oftmals Vitamine, Phytohormone, Wuchsstoffe oder Effektoren bestimmter Stoffwechselwege zugesetzt werden — abhängig von den Bedürfnissen der einzelnen Kulturen.
BEKER: Ich beschäftige mich zwar nicht mit Pflanzenzellen, mir ist aber bekannt, daß diese feste Zellwände besitzen, die mechanisch feste Polysaccharide enthalten. Es ist schwer vorstellbar, daß Pflanzenzellen bei der Submers-Fermentation mechanisch zerstört, also desintegriert werden. Kann es möglich sein, daß die Ursache für eine schlechte Entwicklung der Pflanzenzellen bei Submerskultivierung nicht in einer Zerstörung der Zellen, sondern in einer Beschädigung des oberen Rezeptorapparates zu suchen ist, was zu einer Behinderung der Photosynthese und demzufolge zu einer Störung des Energie- und Baustoffwechsels führt?
SCHMAUDER: Die Zerstörung der kultivierten Pflanzenzellen ist hauptsächlich auf die geringe Flexibilität der Zellwandpolymeren zurückzuführen. Die Polymeren in den Wänden der Mikroorganismen sind aufgrund ihrer Verzweigung und Zusammensetzung bedeutend flexibler und tolerieren dadurch die mechanischen Einflüsse besser.
Eine Zerstörung der Rezeptorapparate an der Zelloberfläche ist möglich. Aber auch so gestörte Zellen können bei entsprechender Ernährung oft gut weiter wachsen. Es sind von verschiedenen Pflanzenarten Zellkulturen beschrieben, die bleich sind oder ergrünen können, ohne daß bei der einen oder anderen Kultur größere Empfindlichkeiten gegenüber mechanischen Kräften auftreten.

*Pädagogische Hochschule „Wolfgang Ratke" Köthen*
*Sektion Chemie/Biologie, Forschungskollektiv GMM*

# Mikroalgen als autotrophe Biomasseproduzenten im Unterwasserlicht-Fermenter

H. Böhm und E. Borns

Seit langem ist bekannt, daß Mikroalgen unter günstigen Bedingungen Biomasse zu produzieren vermögen. Aus der Vielfalt der dabei praktizierten Verfahrensweisen lassen sich drei Tendenzen ablesen:

- In klimatisch günstigen Gebieten nehmen Anzahl und Nutzfläche von Freilandanlagen der Algen-Massenkultur zu. Ihre Produktionsleistung pro Flächeneinheit liegt wesentlich höher als die von Feldkulturen, wird jedoch auch im günstigsten Falle 100 t Trockenmasse pro Hektar und pro Jahr nicht überschreiten.
- Der Einsatz von Mikroalgen zur Umweltsanierung und Abwasserregeneration wächst und hat besonders in der UdSSR, in den USA und in Japan beträchtliche Fortschritte gemacht.
- Immer wieder sind Bestrebungen erkennbar, vor allem in der UdSSR und in der ČSSR, die Algen-Massenkultur mit Hilfe künstlicher Belichtung in offenen und geschlossenen Behältern zu realisieren.

Da alle Freilandanlagen nur im Rahmen der natürlichen Umweltbedingungen zu produzieren vermögen und grundsätzlich an sehr begrenzte Schichtdicken der Algensuspension gebunden sind, können sie die tatsächliche Produktionspotenz der in ihnen kultivierten Organismen nur in relativ geringem Maße ausschöpfen. Diese Einschränkung gilt hinsichtlich der möglichen Schichtdicken auch für künstlich belichtete offene und geschlossene Behälter, wenn das Licht von außen auf die Kultur einwirkt. Gelingt es, Suspensionskulturen submers zu belichten, so kann die Schichtdicke der Kultursuspension wesentlich erhöht werden. Dadurch vermindert sich die produktivitätsbegrenzende Wirkung dieses Faktors entscheidend. Andere Begrenzungsfaktoren — wie $CO_2$-Sättigung, Turbulenz und Temperaturstabilität — lassen sich auf die gleiche Weise ebenfalls günstig beeinflussen. Ungeachtet der zur Zeit noch beträchtlichen Kosten künstlicher Belichtung von Algenmassenkulturen, sollte deshalb der submersen Lichtapplikation Beachtung geschenkt werden. Über erste Versuche dieser Art wird — wenn auch im Labormaßstab — bei Aach vor fast 25 Jahren berichtet. Leuchtstofflampen werden coaxial in gläserne Algen-Kulturröhren eingebracht und mit Gummiringen so abgedichtet, daß Kontakte und Glühzonen außerhalb der Kultur verbleiben (Abb. 1). Diese Möglichkeit haben Casey und Mitarbeiter zu Beginn der sechziger Jahre in großem Maßstab realisiert, indem sie 2000-l-Stahltanks so mit 62 waagerecht verlaufenden Leuchtstofflampen von je 215 W versahen, daß Glühzonen und Kontakte außerhalb des Kulturmediums blieben. Die Schichtdicke der Kultursuspension betrug 60 cm, die Ausbeute 0,25 $kg/m^3/d$.

In einem 1972 veröffentlichten Patent greifen PAYER, SOEDER und STENGEL den Gedanken der Unterwasserbelichtung erneut auf und schlagen vor, U-förmige Leuchtstofflampen in Algensuspension von oben so einzutauchen, daß die Kontakte noch durch ausreichenden Abstand von der Flüssigkeitsoberfläche geschützt sind (Abb. 2). Bei Verwendung handelsüblicher 65-W-U-Leuchtstofflampen lassen sich auf diese Weise

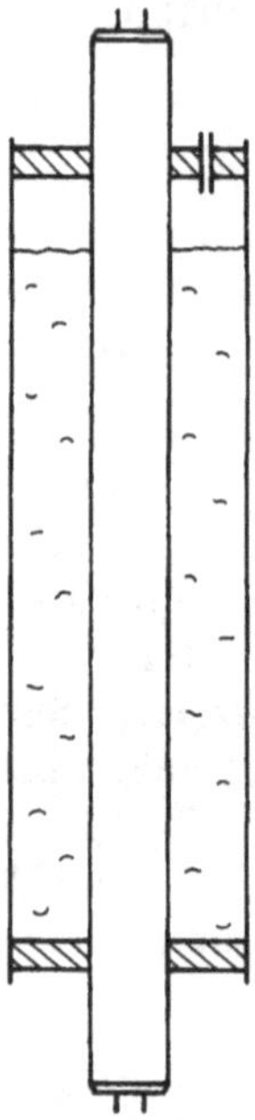

Abb. 1. Kulturgefäß nach AACH mit coaxialer Leuchtstofflampe

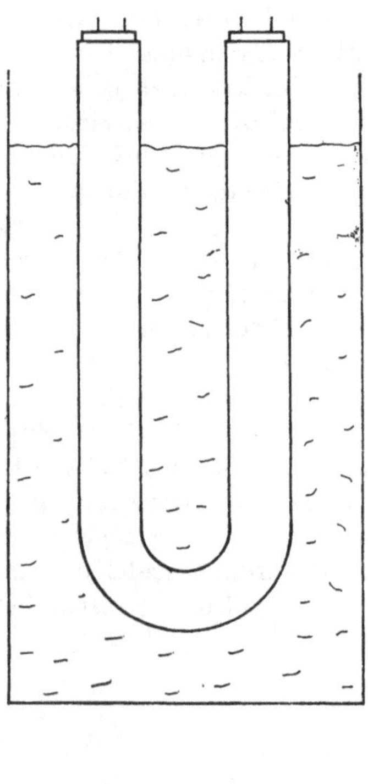

Abb. 2. Unterwasserbelichtung von Zellsuspensionen mittels eintauchender U-förmiger Leuchtstofflampen nach PAYER und Mitarbeitern

bis zu 70 cm tiefe Suspensionskulturen in beliebig großer Fläche belichten. Allerdings neigen die eingetauchten Lampen an der Grenze zwischen der Suspension und der Luft zu starkem Substanzansatz.

Keine der hier vorgestellten Methoden der Submersbelichtung wird heute industriell genutzt. Dafür sind in erster Linie technologische Schwierigkeiten, wie hoher Wartungsaufwand und Abdichtungsprobleme, verantwortlich zu machen.

Wir haben uns deshalb für einen anderen Weg der Submersbelichtung entschieden. Er ist in erster Linie dadurch gekennzeichnet, daß wir die Lichtquellen einschließlich ihrer Kontaktzonen in die Kultursuspension bringen. Auf diese Weise lassen sich Grenzflächenprobleme umgehen, die Gesamtenergie der Lichtquelle für den Kultivierungsprozeß nutzen und durch Stapelung solcher Lichtquellen die Schichtdicken der Algensuspension faktisch unbegrenzt erhöhen.

Wenden wir uns zunächst der mit diesem Verfahren notwendigerweise verbundenen Präparation der Lichtquellen zu.

Aus naheliegenden Gründen, zu denen vor allem die lange Lebensdauer, die hohe Lichtausbeute pro Watt und die geringe Betriebswärme zählen, haben wir uns für Niederspannungs-Leuchtstofflampen als Lichtquellen für die konsequente Submersbelichtung entschieden. Ihre Kontakte werden durch trichterartige Kappen aus bruchsicherem Glas (Abb. 3) überdeckt. Der Trichterhals dieser Kappen und die Fuge zwischen Kap-

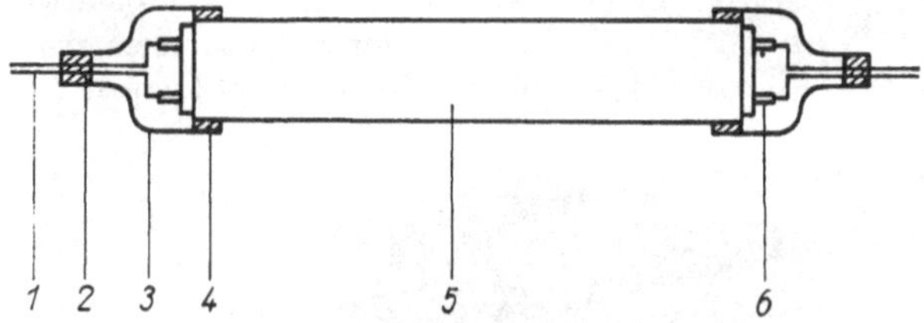


Abb. 3. Leuchtstoffröhre für den Einsatz in flüssigen Medien
1 wasserfest isolierte Energiezuleitungen
2 Verschluß des Trichterhalses mit Cenusil
3 trichterartige Kappe aus bruchsicherem Glas
4 Cenusil-Verschluß der Verbindungsstelle zwischen Kappe und Leuchtstofflampe
5 Leuchtstofflampe
6 Kontaktstifte der Leuchtstofflampe

penrand und Leuchtstofflampe werden mit Hilfe eines kalthärtenden Silikon-Kautschuks sicher und dauerhaft vom Kulturmedium getrennt. Die in den Trichterhals mündende Zuleitung für Elektroenergie ist wasserfest isoliert. So vorbereitete Lichtquellen haben in Langzeitversuchen bisher alle Erwartungen erfüllt und arbeiten jetzt schon seit 3 Jahren ununterbrochen unter Wasser.

Derart modifizierte Leuchtstofflampen lassen sich in beliebiger Formation in Kulturbehältern jeder Form, praktisch unbegrenzten Volumens und in Tiefen bis zu 10 m submers betreiben. Einige Typen solcher Unterwasser-Lichtfermenteren seien hier vorgestellt. Abbildung 4 zeigt einen weitgehend automatisierten 70-l-Kultivator in Betrieb, der mit sechs 65-W-Leuchtstofflampen bestückt ist. Mit diesem Fermentor lassen sich Mikroalgen verschiedener Spezies — wie zum Beispiel *Chlorella vulgaris, Chlorella fusca, var. vacuolata, Scenedesmus obliquus, var. acutus, Coelastrum microporum* und die coccale

Abb. 4. Weitgehend automatisierter 70-l-Kultivator mit sechs submers arbeitenden 65-W-U-Leuchtstofflampen

Abb. 5. Unterwasser-Lichtfermenter mit 3000 l Fassungsvermögen, ohne Polyäthylen-Folienabdeckung

Blaualge *Synechococcus leopoliensis* — ebenso wie die kleinste Blütenpflanze der Welt, die Lemnacee *Wolffia arrhiza* unter wählbaren Bedingungen kultivieren. In 24 Stunden können pro Liter Zellsuspension bis zu 1 g Trockenmasse erzielt werden.
Die konsequente Unterwasserbelichtung wird auch bei einem Kultivator größerer Dimension realisiert (Abb. 5). Er hat ein Fassungsvermögen von 3000 l und eine Füllhöhe von 1 m. In seinem Innenraum sind 94 U-förmige 65-W-Leuchtstofflampen zu Versuchszwecken in verschiedener Position fixiert. Bei gefülltem Kultivator sind die unmittelbar unter Flüssigkeitsoberfläche verlaufenden Schenkel der waagerechten

U-förmigen Lampen deutlich zu sehen (Abb. 6). Im kontinuierlichen Betrieb hat diese Anlage eine Dauerleistung von 330 mg TM/l/d gebracht.
Vergleichende Untersuchungen haben ergeben, daß in gewissen Grenzen die applizierte Lichtmenge mit dem Zuwachs an Trockenmasse linear korreliert, bei einer Vervielfachung der Lampenzahl also auch mit einer Vervielfachung der Trockenmasseausbeute gerechnet werden kann. Auf diese Weise könnten bei starker Belichtung dichter Zellsuspensionen bis zu 30 g TM/l/d produziert werden.

Abb. 6. 3000-l-Fermenter in Betrieb, Polyäthylen-Folienabdeckung entfernt

Abschließend sei auf einige Probleme der Unterwasserbelichtung von Mikroalgen eingegangen.
Eines dieser Probleme resultiert aus dem Umstand, daß submers betriebene Leuchtstofflampen infolge des Stromflusses in ihrem Innern wie ein Leiter wirken und über ein elektrisches Feld verfügen, das im Rhythmus der Wechselstromfrequenz seine Richtung ändert. Da das die Lampen umgebende Nährmedium ein Elektrolyt ist, läßt sich im Falle des mit sechs Lampen betriebenen 70-l-Kultivators eine Spannung von 44 V registrieren. Es fließt bei Erdung ein Strom von 1,12 mA. Diese Induktionserscheinung ist durch Variation der Schaltung in beiden Richtungen beeinflußbar. Wir konnten bisher keinen meßbaren Einfluß auf das Wachstum und die Entwicklung der kultivierten Organismen feststellen, sind jedoch gegenwärtig dabei, diese Frage genauer zu prüfen.
Ein weiteres Problem ist darin zu sehen, daß Mikroalgen unter bestimmten Bedingungen dazu neigen, sich an den Fermenterwänden und selbstverständlich auch an den submers betriebenen Leuchtstofflampen anzulagern und bei letzteren lichthemmende Überzüge zu bilden. Das geschieht nach unseren bisherigen Erfahrungen vor allem dann, wenn im Fermenter das Bedingungsgefüge den Bedürfnissen der kultivierten Art nicht genügt. Eine annähernd optimale Konstellation der Kultivierungsbedingungen zu ermitteln, ist deshalb unumgängliche Voraussetzung für die Algenkultur mit Unterwasserlicht, da technologische Maßnahmen allein dieses Problem nur vorübergehend zu lösen vermögen.

Ein drittes Problem ergibt sich schließlich aus dem Energiebedarf des Verfahrens. Er ist zwar mit 150 KWh pro kg trockener Biomasse wesentlich niedriger als der aller bisher vorgestellten Kultivierungsmethoden mit künstlichem Licht, deutet aber gerade damit die Grenzen der Anwendbarkeit des Verfahrens an. Sie gelten gewiß nicht für Laborzwecke und wohl auch dann kaum, wenn es um die Produktion hochwertiger Inhaltsstoffe von Mikroalgen für Pharmazie und Medizin geht, werden jedoch sofort deutlich, wenn daran gedacht wird, Algen für die Proteinproduktion zu nutzen. Wir halten diese Grenzen nicht für unveränderlich. Möglichkeiten zur weiteren Effektivierung des Verfahrens sehen wir in erster Linie im Auffinden artspezifischer Kultivierungsbedingungen, aber auch im Einsatz von Lichtquellen mit höherer Quantenemission im günstigen Spektralbereich bzw. in einer möglichst photosynthesegerechten Applikation von Unterwasserlicht.

Zusammenfassend läßt sich feststellen, daß mit der Realisierung des Prinzips der Submersbelichtung von Zellsuspensionen bzw. Organismensuspensionen photosynthetisch aktiver Mikropflanzen ein erster Versuch unternommen wurde, das Licht auch bei Kulturen großer Dimension als produktivitätsbegrenzenden Faktor auszuschalten. Daraus resultiert die prinzipielle Möglichkeit, Massenkulturen solcher Organismen unabhängig von allen Zufälligkeiten der natürlichen Umwelt industriell nach den Prinzipien der chemischen Stoffproduktion zu betreiben.

## Literatur

[1] AACH, D. G.: Arch. Mikrobiol. **17** (1952), 213–246
[2] BÖHM, H.: WP C 12 B/190 398 (Patentanmeldung)
[3] CASEY, R. P. und Mitarb.: Food Technol. **15** (1963), 85
[4] PAYER, H.-D., C. J. SOEDER u. E. STENGEL: BRD, DPA-Offenlegungsschrift P 2039614, 17. 2. 1972

## Diskussion

AFONIN:

1. In Ihrem Vortrag wiesen Sie auf Größen zur Charakterisierung des elektrischen Feldes, das im Fermenter aufgebaut wird, hin. Haben Sie durch einen Versuch den Einfluß des elektrischen Feldes auf das Wachstum der Biomasse registriert?
2. Haben Sie Kennziffern des Magnetfeldes im Fermenter gemessen?

BÖHM:

zu 1) Beim Betrieb des 70-l-Fermenters waren unter den dort gegebenen Bedingungen keine Auswirkungen des elektrischen Feldes auf das Zellwachstum und die Zellentwicklung zu beobachten. Da jedoch in diesem Fermenter das Licht nicht ausreicht, um die Synchronität der Kultur sicher zu garantieren, bedarf es dazu weiterer Untersuchungen bei allen nur möglichen Bedingungskonstellationen und in Spezialfermentoren, die einen feldfreien Betrieb von Leuchtstofflampen ermöglichen. Daran arbeiten wir gegenwärtig.

zu 2) Feldmessungen wurden bisher nicht vorgenommen.

BECHSTEDT: Wird im Unterwasserlichtfermenter gerührt oder/und $CO_2$ zugeführt?

BÖHM: Die im Fermenter erforderliche Turbulenz kann durch Rühren mit geringen Drehzahlen, durch Kreiselpumpen aus biologisch inertem Material oder durch Belüftungsregime erreicht werden. Im vorgetragenem Fall wurde vom Fermenterboden her ein Luft/$CO_2$-Gemisch zugeführt und hinreichend gleichmäßig verteilt.

BECHSTEDT: Welche RP-Gehalte erreichen Sie?

BÖHM: Die Zellen unserer Kulturen haben unter den vorgestellten Bedingungen nur 50% Rohprotein. Der RP-Gehalt ist jedoch bei Algen über Bedingungsmodifikation relativ leicht zu verändern. So kann der von uns benutzte Stamm zwischen 20 und 80% RP-Gehalt bieten. Bisher ließ sich beobachten, daß der RP-Gehalt steigt, wenn der physiologische Tonus der Zellen stimuliert wird.

BECHSTEDT: Wurde die Verdaulichkeit bei Versuchstieren geprüft und wie ist die Problematik der Zellwand dazu einzuschätzen?

BÖHM: Was die Verdaulichkeit von Algen-Biomasse betrifft, so stützen wir uns auf umfangreiches Material anderer Gruppen, das wohl jetzt so eindeutig ist, daß frühere Einwände und Einschränkungen nicht mehr haltbar sind (s. auch PAPST, 1. Symposium „Mikrob. Proteingewinnung" 1975.) Für monogastride Verbraucher von Algen-Biomasse ist die Zellwand der Algenzelle ein unüberwindbares Hindernis. Deshalb muß die Zelle aufgeschlossen werden. Das ist technisch heute kein Problem mehr. Am besten haben sich dabei wohl Extruder-Verfahren bewährt, bei denen sehr kurzzeitig wirkende Druck- und Hitzephasen die mit kohlehydrathaltigen Trägern vermengten Zellen aufbereiten. Eine gute Übersicht zu dieser Problematik kann man einem Artikel von SOEDER und MOHN im Bericht des 1. Symposiums „Mikrobielle Proteingewinnung" (1975) entnehmen.

BECHSTEDT: Der spezifische Energieverbrauch ist im Vergleich zu konventionellen SCP-Produktionen enorm hoch — wie wird die Tendenz eingeschätzt?

BÖHM: Möglichkeiten zur Senkung des spezifischen Energieverbrauchs der Submersbelichtung sehen wir:

- in der Suche nach Stämmen und Arten, die „sparsamer" mit dem Licht umzugehen vermögen
- in der Optimierung des Bedingungsgefüges für Kulturen mit Submersbelichtung
- im Selektieren von Lichtquellen mit photosynthesegerechteren Lichtemissionen
- im photosynthesegerechteren Einsatz von Unterwasserlicht (z. B. Berücksichtigung des Emmerson-Effekts)
- in effektiven Kombinationen von autotrophem und heterotrophem Zellwachstum
- in der möglichen Kombination von Kunstlicht und Sonnenlicht.

BORMANN: Sind Lichtquellen mit Rotstrahlung nicht günstiger als Leuchtröhren?

BÖHM: Leuchtstofflampen sind deshalb für die Submersbelichtung so günstig, weil sie von allen Lichtquellen die höchste Lichtausbeute in Lumen pro Watt haben. Hinzu kommt, daß sie sich durch geringe Wärmeentwicklung auszeichnen. Innerhalb der Gruppe der Leuchtstofflampen haben sich diejenigen mit offensichtlich hohem Rotlichtanteil, so der Lampentyp „Lumoflor", eigentlich nur durch größere Wärmeentwicklung nicht aber durch intensivierenden Effekt auf die Photosynthese ausgezeichnet.

BORMANN: Ist Mischkultivierung evtl. mit Leuchtbakterien eine mögliche Variante?

BÖHM: Mischkulturen von Bakterien und chlorococcalen Algen erschließen ganz sicher ein weites Feld für die Intensivierung der Leistungen aller beteiligten Partner. Allerdings muß dieses Feld erst tüchtig bearbeitet werden. Zur Zeit weiß man noch sehr wenig über diesen Typ symbiontischer Beziehungen, wenn man von diesbezüglichen Informationen aus der Abwasserbiologie absieht.

*Pädagogische Hochschule „Wolfgang Ratke", Köthen*
*Sektion Chemie/Biologie, Forschungskollektiv GMM*

# Der Präzisionsfermenter — Basis der Zelltestautomatik

H. Böhm und E. Borns

Chlorococcale Algen gewinnen für viele Zweige der modernen Naturwissenschaften rasch an Bedeutung. Wichtige Ergebnisse der Photosyntheseforschung werden mit ihrer Hilfe erzielt. Ihre zahlreichen Inhaltsstoffe sind für Pharmazie und Medizin von Interesse. Ihre enorme Potenz, mittels Sonnenlichts, mineralischer Nährstoffe, Wasser und dem aus der Luft oder aus Verbrennungsprozessen stammenden $CO_2$ eiweißreiche Biomasse zu produzieren, rückt diese mikroskopisch kleinen pflanzlichen Organismen in das Blickfeld der Biotechniker und Ernährungsspezialisten. Von den Ökologen werden sie als Modellorganismen, von den Pflanzenschutzmittelforschern als leicht handhabbare und exakt reagierende Testpflanzen genutzt. Sie ermöglichen eine komplexe Analyse der Qualität von Luft und Wasser in kürzester Frist und sind wertvolle Helfer bei der Regeneration organisch und anorganisch belasteter Abwässer. In Raumschiffen dienen sie als zuverlässige Biostabilisatoren, dem Wissenschaftler helfen sie, die Rätsel zellulären Lebens zu lösen.
So verschieden die Einsatzmöglichkeiten heute und künftig für diese pflanzlichen Mikroorganismen auch sein mögen, stets wird der Mensch sich bei seiner Entscheidung auf

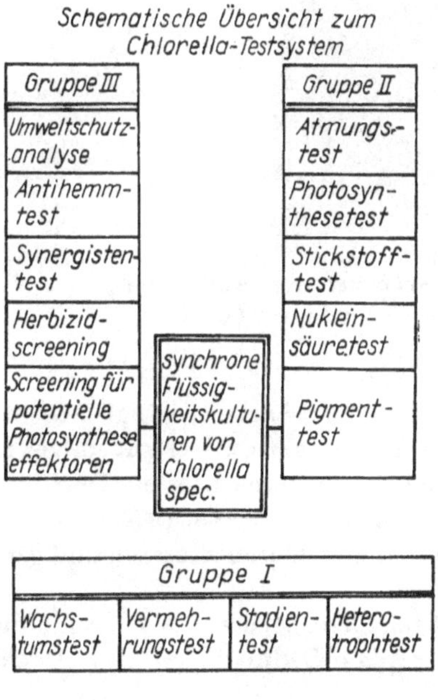


Abb. 1. Grundform des *Chlorella*-Testsystems

exakt ermittelte Lebensbedingungen und ihnen entsprechende spezifische Leistungen der Zellen stützen müssen. Deshalb haben wir ein Methodensystem vorgeschlagen (Böhm 1970), das für den gesamten Nutzungsbereich chlorococcaler Algen eine streng standardisierte Parameteranalyse und einen langfristigen Parametervergleich ermöglicht. Dieses System (Abb. 1) ist vertikal und horizontal gegliedert. Die speziell für die PSM-Forschung entwickelten Screenings lassen sich — bei begrenzter Aussagemöglichkeit — einzeln praktizieren. Die Basistests dagegen sind eine nicht trennbare Testeinheit, deren komplexes Testergebnis erst die Wahl eines oder mehrerer Spezialtests erlaubt.
Als Testorganismen fungieren synchrone Flüssigkeitskulturen der Grünalgenspecies *Chlorella vulgaris*, die sich ausschließlich vegetativ durch Freigabe von Autosporen aus den reifen Mutterzellen vermehrt, wobei ein artspezifischer Licht-Dunkel-Wechsel als synchronisierendes Prinzip genutzt wird (Abb. 2). Die Qualität der Testaussagen,

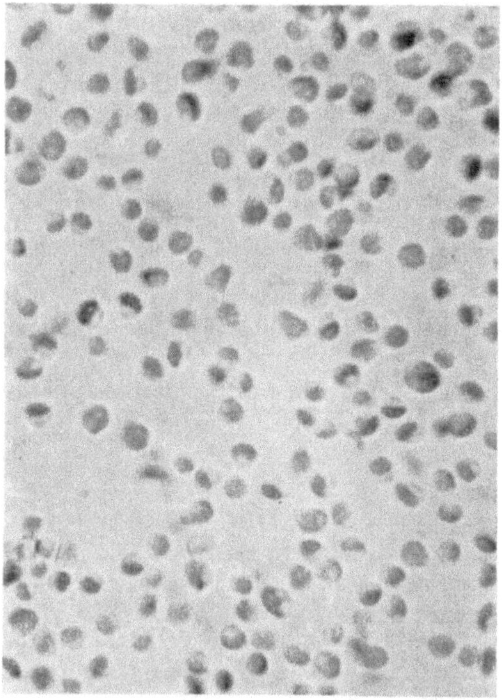

Abb. 2. Synchronkultur von *Chlorella vulgaris*, Autosporen, Vergrößungsfaktor d. mikroskopischen Bildes: 1000 ×

insbesondere ihre faktisch quantitative Reproduzierbarkeit, hängt wesentlich von der stereotypen Reproduktion des zellulären Testmaterials ab. Das gilt in besonderem Maße für solches Zellmaterial, das in einer weitgehend automatisierten Testapparatur eingesetzt wird, in der sogenannten Zelltestautomatik (Borns 1974), deren apparatives System die Durchführung aller Basistests bei hohen Durchsatzraten und geringem Anteil an manueller Arbeit gestattet.
Dieser Gerätekomplex (Abb. 3) ermöglicht teilautomatisierte Wachstums- und Vermehrungstests unter autotrophen und heterotrophen Bedingungen. Alle Arbeitsgänge sind

— bis auf die Substanzapplikation und das Auswechseln der Testfermentoren — durch entsprechende Gerätegruppen automatisiert. Auf diese Weise können im Wachstumstest in 2 bis maximal 8 Stunden und bei einer Koppelung mit dem Vermehrungstest in 12 Stunden bis zu 60 Proben bearbeitet werden. Die ermittelten Ergebnisse werden selbständig aufgezeichnet und stehen dem Bearbeiter sofort in übersichtlicher Dokumentation zur Verfügung.

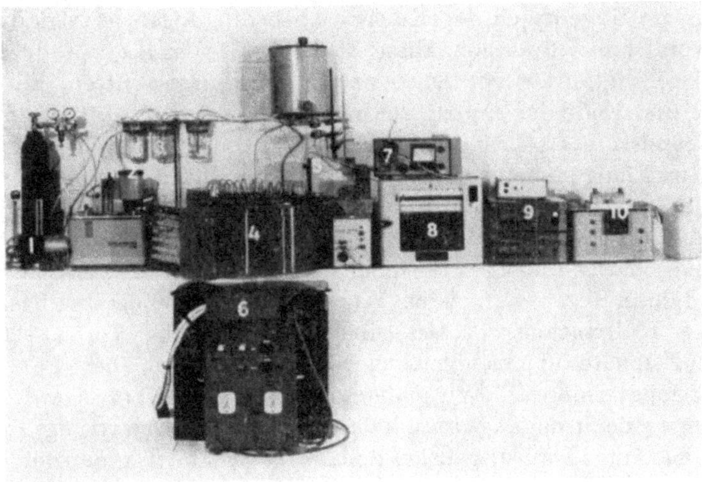


Abb. 3. Gesamtansicht der Zelltestautomatik
1 Luft/$CO_2$-Versorgungseinheit
2 Thermostat
3 Mischteil zur Luft/$CO_2$-Versorgungseinheit
4 Lichtthermostat mit Fermentor-Karussell und Luft/$CO_2$-Verteilungssystem
5 Tauchheber mit 2 Magnetventilen und Depotgefäß für Algensuspension
6 Bauteil zur Aufnahme der Vorschaltgeräte und Schaltkasten für die Leuchtstofflampen
7 Spektralphotometer „Spekol" mit Durchflußküvettenansatz
8 Kompensationsschreiber
9 Steuergeräte, bestehend aus Antriebssteuerteil, Zeitsteuerteil und Magnetventil-Steuerteil
10 Schlauchpumpe

Zentrale Baugruppe der Zelltestautomatik ist der Lichtthermostat 4, dessen Fermenter-Karussell durch seine Rotation sichert, daß alle Testfermentoren identisch belichtet und dabei mit gleichen Mengen $CO_2$-angereicherter Begasungsluft versorgt werden. Dabei wachsen die als Autosporen in anorganisches Nährmedium eingebrachten Algen relativ schnell zu Mutterzellen heran, die sich wiederum in Autosporen teilen. Zellwachstum und Zellvermehrung bewirken adäquate Veränderungen in der optischen Dichte der Zellsuspensionen, die zu wählbaren Zeitpunkten automatisch analysiert und registriert werden können.

Das für solche Tests erforderliche Zellmaterial wurde zunächst manuell produziert und danach aus dem über dem Tauchheber 5 (Abb. 3) befindlichen Depot durch ein automatisch gesteuertes Ventilsystem auf die Testfermentoren verteilt. Innerhalb einer

Testserie waren die mit solchen Suspensionen erzielten Ergebnisse gut vergleichbar. Von Serie zu Serie gab es jedoch nicht unerhebliche Schwankungen innerhalb der Gruppe der Kontrollfermentoren und bei der Reproduktion von Testergebnissen. Die entscheidenden Ursachen dafür lagen bei der manuell betriebenen Vorkultur des Testmaterials, das offensichtlich schon auf relativ geringfügige Variationen seiner Kulturbedingungen, insbesondere bei der periodisch zu vollziehenden Verdünnungsprozedur, empfindlich zu reagieren vermag.

Garantiert man die Stereotypie der Kultivationsbedingungen, erfolgt die Reproduktion der Kultur mit hoher Präzision. Diese ist meßbar am exakt reproduzierbaren Zellwachstum, an sich minutiös vollziehenden Entwicklungsschritten, am pünktlichen Beginn, Verlauf und Ende der Autosporenfreisetzung aus den Mutterzellen und an der stets gleichbleibenden Vermehrungsrate. Hinter diesen äußeren Kriterien der Präzision der Zellentwicklung stehen selbstredend sich hinsichtlich ihrer zeitlichen Position und ihrer Dimensionen exakt reproduzierende biochemische Reaktionen und physiologische Prozesse, die — experimentell genutzt — somit eine gute Grundlage für die Gewinnung hinreichend scharfer Aussagen bezüglich der Wechselwirkung zwischen applizierten Wirkstoffen und ihren Rezeptoren bieten. Wir sehen deshalb in der durchgehenden Automatisierung des Kultivationsprozesses eine unumgängliche Voraussetzung für die Gewinnung von Zellmaterial gleichbleibender Qualität und annähernd absolut reproduzierbaren Reaktionsvermögens. Wir haben deshalb einen Präzisionsfermenter konstruiert und erprobt, der in der Lage ist, mindestens 30 Tage lang wartungsfrei alle 12 Stunden vollsynchrone Autosporensuspension definierter Dichte zu produzieren.

Abbildung 4 zeigt einen solchen Automaten, mit dem über einen Versuchszeitraum von 6 Wochen eine mittlere Reproduzierbarkeit des Produktionsprozesses von 98,3%

Abb. 4. Automatischer Fermentor für diskontinuierliche und kontinuierliche Kultur von Zellsuspensionen einzelliger Grünalgen

nachgewiesen werden konnte. Die Kontrolle der Kultur erfolgt über einen optisch-elektronischen Analysator. Ihr Entscheidungsmechanismus für die periodische Verdünnung basiert jedoch auf der gesicherten Erfahrung, daß bei stabilisierten Bedingungen im zeitlich definierten Licht-Dunkel-Wechsel stabile Vermehrungsraten erreicht werden. Aus taktischen Gründen ist die Apparatur nur mit einem 1-l-Fermenter bestückt, der jedoch ohne Schwierigkeiten bei Bedarf durch ein Kulturgefäß mit größerem Fassungsvermögen ausgetauscht werden kann. Erforderlichenfalls lassen sich größere Suspensionsmengen mit gleichen Qualitätsmerkmalen in einem Großfermenter produzieren, der 70 l Fassungsvermögen besitzt und nach dem bei uns entwickelten Prinzip der Unterwasserbelichtung mit submers arbeitenden Leuchtstofflampen bestückt ist. Der automatische Fermentor ist in der Lage, folgende Programme zu realisieren:

1. Synchronkultur im Dauerlichtfermenter bei periodischer Verdünnung mit Hilfe von Wechseldepots, in welche die reifen Mutterzellen zur Sporulation im Dunkeln jeweils überführt werden.
2. Synchronkultur mit periodischer Verdünnung im Licht-Dunkel-Fermenter und Deponierung der Autosporensuspension in Dunkeldepots
3. Synchronkultur mit kontinuierlicher Verdünnung und Licht-Dunkel-Wechsel als synchronisierendes Prinzip bei beliebig wählbarer Suspensionsdichte
4. Asynchronkultur im Dauerlichtfermenter mit kontinuierlicher Verdünnung bei beliebig wählbarer Suspensionsdichte
5. Kulturformen 1—4 bei Dauerbelüftung mit beliebig wählbarem Luft/$CO_2$-Verhältnis
6. Kulturformen 1—4 bei Stoßbelüftung mit beliebig wählbarer Dauer bzw. einstellbarem zeitlichen Abstand der Luft/$CO_2$-Stöße

Die Automatik basiert auf sehr einfachen, stets funktionssicheren und weitgehend wartungsfreien Problemlösungen. Sie vermag deshalb — bei Bereitstellung des erforderlichen Verbrauchsmaterials — monatelang ununterbrochen zu arbeiten. Das gilt auch für den optisch-elektronischen Analysator, der den jeweiligen Zustand der Suspensionskultur trotz intensiver Belüftung exakt charakterisiert und dessen Informationen durch einen Schreiber aufgezeichnet werden.

Eine vereinfachte Version dieses Automaten haben wir mit der Zelltestautomatik (Abb. 3) zu einer Funktionseinheit verbunden, so daß sie jetzt in der Lage ist, als autarker Testkomplex zu fungieren, der sein Testmaterial automatisch produziert, es täglich zweimal regeneriert, die Zellsuspension auf eine Vielzahl von Testfermentoren verteilt, alle Bedingungen für verschiedene Testvarianten sichert, die Testergebnisse während des Testprozesses und nach dessen Abschluß ermittelt und registriert. Der schematische Aufbau dieses Fermenters ist Abbildung 5 zu entnehmen.

Der mit Hilfe eines Temperiermittels thermostatisierte Fermenter F enthält zu Beginn der Lichtzeit in anorganischer Nährlösung suspendierte Autosporen von *Chlorella vulgaris*. Durch einen Kranz von spannungsstabilisierten Leuchtstofflampen L wird die Zellsuspension intensiv belichtet und über die in Ruhelage befindlichen Magnetventile MV 2 und 5 intensiv belüftet und mit dem erforderlichen $CO_2$ versorgt (2%). Über MV 9 und MV 6 wird gerade soviel Luft zugeführt, daß die Sonde S und der Überlauf Ü stets von Suspension freigehalten werden. Nach 9 Stunden haben sich alle Autosporen der Ausgangssuspension bei etwa 20-facher Volumenvergrößerung zu reifen Mutterzellen entwickelt. Dann wird das Licht für 3 Stunden abgeschaltet. Im Dunkeln wird die Reife

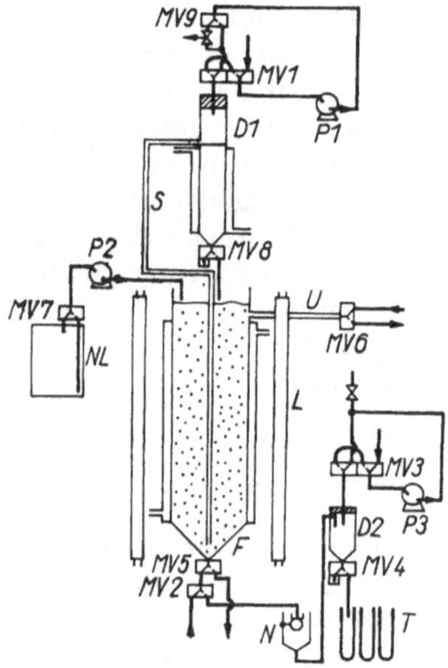


Abb. 5. Schematische Darstellung des Fermenters der Zelltestautomatik (Erklärungen im Text)

vollendet. Die dabei formierten Autosporen werden schließlich nach Aufreißen der Zellwände der Mutterzellen in die Suspension entlassen, die danach wieder ausschließlich aus Autosporen besteht. Die optische Dichte und der Nährstoffgehalt dieser Suspension ist so bemessen, daß sie unmittelbar als Testsuspension verwendet und über das in Arbeitsposition gebrachte Magnetventil MV 5, den Niveauregler N, den Dosierer D 2, das Wechselspiel der Magnetventile MV 3 und MV 4 und das Saug-Druck-System der Pumpe P 3 in die Testfermentoren T überführt werden kann. Unmittelbar vorher wird das zur Regeneration der Suspension erforderliche Inokulum über die Sonde S, das Wechselspiel der Magnetventile MV 1 und MV 9 und das Saug-Druck-System der Pumpe P 1 in den Dosierer D 1 gefördert und dort bis zur Inokulation des Fermenters F temperiert deponiert. Ist der Fermenter F über das Magnetventil MV 2 und nach dessen Abschaltung über MV 5 völlig geleert, wird er mit Hilfe der Pumpe P 2 über das Magnetventil MV 7 aus dem Nährlösungsdepot NL mit gekühltem Nährmedium zunächst intensiv gespült und dann bis zum Überlauf Ü gefüllt. Nach Temperierung des Nährmediums entläßt das Magnetventil MV 8 das im Dosierer D 1 deponierte Inokulum in den Fermenter F. Der Dosierer wird unmittelbar danach über die Sonde S mit frischer Nährlösung gespült und sein Inhalt erneut in den Fermenter F überführt. Damit sind beide Prozeduren — die Überführung der Testsuspension in die Zelltestautomatik und die Regeneration des Fermenters F — abgeschlossen, und eine neue Arbeitsphase kann beginnen. Alle diese Vorgänge werden durch ein einheitliches Steuersystem realisiert, das aus einer Kombination von Schrittschaltwerken, Zeitschaltrelais, Schalt-Uhren, Phototransistoren und Leuchtdioden besteht und dessen Programm sich jeweils über 12 Stunden erstreckt, wobei die Regeneration der Testkultur stets am Ende einer solchen 12-Stunden-Periode erfolgt, die Zelltestautomatik dagegen nur bei Bedarf angefahren wird. Auf diese Weise erreichen wir, daß unser Testmaterial stereotyp produziert wird und seine Reaktionen auf den gleichen Effektor in gleicher Testkonzentration zeitunabhängig reproduzierbar sind. Das sei abschließend kurz an einem Beispiel erläutert. Abbildung 6 stellt uns ein Testprotokoll so vor, wie es von der Zelltestautomatik geliefert wird. Im vorliegenden Fall handelt es sich um einen Test verschiedener Konzentrationen bekannter Herbizide. Die von ihnen konzentrationsabhängig bewirkten Wachstumshemmungen werden im Vergleich zu den Kontrollkulturen K deutlich widergespiegelt. Ein solches Ergebnis läßt sich selbstverständlich auch mit manuell produzierten Testkulturen oder mit kurzzeitig deponierten Algensuspensionen erreichen. Die Koppelung des Fermenters mit der Zelltestautomatik, seine dabei periodisch realisierte Regeneration, sichern jetzt die minutiöse Reproduktion dieses Testergebnisses einschließlich seiner Kontrollwerte auch dann, wenn lange Zeiträume das Original von den Wiederholungen trennen. Damit ist eine wesentliche Voraussetzung für eine zeitunabhängige Vergleichbarkeit von Testaussagen gegeben, die mit synchronen Flüssigkeitskulturen einzelliger Grünalgen im Rahmen des Chlorella-Testsystems ermittelt werden.

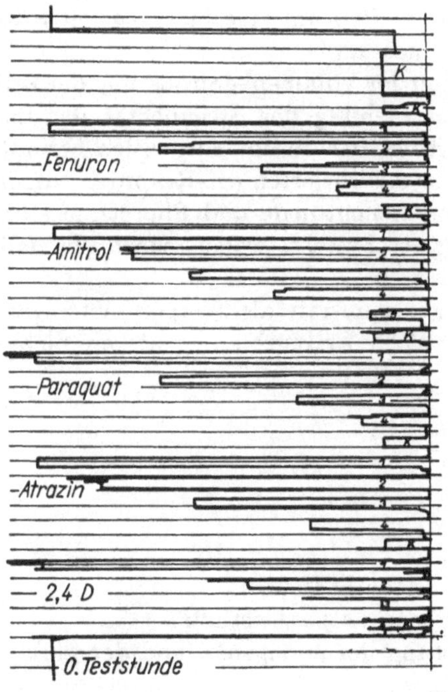


Abb. 6. Schreibbild des Kompensationsschreibers nach 4 Stunden Testzeit bei Applikation ausgewählter Konzentrationen der Herbizide Fenuron, Amitrol, Paraquat, Atrazin, 2,4-D im Vergleich zu Kontrollen K

## Literatur

[1] Böhm, H.: Grundlagen eines Testsystems für pflanzenaktive Chemikalien, Dissertation (B), Pädagogische Hochschule Potsdam, 1970

[2] Borns, E.: Entwicklung und Erprobung einer weitgehend automatisierten Testanlage zur Prüfung der biochemischen Aktivität von Phytopharmaka mit Hilfe von synchronen Suspensionskulturen geeigneter einzelliger Grünalgen, Dissertation (A), Pädagogische Hochschule Potsdam, 1974

## Diskussion

Sobieszczanski: Auf welche Weise haben Sie synchrone Flüssigkeitskulturen der Grünalgen sp. *chlorella vulg.* bekommen?
Böhm: Synchronisierendes Prinzip unserer Kulturen ist ein stammspezifischer Licht-Dunkelwechsel. Er umfaßt im vorgestellten Fall für *Chlorella vulg.*, Stamm Böhm und Borns 1972/1, bei 37 °C 9 Lichtstunden und 3 Stunden Dunkelheit. Die Freisetzung der Autosporen aus den reifen Mutterzellen erfolgt schubartig während der Dunkelheit, so daß bei Lichtbeginn ausschließlich Autosporen die Suspension charakterisieren. Diese Synchronität konnte seit 1971 vollkommen erhalten werden und ist auch mit deponiertem Autosporenmaterial bereits innerhalb einer Generation erneut zu erreichen. Viele Grünalgenstämme lassen sich diesbezüglich jedoch nicht so problemlos handhaben.
Hilliger: Würden Sie kurz die Einrichtung zur Messung der optischen Dichte im Fermentor erläutern können? Handelt es sich um eine Messung der Schwächung des Primärstrahles oder um eine Streulichtmessung?
Böhm: Im Fermenter messen wir die von der Volumenvergrößerung der Zellen auf ihrem Weg zu Mutterzellen verursachte Schwächung des Streulichtes der den Fermenter umgebenden Leuchtstofflampen mit Hilfe eines in der Suspension befindlichen Phototransistors, dessen Signale durch einen modifizierten pH-Rekorder aufgezeichnet werden. Setzt man eine Kombination von Leuchtdiode und Phototransistor ein, so wird der Primärstrahl wachstumsabhängig geschwächt, wobei jedoch ebenfalls Streuungseffekte nicht auszuschließen sind.
Hilliger: Wird ausschließlich die Wachstumsrate als Testparameter verwandt? Wäre das der Fall, würden Substanzen, die auf die Ertragsbildung wirken, nicht erkannt werden.
Böhm: Als Testparameter fungieren:

- die Veränderung des Zellvolumens
- die Veränderung der Zellzahl
- die Veränderung der Trockenmasse
- die Veränderung des Pigmentgehaltes
- die Veränderung der sporenäquivalenten DNS-Masse
- die Veränderung der apparenten Photosyntheseleistung
- die Veränderung der Atmungsleistung der endogenen und der glukosestimulierten Atmung
- die Veränderung des Gesamt-N-Gehaltes der Zellen und seiner Komponenten und andere mehr.

Borris: Die Frage bezieht sich auf die genetische Stabilität des verwendeten *Chlorella*-Stammes. Gibt es außer den beschriebenen Parametern, wie Vermehrungsgeschwindigkeit und Autosporenbildung, weitere, evtl. genetische Markierungen, die ein sicheres Urteil über die Stabilität des Stammes unter den beschriebenen kontinuierlichen Züchtungsbedingungen gestatten?
Böhm: Bei einem sich schnell reproduzierenden Organismus ist die Wahrscheinlichkeit, daß er dabei mutiert, relativ hoch. *Chlorella* nimmt in diesem Rahmen sicher keine Ausnahmeposition ein. Da das von uns praktizierte Synchronisationsverfahren nach jedem Entwicklungszyklus jedoch einen einschneidenden Verdünnungsschritt vorsieht,

wird zwangsläufig nach Vermehrungsrate selektiert. Chancen zum Überlegen hat dabei nur eine Mutante, die sich durch eine höhere Vermehrungsrate auszeichnet. Ein solcher Fall ist jedoch äußerst unwahrscheinlich und ließe sich rasch eher an der veränderten Vermehrungsrate erkennen.
Weitere Kontrollparameter sind:

— der äußerst empfindlich reagierende Freisetzungszeitpunkt der Autosporen aus den Mutterzellen,
— die unter stabilen Umweltbedingungen sich stabil reproduzierenden physiologischen bzw. biochemischen Parameter des Zellstoffwechsels wie z. B.
  - die Entwicklung der kugeläquivalenten Zelldurchmesser bzw. der Zellvolumina der belichteten Autosporen
  - die Größenverteilung der Autosporen am Ende der Dunkelzeit
  - die Leistungen der Zelle bei Photosynthese und Atmung und die Stabilität daraus ableitbarer Quotienten
  - die sporenäquivalente DNS-Masse und ihre Vervielfachung während der Lichtzeit, usw.

*Ingenieurhochschule Köthen*

# Theoretische Grundlagen zur Gestaltung von Laborfermentoren

U. SETZERMANN und G. ZIMMER

Ein wesentlicher Aspekt bei der Durchführung von Untersuchungen in Laborfermentoren ist die Einhaltung idealer Versuchsbedingungen, die sich durch relativ einfache mathematische Modelle beschreiben lassen und damit der Auswertung leichter zugänglich werden. Die Formulierung von Bilanzen und ihre Kopplung mit kinetischen Gesetzmäßigkeiten ist eine der bekanntesten ingenieurtechnischen Methoden. Auch in der Fermentationstechnik liefern Komponenten-, Wärme- und Impulsbilanzen Aussagen über die wichtigsten Zusammenhänge, die die Grundlagen für die Berechnung von Fermentoren darstellen. Aus den Erfahrungen der Reaktionstechnik lassen sich dabei folgende grundlegende Vorstellungen für die Bilanzierung fixieren [1]:

— das Koordinatensystem des Fermentationsmediums ist identisch mit dem der Fermentationsapparatur;
— bei homogenen isotropen Systemen kann die Bilanz den gesamten Fermentationsraum umfassen;
— bei homogenen anisotropen Systemen werden infinitesimal kleine Fermentationsräume bilanziert, um die Auswirkungen der stetigen örtlichen Änderungen in den Eigenschaften des Fermentationsmediums zu erfassen;
— in manchen Fällen kann ein heterogenes System in genügender Näherung als quasihomogen betrachtet werden, was von Fall zu Fall zu überprüfen ist;
— bei einem heterogenen System umfassen die Bilanzgrenzen nur den Raum innerhalb einer homogenen Phase, wobei für jede dieser Phasen eine eigene Bilanz aufzustellen ist; diese werden über die Bilanzen an den Phasengrenzflächen gekoppelt.

In dem in Abbildung 1 dargestellten Bilanzelement werden zur Veranschaulichung dieser Regeln die Substratbilanz für einen in einer Richtung durchströmten homogenen anisotropen Fermentationsraum im instationären Zustand dargestellt.
Bei der Komponentenbilanz wird beispielsweise

— die Speicherfähigkeit des betrachteten Volumens,
— der Stofftransport durch Diffusion infolge vorhandener Konzentrationsgradienten,
— die Zu- und Abfuhr durch erzwungene Konvektion und
— die fermentative Umsetzung

einbezogen. Für die Strömung in $x$-Richtung erhalten wir unter der Voraussetzung eines ortsunabhängigen Diffusionskoeffizienten $D_x$ eine Stoffbilanz für das Substrat

$$\frac{\partial S}{\partial t} = D_x \frac{\partial^2 S}{\partial x^2} - \frac{\partial (w_x \cdot S)}{\partial x} - R_S \tag{1}$$

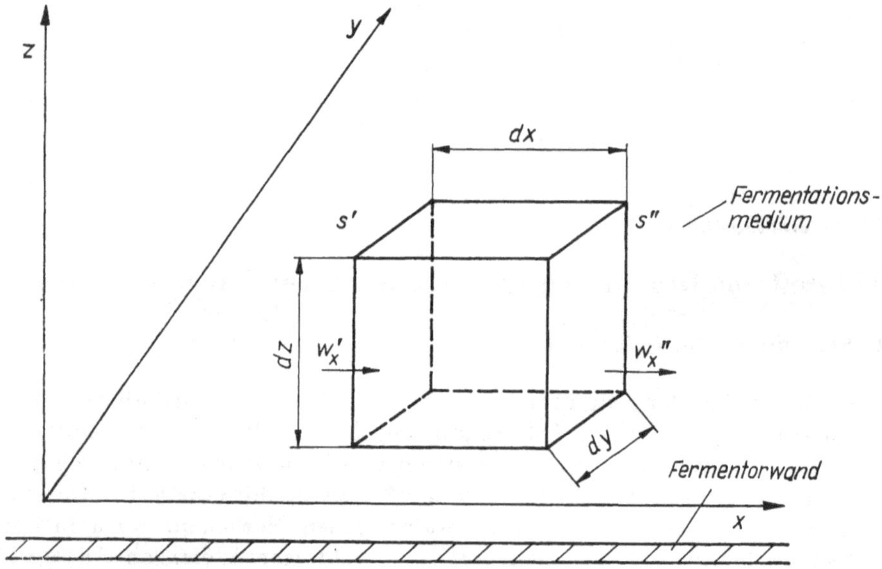


Abb. 1. Bilanzelement in einem Fermenter

Bei Betrachtung einer dreidimensionalen Strömung ergibt sich bei Vektorschreibweise die bekannte Darstellung

$$\frac{\partial S}{\partial t} = \text{div}\,(D \cdot \text{grad}\, s) - \text{div}\,(\vec{w} \cdot s) - R_S \tag{2}$$

Da fermentative Prozesse mit einer Wärmeentwicklung verbunden sind, besteht die Notwendigkeit der Berücksichtigung der Wärmebilanz, die analog zu den Gleichungen (1) und (2) die Form

$$\frac{\partial(\varrho c_p T)}{\partial t} = \lambda_x \frac{\partial^2 T}{\partial x^2} - \frac{\partial(w_x \cdot \varrho \cdot c_p \cdot T)}{\partial x} - |\sum_i r_i \Delta H_i| \tag{3}$$

bzw.

$$\frac{\partial(\varrho c_p T)}{\partial t} = \text{div}\,(\lambda \cdot \text{grad}\, T) - \text{div}\,(\vec{w} \cdot \varrho \cdot c_p \cdot T) - |\sum_i r_i \Delta H_i| \tag{4}$$

besitzt.

Die Impulsbilanz kann analog zu Gleichung (2) und (4) geschrieben werden als

$$\frac{\partial(\varrho \cdot \vec{w})}{\partial t} = \text{Div}\,(\nu\, \text{Grad}\, \vec{w}) - \text{Div}\,(\varrho\, \vec{w} - \vec{w}) - \text{grad}\, p \tag{5}$$

Dieses System nichtlinearer gekoppelter Differentialgleichungen ist in dieser Form nicht lösbar. Deshalb ist es erforderlich, durch Abschätzen der Einflußfaktoren das mathematische Modell soweit zu vereinfachen, daß es anwendbar wird.

Laborfermentoren dienen der Bestimmung der Einflußparameter auf die Fermentation sowie der kinetischen Konstanten, die im Bilanzglied der fermentativen Umwandlung enthalten sind. Die Vereinfachung des mathematischen Modells muß also erstens dahingehend vorgenommen werden, daß eine Entkopplung der Bilanzgleichungen vorgenommen wird. Eine Entkopplung erfordert, bestimmte Bedingungen zu schaffen, wenn man den Fehler nicht zu groß werden lassen will. Soll z. B. der Einfluß der Impulsbilanzgleichung unberücksichtigt bleiben, dann muß der Geschwindigkeitsvektor w in allen Richtungen konstant (ideale Propfenströmung) und der Druckgradient klein sein. Entsprechend müßte bei Vernachlässigung der Wärmebilanzgleichung der Gradient der Temperatur möglichst Null sein.

Bei der Bestimmung der kinetischen Daten genügt jedoch die Entkopplung der Bilanzgleichungen allein nicht. Auch das Vorhandensein von mehreren Gliedern einer Bilanzgleichung führt schon zu Schwierigkeiten bei der notwendigen Meßtechnik und bei der Auswertung. Deshalb müssen die Laborversuchsanlagen so gestaltet werden, daß zweitens eine Vereinfachung des mathematischen Modells in der Art möglich ist, daß nur zwei Glieder der Bilanzgleichung angewendet werden müssen [2].

Welche Glieder der Bilanzgleichung sind dabei zu verwenden? Allgemein ist so zu verfahren, daß das eine Bilanzglied die zu bestimmenden Konstanten enthält und das andere möglichst frei von Stoffkonstanten ist, da diese meist mit einem größeren Fehler behaftet sind, der sich dann auf die Ergebnisse überträgt.

Betrachten wir unsere Komponentenbilanz (1) bzw. (2), so bleiben also für das zweite Bilanzglied nur noch dasjenige mit der zeitlichen Änderung $\frac{\partial s}{\partial t}$ bzw. Strömungsglied $\frac{\partial(w_x \cdot s)}{\partial x}$ (oder div $\vec{w} \cdot s$) übrig. Dabei treten nur bei Anwendung der zeitlichen Änderung vollkommen ideale Verhältnisse ein. Bei der Anwendung des Strömungsgliedes ist das nur der Fall, wenn ideale Propfenströmung vorliegt.

Um diese Modellierung vornehmen zu können, ist es erforderlich, den Stofftransport durch Diffusion infolge vorhandener Konzentrationsgradienten vernachlässigen zu können.

Nach diesen Ausführungen muß ein Versuchsfermenter folgenden Anforderungen genügen, um genaue Daten erhalten zu können:

| | |
|---|---|
| — Druckgradientenfreiheit | (Entkopplung der Impulsbilanz) |
| — ideale Propfenströmung | (Entkopplung der Impulsbilanz) |
| — isotherme Fahrweise | (Entkopplung der Wärmebilanz) |
| — homogenes Medium | (Konzentrations- und Temperaturgradient vernachlässigbar) |
| — stationäres Verhalten | $\left(\frac{\partial s}{\partial t} = 0\right)$ |
| — Geschwindigkeitsvektor der konvektiven Strömung ist Null | (div $\vec{w} \cdot s = 0$) |

Natürlich sind diese Forderungen von einem Laborfermentertyp nicht zu realisieren. Vergleichen wir deshalb die strömungstechnisch idealen Fermentoren instationärer homogener Rührfermenter, stationärer homogener Rührfermenter und stationärer inhomogener Rohrfermenter mit diesen Anforderungen.

### Instationärer homogener Rührfermenter

Der ideale instationäre homogene Rührfermenter erfüllt die Voraussetzungen der Homogenität des gesamten Fermentationsmediums

$$\left(\frac{ds}{dz}\right)_t = 0; \qquad \left(\frac{dT}{dz}\right)_t = 0,$$

der isothermen Fahrweise (bei entsprechender Konstruktion)

$$\frac{dT}{dt} = 0,$$

und das Nichtvorhandenseins einer konvektiven Strömung

$$\operatorname{div} \vec{w} \cdot s = 0 .$$

Infolge der geringen Größe eines Versuchsfermenters ist die Annahme der Druckgradientenfreiheit und damit die Entkopplung der Impulsbilanz möglich. Damit ist der instationäre homogene Rührfermenter ein idealer Versuchsfermenter, für den die Bilanzgleichung

$$\frac{ds}{dt} = -R_S \tag{6}$$

gilt. Bei Anwendung der Monod-Beziehung lassen sich sehr gut die kinetischen Konstanten einer mikrobiellen Umwandlung bestimmen.

### Stationärer homogener Rührfermenter

Beim idealen stationären homogenen Rührfermenter ist Druckgradientenfreiheit, isotherme Fahrweise, homogenes Medium und stationäres Verhalten gewährleistet, d. h. es gilt hier

$$\operatorname{grad} p = 0;$$

$$\frac{ds}{dz} = \frac{ds}{dt} = 0; \qquad \frac{dT}{dz} = \frac{dT}{dt} = 0; \qquad \frac{dF}{dt} = 0;$$

und wir erhalten die Bilanzgleichung

$$\operatorname{div} (\vec{w} \cdot s) = -R_s \tag{7}$$

die für den eindimensionalen Fall ohne Geschwindigkeitsänderung

$$w_x \frac{ds}{dx} = -R_s \tag{8}$$

lautet. Obwohl in diesem Falle vollkommen ideale Verhältnisse nicht erreicht werden (es fehlt die Erfüllung der Voraussetzung der idealen Propfenströmung), ist infolge der einfachen Bestimmung der Reaktionsgeschwindigkeit seine Anwendung sehr verbreitet.

$$(S_0 - S_1) \frac{F}{V} = R_s \tag{9}$$

CARBERRY [3] definierte als „idealen“ Laborreaktor denjenigen, der über einen großen Umsatzbereich isotherm arbeitet, sich unter klar definierten Verweilzeitbedingungen im Hinblick auf den Katalysator und die Reaktionskomponenten im stationären Zustand befindet und die direkte Reaktionsgeschwindigkeitsbestimmung leicht ermöglicht. Diese Eigenschaften besitzt der isotherme ideale kontinuierliche Rührfermenter.

## Stationärer inhomogener Rohrfermenter

Beim idealen stationären inhomogenen Rohrfermenter wird ideale Propfenströmung und isotherme Fahrweise angestrebt. Durch kontinuierlichen Betrieb ist ein stationäres Verhalten erreichbar (wenn die erforderliche Biomassemenge rückgeführt oder in einem Vorfermenter gebildet wird), d. h. der Gesamtmassestrom durch irgendeinen Querschnitt derselbe ist.
In axialer Richtung tritt eine Konzentrationsdifferenz auf, aus deren Verlauf die Fermentationsgeschwindigkeit ermittelt werden kann. Dabei müssen die Temperaturgradienten in axialer und radialer Richtung vernachlässigbar gering sein.
Bei kleinen Rohrdurchmessern (10···30 mm) ist dieses meistens in radialer Richtung der Fall. Der axiale Temperaturgradient muß durch geeignete technische Maßnahmen verringert werden. In den meisten Anwendungsfällen solcher Fermentoren dürften Axial- und Radialdiffusion und der Druckgradient vernachlässigbar sein.
Aus unserer Bilanzgleichung (1) erhalten wir unter diesen Voraussetzungen

$$-w_x \frac{ds}{dx} - s \frac{dw_x}{dx} - R_s = 0 \tag{10}$$

nnd unter der Voraussetzung einer volumenbeständigen Reaktion

$$\frac{F}{V} \int_{s_1}^{s_0} ds = R_s \tag{11}$$

Betrachten wir das Fermentationsmedium als ein einphasiges System, d. h. wir berücksichtigen nur den flüssigen Anteil, dann können wir die obigen Gleichungen direkt anwenden. Für mehrphasige Systeme ist jeweils für jede homogene Phase eine eigene Bilanz aufzustellen, z. B. getrennt für Gas- und Flüssigphase.

## Kreislauffermenter

Ein bei der kinetischen Analyse chemischer Reaktionen angewendeter Laborreaktor, der Kreislauf-Reaktor, zeigt Eigenschaften die es gestatten, eine Arbeitsweise als instationärer Rührfermenter, stationärer Rührfermenter oder als stationärer Rohrfermentor zu erreichen. Die Abbildung 2 zeigt die schematische Darstellung dieser Kreislaufmethode.
Bei der Auslegung von Fermentoren für eine kontinuierliche Prozeßführung bilden die Verweilzeitcharakteristiken und der Durchmischungsgrad wichtige Faktoren. Dabei stellen der ideale Rohrfermenter, bei dem keine Rückmischung auftritt, und der kontinuierliche ideale Rührfermenter mit seiner vollständigen Rückvermischung die beiden Grenzfälle dar. Durch Veränderung des Kreislaufverhältnisses $\varphi$, das das Verhältnis von Kreislaufdurchsatz zu Zulaufvolumen darstellt, können beim offenen System diese beiden Grenzfälle erreicht bzw. angenähert werden.

Zur Charakterisierung des quantitativen Umfanges der Mikromischung ist der von DANCKWERTS [4] definierte Segregationsgrad, der als das Verhältnis der Varianz des Alters zwischen den einzelnen infinitesimalen Teilchen des Fermentationsmediums (var $\alpha_1$) und der Gesamtvarianz im Fermenter (var $\alpha$) dargestellt wird, verwendbar. Die

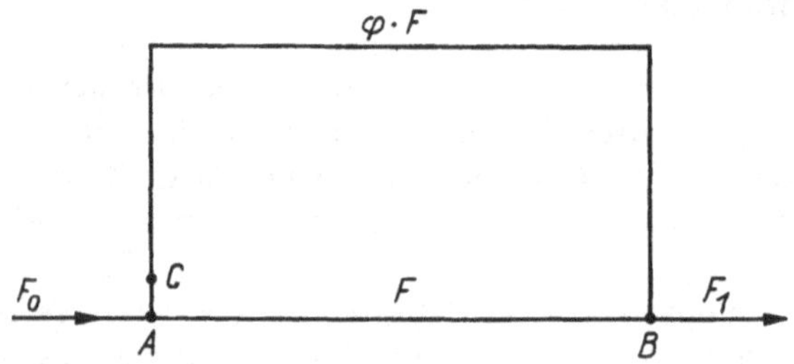


Abb. 2. Schematische Darstellung eines Kreislaufsystems

Gesamtvarianz ist die Summe von var $\alpha_1$ und der Varianz innerhalb der Elemente (var $\alpha_2$). In Analogie zu dem Verfahren der Betrachtung einer Serie von Rührkesseln und longitudinaler Diffusion entwickelte RIPPIN [5] nach obiger Definition folgende Gleichung für den Segregationsgrad

$$\mathrm{I} = \frac{1}{12\varphi(1 + \varphi) + 1} \tag{12}$$

Für den idealen Rohrfermentor ist $\varphi = 0$ und damit wird $\mathrm{I} = 1$, d. h. es ist eine vollständige Entmischung vorhanden. Wird im Kreislauffermenter ein großes Kreislaufverhältnis verwirklicht, dann nähert sich I dem Wert Null, was vollständige molekulare Mischung bedeutet.

Die Anwendung dieses Kreislaufversuchsreaktors kann in zwei Varianten erfolgen. Einmal können wir annehmen, daß die fermentative Umwandlung im gesamten Kreislauf erfolgt, d. h. daß erstens die Mikroorganismen oder Enzyme homogen im Gesamtvolumen verteilt sind. Zweitens kann die Reaktionszone auf einen Teil des Gesamtvolumens begrenzt, z. B. bei der Anwendung trägerfixierter Enzyme, werden.

Für diese Fälle werden folgende Voraussetzungen angenommen:

1. *Plug-flow*-Strömung
2. vollständige Mischung am Kreislaufeintritt
3. isotherme Fermentation
4. $R_s = C \cdot s$

Wir betrachten nun die erste Variante.

Das Gesamtvolumen des Kreislaufes ist V. Das Volumen zwischen Eintritt und Austritt ist $\beta \cdot \mathrm{V}$. Die Bilanzierung für die obigen Voraussetzungen ergibt folgende Beziehung

$$0 = -F \cdot ds - C \cdot s \cdot dv. \tag{13}$$

Das Kreislaufverhältnis $\varphi$ ist der Kreislaufdurchsatz $F_{Kr}$ bezogen auf das Zulaufvolumen $F_0$

$$\varphi = \frac{F_{Kr}}{F_0} \tag{14}$$

Im Abschnitt zwischen den Punkten A und B gilt

$$F = F_{Kr} + F_0 = (1 + \varphi)\, F_0. \tag{15}$$

Führen wir den Umsatz $U_S$ für das Substrat

$$U_S = \frac{S_0 - S}{S_0}$$

ein, so wird die Bilanzgleichung (13) zu

$$\frac{dU_S}{(1 - U_S)} = -\frac{C \cdot dv}{(1 + \varphi)\, F_0} \tag{16}$$

Löst man diese Differentialgleichung für den Bereich zwischen den Punkten A und B, für den die Randbedingungen

$$\text{Punkt A: } V = 0 \qquad U_s{}^A = \frac{S_0 - S^A}{S_0}$$

$$\text{Punkt B: } v = \beta V \qquad U_S{}^B = \frac{S_0 - S^B}{S_0}$$

ergibt sich

$$U_S{}^B = 1 - (1 - U_S{}^A) \cdot \exp\left(\frac{C \cdot \beta \cdot V}{(1 + \varphi)\, F_0}\right) \tag{17}$$

Für den Punkt C erhält man

$$U_S{}^C = 1 - (1 - U_S{}^A) \cdot \exp\left(\frac{(\varphi - \beta + 1) \cdot C \cdot V}{(1 + \varphi)\, \varphi \cdot F_0}\right), \tag{18}$$

wenn $U_S{}^C = \dfrac{S_0 - S^c}{S_0}$ und $v = V$ gilt.

Betrachtet man die Massenbilanz am Kreislaufeintritt A, wo sich der frische Zulaufstrom und der Kreislaufstrom vereinigen, so ergibt sich

$$U_S{}^A = U_S{}^C \frac{\varphi}{\varphi + 1} \tag{19}$$

Damit erhält man für den Umsatz am Ausgang des Kreislauffermenters

$$U_S{}^B = 1 - \left[1 + \varphi - \varphi \cdot \exp\left(\frac{(\varphi - \beta + 1)\, C \cdot V}{(1 + \varphi)\, \varphi \cdot F_0}\right)\right]^{-1} \cdot \exp\left(\frac{C \cdot \beta \cdot V}{(1 + \varphi)\, F_0}\right) \tag{20}$$

Bei Anwendung der beiden möglichen Grenzfälle (keine Zirkulation und unendlich großes Kreislaufverhältnis) reduziert sich diese Gleichung auf folgende Ausdrücke:

$$1.\ \varphi = 0 \quad U_S{}^B = 1 - \exp\left(\frac{C \cdot \beta \cdot V}{1 + F_0}\right) \tag{21}$$

$$2.\ \varphi \to \infty \quad U_S{}^B = \frac{\dfrac{C \cdot V}{F_0}}{\dfrac{C \cdot V}{\varphi \cdot F_0} + 1} \tag{22}$$

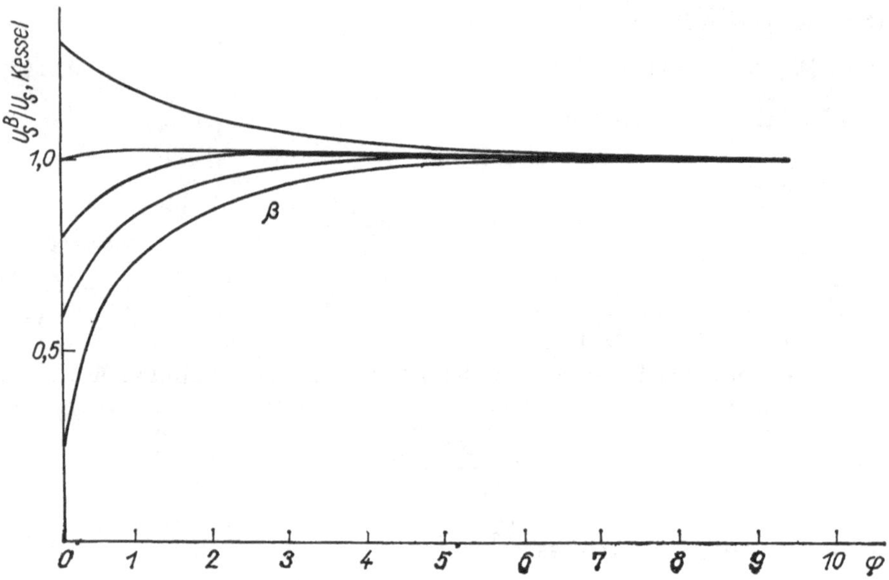


Abb. 3. Umsatz als Funktion φ und β (nach RUDKIN)

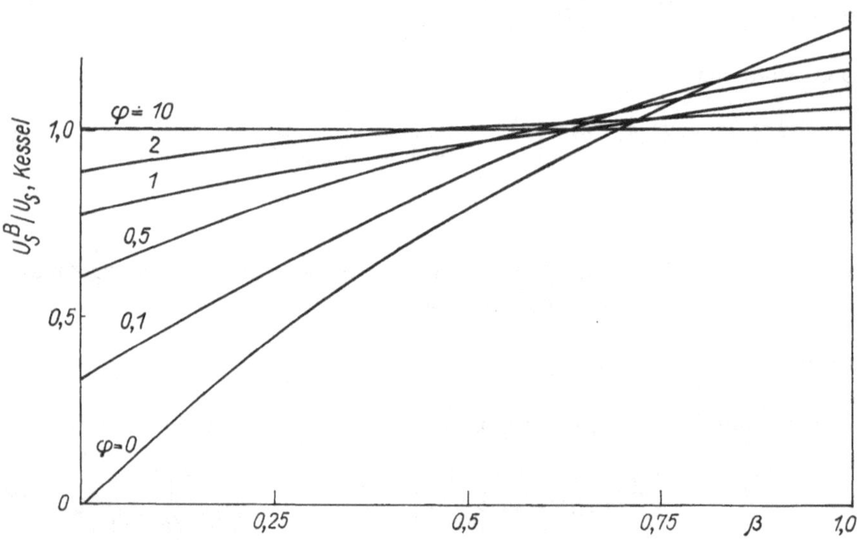


Abb. 4. Umsatz als Funktion der Geometrie (nach RUDKIN)

Im ersten Fall ist der Umsatz identisch mit demjenigen eines Rohrfermentors mit dem Volumen $\beta \cdot$ V. Für den zweiten Fall ergibt sich ein Umsatz, der mit dem eines idealen kontinuierlichen Rührfermentors vom Volumen des Kreislaufes bei einer Reaktion erster Ordnung übereinstimmt.

RUDKIN [6] zeigte, daß für den Fall $C \cdot V/F_0 = 1$ ab etwa $\varphi = 10$ die Übereinstimmung zwischen einem idealen Rührkessel und dem Kreislaufreaktor vorhanden ist; d. h. unabhängig von der Größe von $\beta$ ist $U_S{}^B/U_{S_{\text{Rührkessel}}} = 1$ (Abb. 3 und 4).

Russel und Mitarbeiter [7] entwickelten einen Kreislauffermenter mit dem sie nachwiesen, daß sich die Wachstumskinetik der verwendeten Hefen wie bei einem konventionellen Batch-Rührfermenter als Funktion der Zeit einstellte. Sie wiesen darauf hin, daß der wesentliche Unterschied zwischen beiden Laborfermenterarten die Art ist, wie Luft und Flüssigkeit in Kontakt treten. Das Strömungsmodell eines Tankfermenters ist bedeutend komplizierter als die Flüssigkeitsmechanik einer Zwei-Phasen-Rohrströmung. Die Autoren schätzten ein, daß dieser Kreislauffermenter Eigenschaften besitzt, die von potentiellem Nutzen für einzelne biologische Systeme sein können, wie

- einfache Laboranlage, deren Grundelemente eine Pumpe und die Rohrleitung sind,
- einfache Montage,
- Pumpe und Rohrleitung sind aus verschiedenen Werkstoffen herstellbar,
- ein Teil des Rohres kann als Wärmetauscher genutzt werden,
- die Anlage kann gut unter Druck betrieben werden,
- die Vermischung in einem Rohr ist gleichmäßiger als in einem Rührkessel, weil keine Toträume vorhanden sind.

Außerdem ist ein Kreislaufsystem, angewendet als Differentialkreislauffermenter, gut für die Untersuchung trägerfixierter Enzyme geeignet. Eine Anwendung erfolgte zum Beispiel bei der Hydrolyse von $\beta$-D-Glukose durch an nichtporösem Glas fixierter Glucooxidase durch Ramachandran und Perlmutter [8]. Auch bei Ford und Mitarbeiter [9] findet man den Einsatz des Differentialkreislauffermenters.

Der Einsatz des Differentialkreislauffermenters für die Untersuchung der Kinetik biochemischer Umwandlungen mittels trägerfixierter Enzyme geht u. a. zurück auf die Erkenntnisse von Temkin [10, 11] und Kiperman [12, 13], die bei der Bestimmung der Kinetik heterogener katalytischer Reaktionen gewonnen wurden. Letzterer nennt folgende Vorteile:

- die Reaktionsgeschwindigkeit wird sofort in differentieller Form bestimmt;
- die Ergebnisse sind sehr genau;
- es besteht die Möglichkeit mit beliebigen Katalysatormengen von willkürlicher Form zu arbeiten;
- es werden die Schwierigkeiten beseitigt, die sonst durch das Auftreten von Gradienten jeder Art hervorgerufen werden.

Perkins und Rase [14, 15] wiesen darauf hin, daß der Differentialkreislaufreaktor Vorteile dadurch besitzt, daß

- die Kombination von Kreislauf und gutem Wärmetransport eine gute Temperaturkontrolle erlaubt;
- die zur Untersuchung des Einflusses des Massentransportes durch die Grenzschicht erforderliche hohe Geschwindigkeit mit relativ geringen Rohstoffeinsatzmengen erreicht werden kann;
- große Kreislaufgeschwindigkeiten und differentielle Umsätze eine einheitliche Zusammensetzung im Reaktor schaffen und
- das Umsatzniveau sich beliebig einstellen läßt.

Schwierigkeiten sehen sie besonders bei der Entwicklung einer allen Ansprüchen genügenden Kreislaufpumpe.

Im Falle dieses Differentialkreislauf-Reaktors (siehe Abb. 5) ist die Reaktion auf den Bereich des Volumens der trägerfixierten Enzyme beschränkt. Führt man hier eine

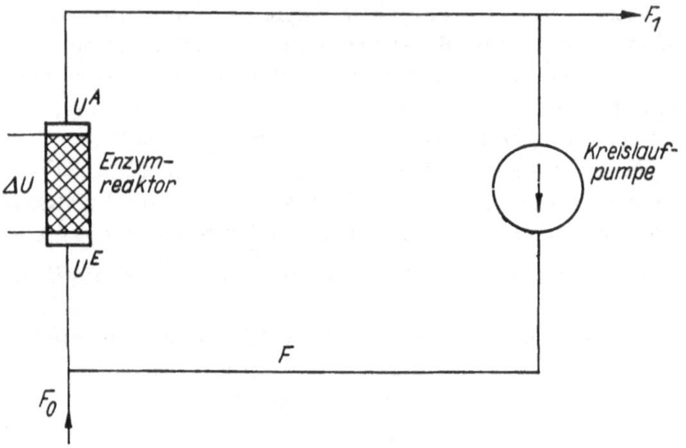


Abb. 5. Schema eines Differentialkreislauf-Reaktors

ähnliche Betrachtung durch wie im vorher betrachteten Fall der Nutzung des gesamten Kreislaufvolumens erhält man für den Umsatz im Kreislauf

$$U_S{}^1 = (1 + \varphi) \frac{1 - \exp\left(\dfrac{C \cdot V_{\text{Enz}}}{(1+\varphi) F_0}\right)}{1 + \varphi\left(1 - \exp\left(\dfrac{C \cdot V_{\text{Enz}}}{(1+\varphi) F_0}\right)\right)} \tag{23}$$

Führt man auch hier wieder die Grenzbetrachtungen durch, so erhält man

$$1.\ \varphi = 0 \quad U_S{}^1 = 1 - \exp\left(\frac{C \cdot V_{\text{Enz}}}{F_0}\right) \tag{24}$$

$$2.\ \varphi \to \infty\ U_S{}^1 = \frac{\dfrac{C \cdot V_{\text{Enz}}}{F_0}}{\dfrac{C \cdot V_{\text{Enz}}}{F_0} + 1} \tag{25}$$

Gleichung (24) stellt den Umsatz des Substrates in einem Rohrfermenter mit einem Enzymvolumen $V_{\text{Enz}}$ dar. Nach Gleichung (25) ist der Umsatz des Substrates am Kreislaufausgang identisch mit demjenigen eines idealen kontinuierlichen Rührfermenters, der das Volumen der trägerfixierten Enzyme besitzt.

Da sich bei bestimmten Kreislaufverhältnissen $\varphi$ der Differentialkreislauf-Reaktor wie ein Rührfermenter verhält, besteht die Möglichkeit, die Reaktionsgeschwindigkeit heterogener Reaktionen, die durch trägerfixierte Enzyme beschleunigt werden, nach der Gleichung für den isothermen kontinuierlichen Rührfermenter zu berechnen:

$$R_S = \frac{1}{V_{\text{Enz}}} (S_0 F_0 - S_1 F_1) \tag{26}$$

Um aussagekräftige Ergebnisse zu erhalten, muß die Konzentrationsdifferenz über das Katalysatorvolumen in den Grenzen der Meßgenauigkeit der Analysengeräte liegen. Dazu soll die Abhängigkeit der Umsatzdifferenz $\Delta U_s$ in Abhängigkeit vom Kreislaufverhältnis betrachtet werden.

$$\Delta U_s = U_s^A - U_s^E = U_s^1 - U_s^E \tag{27}$$

Über die Bilanzgleichung am Kreislaufeintritt erhält man

$$\Delta U_s = U_s^1 - U_s^1 \left(\frac{\varphi}{1+\varphi}\right) = U_s^1 \left(\frac{1}{1+\varphi}\right) \tag{28}$$

Die Umsatzdifferenz bewegt sich also in Abhängigkeit vom Kreislaufverhältnis $\varphi$ zwischen den beiden Grenzwerten $\Delta U_s = U_s^1$ für $\varphi = 0$ (wie bei einem Rohrfermenter) und $\Delta U_s = 0$ für $\varphi \to \infty$.

*Tabelle 1*
*Umsatzdifferenz als Funktion des Gesamtumsatzes und des Kreislaufverhältnisses*

| $\varphi / U_s^1$ | 0,2 | 0,5 | 0,8 | 1,0 |
|---|---|---|---|---|
| 0 | 0,2 | 0,5 | 0,8 | 1,0 |
| 1 | 0,1 | 0,25 | 0,4 | 0,5 |
| 10 | 0,02 | 0,04 | 0,07 | 0,09 |
| 20 | 0,009 | 0,02 | 0,04 | 0,05 |
| 50 | 0,004 | 0,009 | 0,016 | 0,02 |
| 100 | 0,002 | 0,005 | 0,008 | 0,01 |

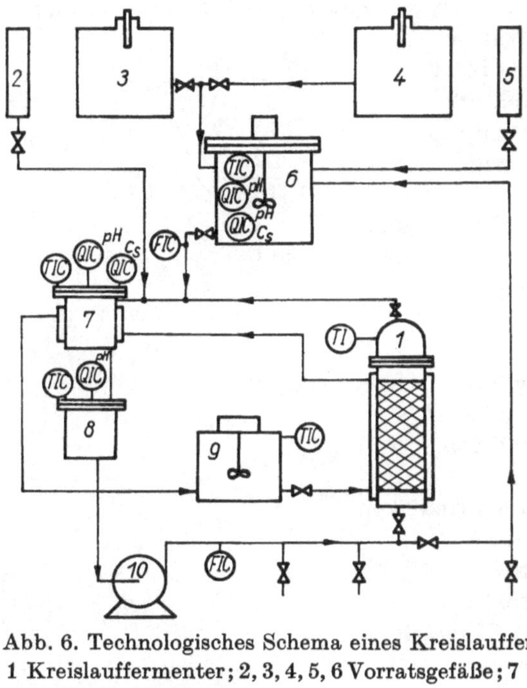


Abb. 6. Technologisches Schema eines Kreislauffermenters
1 Kreislauffermenter; 2, 3, 4, 5, 6 Vorratsgefäße; 7 T-Kessel; 8 pH-Kessel; 9 Thermostat; 10 Kreislaufpumpe

Es zeigt sich also, daß sich ein Kreislaufverhältnis finden läßt, das in Abhängigkeit von dem in den Kreislauf eintretenden Volumendurchsatz, von den kinetischen Konstanten und vom Volumen (oder der Masse) der trägerfixierten Enzyme eine Umsatzdifferenz ergibt, die im Bereich der Analysengenauigkeit liegt.
Aus Tabelle 1 ist die Abhängigkeit der Umsatzdifferenz $\Delta U_s = (U_s^1, \varphi)$ ersichtlich.
Für die verschiedenen Gesamtumsätze $U_s^1$ kann in Abhängigkeit von der Meßgenauigkeit das erforderliche Mindestkreislaufvolumen bestimmt werden, um die Verhältnisse eines Rührkesselfermenters zu erreichen.
Wir haben vor, für die Untersuchung der Stoffumwandlung mittels trägerfixierter Enzyme eine Laborversuchsanlage mit einem Kreislaufreaktor aufzubauen (Abb. 6). Wir wollen damit die Möglichkeit schaffen, alle genannten Grundtypen in einer Anlage zu realisieren, um so die Vorteile von Kreislauffermentoren für enzymatische Reaktionen zu nutzen.
Eine effektive Gestaltung von Laborfermentoren in Abhängigkeit von den theoretischen Grundlagen erleichtert entscheidend die Versuchsaufwertung. Dabei ist ein Kompromiß zwischen apparativen und meßtechnischen Möglichkeiten und den theoretischen Erfordernissen notwendig.

## Symbolverzeichnis

| Formelzeichen | Bedeutung |
|---|---|
| $C$ | Substratverbrauchsgeschwindigkeit-Konstante |
| $c_P$ | spezifische Wärme |
| $D$ | Diffusionskoeffizient |
| $F$ | Volumendurchsatz |
| $\Delta H$ | Reaktionsenthalpie |
| $I$ | Segregationsgrad |
| $p$ | Druck |
| $r$ | Reaktionsgeschwindigkeit |
| $R_S$ | Substratverbrauchsgeschwindigkeit |
| $S$ | Substratkonzentration |
| $t$ | Zeit |
| $T$ | Temperatur |
| $V_{\mathrm{Enz}}$ | Volumen der trägerfixierten Enzyme |
| $U_S$ | Umsatz des Substrates |
| $V$ | Fermentervolumen |
| $v$ | Volumen |
| $w$ | Strömungsgeschwindigkeit |
| $x, y, Z$ | Ortskoordinaten |
| $\beta$ | Volumenanteil |
| $\varphi$ | Kreislaufverhältnis |
| $\nu$ | kinematische Zähigkeit |
| $\varrho$ | Dichte |
| $\lambda$ | Wärmeleitzahl |

Indices

| | |
|---|---|
| 0 | Fermentereingang |
| 1 | Fermenterausgang |
| $x$ | x-Richtung |
| $i$ | Reaktionskomponente i |
| $K_r$ | Kreislauf |

## Literatur


[1] Autorenkollektiv: Reaktionstechnik, Deutscher Verlag für Grundstoffindustrie, Leipzig, 1976

[2] KATTANEK, S., H. KÖLLNER, U. SETZERMANN: Chem. Techn. **20** (1968) 2, 65–74

[3] CARBERRY, J. J.: Ind. Engng. Chem. **56** (1964) 11, 39–46

[4] DANCKWERTS, P. V.: Chem. Eng. Sci. 8 (1958) 93

[5] RIPPIN, D. T. W.: Ind. Engng. Chem. Fundamentals **6** (1967) 488–492

[6] RUDKIN, J.: Brit. Chem. Engng. **12** (1967) 1374–1375

[7] RUSSELL, T. W. F., I. J. DUNN: Biotechnol. Bioengin. **16** (1974) 9

[8] RAMACHANDRAN, K. B., D. D. PERLMUTTER: Biotechnol. Bioengin. **18** (1976) 685–699

[9] FORD, J. R. u. a.: Enzym Engineering, Interscience Publishers, New York, 1972

[10] TEMKIN, M. J.: Kinetik i kataliz **3** (1962) 4, 509–517

[11] TEMKIN, M. J.: Vortrag auf der Allunionskonferenz über Methoden zur Bestimmung der Katalysatoraktivität, 9.–12. 10. 61

[12] KIPERMAN, S. L.: Kinetik i kataliz **3** (1962) 4, 520–522

[13] KIPERMAN, S. L.: Vortrag auf der Allunionskonferenz über Methoden zur Bestimmung der Katalysatoraktivität, 9.–12. 10. 61

[14] PERKINS, T. K., H. F. RASE: A. I. CH. E. Journal **4** (1958) 351–355

[15] PERKINS, T. K.: Dissertation, Universität Texas, Austin 1957

*Institut für Enzymologie und technische Mikrobiologie, Berlin*

# Anwendung und Leistungsgrenzen von Laborfermentoren aus der DDR-Produktion

R. Fischer und R. Pippig

## 1. Kleinstfermenterstand in Kompaktbauweise

### *1.1. Konstruktion und Bau des Kleinstfermenterstandes*

Das Institut für Enzymologie und technische Mikrobiologie (ITM) stand 1975 vor der Aufgabe, kurzfristig ökonomische Aussagen zum Einsatz zellwandlytischer Enzyme machen zu müssen. Da die Lieferung von Importfermentoren nicht möglich war und der Aufbau der Kleinstfermenterstation unseres Technikums erst 1976 realisiert wurde, bekam der Bereich Technologie/Verfahrenstechnik des ITM den Auftrag, im Zeitraum eines halben Jahres einen Kleinstfermenterstand in Kompaktbauweise zu errichten.

Folgende Anforderungen wurden durch den zukünftigen Betreiber an die Fermentereinheit gestellt:

- Festgelegte Abmaße, die eine Aufstellung im Labor ermöglichen
- Fermenterdeckel und -boden aus VA-Stahl zum Einbringen der notwendigen Meßtechnik
- Fermenterzylinder aus Glas
- Stufenlos verstellbarer Antrieb über biegsame Welle
- Drehzahlmessung mit Anzeige
- pH-Wert-Messung, -Anzeige und -Registrierung
- Temperaturmessung, -anzeige, -registrierung und -regelung
- Automatische chemische Entschäumung
- Luftmengenmessung und -regelung
- Sterilluftfiltration

Auf Importmaterialien, außer eines schon vorhandenen Gleichstrommotors mußte verzichtet werden.

Die Aufgabenstellung wurde in dem Realisierungskollektiv beraten und anschließend mehrere Fertigungsverfahren nach Fertigungsaufwand, Bedienbarkeit, Einsatz vorhandener Technologien, Erweiterungsfähigkeit und Schutzgüte zur Diskussion gestellt.

Die in Abbildung 2 gezeigte Variante 4 wurde als günstigste Variante ausgewählt und termingemäß realisiert.

Für eine Weiterentwicklung der Meßtechnik wurden Reservefelder gelassen; das Mittelteil der Kompakteinheit ist für verschiedene Fermentergrößen austauschbar. Der 2-Liter-Glasfermenter, auch Grundlage für die später zu realisierende Kleinstfermenterstation, wurde im VEB Pilot- und Chemieanlagenbau Heidenau/Pirna nach gemein-

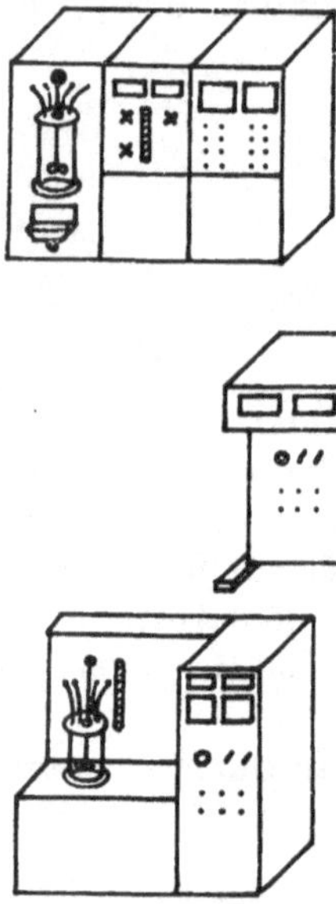

Abb. 1

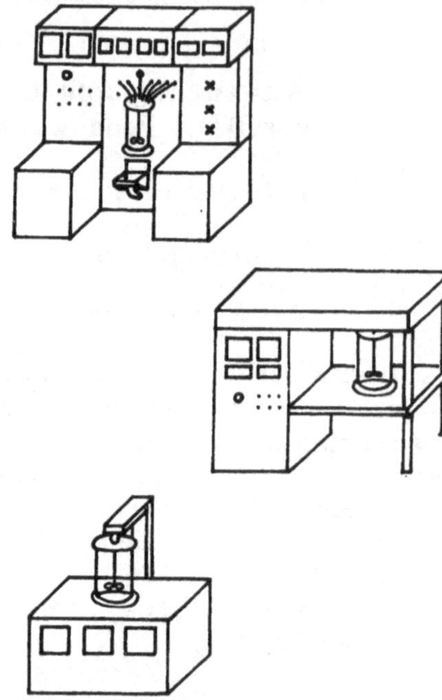

Abb. 2

Abb. 1. Konstruktionsvarianten 1 bis 3 eines Kleinstfermenterstandes in Kompaktbauweise

Variante 1:

Der Fermenter hängt vor einem kompakten Meßschrank, in dem Meßgeräte, Registriergeräte und Dosiereinrichtungen untergebracht sind. Die Bedienungselemente befinden sich auf der Frontplatte des Meßschranks.

Variante 2:

Anzeige- und Registriergeräte sind im oberen Teil untergebracht. Dosierpumpen und Vorratsgefäße stehen auf Konsolen.

Variante 3:

Der Fermenter steht auf einem Unterteil, in dem Dosierpumpen und Vorratsgefäße untergebracht sind. Anzeige-, Registrier- sowie Bedieneinrichtungen befinden sich am Meßschrank auf der rechten Seite des Kleinstfermenterstandes

Abb. 2. Konstruktionsvarianten 4 bis 6 eines Kleinstfermenterstandes in Kompaktbauweise

Variante 4:

Regler, Registriergeräte und Anzeigefelder befinden sich im oberen Teil, Fermenter sowie Bedienungselemente im mittleren Teil des Fermenterstandes. Im unteren Teil sind Dosierpumpen für Lauge, Säure und Antischaummittel mit dazugehörigen Vorratsgefäßen untergebracht.

Variante 5:

Alle Geräte und Bedienungselemente sind im linken Teil der Konstruktion untergebracht. Dosierpumpen sowie Vorratsgefäße stehen oder hängen unter dem Fermenter.

Variante 6:

Meßgeräte, Anzeigeninstrumente, Bedienungselemente, Dosierpumpen und Vorratsgefäße befinden sich im unteren Teil.

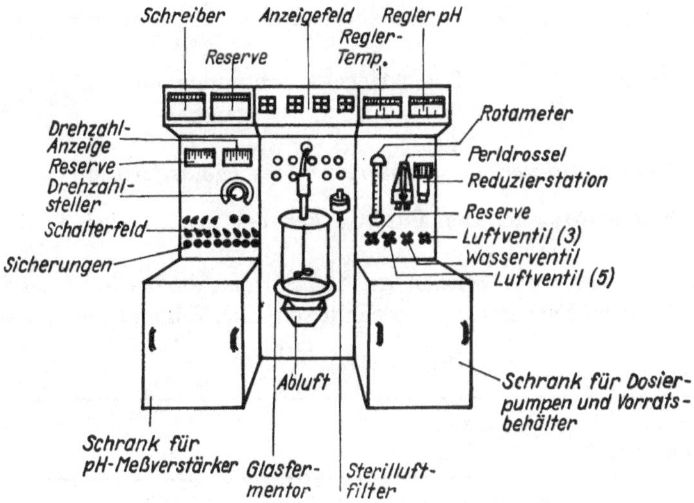


Abb. 3. Ansicht der realisierten Konstruktionsvariante 4 eines Kleinstfermenterstandes in Kompaktbauweise

*Tabelle 1*

*Technische Kennwerte des Kleinstfermenterstandes*

| | |
|---|---|
| Betriebsspannung: | 3 mal 380 V |
| Netzfrequenz: | 50 Hz |
| Leistungsaufnahme der Heizung: | 2000 W |
| Kühlwasser: | Stadtwasser mittels Schlauchanschluß 3/4″; Mindestdruck 2 kp/cm²; Maximaldruck 5 kp/cm² |
| Druckluft: | Gereinigte (staub-, wasser- und ölfrei) Druckluft mit einem Druck von 3 bis 4 kp/cm² |
| Arbeitstemperatur-Bereich: | 10···45 °C (Umgebungstemperatur) |
| Zulässige Temperatur für Transport und Lagerung: | 25···+55 °C |
| (für den elektrischen Meßumformer gelten | besondere Lagerbedingungen) |
| Maximale relative Feuchte: | 80 Prozent bei 35 °C |
| Schutzgrad des Fermenterstandes: | IP 41 nach TGL 15165 |
| Nennvolumen des Fermenters: | 2 Liter |
| Einstellbarer Drehzahlbereich des Rührers: | 0···1500 U/min |
| pH-Meßbereich: | 1···13 |
| Temperatur-Meßbereich: | 0···50 °C |
| Temperierung: | mittels eingebautem Temperierungssystem Warmwasser (Thermostat) — Kaltwasser (Frischwasser) |
| Entschäumung: | chemisch über impulsgesteuerte Dosierpumpen |

samen Projektunterlagen des VEB Arzneimittelwerk Dresden und des ITM Berlin gefertigt.
Die technischen Kennwerte des Kleinstfermenterstandes sind in Tabelle 1 aufgeführt.

### *1.2. Anwendung und Leistungsgrenzen des Kleinstfermenterstandes*

Die Fermentereinheit wurde nach den Funktionsproben im 2. Halbjahr 1975 in Betrieb genommen.
Im bisherigen Betriebszeitraum wurden ca. 120 Fermentationen durchgeführt (1 Fermentation/Woche). Diese Fermentationen schlüsseln sich folgendermaßen auf:

*Tabelle 2*

| Anzahl der Fermentationen | Art der Kultur | Fermentationszeit |
|---|---|---|
| 30 | Pilzkultur (Zellwandlytische Enzyme | 72 bis 96 Std. |
| 40 | Bakterienkultur (Alkalische Protease) | 40 Std. |
| 50 | Bakterienkultur (Brauereienzym) | 40 Std. |

Auf Grund der Anzahl der durchgeführten Fermentationen zur phänotypischen Optimierung des Enzymbildungsvermögens von Mikroorganismen kann folgende Gesamteinschätzung gegeben werden:

- Die *Bedienbarkeit* der Fermentereinrichtung ist einfach und kann durch jeden Assistenten und Naturwissenschaftler ohne besondere technische Vorbildung erfolgen
- Die *Betriebszulässigkeit* kann als gut eingeschätzt werden. Die technischen Ausfälle liegen bisher bei 3 Prozent (je einmal Ausfall des Rührers und des Sterilluftfilters, zweimal Ausfall der elektrischen Heizung)
- Die *Sterilquote* liegt zwischen 90 und 95 Prozent. Die Infektionen lassen sich auf die nichtsterilisierbaren pH-Elektroden und die Manipulationen beim Beimpfungsvorgang zurückführen.

In Anwendung der gesammelten Erfahrungen wurden im Versuchszeitraum folgende z. T. verfahrensbedingte Einschränkungen oder Verbesserungen am Fermenterstand vorgenommen:

- Infolge Unbeständigkeiten des elektrischen Durchlauferhitzers wurde die Temperierung über Thermostat realisiert.
- Auf Grund der schlechten Pumpfähigkeit des verwendeten Antischaummittels (Elvaumin H, Polypropylenglykol) und dem Verbleib von Schaumanteilen zwischen den Deckelelektroden und der Schaumelektrode hat sich die automatische Entschäumung für den Kleinstfermenterstand nicht bewährt. Es kam zu einer starken Überdosierung.
- Um Infektionen zu vermeiden, wurde die nichtsterilisierbare Elektrode für pH-Messung nicht mehr eingesetzt.

— Zur weiteren Verbesserung der Meßmöglichkeiten wurde der Fermenterdeckel so geändert, daß eine transportable $pO_2$-Meß-, Regel- und Registriereinheit mit sterilisierbarer $pO_2$-Elektrode angeschlossen werden konnte, die seit Mitte 1977 in Betrieb ist.
— Die Fermentereinheit ist so gebaut, daß der kurzfristige Anschluß einer transportablen Abluftmessung vorgenommen werden kann. (VEB Junkalor Dessau: Analysenmeßschrank mit Permolyt und Infralyt).

## 2. Kleinstfermenterstation

Die Notwendigkeit der Errichtung einer Kleinstfermenterstation im Rahmen der Rekonstruktion der kleintechnischen Versuchsanlage an unserem Institut ergab sich aus der Tatsache, im Labormaßstab (Schüttelkolben) gewonnene Erkenntnisse schneller und sicherer zu bestätigen und damit in den halbtechnischen Maßstab (30-, 300- und 3000-Liter-Fermenter) überführen zu können oder im entgegengesetzten Fall zu der Einsicht zu gelangen, weitere Grundlagenarbeit im Laborbereich leisten zu müssen.
Daraus ergibt sich im einzelnen eine vielschichtige Aufgabenstellung für die Kleinstfermentoren:
— Überprüfen der Leistungsfähigkeit von Mikroorganismen durch Reihenversuche unter gleichen Bedingungen
— Bereiten von Impfkulturen für Hauptkulturfermentationen
— Überprüfung des Einflusses einer mehrstufigen Vorkulturführung auf die Hauptkultur
— Versuche zur Optimierung der Nährbodenzusammensetzung einschließlich Feeding, Belüftung, Drehzahl des Rührers, Temperatur und der Beimpfungsdichte
— Rückkopplungsversuche zur Untersuchung des Einflusses von Sterilisations- und Fermentationsbedingungen bei größeren Fermentoren (Direktabzüge)
— Erprobung von chemischen Schaumbekämpfungsmitteln

### *2.1. Konstruktion und Bau der Kleinstfermenterstation*

#### *2.1.1. Fermenter*

Die im VEB Pilot- und Chemieanlagenbau Heidenau/Pirna gefertigten 2-Liter-Fermentoren bestehen aus je einer Boden- und Deckelplatte (beide aus VA-Stahl) und einem zylindrischen Mittelteil aus Glas. Das Höhen—/Durchmesserverhältnis beträgt 1,6.
An der Deckelplatte befinden sich 5 Stutzen NW 6 für Beimpfung, Antischaummittelzugabe u. a., die Wellenabdichtung als einfache Stopfbuchspackung, der Stutzen für die sterilisierbare pH-Elektrode sowie das Schutzrohr für die Temperaturmessung mit einem Pt 100.
An der Bodenplatte befinden sich 4 Stutzen NW 6 zur Probeentnahme, der Eintritt für die sterile Luft, die Ein- und Ausgänge für die Temperierung sowie ein größerer Stutzen NW 15.

#### *2.1.2. Antrieb und Rührung*

Der im Projekt vorgesehene und zum Zeitpunkt der Inbetriebnahme praktizierte Antrieb mittels Labor-Rührwerk LR 40 erwies sich als ungünstig. In keiner Phase der Fermentation konnte die Drehzahl konstant gehalten werden. Aus diesem Grunde wurden jeweils

4 Gleichstrom-Nebenschlußmotoren an einen Stelltrafo angeschlossen, die übrige Konstruktion (bewegliche Welle und Rührkopf) beibehalten. Die Drehzahl wird an einem Amperemeter angezeigt und über einen zweiten 14-stufigen Stelltrafo in einem Bereich von 0 bis 1500 U/min. eingestellt.

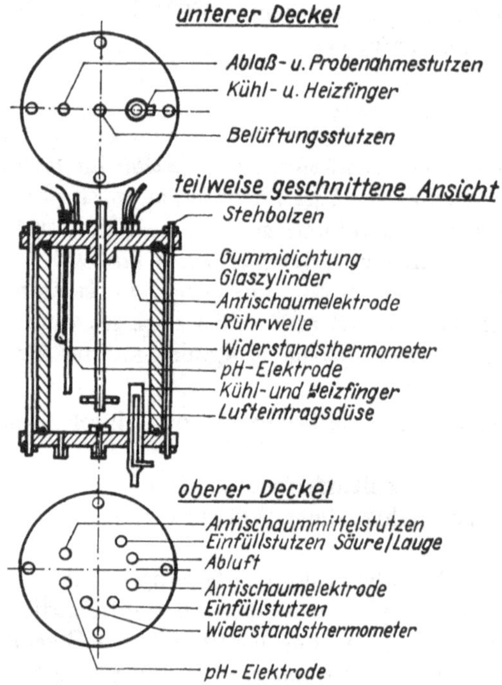


Abb. 4. Aufbau des 2-Liter-Fermenters

Der Rührer ist als 8-Blatt-Scheibenrührer ausgelegt mit einer Blattabmessung von 15 mal 20 mm. Das Verhältnis Rührer-/Fermenterdurchmesser beträgt 0,4. Ein zweiter, gleichgestalteter Rührer findet im Schaumbereich als mechanische Schaumbekämpfungshilfe Verwendung.

### *2.1.3. Belüftung*

Der Lufteintritt wird über eine in den Fermenterboden eingebaute und mit einer Bohrung von 1 mm versehene Schraube realisiert. Die Sterilisation der Luft erfolgt durch ein mit Watte gefülltes 300 ml-Glasfilter, welches zusammen mit dem Fermenter autoklaviert wird. Eine vordruckunabhängige, durchflußgeregelte Perldrossel ermöglicht eine konstante Belüftung der Fermentoren im Bereich von 0 bis 30 Liter/Stunde.

### *2.1.4. Temperierung*

Über einen doppelwandigen Rohrstutzen im Fermenter wird ständig Frischwasser geschickt. Ein Thermostat vom Typ U 1, mittels Kontaktthermometer auf eine bestimmte Vorlauftemperatur eingestellt, dient als Warmwasserbereiter. Die Pumpe des Thermosta-

ten wird von einem Zweipunktregler geschaltet und die Temperatur mit einem doppeltwirkenden (sowohl auf den Regler als auch auf Anzeige und Registrierung) Pt gemessen. Das warme Wasser fließt in einem geschlossenen Kreislauf vom Thermostaten über eine Rohrschlange (NW 8) im Fermenter zum Thermostaten zurück.
Damit läßt sich eine Genauigkeit von $\pm 1\,°C$ erreichen.

### *2.1.5. Sonstige periphere Einrichtungen*

In sechs von acht Fermentoren wird eine sterilisierbare pH-Elektrode aus Meinsberg vom Typ EGA 50 oder 51 eingesetzt. Eine pH-Regelung ist vorgesehen, wurde aber bisher noch nicht erprobt.
An sechs von acht Fermentoren können die Abluftanalysengeräte Infralyt 5 (0 bis 10 Vol.-% $CO_2$) und Permolyt 2 (0 bis 25 Vol.-% $O_2$) angeschlossen werden.
Temperatur und pH-Wert werden mittels Betriebs-Motorkompensator-Vielfachschreiber BMKV 100 registriert.

## *2.2. Anwendung und Leistungsgrenzen*

Die Inbetriebnahme des Kleinstfermenterstandes erfolgte im Februar 1977. Einschließlich Probebetrieb konnten innerhalb eines Jahres 460 Fermentationen durchgeführt werden.
Auf einer Fläche von 4 $m^2$ waren bei Aufnahme des Probebetriebes 12 Kleinstfermentoren einschließlich des engeren Zubehörs (Antrieb, Drehzahlmessung, und -anzeige, Temperierung außer Regler, Betriebs-pH-Meter, Sterilluftfilter u. a.) untergebracht.
Die tatsächliche Standfläche betrug für jeden Fermenter 0,2 $m^2$.
Die Sterilisation der Fermentoren, sowohl leer als auch mit Nährboden, wird in einem Dampfsterilisierautomaten vom Typ SD 544 vorgenommen. Jeweils 4 Fermentoren können gleichzeitig sterilisiert werden. Sämtliche Anschlüsse am Fermenter sind Schlauchverbindungen (Silikongummi), die während der Sterilisation und auf dem Transport vom Autoklaven zum Kleinstfermenterstand steril verschließbar sind. Die Reinigung erfolgt manuell und schließt die völlige Demontage des Fermenters (außer Wellenabdichtung) ein. Der Zeitaufwand für diesen Arbeitsgang beträgt für eine Arbeitskraft 30 min. je Fermenter. Während der Standzeiten zwischen den Fermentationen, unabhängig von der Dauer des Stillstandes, sind die Fermentoren mit einem Desinfektions- oder Reinigungsmittel oder einer Kombination beider in entsprechender Konzentration gefüllt. Als Reinigungs- und Desinfektionsmittel finden Wofasept, Wofasteril, Formalin, Trosilin und Kombinal-Asept Verwendung.
Die während der ersten drei Monate nach Inbetriebnahme gesammelten Erfahrungen schlugen sich in folgenden Veränderungen nieder:

- Die Anzahl der Fermentoren wurde von 12 auf 8 Stück (bei gleicher Grundfläche) reduziert, um Bedienbarkeit und Überschaubarkeit zu verbessern
- Die Stärke des Dichtungsmaterials (Silikongummi) zwischen Deckel-/Bodenplatte und dem Glaszylinder wurde von 3 auf 5 mm erhöht
- Überflüssige Stutzen der Nennweite 6 am Deckel und Boden wurden zugeschweißt und verschliffen
- Jeweils ein Stutzen der Nennweite 6 am Deckel und am Boden wurde auf 8 mm aufgebohrt, um auch bei stark feststoffhaltigen Nährböden eine störungsfreie Probeentnahme zu ermöglichen.

Weitere Erkenntnisse aus dem Versuchszeitraum, die sich zur Zeit in der Phase der Umsetzung in Lösungsmöglichkeiten befinden, sind:

— Zur Verringerung des manuellen Aufwandes beim Anschließen der Fermentoren an Versorgungs- und Meßleitungen werden Schrankeinheiten je Fermenter gebaut, die eine wesentliche Erleichterung sowohl für das Anlagenpersonal als auch für die BMSR-Techniker bringen werden.
— Der hohe Wartungsaufwand der Wellenabdichtung (Stopfbuchse) wird durch eine andere Wellenabdichtung beseitigt. Versuche mit PTFE und Silikongummi als Dichtungsmaterial führten nicht zu dem erhofften Ergebnis.

Folgende Einschränkungen hinsichtlich des Einsatzgebietes der Kleinstfermentoren müssen gemacht werden:

— Eine kontinuierliche Fermentation ist nur nach bestimmten Veränderungen möglich
— Untersuchungen zum Strömungsverhalten sind bei dieser Größenordnung noch nicht sinnvoll
— Belüftungsversuche über Gelöstsauerstoffmessung können nur unter Vernachlässigung der hydrodynamischen Einflüsse erfolgen
— Auf Grund des geringen Fermentationsvolumens (1 bis 1,3 Liter) und der damit eingeschränkten Anzahl von Probeentnahmen ist eine Untersuchung bestimmter Fermentationsparameter über die gesamte Fermentation bei den herkömmlichen Analysenmethoden unmöglich.

## 3. Lösungsvorschläge zur Weiterentwicklung von Laborfermentoren

### *3.1. Entwicklung eines 10-Liter-Fermenters*

Auf Grund der Leistungsgrenzen des 2-Liter-Fermenters wurden im ITM auf der Basis der Kleinstfermentoren Konstruktionsunterlagen für einen 10-Liter-Fermenter erstellt, dessen Fertigung gegenwärtig im VEB Pilot- und Chemieanlagenbau Heidenau/Pirna realisiert wird. Die wesentlichsten Änderungen gegenüber dem Kleinstfermenter sind:

— In Anlehnung an den internationalen Stand im Laborfermenterbau Einsatz der Membrandurchstichtechnik sowie eines zylindrischen VA-Teiles zum Einbringen von Elektroden, Temperaturmeßstutzen u. a.
— Verwendung einer verbesserten Wellenabdichtung (Erprobung von Wellendichtringen)
— Einsparung des Rührkopfes (bewegliche Welle wird direkt auf den Wellenstumpf aufgesetzt)
— Einsatz von thyristorgesteuerten Gleichstrommotoren
— Verwendung von Glasfilterpapieren für die Sterilluftfiltration

### *3.2. Forderungsprogramm zur Verbesserung der DDR-Meßtechnik*

— Sterilisierbare pH- und $pO_2$-Elektroden
— Abluftanalysengeräte mit geringerem Gasverbrauch
— Entwicklung eines Adapters zwischen Fermenter und automatischen Analysengeräten insbesondere für feststoffhaltige Kulturlösungen
— Entwicklung von Magnetkupplungen und Gleitringdichtungen
— Sterilisierbare Dosierpumpen für die Zugabe von chemischen Antischaummitteln
— Fertigung von Membranventilen der Nennweiten 6 bis 10
— Verbesserung der Service-Leistungen

Abschließend kann festgestellt werden, daß die DDR-Produktion in der Lage ist, bei entscheidender Verkürzung der Lieferfristen, die Mindestanforderungen an den Bau und die Ausrüstung von Laborfermentoren zu erfüllen.

## Diskussion

BORMANN: Welche Erfahrungen liegen beim *scale down* vor im 2-l-Maßstab? Bei Antibiotikumfermentationen werden diesbezüglich keine Erfolge erzielt.
FISCHER: Die 2-l-Fermentoren wurden zur Kontrolle von Einflußgrößen (z. B. Sterilisationsbedingungen) eingesetzt und haben sich für diese Aufgabenstellung bewährt.
BECHSTEDT: Welches Material soll für die neuen Lippendichtungen eingesetzt werden?
FISCHER: Material für Lippendichtung ist noch unklar; wird durch VEB Excelsiorwerk Heidenau gelöst.
BECHSTEDT: Welche Erfahrungen gibt es mit den Einsatz von Neukafil zur Luftsterilisation?
FISCHER: NEUKAFIL eignet sich nach unseren Erfahrungen (Plattenfilter mit Stützsieb) nur für Kleinfermenter, bei dem Filter mitautoklaviert wird.
Bei Direktdampf brachen die bei uns eingesetzten Filter.
SCHULZ: Welche Größen werden geregelt?
Mit welcher Genauigkeit wird geregelt?
Ist die Signalverarbeitung rein analog oder auch digital, so daß ein Rechneranschluß möglich ist?
FISCHER: Am Laborfermenter werden folgende Größen geregelt

- pH-Wert 6× von 8 Fermentoren
- Temperatur 6× von 8 Fermentoren
- Gelöstasuerstoff 1× von 8 Fermentoren

- Signalverarbeitung analog
- Rechneranschluß erst in Technikumserweiterung möglich

HILLIGER: Können Sie aus Ihren Erfahrungen beim Betreiben Ihres Laborfermenterstandes mit 8 Fermentoren Angaben zum Arbeitskräftebedarf beim Betreiben und Instandhaltung (Betreuung, BMSR) machen?
FISCHER: Für das Betreiben von jeweils 4 Kleinstfermentern benötigen wir 2 Arbeitskräfte (in unserem Falle Chemie-Ingenieure). Die erforderliche Zeit von 4 Stunden ergibt sich aus der Rüstzeit, einschließlich der Nährbodensterilisation und der sich nach Fermentationsende anschließenden Reinigung. Die BMSR-Technik wird nach jeder Fermentation auf ihre Funktionstüchtigkeit überprüft. Bei Bedarf erfolgt eine Neueinstellung. Der Aufwand für 2 BMSR-Techniker umfaßt 8 Stunden. Zur Absicherung der Aufrechterhaltung des Probebetriebes wurde von uns für die BMSR-Techniker während der Spät- und Nachtschichten ein Bereitschaftsdienst eingerichtet.
HEGEWALD: Welche Erfahrungen liegen mit der Ingold-Elektrode für $O_2$-gelöst bezüglich Hitzesterilisierbarkeit und Einsatz während Fermentation unter Überdruck vor?
FISCHER: Die IL 530-Sonden wurden entsprechend der angegebenen Vorschrift betrieben, d. h. nachträgliches Wiedereinstellen des 100% Wertes nach der Hitzesterilisation. Die Abweichungen lagen innerhalb von 5–10%. Bei 30 Sterilisationen ergaben sich keine größeren Abweichungen.

*Forschungsinstitut für Antibiotika u. Biotransformationen.*
*Roztoky bei Prag, ČSSR*

# Der Einfluß des Zulaufpunktes des Mediums auf das hydrodynamische Verhalten des Reaktors bei kontinuierlichem Betrieb

F. Pospíšil

Bekanntlich wird das dynamische Verhalten eines kontinuierlich arbeitenden Reaktors von einer Reihe von Faktoren beeinflußt: Diese lassen sich grob in zwei Hauptgruppen einteilen:

1) Faktoren, die mit konstruktiven Parametern in Beziehung stehen (Abmessungen des Fermenters, Typ der Rührer, Anzahl der Rührer, Zahl und Breite der Einbauten usw.)
2) Faktoren, die mit den physikalisch-chemischen Eigenschaften des eingesetzten Mediums in Beziehung stehen (Viskosität des Mediums, Art der ablaufenden chemischen Reaktion usw.).
   In die erste Gruppe ist auch der Einfluß der Anordnung des Eintragsstutzens auf das dynamische Verhalten im einstufigen kontinuierlich arbeitenden Reaktor einzuordnen.

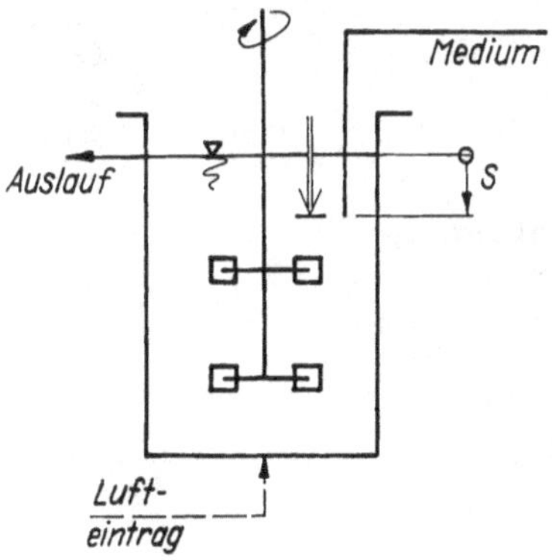


Abb. 1. Versuchsfermenter

| | |
|---|---|
| $Д_T$ | Fermenterdurchmesser |
| $Д_И = Д_T/2$ | Rührerdurchmesser |
| $C_И = Д_И$ | Höhe der Rührer |
| $C_M = 1{,}5\ Д_И$ | Abstand zwischen den Rührern |
| $C_Л = 1{,}97\ Д_И$ | Füllstand des Mediums |
| $B = 5100$ м | Arbeitsvolumen des Fermenters |

Der eingesetzte Reaktor ist in Abbildung 1 schematisch dargestellt. Wir verwendeten einen Modellfermentor mit einem Arbeitsvolumen von 5,1 l. Der Durchmesser des Reaktors betrug $Д_T = 150$ mm. Es wurden zwei Rührer (sechsschauflige Turbomischer) mit einem Durchmesser von $Д_И = Д_T/3$ eingesetzt. Die Höhe des unteren Rührers betrug $C_И = Д_И$, der Abstand zwischen den Rührern $C_M = 1{,}5Д_И$. Der Füllstand wurde durch den Überlauf des Mediums eingestellt und lag bei $C_Л = 1{,}97\ Д_T$. Der Reaktor war mit 4 Einbauten versehen, deren Breite $Ш_B = 0{,}1\ Д_T$ betrug. Die gleichmäßige Temperatur des Mediums wurde mittels einer Regelungsvorrichtung durch einen Gegenstromwärmeaustauscher eingestellt. Die Luft wurde durch eine Düse mit einem Durch-

messer von 2 mm unterhalb des unteren Rührers zugegeben. Der Lufteintrag wurde mittels eines Rotameters gemessen.
Bei der Arbeit orientierten wir auf die Ermittlung der optimalen Bedingungen des gegebenen Systems, vor allen Dingen unter dem Gesichtspunkt der Todvolumen. Das bedeutet, daß wir für jede Rührerdrehzahl (H) und für jede Lage des Eintragsstutzens (C) den Volumenanteil an stationärer Phase so festlegten, daß er im Reaktor sehr niedrig war.
Für die Versuche nutzten wir das Verfahren des Pulsationstestes [1, 2]. Die Durchflußgeschwindigkeit betrug in allen Versuchen $D = 0{,}9\ h^{-1}$, die Belüftung 5,1 l Luft/min. Als Medium diente in allen Versuchen destilliertes Wasser. Mittels eines Impulses wurde der Induktor — 4 ml 16%ige KCL — am Ort der Medienzugabe in den Fermenter eingetragen. Abbildung 2 stellt das Schema zur Durchführung der Versuche dar. Die Konzentration wurde konduktometrisch (Konduktometer Radelkis OK-902) ermittelt.

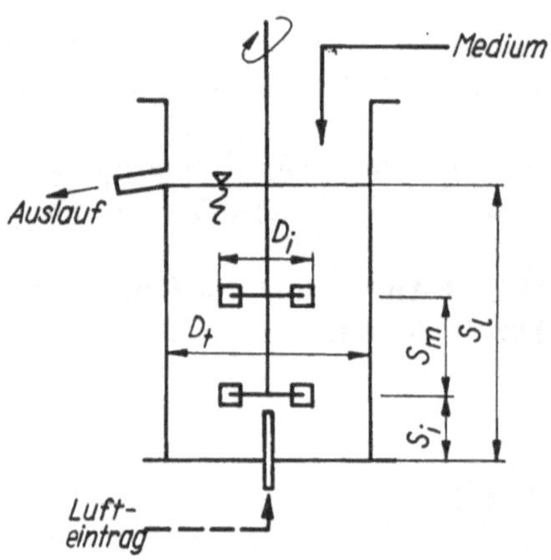


Abb. 2. Schematische Darstellung des Versuchsverfahrens

| | |
|---|---|
| B = 5100 ml | Arbeitsvolumen des Fermenters |
| C (mm) | Eintauchtiefe des Eintragsstutzens |
| A = 5,1 l/min | Lufteintrag |
| $D = 0{,}9\ h^{-1}$ | Durchflußgeschwindigkeit |
| H (U/min) | Rührerdrehzahl |

C = 0; 100; 200; 295 mm
H = 0; 350; 550; 700; 950; 1200 U/min

Zur Beschreibung des untersuchten Systems verwendeten wir das Modell von CHOLETTE und CLOUTIER [4]. Aus den festgelegten Z-Kurven wurde der Volumenanteil an stationärer Phase bestimmt. Das Berechnungsverfahren ist allgemein bekannt und soll deshalb nicht Gegenstand unserer Erörterungen sein. Es ist in der Literatur [1, 2] beschrieben. Als Grenzwert wählten wir $\Theta = 1{,}8$ ($\Theta\cdots$ nicht meßbare Zeit). Die Versuche liefen bei nachfolgenden Rührerdrehzahlen: H = 0, 350; 550; 700; 950 und 1200 U/min und bei C = 0; 100; 200 und 295 mm. Von den 24 erhaltenen Werten stellte jeder Wert den Mittelwert von 3 Messungen dar.
Die Meßergebnisse sind auf Abbildung 3 graphisch dargestellt. Auf den ersten Blick

ist erkennbar, daß der Volumenanteil an stationärer Phase sehr hoch ist. Die Ursache für diesen Effekt stellt hauptsächlich die Auswahl des niedrigen Grenzwertes dar. Eine große Menge des Indikators verbleibt noch im Reaktor. Diese Tatsache entsprach unseren Erwartungen. Wir betrachteten aber vor allen Dingen die qualitative und nicht die quantitative Seite dieser Problematik. Deshalb sahen wir die Auswahl von $\Theta = 1{,}8$ als zufriedenstellend an. Es ist auch zu berücksichtigen, daß die Auswahl von $\Theta > 2$ die Dauer der Experimente um einige Stunden erhöht.

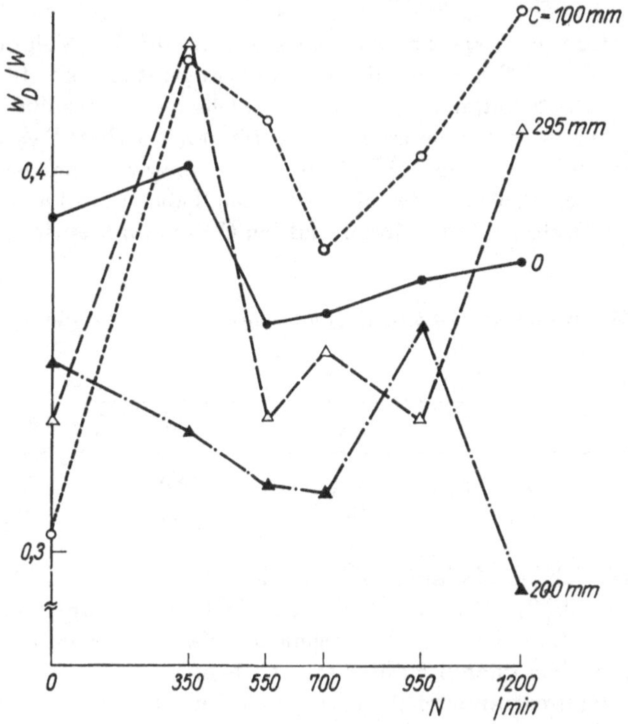


**Abb. 3. Einfluß der Rührerdrehzahl auf den Volumenanteil an stationärer Phase**

Der hohe Anteil an stationärer Phase hatte nicht nur die eine Ursache. Sinclair und Brown (3) stellten unter dem Rührer während der Belüftung einen stationären Bereich fest. Wie im weiteren beschrieben wird, bildete sich dieses Todvolumen auch in dem hier beschriebenen Reaktor.

Tabelle 1 stellt den Einfluß der Drehzahl des Rührers auf den Volumenanteil an stationärer Phase bei den einzelnen Drehzahlen dar. Beim Mischen wurde der geringste Anteil an „toter" Phase bei 700 U/min beobachtet, der 31,6–38,0% des Arbeitsvolumens des Reaktors ausmachte. Den Wert $\Delta B_{ДC}$, der in dieser Tabelle angegeben ist, errechneten wir als Differenz zwischen $B_{Д\max}$ und $B_{Д\min}$ bei der gegebenen Rührerdrehzahl. Je größer $B_{ДC}$ ist, um so größer wird bei der gegebenen Rührerdrehzahl der Einfluß der Größe C und um so tiefer liegt der Eintragsstutzen für das Medium. Wie aus Tabelle 1 ersichtlich ist, wird der Einfluß des Zulaufortes bei 1200 U/min am größten und am kleinsten bei 700 U/min.

*Tabelle 1*

*Volumenanteil an stationärer Phase in Abhängigkeit von der Rührerdrehzahl*

*H* (U/min), $B_Д$ (%), $ΔB_{ДС}$ (%)

| H[об/мин] | 0 | 350 | 550 | 700 | 950 | 1200 |
|---|---|---|---|---|---|---|
| $B_Д$ [%] | 30,5–38,8 | 33,2–43,5 | 31,8–41,4 | 31,6–38,0 | 33,5–40,5 | 29,0–44,3 |
| $ΔB_{ДС}$ [%] | 8,3 | 10,3 | 9,6 | 6,4 | 7,0 | 15,3 |

Tabelle 2 zeigt den Einfluß der Lage des Eintragsstutzens auf den Volumenanteil an stationärer Phase. Bei C = 200 mm wurde der kleinste Anteil an „toter" Phase, der 29,0–36,0% vom Arbeitsvolumen des Reaktors betrug, festgestellt. $ΔB_{ДН}$ das in dieser Tabelle angegeben ist, errechneten wir als Differenz zwischen $B_{Дmax}$ und $B_{Дmin}$ bei der gegebenen Zulaufstelle. Je größer $ΔB_{ДН}$ ist, um so höher wird bei dem gegebenen Eintragsort der Einfluß der Drehzahl des Rührers. Aus Tabelle 2 folgt, daß bei C = 100 mm der Einfluß der Drehzahl am größten und bei C = 0 am kleinsten ist.

*Tabelle 2*

*Volumenanteil an stationärer Phase in Abhängigkeit von der Anordnung des Eintragsstutzens des Mediums*

*C* (min), $Б_Д$ (%), $ΔБ_{ДН}$ (%)

| *C* [*MM*] | 0 | 100 | 200 | 295 |
|---|---|---|---|---|
| $B_Д$ [%] | 36,0–40,2 | 30,5–44,3 | 29,0–36,0 | 33,5–43,5 |
| $ΔB_{ДН}$ [%] | 4,2 | 13,8 | 7,0 | 10,0 |

Am optimalsten erwies sich ein Zulaufpunkt in der Mitte zwischen den Rührern, d. h. bei C = 200 mm (Abb. 3). Das entspricht den Schlußfolgerungen von SINCLAIR und BROWN [3]. Der Indikator ließ sich im gegebenen Falle am leichtesten aus dem stationären Bereich unter dem oberen Rührer auswaschen.

Was die Drehzahl des Rührers anbetrifft, erwies sich der Bereich zwischen 500 und 700 U/min optimal, wenn, wie auf Abb. 3 ersichtlich, alle Abhängigkeiten ein lokales Minimum aufweisen. Der niedrigste Anteil an stationärer Phase (29%) wurde bei den Parametern H = 1200 U/min und C = 200 mm festgestellt.

Einen Sonderfall stellten die Versuche bei H = 0 dar, d. h., wenn in den Reaktor nur Luft eingetragen wurde. Diese Einstellung ist vom Standpunkt des Volumenanteils gleichwertig mit den Bedingungen bei H = 700 U/min (siehe Tabelle 1).

## Schlußfolgerungen

In der Praxis sind diese erwähnten Fakten bei nachfolgenden 4 Apparategruppen zu berücksichtigen:

1) Antrieb ohne Änderung der Drehzahl, Zulaufpunkt unveränderlich
   Aus den Modellversuchen sind die optimalen Parameter auszuwählen (In diesem Falle sind das H = 1200 $min^{-1}$ und C = 200 mm).
2) Antrieb ohne Änderung der Drehzahl, Zulaufpunkt variierbar. Auf der Grundlage der Modellversuche arbeiteten wir mit einer Rührerdrehzahl, für die $ΔB_{ДС}$ ein

Maximum erreicht. (Dabei sind H = 1200 U/min und $\Delta B_{ДC}$ = 15,3%). Das ist in der Praxis sehr häufig der Fall und man kann konstatieren, daß ein Apparat, bei dem die Drehzahl konstant ist und der Reaktor die Möglichkeit der Veränderung des Zulaufpunktes erlaubt, von Vorteil ist.

3) Antrieb mit regulierbarer Drehzahl, Änderung des Zulaufpunktes des Mediums nicht möglich.
Aus den Modellversuchen ist der Eintragsort auszuwählen, für den $\Delta B_{ДH}$ einen maximalen Wert aufweist. (Dabei sind C = 100 mm und $\Delta B_{ДH}$ = 13,8%).

4) Antrieb mit variabler Drehzahl und regulierbarer Zugabe des Mediums.
Hier handelt es sich um den Idealfall. Auf der Grundlage der Modellversuche ist die Möglichkeit gegeben, die idealste Kombination der Größen H und C vorzunehmen. Der so ausgewählte Rektor ist in allen Fällen günstig, wenn die Rührerdrehzahl begrenzt werden muß (z. B. bei filamentösen Kulturen). Dann ist in dem Drehzahlintervall zwischen O und $H_{max}$ die Geschwindigkeit zu wählen, bei der $\Delta B_{ДC}$ maximal ist. Durch den Zulaufpunkt des Mediums kann das System reguliert werden.

## Literatur

[1] Levenspiel, O.: Teorie a výpočty chemických reaktorů, SNTL, Praha, 1967
[2] Cooper, A. R., and G. V. Jeffreys: Chemical kinetics and reactor design, Oliver and Boyd, Edinburgh, 1971
[3] Sinclair, C. G., and D. E. Brown: Biotechnol. Bioeng. **12** (1970), 1001
[4] Chollette, A., and L. Cloutier: Can. J. Chem. Eng. **37** (1959), 105

*Главное управление микробиологической промышленности при совете министров СССР, Москва*

# Исследование высокоэффективных теплоотводящих устройств лабораторных ферментеров

А. А. Складнев, А. М. Карпов, А. Д. Корнеев, С. Д. Корнеев и В. С. Александров

В процессах ферментации особое внимание уделяется вопросам организации отвода тепла, выделяемого микроорганизмами. Применяемые в настоящее время трубчатые теплообменники не обеспечивают равномерного по объему теплоотвода тепла от биомассы и обладают невысокими значениями коэффициента теплопередачи. Кроме того, при длительной эксплуатации на внутренней поверхности змеевиковых теплообменников откладываются шламмы, что приводит к увеличению термического сопротивления и снижению эффективности процесса теплообмена.

Использование в качестве теплоотводящих устройств в ферментерах тепловых труб позволит реализовать процессы кипения-конденсации, что обеспечивает высокий теплосъем при незначительных температурных напорах.

Авторами разработана конструкция высокоэффективной гладкостенной тепловой трубы с интенсификацией процессов в испарительной зоне и зоне конденсации (рис. 1) Теплообмен в зоне конденсации интенсифицируется за счет струйного течения пара на поверхности конденсации, что уменьшает влияние неконденсирующегося газа на процесс тепло- и массообмена, а также увеличивает турболизацию в зоне конденсации.

В испарительной зоне интенсификация теплообмена происходит за счет применения цилиндрических вставок, что позволяет искусственно создать кольцевой зазор и увеличить паросодержание вблизи тепло-передающей поверхности.

Проведенные кинематографические и визуальные исследования дали возможность выявить механизм процесса в тепловой трубе и построить физическую модель.

Общепринятая теория теплообмена при кипении в большом объеме в данном случае не применима вследствии коренного изменения механизма тепломассообмена, всязанного со стесненностью объема в кольцевом канале, образованным интенсифицирующими вставками. Ниже предлагается приближенная теория, описывающая теплообмен при кипении в стесненных условиях с позиции изучения процесса кипения в ,,чистом'' виде.

Пространство, органиченное стенкой тепловой трубы и концентрической вставкой, заполнено перегретой жидкостью. В жидкости находится сплющенные паровые пузыри, отделенные от граничных поверхностей тонким слоем жидкости. Тепло, расходуемое на генерацию пара, подводится к поверхности сплющенных пузырей от поверхности нагрева путем молекулярной теплопроводности через указанный слой жидкости. Учитывается, что процесс зарождения, роста и отрыва паровых пузырей в специально созданном парогенерирующем канале протекает иначе, чем при кипении в большом объеме.

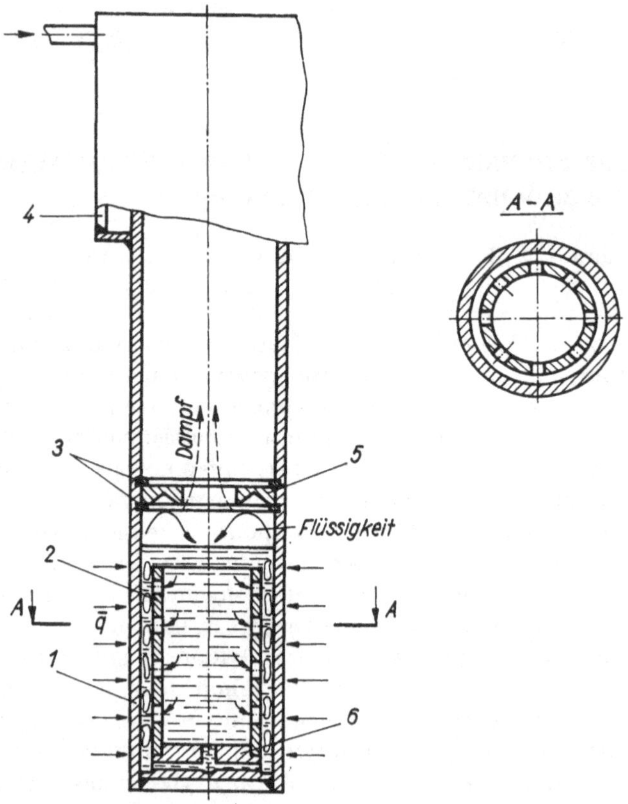


Рис. 1. Схема гладкостенной тепловой трубы
1 — корпус; 2 — вставка с отверстиями; 3 — фиксаторы; 4 — конденсатор; 5 — сепаратор; 6 — центрирующая шайба

На первой стадии существования паровой пузырь в процессе роста принимает форму увеличивающегося в размере сфероида и удерживается в щели силами поверхностного натяжения (рис. 2). На второй стадии существования диаметр парового сферойда становится больше отрывного, сфероид отрывается и поднимается по кольцевому каналу увеличивается в размере (рис. 2c).

При рассмотрении модели процесса теплообмена и гидродинамики в испарительной зоне высокоэффективных тепловых труб принимаются следующие допущения:

— сплющенный паровой пузырь в процессе роста сохраняет форму сфероида;
— подвод тепла со стороны жидкости, окружающей паровой сфероид не является определяющим;
— изменение толщины микрослоя вследствии его испарения за время существования пленки пренебрежимо мало по сравнению с начальной толщиной пленки;
— конвективный перенос тепла в пленке, а также теплопроводность вдоль нее не учитываются; учитывается только теплопроводность поперек пленки;
— время прохождения паровой фазы через элемент поверхности значительно больше времени прохождения жидкостной пробки, отделяющей паровые пузыри друг от друга.

Эти основные допущения позволяют существенно упростить математическую модель при описании процесса.

Сравним состояние парового сферойда в момент времени $\tau$ и $\tau + d\tau$, когда поперечник сферойда равен соответственно $D$ и $dD$ (рис. 2).

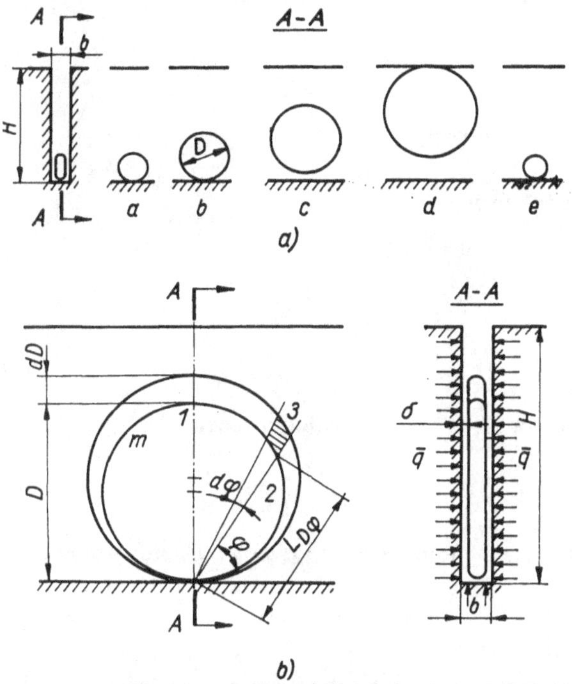


Рис. 2. Физическая модель процесса теблообмена и гидродинамики при кипения жидкости в вертикальных щелевых каналах

а), в), — 1-ая стадия существования паравого сфероида (образование, рост, $D < D_{\text{omp}}$)

с), д) — 2-ая стадия существования парового сфероида (отрыв, всплытие, $D > D_{\text{omp}}$)

е) — образование нового пузыря

Векторы скоростей всех точек поверхности пятна, находящихся на окружности $m$, будут проходить через центр парообразования ,,0'' Введя переменную $\varphi$-угол между плоскостью дна канала и прямой, соединяющей точку окружности $m$ (например, точка 2) с центром парообразования ,,0'', — мы получим следующее для величины $L_{D\varphi}$ отрезка 2—0, площади $d^2F_{D\varphi}$ бесконечно малого участка 3 и скорости перемещения точки 2.

$$L_{D\varphi} = D \cdot \sin\varphi \tag{1}$$

$$d^2F_{D\varphi} = D \cdot \sin^2 \varphi d\, \mathrm{D} d\varphi \tag{2}$$

$$U_{D\varphi} = U_D \cdot \sin\varphi \tag{3}$$

где $U_D = \dfrac{dD}{d\tau}$ — скорость перемещения границы раздела пар — жидкость в токче I.

При $\bar{q}$ = const тепло, отводимое в единицу времени составляет:

$$Q = \bar{q} \int_0^D \int_0^\pi d^2F \tag{4}$$

Тепло, подведенное к сфероиду, целиком расходуется на генерацию пара:

$$Q = \eta\varrho'' \frac{dv}{d\tau} \tag{5}$$

где: $\eta$ — скрытая теплота парообразования;
$\varphi''$ — плотность пара

Так как объем парового сфероида составляет

$$V \simeq \frac{\pi}{4} bD^2 \tag{6}$$

то

$$\frac{dV}{d\tau} = \frac{\pi}{2} bD \frac{dD}{d\tau} \tag{7}$$

Из равенства выражений (4), (5) с учетом (7) получаем зависимость:

$$\frac{dD}{d\tau} = \frac{\bar{q} \cdot D}{\eta\varrho'' b} \tag{8}$$

Интегрируя уравнение (8) при начальных условиях $\tau = \tau_0$; $D = D_0$ получаем

$$D = D_0 \exp\left[\frac{\bar{q}}{\eta\varrho'' b}(\tau - \tau_0)\right] \tag{9}$$

где $D_0$ — начальный диаметр сфероида, соотетствующий моменту времени $\tau_0$
$b$ — величина кольцевого зазора

Толщина слоя жидкости, отделяющего поверхность сфероида от стенок испарительной зоны тепловой трубы определяется взаимодействием сил поверхностного натяжения на границе раздела пар — жидкость, сил инерции и сил вязкости

$$\delta = k \cdot \nu \sqrt[3]{\frac{\varrho' b}{\sigma \cdot u''}} \tag{10}$$

где $K$ — эмпирический коэффициент;
$\nu$ — кинематический коэффициент вязкости;
$\delta$ — коэффициент поверхностного натяжения;
$\varrho'$ — плотность жидкости

Из формулы (10) с учетом $u'' = \frac{dD}{d\tau}$ получаем:

$$\delta = k \cdot \nu \left\{\frac{\varrho'\varrho'' b^2 \eta}{\sigma \bar{q} D_0 \exp\left[\frac{\bar{q}}{\eta\varrho'' b}(\tau - \tau_0)\right]}\right\}^{1/3} \tag{11}$$

Выражение, характеризующее зависимость интенсивного теплообмена в испарительной зоне тепловой трубы от физических свойств жидкости, геометрических параметров системых и режимных параметров при этом будет иметь вид:

$$\alpha = \frac{\lambda \left\{ \sigma \bar{q} D_0 \exp \left[ \frac{\bar{q}}{\eta \varrho'' b} (\tau - \tau_0) \right] \right\}^{1/3}}{k \cdot \nu \, [\varrho' \varrho'' b^2 \eta]^{1/3}}; \quad (12)$$

формулу (12) можно привести к безразмерному виду:

$$Nu = \frac{1}{k} (Ga \cdot We \cdot Re \cdot \exp \tilde{\tau})^{1/3}; \quad (13)$$

где

$$Nu = \frac{\alpha \cdot b}{\lambda}; \qquad We = \frac{\delta}{q(\varrho' - \varrho'') \, b^2};$$

$$Ga = \frac{g b^3}{\nu^2}; \qquad Re = D_0 \frac{\bar{q}}{\eta \varrho'' \nu};$$

$$\tilde{\tau} = \frac{(\tau - \tau_0) \cdot \bar{q}}{\eta \varrho'' b}$$

Полученные аналитические зависимости (12), (13) предлагаются как основные при расчете испарительной зоны высокоэффективных тепловых труб, позволяющих устранить пиковые тепловые нагрузки и добиться получения стабильного теплового режима, не обходимого при выращивании микроорганизмов.

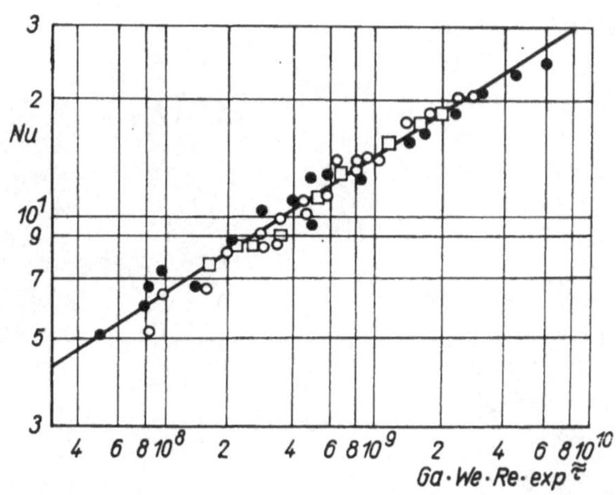


Рис. 3. Обобщение экспериментальных данных по теплообмену

На рис. 3 представлены обобщенные экспериментальные данные по теплообмену в испарительной зоне, анализ которых показал удовлетворительное совпадение их с предложенной зависимостью, что подтверждает корректность выбранной модели.

*Akademie der Wissenschaften der DDR*
*Institut technische Chemie, Leipzig*

# Meßverfahren zur Charakterisierung des physikalischen Milieus von Mikroorganismen in Fermentoren

P. STOLL, P. FREIBERG und W. RICHTER[1]

Der folgende Beitrag stellt ein Meßverfahren vor, daß auf einer in der Prozeßmeßtechnik noch relativ ungewohnten Meßstrategie beruht. Diese Meßstrategie geht davon aus, daß jeder Stoffwandlungsprozeß eine Folge von Elementarprozessen ist, die auf anderen räumlichen und zeitlichen Ebenen stattfinden als die, die durch die Reaktormaßstäbe (Abmessungen, Verweilzeit) bestimmt sind.
Ein solcher Elementarprozeß besteht darin, daß ein Elementarobjekt in irgendeiner Weise verändert oder transportiert wird. Führt man schnelle Messungen an solchen Elementarobjekten, z. B. Gasblasen, durch, so lassen sich in Verbindungen mit den Meßgrößen, die den Makroprozeß beschreiben bzw. dem biolog. System entstammen (SCHMIDT et al.), Informationen über Änderungen im Prozeßverlauf gewinnen.
Da die Elementarprozesse ihrer Natur nach sehr starken zufälligen Schwankungen unterliegen, ergeben sich sogenannte stochastische Ausganssignale, deren prozeßrelevante Informationen nicht im Mittelwert sondern in bestimmten Zufallseigenschaften der Signale enthalten sind.
Ein besonders wichtiges Problem stellt dabei der Meßaufnehmer dar, der räumlich, zeitlich und durch Wahl des Informationsparameters an den Prozeß angepaßt werden muß. Zum Beispiel die Untersuchung der Dispergierung der gasförmigen Phase an einem Fermentationsprozeß liefert unter dem Gesichtspunkt Ergebnisse, die allgemein für die Anwendung einer solchen Meßstrategie von Interesse sind.

## Meßtechnische Grundlagen

Die meisten stochastisch arbeitenden Meßverfahren nehmen die Zufallseigenschaften des Meßsignals als gegeben an und versuchen, durch komplizierte Auswertemethoden Beziehungen zwischen den Verteilungsparametern und bestimmten Prozeßzuständen zu finden.
Analysiert man jedoch einmal den Meßvorgang, so wird deutlich, daß die Zufallseigenschaften des zur Auswertung gelangenden Meßsignals sehr stark von bestimmten Parametern des verwendeten Meßaufnehmers abhängen, da sich das von ihm abgegebene Signal aus der Überlagerung eines zeitlich und räumlich gemittelten Primärsignals ergibt.
In Abbildung 1 werden erhaltene Signale bei einem gleichen stationären Wirbelprozeß dargestellt, wobei systematisch Meßvolumen und Aufnehmerzeitkonstante von Null an vergrößert wurden.

[1] Doz. Dr. sc. techn. W. Richter TH-Leipzig

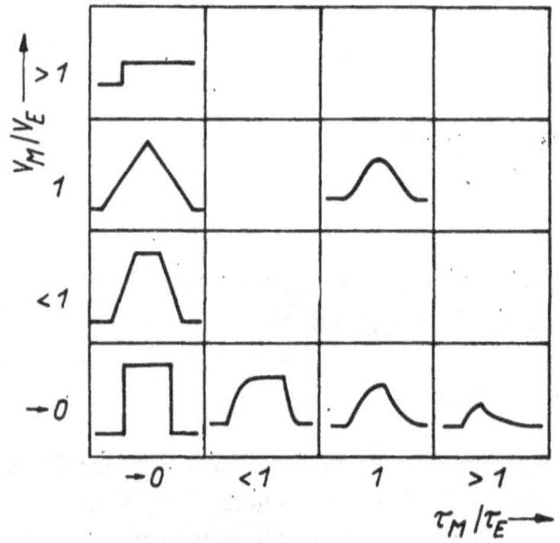


Abb. 1. Einfluß des Meßaufnehmers auf die Signalform

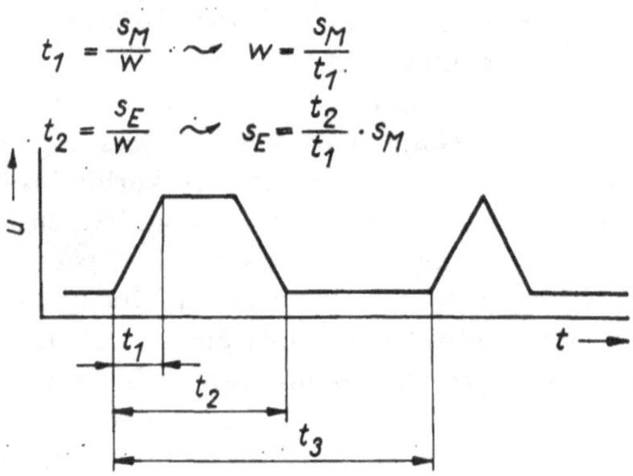


Abb. 2. Elementarsignalfolge mit angepaßtem Meßaufnehmer

Daraus wird ersichtlich, daß bei Verwendung eines angepaßten Meßaufnehmers, für den die Forderung

$$\frac{V_M}{V_E} < 1; \qquad \frac{\tau_M}{\tau_E}\ 1$$

wobei $V_E$ = Volumen der Elementarobjekte
$\tau_E$ = Eigenzeitkonstante der Elementarobjekte
$V_M$ = Meßvolumen
$\tau_M$ = Aufnehmerzeitkonstante

gelten, rechteckförmige Signale entstehen.

Sowohl durch zeitliche als auch durch räumliche Integration kann die Form der Signale so beeinflußt werden, daß durch den Glättungseffekt bei z. B. amplitudenmäßiger Auswertung in jedem Falle eine Normalverteilung erhalten wird.

Arbeitet man mit angepaßten Meßaufnehmern, so bilden sich in der Amplitude der Signale bestimmte stoffliche Eigenschaften (in Verbindung) mit dem Meßprinzip) wie z. B. Dichte, Leitfähigkeit usw. ab.

Aus den zeitlichen Kennwerten kann auf solche Größen wie Geschwindigkeit, Größe und Durchmischung geschlossen werden, siehe Abbildung 2.

Dabei ist es zweckmäßig, den Zusammenhang zwischen verfahrenstechnischem Sachverhalt und dessen Widerspiegelung im Elementarsignal mit dem Einfluß des Meßaufnehmers zu klären, da jede der im Meßsignal auftretenden zufälligen Modulationsarten (Pulsamplituden-, Pulsdauer- und Pulsabstandsmodulation) andere Schwankungsursachen hat und demzufolge auch andere Informationen liefert.

## Experimentelle Ergebnisse — Meßverfahren

Ausgehend von der bekannten Tatsache, daß bei aeroben Fermentationsprozessen der Sauerstoffübergang und somit die Phasengrenzfläche einen wesentlichen Einfluß auf die Produktivität eines Verfahrens haben, wurde eine Meßeinrichtung entwickelt, die eine quasikontinuierliche Überwachung der Luftdispergierung gestattet und bei verfahrenstechnischen Untersuchungen die Charakterisierung des Strömungszustandes erlaubt.

Kernstück der Meßapparatur ist eine optische Mikrosonde, welche den bereits genannten Gesichtspunkten Rechnung trägt, d. h. extrem klein und schnell ist.

Die Verwendung eines optischen Prinzips bringt den Vorteil, daß die Zeitkonstante nur von dem nachfolgenden elektronischen Wandler abhängt und durch entsprechenden schaltungstechnischen Aufwand sehr klein gehalten werden kann.

Die Konstruktion der Sonde zeigt Abbildung 3.

Sie besteht aus einer sehr engen Schlinge einer Faser lichtleitenden Materials, wobei die empfindliche Fläche durch einen Teil des Bogens gebildet wird. Um sie entsprechend klein zu halten, verjüngt sich die Faser zum Bogen hin auf einen Durchmesser von etwa 30 um.

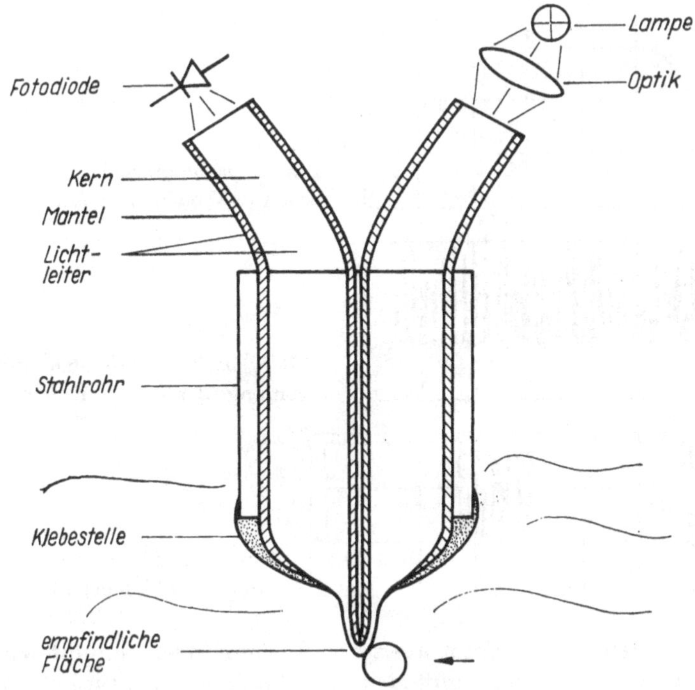


Abb. 3. Schematischer Aufbau der Mikrosonde

In ein Ende der Faser wird über eine Optik Licht eingestrahlt, welches durch die Faser auf eine Fotodiode gelangt.
Die Übertragungseigenschaften der Faser hängen zum Teil von der relativen Krümmung sowie von der Brechzahldifferenz zwischen Faser und umgebendem Medium ab (Totalreflexion). Im Bogen wird diese Totalreflexionsbedingung am ehesten verletzt, da einmal durch den Biegeprozeß der Mantel des Lichtleiters sehr dünn bzw. nicht mehr vorhanden ist, also durch das Medium gebildet wird, zum anderen durch die extreme relative Krümmung eine starke Einschränkung der max. übertragbaren Apertur auftritt. Je nachdem, ob das Medium an der Spitze optisch dichter oder dünner ist, wird mehr oder weniger Licht zum Ausgang der Faser gelangen. Im Falle des Wechsels von Luft bzw. flüssigem Medium entstehen Lichtimpulse, die durch die Fotodiode in elektrische Impulse umgewandelt und danach weiterverarbeitet werden. Um mechanische Stabilität zu erhalten, wird die Faser durch ein Stahlrohr geschützt und verklebt.
Bei der Konstruktion wurden die von DANEL und DELHAVE (1972) veröffentlichten Ergebnisse mit einbezogen. Das erreichte Auflösungsvermögen und die mechanische Stabilität der hier vorgestellten Konstruktion ermöglichen jedoch erst den Einsatz an Fermentationsprozessen.
Im Labormaßstab konnte eine Sonde gefertigt werden, deren längste Abmessung der empfindlichsten Fläche 40 μm betrug. Das entspricht einer wirksamen Fläche von 0,0012 mm². Die von der Mikrosonde abgegebenen Impulse werden mit Hilfe eines Zählers weiterverarbeitet und parallel dazu auf einem Speicheroszillografen abgebildet und fotografiert.
Die Abbildungen 4—6 zeigen solche Oszillogramme.

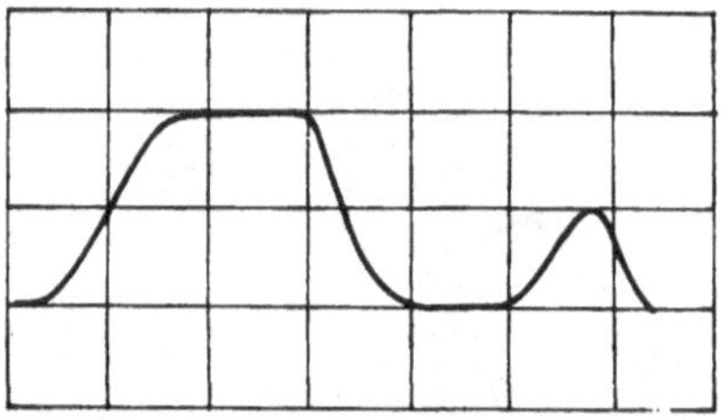

Abb. 4. Oszillogramm von zwei Einzelblasen (2 V/cm; 100 us/cm)

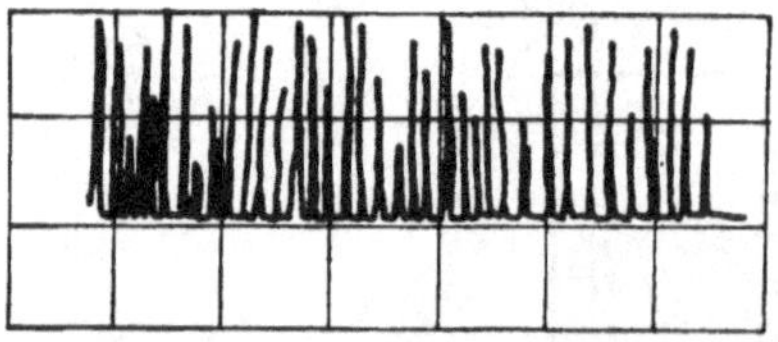

Abb. 5. Oszillogramm einer Blasenströmung (2 V/cm; 20 ms/cm)

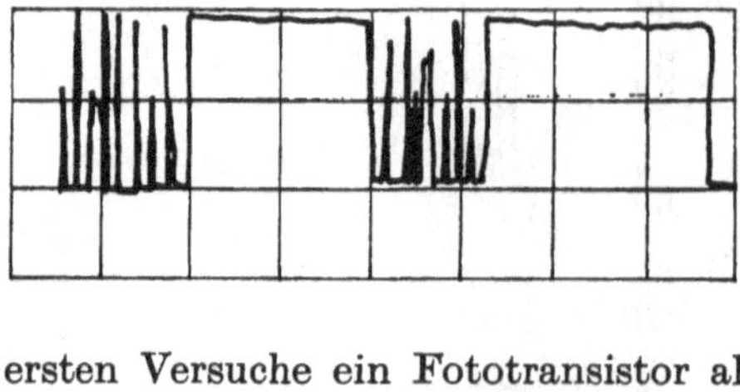

Abb. 6. Oszillogramm einer Slugströmung (2 V/cm; 20 ms/cm)

Da für die ersten Versuche ein Fototransistor als Empfänger benutzt wurde, dessen Zeitkonstante etwa 100 μs betrug, ergibt sich in Abbildung 4 das typische Verschleifen der Flanken.

Die Abbildungen 5 und 6 stellen Oszillogramme von verschiedenen Strömungszuständen dar, bei Abbildung 6 handelt es sich um eine typ. Slug-Strömung. Vermißt man z. B. die Impulslänge in genügend großer Anzahl, so kann man diese klassieren und als Verteilung darstellen. Man wertet hier also die zufälligen Schwankungen der Pulsdauer des Meßsignals aus, nicht wie sonst üblich die Amplitude.

Die so erhaltenen Verteilungen der Dauer des Vorbeiströmens von Blasen werden mit der mittleren Geschwindigkeit des Zweiphasengemisches in Längen umgerechnet. Diese beinhalten die Verteilung der Sehnenlängen mit der die Blasen an der Sonde passieren. Unter der Annahme von Kugelblasen und der gleichen Wahrscheinlichkeit des Treffens

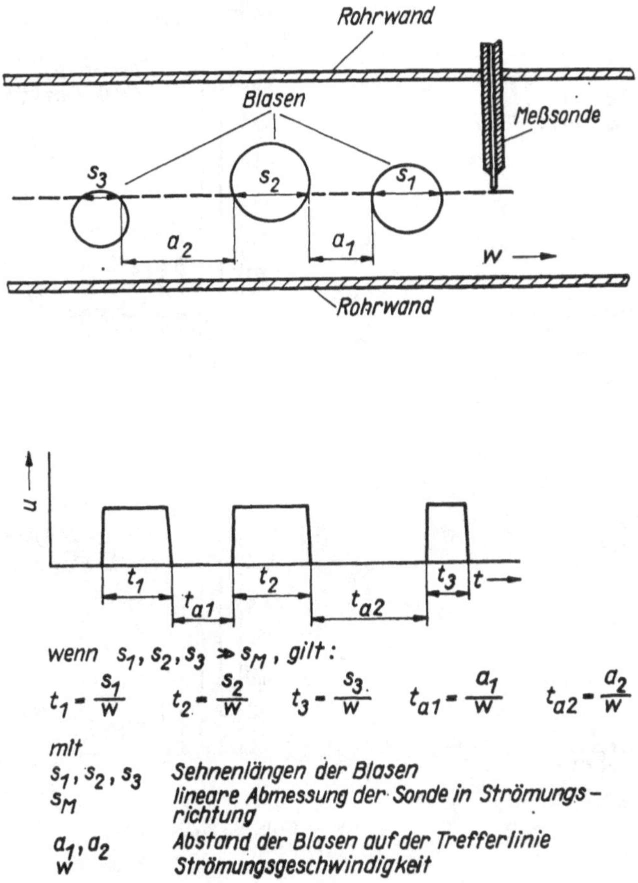


Abb. 7. Entstehung des Meßsignals

jeder Blase in jedem beliebigen Abstand vom Mittelpunkt, siehe Abbildung 7, sowohl in horizontaler als auch vertikaler Richtung können aus den erhaltenen Verteilungen mittels eines Differenzenverfahrens die Verteilungen der Blasendurchmesser abgeschätzt werden.

Obwohl diese Verteilungen aufgrund der getroffenen Annahmen nicht die exakte quantitative Bestimmung der Größe der Phasengrenzfläche erlauben, gestatten sie jedoch eine qualitative Unterscheidung der im Fermenter ablaufenden Strömungsvorgänge (Blasenströmung, Slugströmung, Schichtenströmung) und geben ein Maß für den Grad der Dispergierung der gasförmigen Phase in der flüssigen.

Die in Abbildung 8 gezeigten Verteilungen der Sehnenlängen wurden bei etwa gleichem Gasgehalt, Strömungsgeschwindigkeit und Biomasse zu verschiedenen Zeiten aufgenommen. Das Auftreten von Slugs in Versuch 2 im Gegensatz zu den Messungen von Versuch 1 läßt auf die Nähe eines Umschlagpunktes der Strömung schließen. Bei Varia-

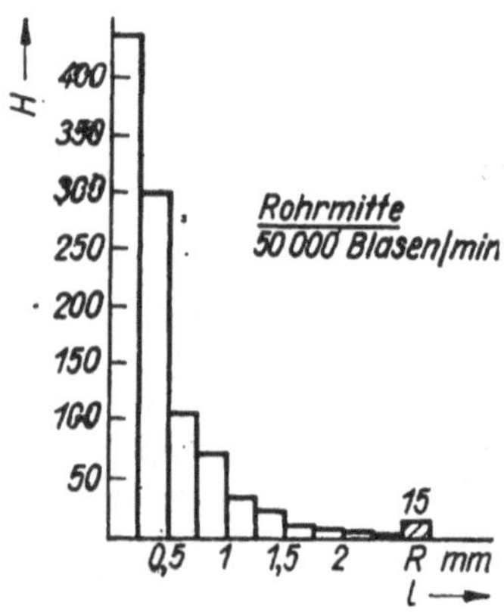


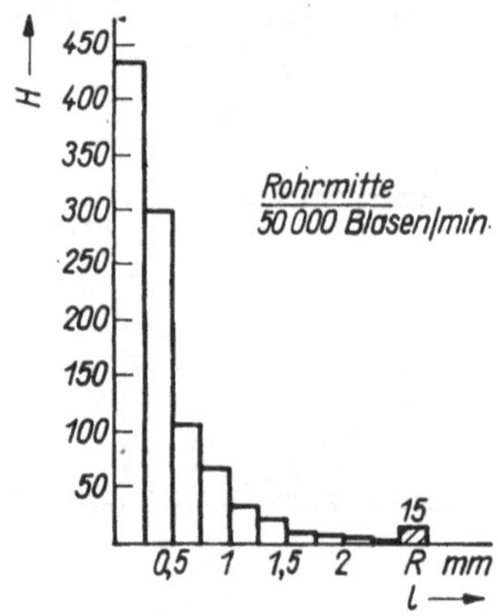


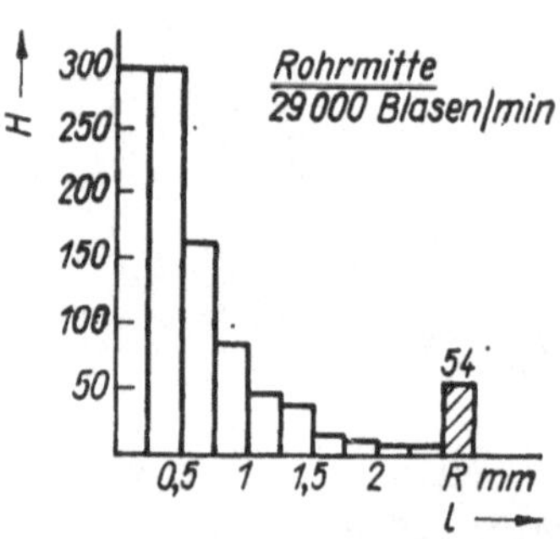


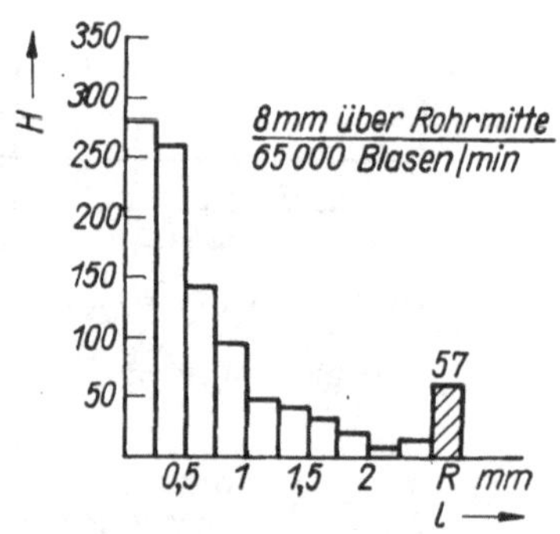


Abb. 8. $E_f = 0{,}45$
$w = 2{,}17$ m/s

Abb. 9. $E_f = 0{,}45$
$w = 2{,}17$ m/s

tion der Sondenhöhe (Abb. 9) ergibt sich das für horizontale Rohrströmungen charakteristische Bild. Die Blasen werden mit zunehmender Höhe größer und häufiger.

In Abbildung 10 werden zwei Zustände mit unterschiedlicher Geschwindigkeit und Gasgehalt verglichen. Es zeigt sich, daß bei größerer zugeführter Luftmenge in Abbildung 10b trotz Erhöhung der Gemischgeschwindigkeit der Anteil der kleineren Blasen abnimmt und die Zahl der Slugs steigt, so daß die Vergrößerung der Phasengrenzfläche nicht im gewünschten Maße erfolgt. Anhand derartiger Betrachtungen kann unter

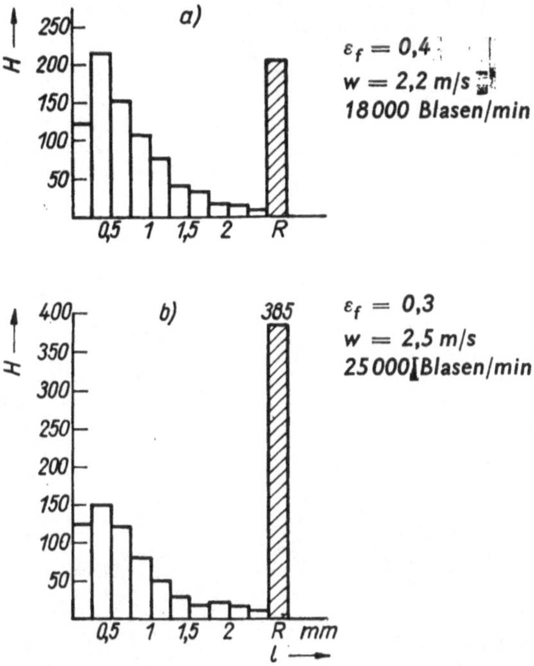


Abb. 10. 8 mm über Rohrmitte

Zuhilfenahme der ebenfalls gemessenen Blasenfrequenz das Optimum der Luftzuführung in einem zu untersuchenden Reaktor gefunden werden. Das spielt sowohl bei der Entwicklung neuer Fermentersysteme als auch bei der Überwachung und optimalen Fahrweise vorhandener Anlagen eine Rolle, da mit der Verbesserung des Sauerstoffangebotes eine höhere Produktivität des Verfahrens erreicht werden kann.

## Literatur


[1] Danel, F., J. M. Delhaye: Mesures — Regulation — Automatisme, Aut—Septembre, (1971), 99—101

[2] Freiberg, P.: Arbeitsbericht (1977) AdW der DDR, ItC Leipzig

[3] Werther, I.: „Bubble chains in large diameter gas fluidized beds" Int. J. Multiple Flow Vol 3 (1977) 273—283

[4] Galaup, J. P.: Scientific and Medical University of Grenoble and National Polytechnic Institute of Grenoble, Dissertation (1976)

[5] Krause, H.: Technische Hochschule Leipzig, Ingenieurarbeit (1977)

[6] Lücke, J., U. Oels u. K. Schügerl: Chem. Ing.-Techn. **48** (1976) 6, 573

[7] Miller, N., R. E. Mitchie: Nuclear Energy Society, **9** (1970) 1102, 94—100

[8] Richter, W., P. Stoll: „Grundsätze und Experimente zur Anpassung von Meßfühlern an den Prozeß", KdT — Symposium „Thermometrische Analyse" Nov. (1977) in Gera

[9] Richter, W., P. Stoll: Wiss. Berichte Ingenieurhochschule Leipzig **2** (1976) 8, 13—19

[10] Richter, W.: Optik **23** (1965/1966), 589—595

[11] Stoll, P.: „Bestimmung von Homogenitätsparametern an Fermentationsprozessen". Wiss. Kolloquium an der TH Leipzig, Dez. (1977)

[12] Schmidt, A., Brauer, H. u. G. Rhan: „Die fermentationstechnische Aussage von biogenen Signalen". Vortrag auf Symposium in Reinhardsbrunn, 22.—27. 5. 78

*Akademie der Wissenschaften der DDR*
*Institut für technische Chemie Leipzig*

# Die Kopplung von Laborfermenter und Spektralphotometer als biotechnologisches Forschungsmittel

O. Serfas, A. Schmidt, W. Geyer und G. Schön

## 1. Arbeitskonzept

Die Notwendigkeit, Informationen über den Zustand der Mikroorganismen während der Fermentation zu besitzen, ist, wie A. Schmidt [1] zeigen konnte, aus systemanalytischen Überlegungen prinzipiell zu fordern.
Das Erkunden, Nutzbarmachen und technologische Verwerten solcher Informationen oder Biosignale betrachten wir als ein aktuelles Grundanliegen der biotechnologischen Forschung. Die praktische Nutzanwendung dieser Biosignale hat zur Voraussetzung, daß sie rückwirkungsfrei und verzögerungsfrei aus der Population des Fermentationsmediums abgeleitet werden können. Während sich die Forderung rückwirkungsfrei selbst erklärt, ist der Begriff verzögerungsfrei im Zusammenhang mit den Relaxationszeiten der metabolischen und epigenetischen Regulation zu betrachten.
Aus der Vielzahl der physikalischen Untersuchungsmöglichkeiten an biologischen Systemen bieten sich hierbei vor allem solche Methoden an, welche die elektromagnetischen Schwingungen als Informationsträger benutzen. Auf Grund der hohen Struktur- und Nachweisempfindlichkeit sowie Informationsselektivität wurde den Methoden der optischen Molekülspektroskopie im Sichtbaren und UV in Absorption und Emmission vorerst der Vorzug gegeben.
Ausgehend von den grundlegenden Arbeiten von B. Chance und Williams [2] sowie dem Atkinsonschen Energieladungskonzept [3] lag es nahe, sich zunächst mit der meßtechnischen Erfassung der Atmungsenzyme zu befassen. Das Messen des aktuellen

*Tabelle 1*
*Bandenlagen [nm] von Atmungsenzymen im isolierten Zustand*

| Enzym | Zustand | Absorption | Fluoreszenz |
|---|---|---|---|
| $NAD^+$ | oxidiert | 265 [4] | |
| $NADH_2$ | reduziert | 265, 340 [4] | 460 [5] |
| Flavine | oxidiert | 223, 268, 375, 448 [6] | 520 [5] |
| | reduziert | (300) [7] | |
| Ubichinon | oxidiert | 275 [8] | |
| | reduziert | 290 [8] | |
| Cytochrom c | oxidiert | 565, 530, 406, [2] | |
| | reduziert | 552, 521, 416 | |

redox-Zustandes dieser Enzyme ist über die Methoden der Absorptions- und Fluoreszenzspektralphotometrie prinzipiell möglich.
Tabelle 1 gibt die Lage von Bandenmaxima [2, 4—8] einiger ausgesuchter Enzyme der Atmungskette in Absorption und Fluoreszenz an. Abbildung 1 zeigt die Extinktionskurven definierter redox-Verhältnisse von $NADH_2/NAD^+$ und Cytochrom-c in isoliertem Zustand. Die unterschiedlichen Bandenlagen und das Herausbilden isosbestischer Punkte, die für das Vorliegen eines Zweistoff-Gleichgewichtssystems charakteristisch sind, veranschaulichen den qualitativen und quantitativen Aspekt der von uns betrachteten „*biogenen Signale*“.

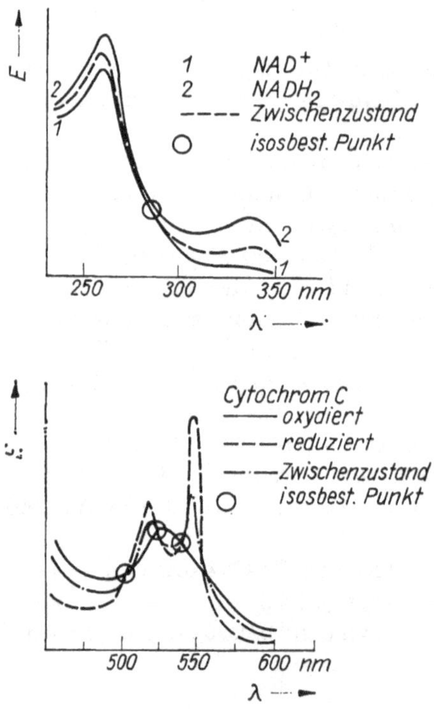


Abb. 1. Extinktionskurven definierter redox-Verhältnisse von $NAD^+/NADH_2$ und Cytochrom-c im isoliertem Zustand

Für den Fall, daß diese zur Charakterisierung des physiologischen Zustandes der Mikroorganismenpopulation unter Fermentationsbedingungen herangezogen werden, ist die Vielzahl der möglichen Einflüsse auf sie zu erfassen. Diese sind in Abbildung 2 schematisch veranschaulicht. Danach wird das optische Signal der „Komponente“ Q für einen definierten redox-Zustand bestimmt durch:

1. Die Konzentration der „Komponente“ Q
2. Die qualitative und quantitative Zusammensetzung des Fermentationsmediums
3. Die Gerätefunktion der Meßanordnung

Die Nutzung dieses Signals zur Information über den Zustand der Population im Fermenter hat die Kenntnis der Einflußgrößen 2 und 3 zur Voraussetzung. Diese lassen sich dann entweder ausschalten oder in ihrer Wirkung korrigieren. Auf diese Weise ergibt sich ein Signal, das für eine bestimmte Population nur von deren Zustand abhängig ist.

Eine meßtechnische Besonderheit ist die Trübung des Fermentationsmediums. Aus neueren photometrischen Arbeiten an intakten Zellsuspensionen (9) leitet sich zwingend

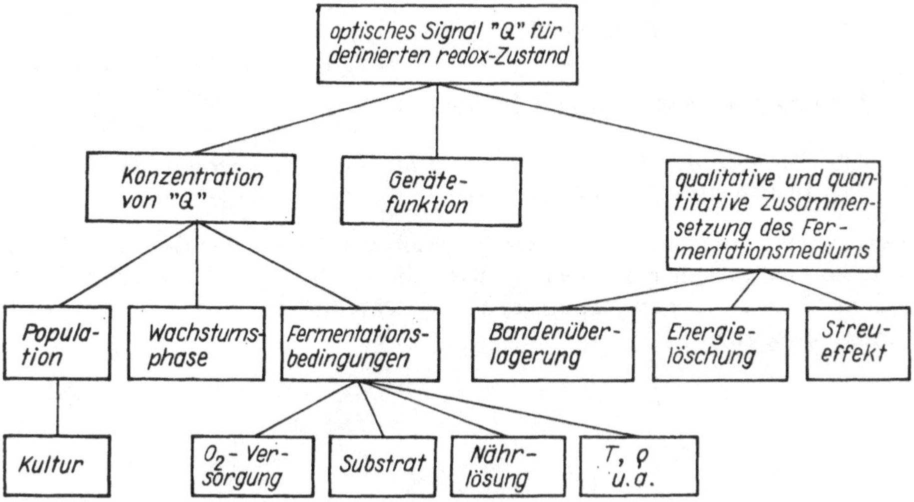


Abb. 2. Arbeitsschema auf der Basis der Signalbeeinflussung durch das Fermentationssystem

ab, daß von Meßergebnissen, die mittels simulierter Modellsysteme, z. B. aus Trübungsmittel und isoliertem Enzym, erhalten wurden, nicht auf die optischen Eigenschaften der Fermentationssyteme geschlossen werden kann. Ähnliches gilt auch für die redox-Systeme der Atmungskette: „Will man diese isolieren und getrennt untersuchen, dann muß man die geordnete Struktur zerstören, damit gehen meist wesentliche Teile der Funktion verloren“ (10). Gültige und gesicherte Informationen können demnach nur am Realobjekt erhalten werden. Durch diese Ergebnisse wird das von uns entwickelte und in Abbildung 2 dargestellte Arbeitskonzept gestützt. Seine Realisierung hat die on-line-Kopplung von Laborfermenter und Spektralphotometer zur Voraussetzung und wird damit zum fermentationstechnologischen Forschungsmittel. Es gestattet

— den Einfluß der Meßanordnung, wie die optischen, mechanischen und energetischen Parameter (unter Gerätefunktion zusammengefaßt)
— den Einfluß der stofflichen und physikalischen Eigenschaften, wie Bandenüberlagerung, Energielöschung, Lichtstreuung und
— den Einfluß der Konzentration der das Signal verursachenden stofflichen Komponente bzw. Stoffsysteme

als Funktion des Zustandes der Population und der Fermentationsbedingungen zu studieren. Mittels dieses Forschungsmittels lassen sich sowohl Störungen des Fermentationsprozesses analysieren als auch Aufgabenstellungen für neue Meßprinzipien einschließlich ihrer meßtechnischen Parameter ableiten.

Der von uns verwendete Versuchsaufbau bestand aus einem portablen Rührfermenter, der über einen Bypass mit Umlaufpumpe die Durchflußküvetten der Spektralphotometer (UV-Vis-Spektralphotometer Cary 17, optisches Fluoreszenzspektralphotometer MPF-2A) mit Kultivierungsmedium versorgte. Die Zeit zwischen Ausgang Fermenter und Eintritt in die Küvette betrug 1—2 Sekunden und liegt damit in der Größenordnung der erwähnten Relaxationszeiten.
Nachstehend werden Arbeitsergebnisse vorgestellt.

## 2. Erste Meßergebnisse und Diskussion

### *2.1. Probleme der Küvettenanordnung bei Fluoreszenzmessungen an trüben Fermentationsmedien*

Die Fluoreszenzspektralphotometrie ist als Emissionsmethode gegenüber der Absorptionsspektralphotometrie mit einer Vielzahl zusätzlicher Probleme behaftet: z. B. Besonderheiten der Intensitätsmessung, innere Filtereffekte durch Absorption, Sauerstofflösung, Lichtstreuung u. a.

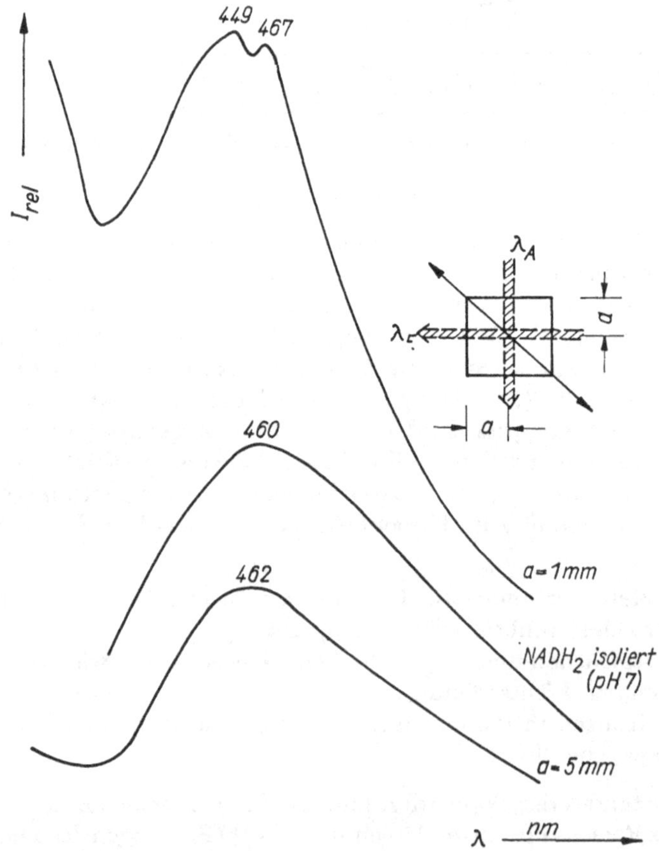


Abb. 3. Fluoreszenzspektrum einer Methanolbakteriensuspension in Abhängigkeit von der Küvettenstellung

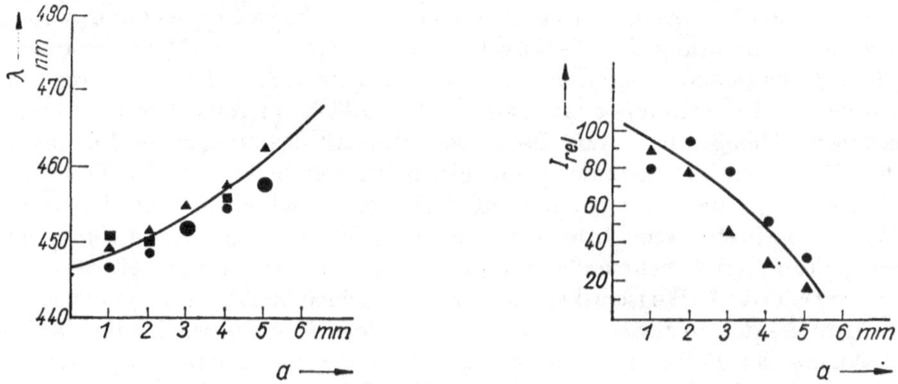


Abb. 4. Lage- und Intensitätsveränderungen des $NADH_2$-Fluoreszenzmaximums in Abhängigkeit der Küvettenstellung (kurzwellige Bande) ▲, ■, ● — Wiederholungsmessungen

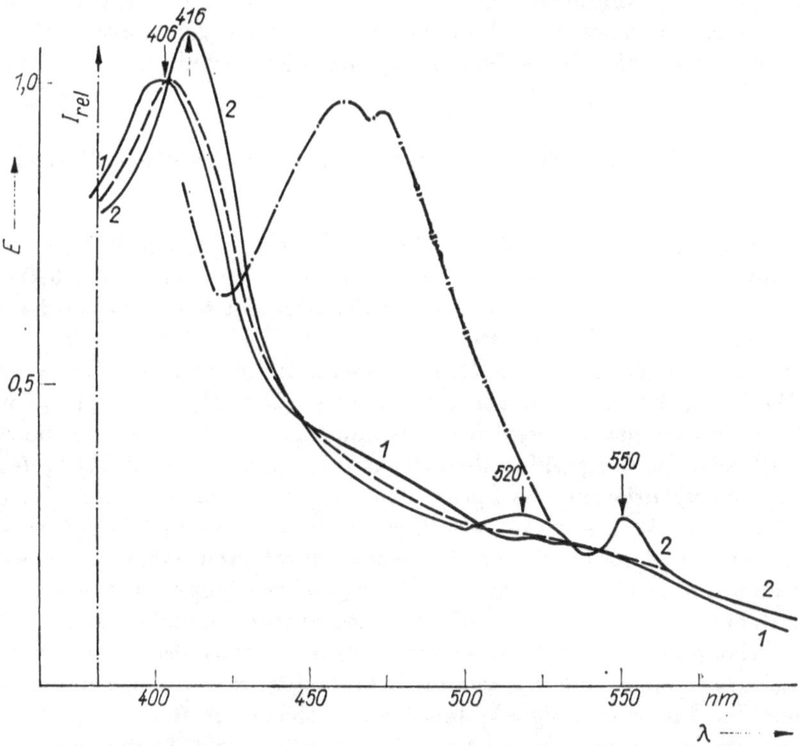


Abb. 5. Beeinflussung des Fluoreszenzspektrums einer Methanol-Bakterienkultur durch das Cytochromspektrum

1 Cytochrom C — oxidiert

2 Cytochrom C — reduziert

— · — Fluoreszenzspektrum

— — —Cytochrom C — für konstantes redox-Verhältnis

Wir konnten bei unseren Messungen eine erhebliche Beeinflussung des Meßergebnisses von der Ausrichtung der Meßküvette im Strahlengang der Meßanordnung feststellen, die auf einige der genannten Ursachen zurückzuführen ist. Zu ihrer Untersuchung wurde eine Küvette mit quadratischer Grundfläche in Richtung ihrer Diagonalen verschoben (Abb. 3) und damit die Wegstrecke „a" des anregenden Lichtes als auch die des emittierten Lichtes in der Probe gleichsinnig verändert. In der Küvette befand sich Fermentationsmedium mit einer auf Methanol gewachsenen Bakterienkultur.
Wir beobachteten eine Intensitätszunahme, Wellenlängenverschiebung und Bandenaufspaltung mit abnehmender Wegstrecke „a". In Abbildung 4 ist dieses Meßergebnis für verschiedene Wegstrecken „a" und verschiedene Proben veranschaulicht. Beide Effekte werden verständlich, wenn neben dem Emissionsspektrum das Absorptionsspektrum der Fermentationsflüssigkeit ausgewertet wird (Abb. 5). Neben der hohen Grundextinktion durch Streueffekte wird die Emission durch Absorption des Cytochrom c auf der kurzwelligen Bandenseite geschwächt und dies natürlich in Abhängigkeit von der Schichtdicke. Eine Vergrößerung der Schichtdicke führt zwangsläufig zu einer Erniedrigung der Emissionsintensität und einer Verzerrung der Bande, die in der Maximumverschiebung ihren Ausdruck findet. Nach Kenntnis dieser Zusammenhänge ist es möglich, die Durchflußküvette so zu justieren, daß die gezeigten Effekte weitestgehend ausgeschlossen werden. Diese Erkenntnis ist bei der Konstruktion zukünftiger Betriebsmeßgeräte, die dieses Meßprinzip ingenieurtechnisch realisieren, zu beachten.

### 2.2. *Ergebnisse von Fluoreszenzmessungen während der Fermentation (Durchflußmessungen)*

Das Anregungsspektrum des Fermentationssystems Hefe/Saccharose weist Maxima bei 408, 380, 250 und 236 nm auf. Die intensivste Bande liegt bei 380 nm; sie wird gefolgt von der bei 236 nm. Zur Anregung der Emissionsspektren wurden diese beiden Wellenlängen benutzt. Das erhaltene Emissionsspektrum ist bei normalen spektralen Spaltbreiten des Emissionsmonochromators eine breite, nicht strukturierte Bande mit einem Maximum bei 470 nm, das des isolierten $NADH_2$ liegt bei 460 nm (Abb. 6). Bei hohem Auflösungsvermögen des Emissionsmonochromators sind die Spektren der Fermentationsmedien gegenüber dem Spektrum des isolierten $NADH_2$ deutlich strukturiert. Die Strukturierung des Spektrums ist gekennzeichnet durch Banden bei 458, 474, 487 und 497 nm. Die intensivste Bande liegt bei 474 nm. Wir ordnen sie vorläufig, bis wir weitere Aufschlüsse aus unseren Arbeiten erhalten haben, in Übereinstimmung mit der Literatur dem System $NAD^+/NADH_2$ zu. Die weitere Tatsache, daß der Spektrencharakter sich auch bei Sauerstofflimitationszuständen nicht ändert und eine nahezu parallel verlaufende Intensitätszunahme auch bei unterschiedlichen Anregungswellenlängen (Abb. 7) festzustellen ist, veranlaßt uns zu der Schlußfolgerung, daß die relative Änderung der Fluoreszenzsignale mit großer Sicherheit den redox-Änderungen der Komponenten der Atmungskette zugeordnet werden kann. In dieser Annahme werden wir neben den Ergebnissen anderer Autoren auch noch durch gleichsinnige redox-Änderungen des Cytochrom-c-Signals bestärkt.

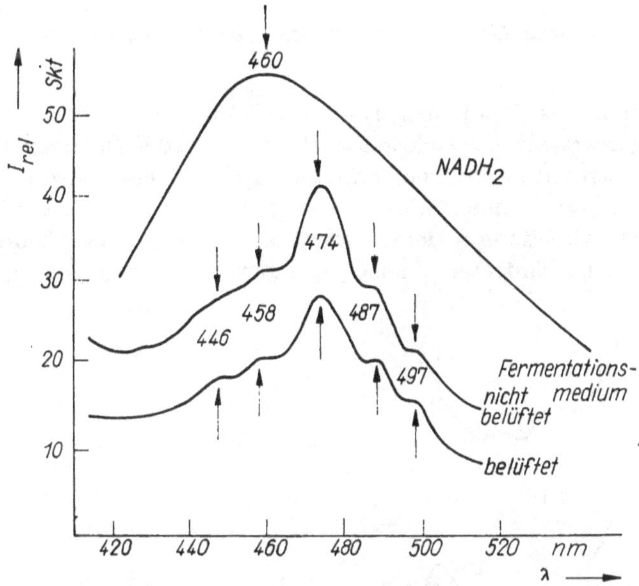


Abb. 6. Fluoreszenzphotometrisches Verhalten des Systems Hefe/Saccharose bei $O_2$-Limitation. Zum Vergleich $NADH_2$-Spektrum
Anregungswellenlänge: 236 nm

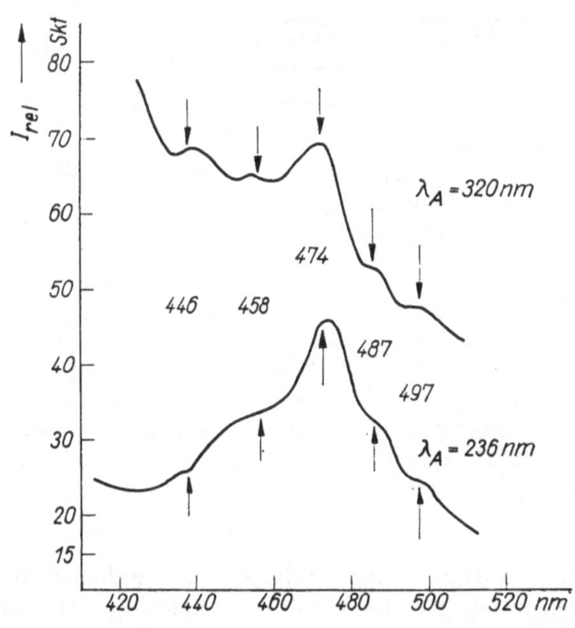


Abb. 7. Einfluß der Anregungswellenlänge auf das Fluoreszenzspektrum des Systems Hefe/Saccharose im unbelüfteten Zustand

### 2.3. *Photometrische Untersuchungen von Limitationszuständen während der Fermentation*

Neben den Möglichkeiten, das Gesamtspektrum im UV-Vis in Absorption bzw. in Emission allein oder kombiniert als Informationsquelle über das Fermentationsgeschehen zu nutzen, ist das Erfassen zeitabhängiger Veränderungen und das Eintreten und Erkennen der Art der Limitationszustände während der Fermentation von wesentlicher technologischer Bedeutung. Abbildung 8 demonstriert am Beispiel des Fluoreszenzspektrums Beobachtungen beim Eintreten einer $O_2$-Limitation. Die damit verbundene Ver-

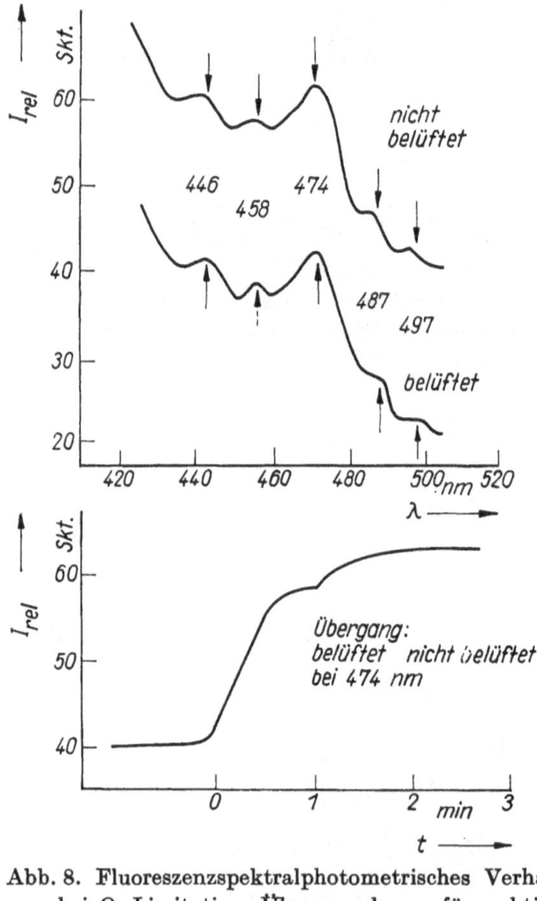


Abb. 8. Fluoreszenzspektralphotometrisches Verhalten des Systems Hefe/Saccharose bei $O_2$-Limitation. Übergangskurve für „aktiven Zustand“ aufgenommen bei 474 nm

schiebung des $NAD^+/NADH_2$-Gleichgewichts zu Gunsten der reduzierten Form wird durch das Anheben des Intensitätspegels der Fluoreszenz angezeigt. Der zeitliche Verlauf dieser Änderung wurde im Maximum bei 474 nm verfolgt und ist ebenfalls dargestellt. Wir haben eine Vielzahl experimenteller Hinweise, daß der Verlauf dieser Zeitfunktion mit dem „biologischen Zustand“ der Mikroorganismen korreliert. A. SCHMIDT und Mitarbeiter haben hierzu (1) erste Interpretationen versucht. Von besonderem Wert ist hierbei die Möglichkeit der Methodenkombination. Ähnliche Zeitfunktionen wurden auch beim Eintreten von Substratlimitationen gefunden.

## 3. Zusammenfassung und Ausblick

Das vorgestellte Arbeitskonzept und die realisierte Meßanordnung gestatten das Gewinnen von Informationen über aktuelle Zustände des Fermentationssystems. Ihre mögliche qualitative Zuordnung zu ablaufenden Reaktionen sowie ihre absehbare Quantifizierbarkeit gestattet, sie mit großer Wahrscheinlichkeit als Signale zur Prozeßsteuerung im Sinne von „*state indicators*“ (11) zu nutzen.
Mit dem weiteren Ausbau der Fermentationstechnik in unserer Meßanordnung und einer Spektrometer-Rechnerkopplung wird es möglich, Meßprobleme an fließenden inhomogenen Proben zu bearbeiten und die Entflechtung der sich komplex darstellenden Informationen aus dem optischen Absorptions- und Fluoreszenzspektrum zu betreiben. Hierzu gehört das Gewinnen intensitätskorrigierter Spektren, die digitale Spektrenanalyse sowie die digitale Speicherung und mathematische Analyse der Übergangskurven gezielt erzeugter Limitationen in Fermentationsprozessen.
Die Ableitung von Aufgabenstellungen für ingenieurtechnische Lösungen von Prozeßmeßgeräten auf der Basis spektralphotometrischer Meßmethoden im Sinne des von A. Schmidt und H. Brauer (12) entwickelten und an geeigneten Prozessen bewährten Cytochrom-c-Gerätes sowie die wissenschaftliche Sicherung des Informationsgehaltes solcher Prozeßmeßgeräte sind weitere Aspekte zukünftiger Arbeiten. Schließlich eröffnen die vorgestellten Möglichkeiten der Meßanordnung auch die Bearbeitung taxonomischer Probleme aus dem Blickwinkel spektralphotometrischer Messungen an intakten Zellen.

## 4. Literatur


[1] Schmidt, A.: VI. Reinhardsbrunner Symposium der Sektion Mikrobiologie, „Entwicklung von Laborfermentoren“, Vortrag Nr. 16

[2] Chance, B., and G. R. Williams: Advances in Enzymology

[3] Atkinson, D. E.: Am. Rev. Biochem. **35** (1966), 85—124

[4] Bergmeyer, H. V.: „Methoden der enzymatischen Analyse“ Verlag Chemie 1962

[5] Guilbault, G. G.: „Practical Fluorescence, theory, methods and techniques“, Marcel Dekker, N. Y. 1973

[6] Kaplan, N. O.: „Methods in Enzymology“ Ed. S. P. Colowick, Academic Press NY, Vol. XVIII B

[7] Kröger, A.: Diss. Marburg 1965

[8] Dadak, V., and S. Schmalova: Chemicki Listy **70** (1976), 876

[9] Göbel, F.: Biochim. et Biophys. Acta, General Subjects — G 68 (1978), 3, 593

[10] Karlson, P.: „Kurzes Lehrbuch der Biochemie für Mediziner und Naturwissenschaftler.“ Georg Thieme, Stuttgart, 1977

[11] Müller, F.: Process Biochemistry, 1976, 24

[12] Schmidt, A., H. Brauer, J. Puits und G. Rhan: Wiss. Ber. Ingen. Hochschule Leipzig **18** (1975), 43—48

## Diskussion

WEIDE: Sind „Strukturierungen" der Kurven bei der Fluoreszenzspektrophotometrie auf technische Ursachen der Messung zurückzuführen oder reflektieren sie zellinterne Vorgänge?

SERFAS: Die „Strukturierungen" reflektieren wahrscheinlich zellinterne Zustände, ihre Beobachtung setzt aber Spektralphotometer mit entsprechendem Auflösungsvermögen voraus.

*Akademie der Wissenschaften der DDR*
*Institut für technische Chemie Leipzig*

# Technologische Bewertung von Meßanordnungen und Meßgenauigkeiten

K. SOYEZ, D. THEISS und M. PRAUSE

Bei der Ausrüstung von Fermentoren mit Meßgeräten stellt sich die Frage, wie die Meßgeräte anzuordnen sind und welche Genauigkeit die einzelnen Messungen haben sollen. Zur objektiven Beantwortung dieser Frage ist eine Bewertung erforderlich. Im folgenden wird eine Bewertung an Hand der technologisch wichtigen Kriterien

- Genauigkeit der Bestimmung von Prozeßgrößen und
- ökonomischer Aufwand zur Realisierung der Meßgenauigkeit im Verhältnis zum erreichbaren Nutzen

am typischen Beispiel der Bestimmung des spezifischen Verbrauchskoeffizienten für Sauerstoff, $\alpha_x^{O_2}$, vorgenommen. Dabei werden folgende drei Fragen beantwortet:

- Welche ist die günstigste Meßanordnung zur Bestimmung des $\alpha$-Wertes?
- Welchen Einfluß haben die Genauigkeiten der Einzelmessungen auf die Genauigkeit des $\alpha$-Wertes?
- Wie wirken sich Veränderungen der Genauigkeit des $\alpha$-Wertes ökonomisch aus?

## 1. Auswahl der günstigsten Meßanordnung zur Bestimmung des $\alpha$-Wertes

Bewertungskriterium soll hier die Genauigkeit der Bestimmung des $\alpha$-Wertes sein, d. h. als günstigste Meßanordnung wird diejenige betrachtet, bei der die Bestimmung des $\alpha$-Wertes mit dem geringsten Fehler möglich ist. Dabei sollen die Fehler der Einzelmessungen zunächst konstant sein.

Der Zusammenhang zwischen Meßanordnung und $\alpha$-Wert ist durch die Berechnungsgleichung gegeben. Die geforderte Fehleraussage ist deshalb durch die Betrachtung der Fehlerfortpflanzungsbeziehung in der entsprechenden Berechnungsgleichung möglich.

Es sollen folgende Beziehungen gelten:

$$\alpha_x^{O_2} = \frac{r_{O_2}}{\dot{x}} \tag{1}$$

$$\alpha_x^{O_2} = f(a_i) \tag{2}$$

$$a_i = x,\ D,\ V_F,\ t,\ p,\ \dot{V}_E,\ \dot{V}_A,\ \varrho_{O_2},\ \psi_{O_2E},\ \psi_{O_2A},\ \psi_{CO_2E},\ \varphi_{CO_2A} \tag{3}$$

wobei $V_F,\ \varrho_{O_2},\ \psi_{O_2E},\ \psi_{CO_2E},\ p,\ t = \text{konstant}$

**Meßanordnung**

1: ↑ $\psi_{O_2A}, \psi_{CO_2A}$ — [1] — ↑ $\dot{V}_E$

2: ↑ $\dot{V}_A, \psi_{O_2A}, \psi_{CO_2A}$ — [2] — ↑ $\dot{V}_E$

3: ↑ $\dot{V}_A, \psi_{O_2A}, \psi_{CO_2A}$ — [3] — ↑

**Berechnungsgleichung**

[1] $$\alpha = \frac{\varrho_{O_2} \cdot \dot{V}_E}{D \cdot x}\left(0{,}21 - 0{,}79\frac{\psi_{O_2A}}{1 - \psi_{O_2A} - \psi_{CO_2A}}\right)$$

[2] $$\alpha = \frac{\varrho_{O_2}}{D \cdot x}(0{,}21\,\dot{V}_E - \psi_{O_2A} \cdot \dot{V}_A)$$

[3] $$\alpha = \frac{\varrho_{O_2} \cdot \dot{V}_A}{D \cdot x}\left(\frac{0{,}21}{0{,}79}(1 - \psi_{O_2A} - \psi_{CO_2A}) - \psi_{O_2A}\right)$$

**Fehlerfortpflanzungsbeziehung**

[1] $$\frac{\Delta\alpha}{\alpha} = \sqrt{\left(\frac{\Delta D}{D}\right)^2 + \left(\frac{\Delta x}{x}\right)^2 + \left(\frac{\Delta\dot{V}_E}{\dot{V}_E}\right)^2 + \left(\frac{0{,}79\,((1 - \psi_{CO_2A})\,\Delta\psi_{O_2A} + \psi_{O_2A} \cdot \Delta\psi_{CO_2A})}{\left(0{,}21 - 0{,}79\,\frac{\psi_{O_2A}}{1 - \psi_{O_2A} - \psi_{CO_2A}}\right)(1 - \psi_{O_2A} - \psi_{CO_2A})^2}\right)^2}$$

[2] mit: $\frac{\Delta\dot{V}_E}{\dot{V}_E} = \frac{\Delta\dot{V}_A}{\dot{V}_A} = \frac{\Delta\dot{V}}{\dot{V}}$

$$\frac{\Delta\alpha}{\alpha} = \sqrt{\left(\frac{\Delta D}{D}\right)^2 + \left(\frac{\Delta x}{x}\right)^2 + \left(\frac{(0{,}21 + \psi_{O_2A}\,\Delta\dot{V}}{(0{,}21 - \psi_{O_2A})\,\dot{V}}\right)^2 + \left(\frac{\psi_{O_2A}}{(0{,}21 - \psi_{O_2A})} \cdot \frac{\Delta\psi_{O_2A}}{\psi_{O_2A}}\right)^2}$$

[3] $$\frac{\Delta\alpha}{\alpha} = \sqrt{\left(\frac{\Delta D}{D}\right)^2 + \left(\frac{\Delta x}{x}\right)^2 + \left(\frac{\Delta\dot{V}_A}{\dot{V}_A}\right)^2 + \left(\frac{0{,}21\left(2 \cdot \psi_{O_2A} \cdot \frac{\Delta\psi_{O_2A}}{\psi_{O_2A}} + \psi_{CO_2A} \cdot \frac{\Delta\psi_{CO_2A}}{\psi_{CO_2A}}\right)}{0{,}79\left(\frac{0{,}21}{0{,}79}(1 - \psi_{O_2A} - \psi_{CO_2A}) - \psi_{O_2A}\right)}\right)^2}$$

Abb. 1. Meßanordnungen, Berechnungsgleichungen und Fehlerfortpflanzungsbeziehungen

Welche Meßgrößen konkret verwendet werden, hängt von der gewählten Meßanordnung ab. Der Fehler des $\alpha$-Wertes ergibt sich nach

$$\Delta\alpha = \left(\sum_i \left(\frac{\partial\alpha}{\partial a_i}\,\Delta a_i\right)^k\right)^{1/k} \tag{4}$$

mit $k = 1$ für Größtfehlerfortpflanzung
$k = 2$ für Fortpflanzung der mittleren Fehler

Im folgenden wird nur die Anordnung der Durchsatz- und Konzentrationsmessungen betrachtet. (Die Bestimmung der Biomassekonzentration und der Verdünnungsrate erfolgt bei allen Meßanordnungen auf gleiche Weise und wird deshalb nicht näher untersucht.)

Abbildung 1 zeigt drei Meßanordnungen, dazu die entsprechenden Berechnungsgleichungen und die Fehlerfortpflanzungsbeziehungen für die mittleren Fehler. Für die hier angestellten Vergleiche wäre auch die Verwendung für Größtfehlerbeziehung möglich. Die Werte der ermittelten Fehler entsprechen bei der Fortpflanzung der mittleren Fehler den empirisch gefundenen aber besser.

Wenn in die Beziehungen nach Abbildung 1 die Fehler der einzelnen Meßgrößen eingesetzt werden, ergeben sich die gewünschten Aussagen über den Fehler des $\alpha$-Wertes. Dabei besteht Abhängigkeit vom Arbeitspunkt der Gaskonzentrationsmessungen, Abbildung 2 zeigt den Fehler des $\alpha$-Wertes am Arbeitspunkt $\psi_{O_2A} = 18\%$, $\psi_{CO_2A} = 2\%$ und bei konstanten Fehlern der Meßgrößen. Aus Abbildung 2 ist ablesbar, daß die untersuchten Meßanordnungen für die Bestimmung des $\alpha$-Wertes unterschiedlich gut geeignet sind. Die resultierenden Fehler liegen zwischen 10 und 40%. Als Rangfolge ergibt sich unabhängig vom gewählten Arbeitspunkt: Anordnung 3, 1, 2. Dabei ist Anordnung 2 trotz der größeren Anzahl unabhängiger Messungen (hier werden Ein- und Ausgangs-

| Fehlergröße $a_i$ | relativer Fehler $\frac{\Delta a_i}{a_i}$ [%] | | | |
|---|---|---|---|---|
| $x$ | | 2 | | 3 |
| D | | 2 | | 3 |
| $\dot{V}_{E,A}$ | | 3 | | 4 |
| $\psi_{O_2A}$ | | 2 | | 4 |
| $\psi_{CO_2A}$ | | 2,5 | | 4 |
| Meßanordnung | 1 | 2 | 3 | 1 |
| $\alpha_x^{O_2}$ | 14,1 | 40,8 | 10,0 | 27,6 |
| Rangfolge | 2 | 3 | 1 | |

Abb. 2. Abhängigkeit des Fehlers des $\alpha$-Wertes von der Meßanordnung und dem Fehler der Meßgrößen

gasströme unabhängig gemessen) wesentlich schlechter als die anderen Anordnungen. Die Unterschiede zwischen Anordnungen 1 und 3 sind relativ gering. Die Entscheidung zwischen Anordnung 1 und 3 wird deshalb unter zusätzlicher Beachtung von Kriterien wie Platzbedarf, Wartungsaufwand u. ä. erfolgen können. Für die weiteren Untersuchungen wird aus praktischen Gründen nur Anordnung 1 betrachtet.

Bei den in Abbildung 2 angegebenen Fehlern der Meßgrößen handelt es sich um die Nennfehler der Meßgeräte bzw. optimistische Schätzungen der Fehler der Analysenmethoden. Die damit realisierten Fehler des $\alpha$-Wertes sind ebenfalls günstige Werte. Für die benutzte Meßanordnung ist deshalb am gewählten Arbeitspunkt ein Fehler des $\alpha$-Wertes unter 15% praktisch nicht realisierbar. Abbildung 2, rechte Spalte, zeigt praktisch zu erwartende Fehler der Meßgrößen und den resultierenden Fehler des $\alpha$-Wertes. Es ergibt sich nun die Frage, wie eine Senkung dieses praktisch auftretenden Fehlers möglich ist. Unter Beibehaltung des gewählten Arbeitspunktes kommt dafür nur eine Erhöhung der Genauigkeit der Meßgeräte in Frage. Für eine hohe Effektivität der einzuleitenden Maßnahmen ist es günstig, eine Rangfolge entsprechend den Anteilen der Einzelmessungen am Zustandekommen des Fehlers des $\alpha$-Wertes festzulegen. Im folgenden werden diese Anteile untersucht.

## 2. Einfluß der Genauigkeit der Einzelmessungen auf den Fehler des $\alpha$-Wertes

Die erforderlichen Aussagen sind über die Faktoren der einzelnen Meßgrößen in der Fehlerfortpflanzungsbeziehung möglich. Diese Faktoren sollen als Empfindlichkeitsfaktoren bezeichnet werden, da sie die Empfindlichkeit der Fehler des $\alpha$-Wertes bezüglich der Fehler der Meßgrößen quantifizieren. Die Fehlerfortpflanzungsbeziehung wird dazu in der allgemeinen Form gemäß Gl. (6)

$$\frac{\Delta\alpha}{\alpha} = \left(\sum_i \left(E_i \frac{\Delta a_i}{a_i}\right)^2\right)^{1/2} \tag{6}$$

bzw. für den betrachteten Fall Gl. (7) in der Form

$$\frac{\Delta\alpha}{\alpha} = \left(\left(E_x \frac{\Delta x}{x}\right)^2 + \left(E_D \frac{\Delta D}{D}\right)^2 + \left(E_{\dot{V}} \frac{\Delta\dot{V}}{\dot{V}}\right)^2 + \left(E\psi_{O_2A} \frac{\Delta\psi_{O_2A}}{\psi_{O_2A}}\right)^2 + \left(E\psi_{CO_2A} \frac{\Delta\psi_{CO_2A}}{\psi_{CO_2A}}\right)^2\right)^{1/2} \tag{7}$$

dargestellt. Durch Vergleich von Gl. (7) mit den Beziehungen nach Abbildung 1 ergeben sich für die Empfindlichkeitsfaktoren Werte nach Abbildung 3. Folgende Aussagen können abgeleitet werden:

Bei Variante 1 hat der Fehler der Messung der Sauerstoffkonzentration den dominierenden Einfluß auf den Fehler des $\alpha$-Wertes, insbesondere bei Arbeitspunkten $\psi_{O_2A} >$ 16%. Die Empfindlichkeitsfaktoren liegen im Bereich von 1,6 bis 34, d. h. der Fehler der Gaskonzentrationsmessung geht mit dem 1,6- bis 24-fachen Gewicht der anderen Meßfehler in den Fehler des $\alpha$-Wertes ein, gegenüber der Messung der $CO_2$-Konzentration ergibt sich sogar ein Faktor von 50 bis 60. Abbildung 4 zeigt zur Verdeutlichung die Änderung des Fehlers des $\alpha$-Wertes bei einer 30%igen Senkung der einzelnen Meßfehler. Bei dieser Meßanordnung ist die Verbesserung der Genauigkeit des $\alpha$-Wertes demnach am wirkungsvollsten über die Verbesserung der Meßgenauigkeit der Sauerstoffmessung zu erreichen.

| $\psi_{O_2A}$ [%] | Meßanordnung | | | | | |
|---|---|---|---|---|---|---|
| | 1 | | 2 | | 3 | |
| | $E\psi_{O_2A}$ | $E\psi_{CO_2A}$ | $E_{\dot{V}}$ | $E\psi_{O_2A}$ | $E\psi_{O_2A}$ | $E\psi_{CO_2A}$ |
| 21 | $\infty$ | $\infty$ | $\infty$ | $\infty$ | 21 | 1 [1] |
| 20 | 34,4 | | 41,0 | 20,1 | 14,6 | 0,7 |
| 18 | 6,7 | 0,14 | 13,1 | 6,1 | 3,0 | 0,2 |
| 16 | 3,3 | 0,06 | 7,4 | 3,2 | 1,5 | 0,1 |
| 14 | 1,9 | 0,04 | 5,0 | 2,0 | 0,9 | 0,06 |
| 13 | 1,6 | 0,03 | 4,3 | 1,6 | 0,7 | 0,05 |

[1] Unstetigkeit, $E_x = E_D = 1, \quad \psi_{CO_2A} = 2\%$

Abb. 3. Abhängigkeit der Empfindlichkeitsfaktoren von Arbeitspunkt und Meßanordnung

| $a_i$ | $\left(\frac{\Delta a_i}{a_i}\right)_1$ [%] | $0{,}7\left(\frac{\Delta a_i}{a_i}\right)_1$ [%] | $\delta\left(\frac{\Delta\alpha}{\alpha}\right)$ [%] |
|---|---|---|---|
| $\psi_{O_2A}$ | 4 | 2,8 | 28,4 |
| $\dot{V}_E$ | 4 | 2,8 | 0,5 |
| $x$ | 3 | 2,1 | 0,4 |
| $D$ | 3 | 2,1 | 0,4 |
| $\psi_{CO_2A}$ | 4 | 2,8 | 0,01 |

Abb. 4. Änderung des Fehlers des $\alpha$-Wertes bei jeweils 30% Senkung des Fehlers der Meßgrößen $a_i$ (Arbeitspunkt: $\psi_{O_2A} = 18\%$, $\psi_{CO_2A} = 2\%$)

Bei den anderen Meßanordnungen ist der Einfluß des Fehlers der Sauerstoffkonzentration geringer. Bei Meßanordnung 3 ergeben sich bei Arbeitspunkten im unteren Bereich Empfindlichkeitsfaktoren unter 1, dort haben die anderen Meßgrößen einen stärkeren Einfluß auf den Fehler des $\alpha$-Wertes. Bei Variante 2 überwiegt der Einfluß des Fehlers der Durchsatzmessung.

Eine weitere Möglichkeit zur Verbesserung der Genauigkeit der $\alpha$-Werte ergibt sich durch die günstige Festlegung des Arbeitspunktes. Der im Sinne des gewählten Kriteriums optimale Arbeitspunkt kann als Kompromiß der gegenläufigen Änderung der Empfindlichkeitsfaktoren und der relativen Meßfehler bei Änderungen des Arbeitspunktes gefunden werden.

Abbildung 5 zeigt die Verhältnisse:

Der relative Meßfehler steigt bei sinkender Gaskonzentration, da die Nenngenauigkeit auf den Meßbereichsendwert bezogen ist, die Empfindlichkeitsfaktoren dagegen sinken. Der optimale Wert liegt außerhalb des angenommenen Meßbereiches. Für den zulässigen Bereich existiert nur das Randoptimum $\psi_{O_2A} = 13\%$. Die Messungen sollten deshalb am unteren Ende des Meßbereiches durchgeführt werden, also nicht am Punkt der höchsten Genauigkeit des Meßgerätes.

Von den bisher diskutierten Möglichkeiten der Verbesserung der Genauigkeit des $\alpha$-Wertes ist insbesondere die Erhöhung der Genauigkeit der Meßgrößen mit ökonomischem Aufwand verbunden. Es muß deshalb die Frage beantwortet werden, ob durch die Erhöhung der Meßgenauigkeit auch ein ökonomischer Nutzen erreicht werden kann. Das soll im folgenden untersucht werden.

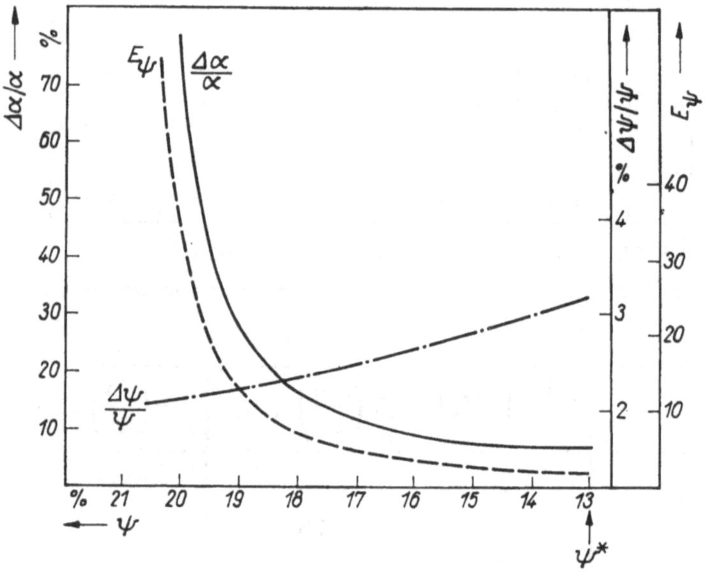


Abb. 5. Abhängigkeit des relativen Meßfehlers, des Empfindlichkeitsfaktors und des Fehlers des $\alpha$-Wertes vom Arbeitspunkt — Auswahl des günstigsten Arbeitspunktes

## 3. Ökonomische Auswirkungen der Änderungen der Genauigkeit des $\alpha$-Wertes

Zur Ermittlung dieser Auswirkungen muß die Genauigkeit über eine Kosten/Nutzen-Analyse ökonomisch bewertet werden. Prinzipiell gelten Verhältnisse gemäß Abbildung 6. Ökonomisch positiv zu bewerten sind nur solche Genauigkeiten, bei denen der Nutzen größer als der Aufwand ist (schraffierter Bereich). Der optimale Punkt ergibt sich bei $g^*$. Im folgenden soll als charakteristischer Punkt die Genauigkeit $g_{N=A}$ betrachtet werden, bei der Aufwand und Nutzen einander gerade aufheben. Bei Kenntnis des Nutzens kann dort eine Aussage gemacht werden über den maximal zulässigen Aufwand.

$$A_{\max} = N \tag{8}$$

Für den hier behandelten Spezialfall der Änderung der Genauigkeit des $\alpha$-Wertes durch Änderung der Genauigkeit der Sauerstoffkonzentrationsmessung liegt als Ergebnis von Empfindlichkeitsbetrachtungen an der optimalen Zielfunktion eines speziellen großtechnischen Prozesses der Biomasseerzeugung eine Nutzensfunktion gemäß Gl. (9) vor [1]. Unter Nutzen wird dabei die mögliche Senkung der spezifischen Selbstkosten für die Biomasse verstanden, die durch die Minimierung des Risikos einer falschen Aus-

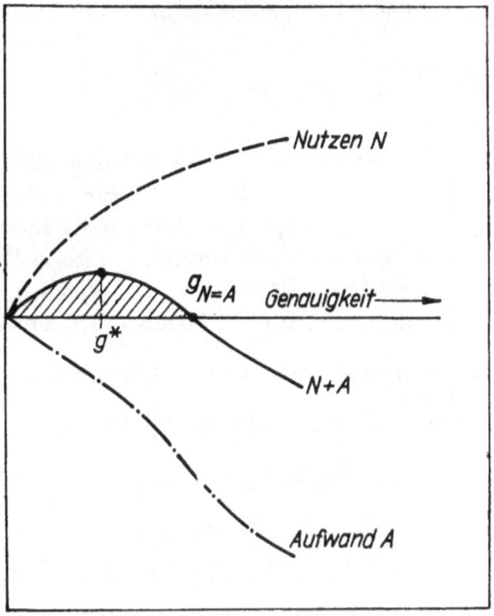


Abb. 6. Prinzipieller Verlauf von Aufwand und Nutzen in Abhängigkeit von der Meßgenauigkeit

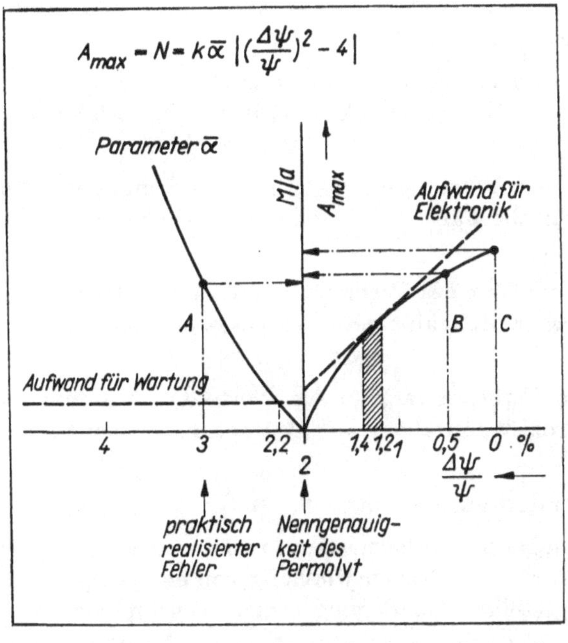


Abb. 7. Nomographische Darstellung der Nutzensfunktion

legung der großtechnischen Anlage auf Grund eines ungenauen $\alpha$-Wertes eintritt.

$$N = \left| K\bar{\alpha}^2 \left[ \left(\frac{\Delta\psi}{\psi}\right)_j^2 - \left(\frac{\Delta\psi}{\psi}\right)_n^2 \right] \right| \tag{9}$$

In der Konstanten $K$ sind die hier nicht explizit betrachteten Meßgrößen und die ökonomischen, technischen und naturwissenschaftlichen Parameter der Zielfunktion lokalisiert. Jede Aussage aus der Nutzensfunktion hängt von den eingesetzten Werten der Parameter ab. Bei den vorliegenden Untersuchungen werden typische Werte für Prozesse der Biomasseerzeugung benutzt. Über die Beziehung Gl. (9) kann der Aufwand bestimmt werden, der unter diesen Bedingungen für die Realisierung einer Genauigkeit $\left(\frac{\Delta\psi}{\psi}\right)_j$ gegenüber der Genauigkeit $\left(\frac{\Delta\psi}{\psi}\right)_n$ entstehen darf. Im folgenden soll $\left(\frac{\Delta\psi}{\psi}\right)_n$ die Nenngenauigkeit eines Meßgerätes bezeichnen. Als Meßgerät wird das Permolyt betrachtet.

Dafür gilt

$$\left(\frac{\Delta\psi}{\psi}\right)_n = 2\%\ [2] \tag{10}$$

Damit entsteht folgende Beziehung

$$A_{\max} = N = K\bar{\alpha}^2 \left| \left(\frac{\Delta\psi}{\psi}\right)_j^2 - 4 \right| \tag{11}$$

Diese Beziehung ist in der Abbildung 7 nomographisch dargestellt. An Hand dieser Darstellung können drei prinzipielle Fälle der Veränderung der Meßgenauigkeit des Meßgerätes abgeleitet werden:

A: Verbesserung der Genauigkeit der Meßgeräte durch Realisierung von Wartungsarbeiten zur Erreichung der Nenngenauigkeit (z. B. tägliche Eichung, richtige Aufstellung u. ä.).

Unter Annahme eines täglichen Wartungsaufwandes von 1 Stunde ergibt sich ein ökonomisch günstiger Effekt für alle Fälle, bei denen die Abweichungen von der Nenngenauigkeit $>10\%$ sind.

B: Erhöhung der Nenngenauigkeit des Permolyt unter Beibehaltung des Meßprinzips (Realisierung elektronischer Maßnahmen — Verbesserung bis auf 0,5% Meßfehler sind möglich).

Dabei ergibt sich, daß eine Verbesserung nur für Werte $\alpha > 2$ sinnvoll ist, d. h. die Aussage hängt von den Prozeßkennzahlen ab. Der optimale Bereich des Meßfehlers liegt bei 1,2···1,4%.

C: Neuentwicklung von Geräten mit Genauigkeiten unter 0,5%.

Der zulässige Aufwand ist dabei im Verhältnis zum real zu erwartenden Aufwand sehr gering. Ein ökonomischer Vorteil der Neuentwicklung von entsprechenden Meßgeräten ist deshalb aus den hier angestellten Überlegungen nicht begründbar.

## Symbolverzeichnis

| Symbol | Einheit | Bedeutung |
|---|---|---|
| $a_i$ | — | Meßgrößen |
| $A$ | Mark | Aufwand |
| $D$ | | Verdünnungsrate |
| $E$ | — | Empfindlichkeitsfaktor |
| $g$ | % | Genauigkeit |
| $K, k$ | — | Konstanten |
| $N$ | Mark | Nutzen |
| $p$ | Pa | Gasdruck am Durchflußmesser |
| $r_{O_2}$ | $kg\ O_2\ kg^{-1}s^{-1}$ | Sauerstoffübergangsgeschwindigkeit |
| $t$ | K | Gastemperatur am Durchflußmesser |
| $V_F$ | kg | Fermentationsmesse |
| $\dot{V}_{E,A}$ | $m^3s^{-1}$ | Gasvolumenstrom im Normzustand Reaktoreingang/-ausgang |
| $x$ | $kg\ BTS\ kg^{-1}$ | Biomassekonzentration |
| $\dot{x}$ | $kg\ BTS\ kg^{-1}s^{-1}$ | Produktivität |
| $\alpha_x^{O_2}, \alpha$ | $kg\ O_2\ kg^{-1}\ BTS$ | spez. Sauerstoffverbrauchskoeffizient |
| $\psi_{O_2E,A}$ | Vol.-% | Sauerstoffkonzentration am Reaktoreingang/-ausgang |
| $\psi_{CO_2E,A}$ | Vol.-% | $CO_2$-Konzentration am Reaktoreingang/-ausgang |
| $\varrho_{O_2}$ | $kgm^{-3}$ | Dichte Sauerstoff |
| * | — | optimal |

## Literatur

[1] Soyez, K., D. Theiss u. M. Prause: Zur technologischen Begründung von Genauigkeitsforderungen an Meßgrößen.
Vortrag zur Tagung „Meßtechnik am Fermentor“, Jena 1976

[2] Autorenkollektiv: Handbuch der Betriebsmeßtechnik. Berlin, 1974

*Forschungsinstitut Meinsberg, Entwicklungslabor der Technischen Universität Dresden*

# Entwicklung sterilisierbarer pH-Meßketten mit Kettennullpunkt pH 7 für Laborfermentoren

W. SCHINDLER

Sterilisierbare pH-Meßketten werden im Forschungsinstitut Meinsberg seit einigen Jahren produziert. Der symmetrische Kettenaufbau

$Ag/AgCl_{(s)}$, 1 n Standardazetat, gesättigt mit KCl/Glas/Meßlösung//KCl ges., $AgCl_{(s)}Ag$

wird in 3 Ausführungsformen realisiert, die die Bezeichungen TEGC 350.32; TEGC 250.31 sowie EGC 250.31 tragen und dem jeweiligen Einsatzgebiet angepaßt sind. Diese Elektroden haben sich in der Praxis bewährt.
Schwierigkeiten können aber bei der sterilisierbaren Labor-Einstabmeßkette EGC 250.31 dann entstehen, wenn man mit einem pH-Meßgerät arbeitet, das für einen Kettennullpunkt bei pH 7 konzipiert ist. Wie die folgende Tabelle 1 zeigt ist das bei den meisten

*Tabelle 1*
*Meßkettenanpassung von Labor-pH-Meßgeräten aus DDR Produktion*

| Gerät | $pH_{is}$ bzw. $pH_0$ | $U_{is}$ | $S_r$ |
|---|---|---|---|
| Präcitronic | | mV | % d. Th |
| MV 81 | pH 7 | ±700 | 90–100 |
| MV 84 | pH 7 | ±60 | 90–100 |
| MV 85 | pH 0–10 | ±60 | 90–100 |
| MV 87 | pH 6–8 | ±200 | 90–100 |
| MV 88 | pH 0–10 | ±200 | 70–102 |
| FI-Meinsberg | | | |
| TM-Serie | pH 7 | ±250 | 76–100 (25 °C) |

in der DDR hergestellten Laborgeräten der Fall. Eine sterilisierbare Labor-pH-Einstabmeßkette EGC 250.31 ist durch folgende Daten charakterisiert:

| | |
|---|---|
| Kettennullpunkt: | pH 4,7 +0,3 |
| Kettenasymmetrie[1]) | $\leqq$ 10 mV (25°C) |
| Isothermenschnittbereich: | $pH_{is}$ 4,7 bis 5,0 |
| | $U_{is}$ 0 bis −18 mV |
| Kettensteilheit: | $\geqq$ 95% d. Th. |

[1] Die Kettenasymmetrie setzt sich zusammen aus dem Asymmetriepotential der Glasmembran, sowie dem der beiden Ableitelektroden.

Soll beispielsweise das Labor-pH-Meßgerät MV 84 an diese Kettendaten angepaßt werden, so zeigt ein Blick auf Tabelle 1, daß das nicht möglich ist, weil diesem Gerät eine $pH_{is}$-Verstellung fehlt, und die Ordinatenverschiebung der $\frac{mV}{pH}$-Funktion mit $\pm 60$ mV einen zu geringen Bereich umfaßt. Bei anderen Geräten ohne oder mit begrenzt veränderlichem $pH_{is}$-Bereich kann man sich helfen, wenn der $U_{is}$-Bereich entsprechend groß ist.

Abbildung 1 zeigt die $\frac{mV}{pH}$-Funktion der obengenannten Labormeßkette für 3 unterschiedliche Temperaturen. Der Schnittpunkt dieser 3 Geraden und der Kettennullpunkt sind nahezu identisch und liegen bei 4,8 ($U_{is} \approx 0$; $pH_0 \approx pH_{is} = 4{,}8$).

Eine am Gerät eingestellte positive Asymmetriespannung von 130 mV bewirkt nun,

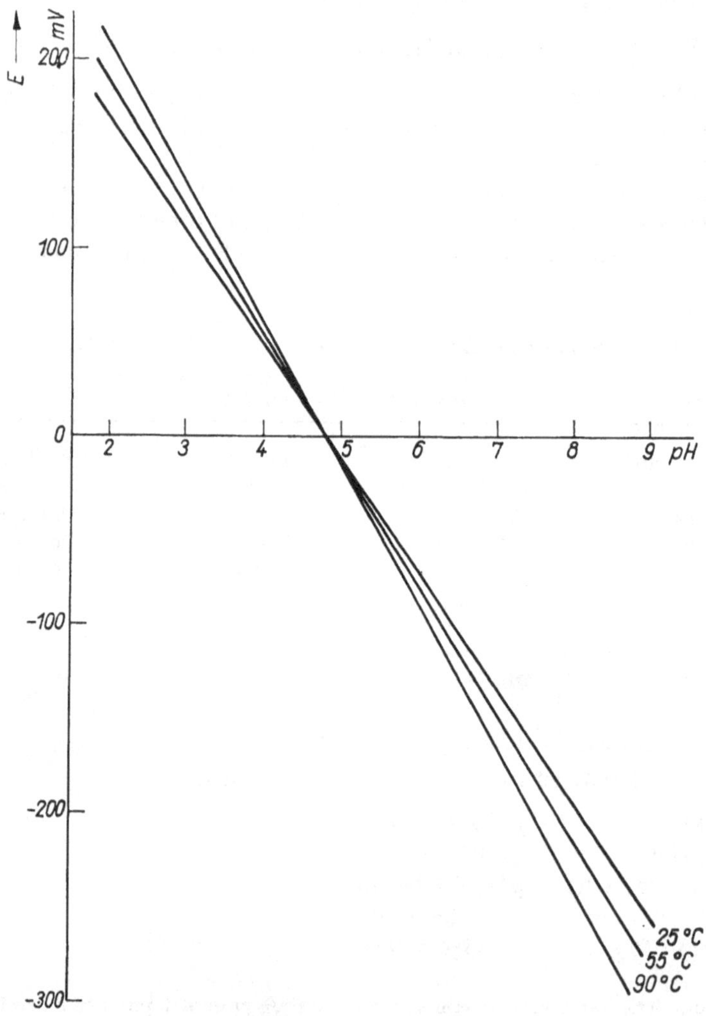


Abb. 1. Isothermenschnittpunkt — Meßkette 5

daß die Geradenschar um den Ordinatenabschnitt $U_{is}$ soweit nach oben parallel verschoben ist, daß die 25°-Isotherme die pH-Achse bei pH 7 schneidet, d. h. bei pH 7 wird $U_{is}$ durch die Kettenspannung $U_K$ genau kompensiert (Abb. 2).

Dieses Verfahren hat aber den Nachteil, daß die gemessenen pH-Werte nur dann exakt sind, wenn die Kalibrierung der Meßkette bei der gleichen Temperatur wie die Messung erfolgt.

Der Vorteil der symmetrischen isothermen Meßkette, der darin besteht, daß man pH-Werte unter Verwendung der eingebauten Temperaturkorrektur des Nernstfaktors $\left(\frac{2{,}303\,R}{F} = \frac{0{,}1983\text{ mV}}{\text{Grad}}\right)$ auch dann hinreichend genau messen kann, wenn Meßtemperatur und Kalibriertemperatur voneinander abweichen, kann damit nicht mehr genutzt werden.

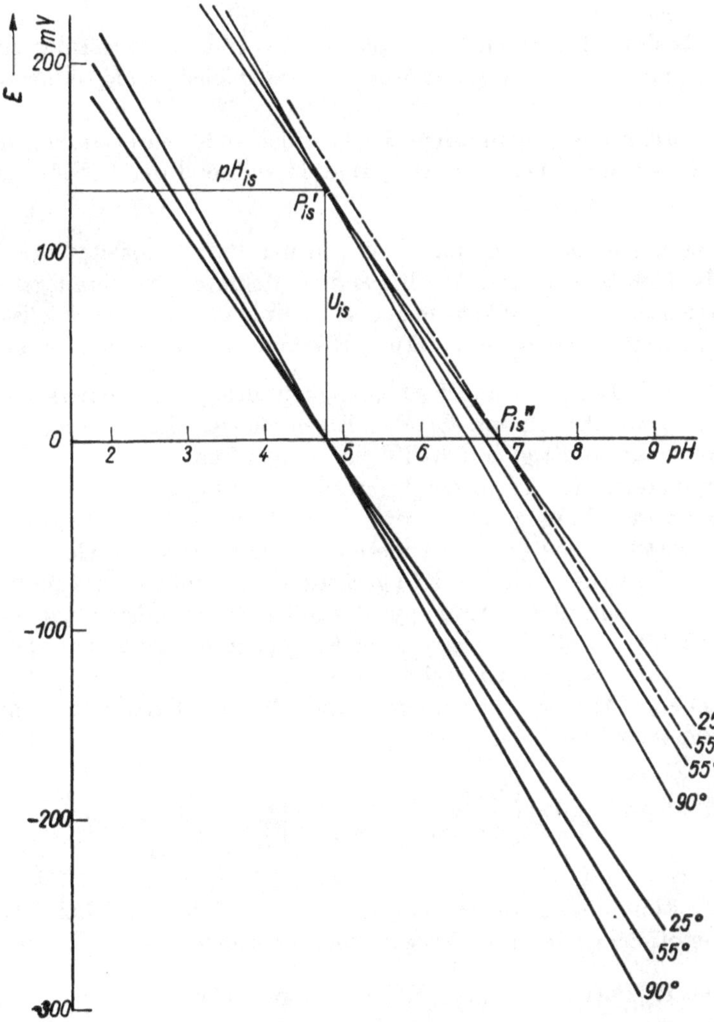


Abb. 2. Isothermenschnittpunkt — Meßkette 5

Ein Blick auf die Abbildung 2 macht das deutlich. Der Isothermenschnittpunkt $P'_{is}$ ist jetzt nicht mehr mit dem Kettennullpunkt $pH_0$ etwa identisch, sondern hat die Koordinaten $pH_{is} = 4{,}8$; $U_{is} = 130$ mV. Beim Verstellen der Temperaturkorrektur am Gerät wird aber die mV/pH-Gerade nicht um den Punkt $P''_{is}$ sondern um den Punkt $P'_{is}$ gedreht, so daß ein Meßfehler entsteht.
Kalibriert man beispielsweise eine pH-Meßkette vom Typ EGC 250.31 mit einem temperatur-pH-konstanten Puffer 7 bei 25°C und mißt dann den gleichen Puffer nach entsprechender Einstellung der Temperaturkorrektur bei 55°C, so zeigt das pH-Meßgerät jetzt nicht den Wert 7,0 sondern nur 6,8 an. Es entsteht also in diesem Fall, wie auch aus Abbildung 2 ersichtlich, ein Fehler von 0,2 pH durch die fehlende $pH_{is}$-Anpassung.
Um diese Schwierigkeiten zu beseitigen und eine Anpassung vorhandener Meßgeräte ohne $pH_{is}$-Verstellung zu ermöglichen, sollte unter Beibehaltung der äußeren Form und der sonstigen Kettendaten eine sterilisierbare Labor-pH-Meßkette mit einem Kettennullpunkt 7 entwickelt werden.
Diese Aufgabe bestand im wesentlichen darin, eine Innenpufferlösung zu finden, die bei KCl-Sättigung den pH-Wert 7,0 aufweist, der möglichst wenig temperaturabhängig ist.
Durch eine Änderung des Innenpuffers der Glaselektrode wird nämlich nicht nur der Kettennullpunkt, sondern auch das Meßverhalten während der Lebensdauer der Meßkette beeinflußt:

1. Die Stabilität des Kettennullpunktes ist von der Pufferkapazität des Innenpuffers abhängig, da beim Sterilisieren Alkali aus dem Membranglas herausgelöst wird.
2. Das Vorhandensein eines punktförmigen Isothermenschnittbereiches ist unter anderem an die Bedingung eines temperatur-pH-konstanten Innenpuffers gebunden.

Pufferkapazität und Temperatur-pH-Abhängigkeit des neu zu entwickelnden Innenpuffers waren also mit den entsprechenden Eigenschaften der bisherigen Innenfüllung — 1 n Standardazetat gesättigt mit KCl — zu vergleichen.
Für den Neutralbereich werden in der Literatur Mischungen von organischen Aminen mit ihren Salzen vorgeschlagen.
BATES und SCHWARZENBACH (1) verwendeten Triäthanolamin im Gemisch mit seinem Hydrochlorid. Wir untersuchten die KCl-gesättigten Lösungen der äquimolaren Gemische von Triäthanolamin und α-Aminopyridin mit ihren jeweiligen Azetaten. Die Azetate wurden gewählt, um die Kettensymmetrie nicht durch Änderung der Chloridkonzentration in der Glaselektrode zu beeinträchtigen.
Bei den vorhandenen Ionenstärken kommt eine pH-Wert-Berechnung nach der HENDERSON-HASSELBALCH-Gleichung

$$pH = pK_a + \log \left[\frac{\text{Basenkomponente}}{\text{Säurekomponente}}\right]$$

nicht in Betracht.
Die pH-Wert-Bestimmungen wurden im Bereich von 25 bis 90°C bei 5 Temperaturen mit der Wasserstoffelektrode unter Verwendung der Kette

$$\text{(Pt). } H_2/\text{Puffer}//\text{KCl ges. }/\text{KCl ges., } AgCl_{(s)}/Ag$$

durchgeführt.

Bei beiden untersuchten organischen Aminpuffern erniedrigt sich der pH-Wert der KCl-gesättigten Lösung um etwa 1 pH-Einheit, wenn die Temperatur um 30°C ansteigt. Beide Pufferlösungen erwiesen sich somit wegen der hohen Temperaturabhängigkeit des pH als ungeeignet.

Im Forschungsinstitut Meinsberg wurde vor längerer Zeit ein pH-Bezugssystem entwickelt, das als „Meinsberger Industriepuffer" bekannt ist und sich im Vergleich zu dem bekannten THIEL-SCHULZ-COCH-Puffersystem durch eine wesentlich höhere Pufferkapazität auszeichnet.

Das neue Puffersystem (2) überstreicht den pH-Bereich 2—11 in ganzzahligen pH-Stufen und ist auf der Basis von 5 Stammlösungen aufgebaut. Diese Meinsberger Industriepuffer haben sich auch beim Kalibrieren sterilisierbarer pH-Meßketten durch die gute pH-Konstanz über lange Zeit, besonders der alkalischen pH-Stufen, vielfach bewährt.

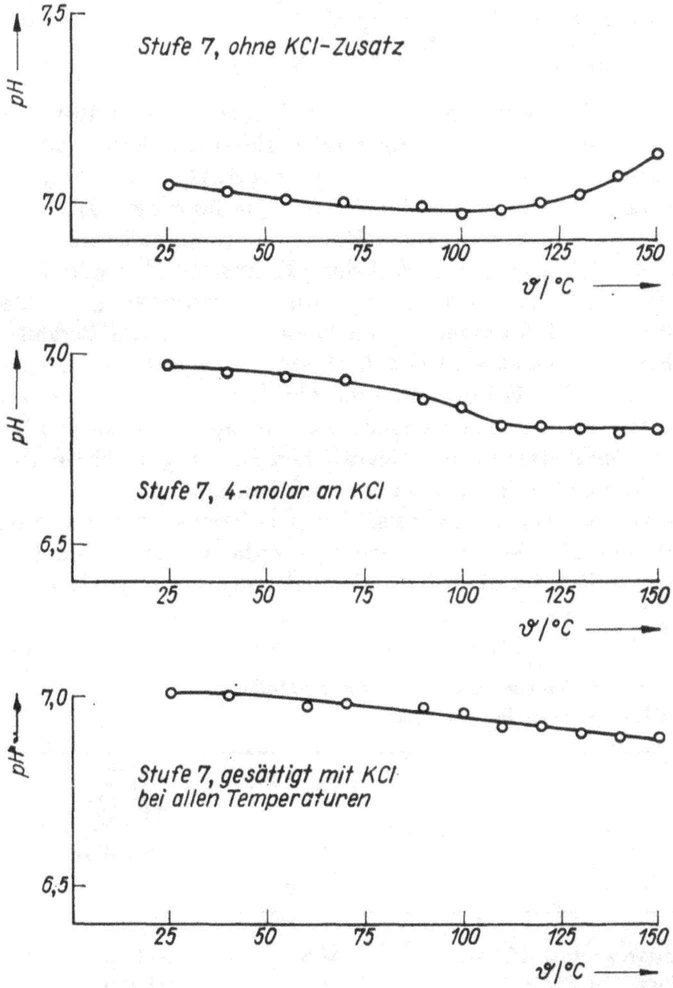


Abb. 3. pH-Werte von Meinsberger Industriepuffern mit KCl-Zusatz als Funktion der Temperatur

Von diesem Puffersystem war bekannt, daß die pH-Stufe 7 einen kleinen Temperaturkoeffizienten $\frac{\Delta pH}{\Delta T} = 0{,}0009$ pH · grad$^{-1}$ und eine im Vergleich zum TSG-Puffer 10-fache Pufferkapazität hat. Es war nun zu untersuchen, ob diese Eigenschaften auch dann noch beibehalten werden, wenn man den Puffer mit einem Überschuß an KCl versetzt, so daß die Lösung bei allen Temperaturen mit diesem Salz gesättigt ist.
Wenn man Industriepuffer der pH-Stufe 7 mit KCl bei 25 °C sättigt, tritt, wie erwartet, eine beträchtliche Verschiebung des pH-Wertes (von 7,0 nach 6,7) ein.
Es mußte also zunächst das Mischungsverhältnis der beiden Stammlösungen, aus denen sich der Puffer zusammensetzt, ermittelt werden, das bei KCl-Sättigung den pH-Wert 7,0 ± 0,05 (25 °C) ergibt.
Die pH-Stufe 7 besteht aus den Stammlösungen III und IV (3). Durch Versuche wurde folgendes Mischungsverhältnis gefunden:

$$\frac{\text{Stammlösung III}}{\text{Stammlösung IV}} = 0{,}755$$

Abbildung 3 zeigt den Temperaturgang des pH-Wertes von Industriepuffern Stufe 7,0 ohne und mit KCl-Zusatz. Im interessierenden Bereich zwischen 25 und 90 °C hat der KCl-Zusatz praktisch keine Änderung des Wertes $\Delta$pH/$\Delta$T zur Folge. Wie die Diagramme in Abbildung 3 zeigen, wurde der Temperaturgang des pH-Wertes bis 150 °C — oberhalb 90 °C mit einer Glaselektroden-Meßkette im Autoklaven — bestimmt. Wie man sieht, bewirkt die KCl-Sättigung, daß der pH-Anstieg oberhalb 100 °C praktisch konstant 0,0009 pH · grad$^{-1}$ ist. Das hat zwar für die Anwendung der sterilisierbaren Meßkette als pH-Sensor bei Fermentationen keine unmittelbare Bedeutung, ist aber wichtig, weil die Einstabmeßkette EGC 250.31 mit Innenpuffer 4,7 als symmetrische, isotherme Meßkette auch für Meßtemperaturen oberhalb 100°C geeignet ist. Hier ist es besonders vorteilhaft, daß ein sehr enger, punktförmiger Isothermenschnittbereich vorliegt und man die Meßkette vor der eigentlichen Messung oberhalb 100 °C bei einer Temperatur unter 100 °C, also drucklos kalibrieren kann.
Tabelle 2 faßt die Temperaturkoeffizienten des pH-Wertes nochmals zusammen. Die Spalte 1 der Tabelle enthält die Pufferwerte $p_w$ für die verzeichneten Pufferlösungen. Der Pufferwert ist definiert als die differentielle Änderung des pH-Wertes der Puffer-

*Tabelle 2*

*Pufferwert und Temperaturkoeffizient des pH-Wertes einiger Glaselektroden-Innenpuffer*

| Puffer | $p_w \cdot 10^2$ $\frac{\text{Mol}}{\text{l} \cdot \text{pH}}$ | $\frac{\Delta pH}{\Delta T_{25-90°}}$ pH · Grad$^{-1}$ |
|---|---|---|
| 1n Standardazetat, KCl ges. | 58,8 | 0,0002 |
| Industriepuffer Stufe 7 | 8,3 | 0,0010 |
| Industriepuffer Stufe 7, ges. KCl | 5,5 | 0,0009 |
| TSC-Puffer | 0,9 | — |

lösung bei Zusatz einer kleinen Menge an Säure oder Base ($n_A$ bzw. $n_B$) zu einem Liter der Lösung ($V_0$).

$$p_w = \frac{1}{V_0} \frac{dn_{A,B}}{dpH}$$

Bei 1n Standardazetat (Tabelle 2) wird anhand des $p_w$-Wertes in Verbindung mit dem extrem niedrigen Temperaturkoeffizienten des pH-Wertes deutlich, warum dieser Puffer als Innenfüllung für sterilisierbare Glaselektroden ausgewählt wurde. Bezüglich pH-Konstanz, auch bei extremer Temperaturbeanspruchung der Glaselektrode, bietet 1n Standardazetat — KCl gesättigt — die besten Voraussetzungen und wird in allen für Industrieeinsatz bestimmten sterilisierbaren Einstabmeßketten auch beibehalten.

Mit $8{,}3 \cdot 10^{-2}$ ist der $p_w$-Wert von Industriepuffer 7 wesentlich niedriger, obwohl er noch eine Zehnerpotenz über dem $p_w$ von TSC-Puffer liegt, der bei Stufe 7 ein Minimum durchläuft. Durch die KCl-Sättigung erniedrigt sich die Pufferkapazität nochmals um $\frac{1}{3}$, da der $p_w$-Wert auf ein konstantes Volumen bezogen ist und das Mischungsverhältnis Stammlösung III zu Stammlösung IV von 1,07 nach 0,755 und damit in einen Bereich niedriger $p_w$-Werte des Industriepuffersystems verschoben wird. Es war deshalb zu prüfen, ob die Pufferkapazität des Industriepuffers 7,0 mit KCl-Sättigung noch ausreicht, um den Kettennullpunkt über eine größere Anzahl von Sterilisationen hinreichend konstant zu halten.

Wir entschieden uns für die Kontrolle der Kettendaten einer sterilisierbaren Labormeßkette, die mit diesem Puffer gefüllt war, im Verlauf eines Labortests unter praxisnahen Bedingungen. In einem Kleinautoklaven wurden zwei gleichartige Exemplare der Meßkette 40-mal sterilisiert und Kettennullpunkt, Steilheit und Widerstand nach jeweils 5 Sterilisationen kontrolliert.

Die Ergebnisse dieses Labortests sind aus Abbildung 4 und Tabelle 3 ersichtlich:

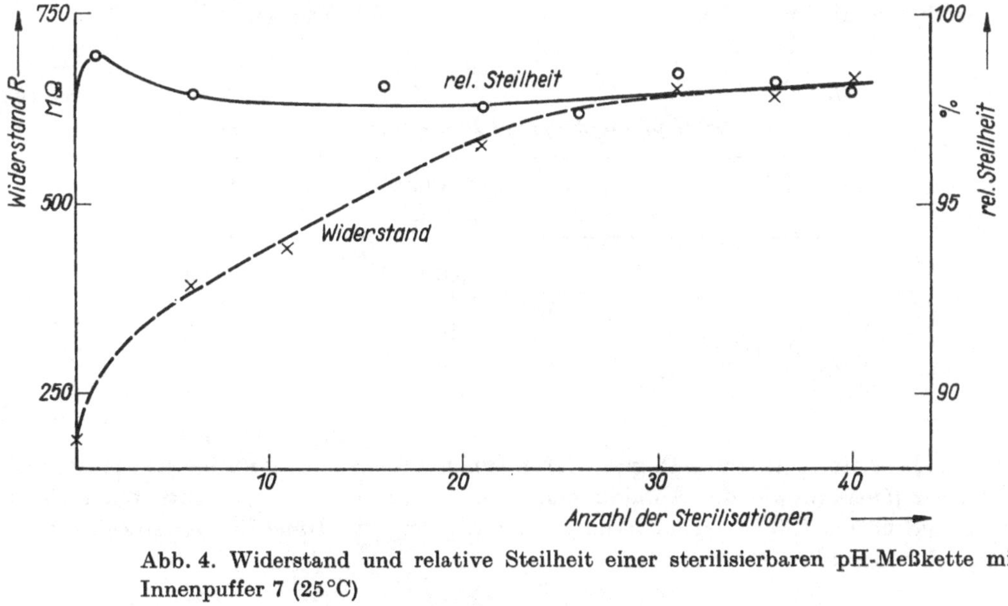


Abb. 4. Widerstand und relative Steilheit einer sterilisierbaren pH-Meßkette mit Innenpuffer 7 (25°C)

*Tabelle 3*
*Sterilisierbare Labor-pH-Meßkette mit Innenpuffer 7.*
*Sterilisationstest im Labor (1h bei 123 °C)*

| Anzahl d. Sterilisat. | Kettennullpunkt $pH_0$ | |
|---|---|---|
| | Meßkette I | Meßkette II |
| 0 | 7,07 | 7,01 |
| 1 | 7,07 | 7,07 |
| 6 | 7,14 | 7,13 |
| 11 | 7,19 | 7,17 |
| 16 | 7,15 | 7,17 |
| 21 | 7,17 | 7,23 |
| 26 | 7,22 | 7,24 |
| 31 | 7,14 | 7,18 |
| 36 | 7,22 | 7,19 |
| 40 | 7,18 | 7,22 |

Der Kettennullpunkt verschiebt sich im Verlauf der ersten Sterilisation um 0,1 pH in alkalische Gebiet und erreicht etwa ab der 20. Sterilisation einen Grenzwert, der mit pH + 0,2 weit innerhalb der Abweichung von $\pm 0{,}5$ pH liegt, die nach TGL 11640 zulässig ist.
Auch Widerstand und Steilheit erreichen nach 20—30 Sterilisationen einen konstanten Grenzwert, der bis zur 40. Sterilisation erhalten bleibt. Nach 40 Sterilisationen ist die Meßkette noch voll funktionsfähig.
Diese günstigen Ergebnisse werden unterstützt durch die Befunde der Praxiserprobung, die im Institut für Biologie des AWD durchgeführt wurden. Da die dortigen Erprobungen noch nicht abgeschlossen sind, enthält Tabelle 4 nur die Ergebnisse von 10 Versuchsfahrten, die im Verlauf von 5 Monaten durchgeführt wurden.

*Tabelle 4.*
*Sterilisierbare Labor-pH-Meßkette mit Innenpuffer 7. Praxiserprobung*

| Anzahl d. Fahrten | Kettennullpunkt $pH_0$ | Steilheit % |
|---|---|---|
| 0 | 7,00 | 97,03 |
| 1 | 7,07 | 98,04 |
| 2 | 7,15 | 96,35 |
| 6 | 7,23 | 93,31 |
| 10 | 7,20 | 94,65 |

Da die Meßketten mit dem KCl-gesättigten Innenpuffer 7 auch gute Isothermenschnittpunkte aufweisen, wie die Abbildungen 5 und 6 für den Temperaturbereich 25 bis 90 °C und 55 bis 130 °C zeigen, kann dessen Eignung zur Innenfüllung sterilisierbarer Glaselektroden als erwiesen gelten.

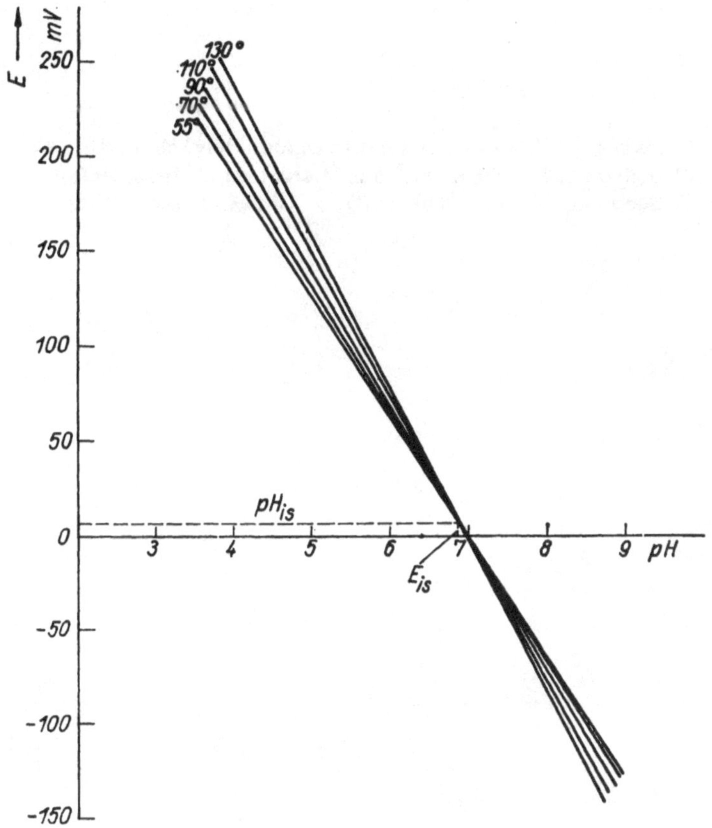


Abb. 6. Isothermenschnittpunkt einer sterilisierbaren pH-Meßkette (II) — Innenpuffer: 7,02 ges. mit KCl (55—130 °C)

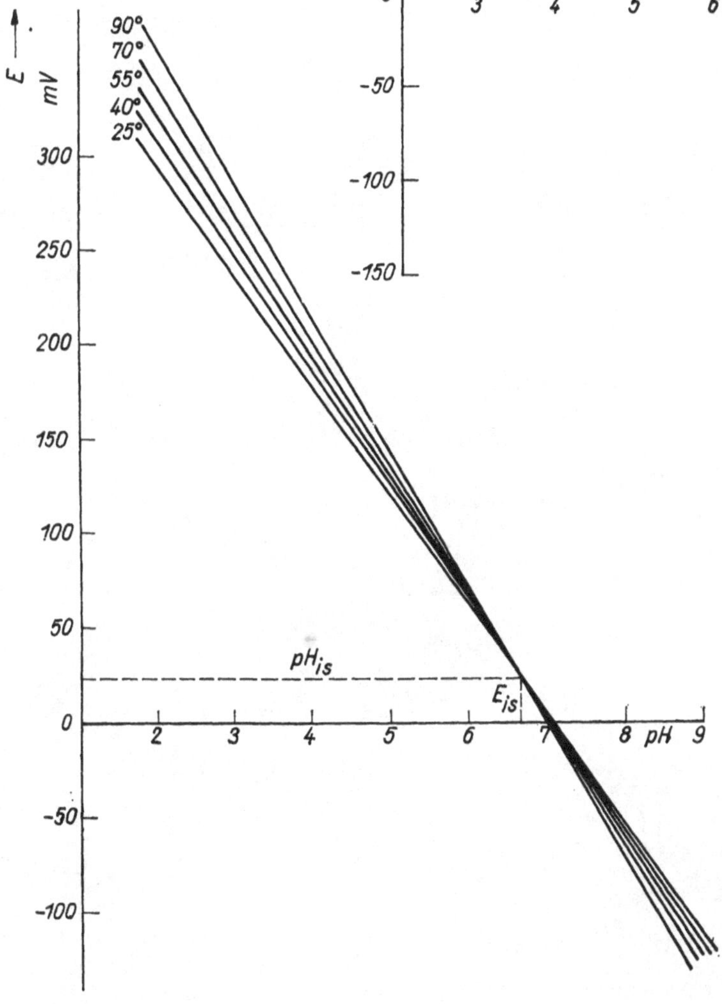


Abb. 5. Isothermenschnittpunkt einer sterilisierbaren Meßkette — (I) — Innenpuffer: 7,02 ges. mit KCl (25—90 °C)

## Literatur

[1] BATES, R. G. und G. SCHWARZENBACH: Helv. chim. Acta **37** (1954), 1437
[2] SCHWABE, K. und K. SPIEGEL: Labortechnik 1972, Heft 5, S. 20
[3] SCHWABE, K.: pH-Meßtechnik, 4. Auflage, Dresden 1976, S. 361

*Akademie der Wissenschaften der DDR*
*Institut für technische Chemie, Leipzig*

# Meßeinrichtung zur Bestimmung des im Fermentationsmedium gelösten Methans

H. Thielemann

Für die mikrobielle Konvertierung von Methan ist der Gehalt an gelöstem Methan im Fermentationsmedium von entscheidender Bedeutung.
Mit einer Meßvorrichtung zur Bestimmung des Gelöstmethangehaltes ist es möglich, den Fermentationsprozeß kontinuierlich zu verfolgen und hinsichtlich der Methanzuführung zu steuern bzw. zu optimieren und zu bilanzieren.
Während die Messung des Methangehaltes in der Gasphase keine Schwierigkeiten bereitet, ist eine direkte Bestimmung des in einer Flüssigkeit gelösten Methans kaum möglich. Daher beruhen fast alle in der Literatur beschriebenen Methoden darauf, daß das in einer Flüssigkeit gelöste Methan in eine Gasphase übergeführt und anschließend mittels bekannter Methoden (Gaschromatographie, Infrarotabsorption, katalytische Oxidation u. a.) bestimmt wird.
Wir haben deshalb eine Meßsonde entwickelt, in der das im Fermentationsmedium gelöste Methan durch eine geeignete Membran in ein Trägergas (Luft) diffundiert, dessen Methangehalt anschließend in einem Infralyt ermittelt wird. Als Membranmaterial hat sich Silikongummi wegen seiner guten Methandurchlässigkeit als geeignet erwiesen.
Der Meßkopf der Sonde, die in Abbildung 1 schematisch dargestellt ist, besteht aus einem PVC-Rundkörper (1) mit eingearbeitetem Gewindegang. Über diesen Körper ist als Membran ein Silikongummischlauch (2) gezogen. Die Luft als Trägergas wird über die entsprechende Zuleitung (3), die durch ein Tauchrohr geführt wird, bis zum unteren Teil des Sondenkopfes geleitet und durchströmt dann den Gewindegang, der oben in das Ableitungsrohr (4) einmündet. Der Meßkopf ist zum Schutz gegen mechanische Beschädigungen der Silikongummischlauchmembran mit einem durchlöcherten Schutzrohr (5) versehen.
Diese Membranmeßsonde ist auch unter Druckbedingungen einsetzbar. Dabei muß die Silikongummimembran durch ein Drahtnetz oder eine ähnlich wirkende Vorrichtung (6) gestützt werden, um Deformierungen der Membran durch den Druck zu vermeiden. Außerdem müssen geeignete Drucksicherungsvorrichtungen vorgesehen werden.
Mit Hilfe eines Paßringes kann die Meßsonde für eine bestimmte Eintauchtiefe fixiert werden.
Der Gesamtaufbau der Meßeinrichtung ist in Abb. 2 dargestellt. Als Zubehörteile werden größtenteils die zum Lieferumfang des Infralyt gehörenden Baueinheiten benötigt. Zur Förderung des Trägergases dient eine Taumelscheibenpumpe (1). Ist am Meßort eine Druckluftleitung vorhanden, ist lediglich ein Hilfsluftregler notwendig. Der benötigte Luftstrom wird am Ventil (2) eingestellt. Nach der Verteilung gelangt eine definierte

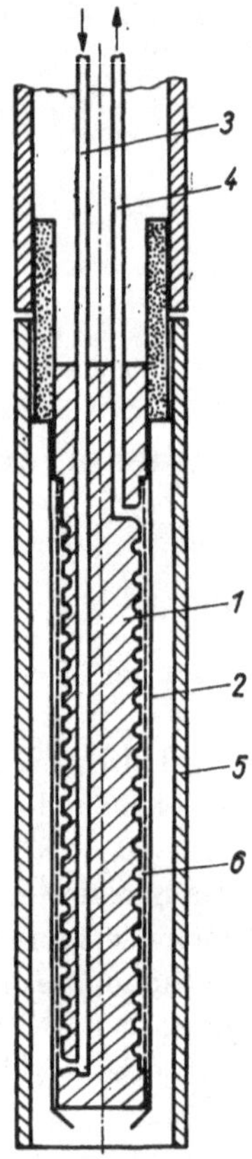


Abb. 1. Schematische Darstellung des Meßsondenkopfes
1. PVC-Rundkörper mit Gewindegang
2. Silikongummi-Schlauchmembran
3. Trägergaszuleitung
4. Trägergasableitung
5. Schutzrohr
6. Stützgerüst

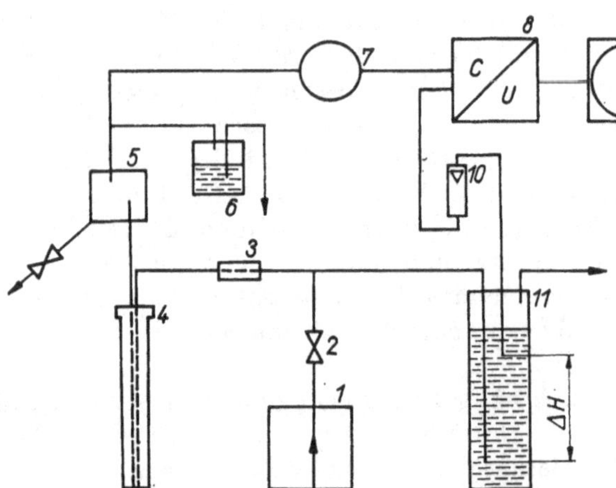


Abb. 2. Blockschema der gesamten Meßeinrichtung

1. Taumelscheibenpumpe
2. Einstellventil
3. Drosselkapillare
4. Meßsonde
5. Kondenswasserfalle
6. Sicherheitsüberlauf
7. Miniaturtrockenturm
8. Infralyt
9. Schreiber
10. Schwebekörper-Durchflußmesser
11. Differenzdruckperlflasche

Menge des Luftstromes über die Drosselkapillare (3) durch die Meßsonde (4). Da die Silikongummimembran auch für Wasserdampf durchlässig ist, können sich Wassertröpfchen kondensieren, die von der Kondenswasserfalle (5) aufgenommen werden. Ein Sicherheitsüberlauf (6) dient als Schutzvorrichtung, um bei einem möglichen Membranriß ein Eindringen des Fermentormediums in den Infralyt zu verhindern. In einem speziell für diesen Zweck gefertigten Miniaturtrockenturm (7) wird die restliche Feuchtigkeit, die eine Meßwertverfälschung bedingen würde, aus dem zu messenden Gas entfernt, bevor dieses in den Infralyt (8) gelangt. Die Registrierung des Meßwertes erfolgt am angeschlossenen Schreiber (9).

Die durch den Infralyt strömende Meßgasmenge wird am Schwebekörper-Durchflußmesser (10) kontrolliert und kann durch Verstellen der Druckdifferenz in der Differenzdruckperlflasche (11) auf den optimalen Wert nachreguliert werden.

Es hat sich gezeigt, daß die Küvettenlänge im Infralyt 50 oder besser 100 mm betragen muß, um eine ausreichende Empfindlichkeit zu erhalten. Um Störungen durch $CO_2$ zu vermeiden, ist es vorteilhaft, den Infralyt zusätzlich mit einer $CO_2$-Filterküvette zu bestücken.

Die Strömungsgeschwindigkeit des Trägergases hat einen großen Einfluß auf den Meßwert und muß sehr konstant gehalten werden. Die optimale Strömungsgeschwindigkeit beträgt 10 l Luft pro Stunde.

Der Meßwert ist, wie bei jeder Membranmeßsonde temperaturabhängig, so daß die Eichung bei der Meßtemperatur (Fermentertemperatur) durchgeführt werden muß, sofern nicht mit vorher anzufertigenden Korrekturtabellen gearbeitet wird. Da zwischen der Gelöstmethankonzentration und dem erhaltenen Meßwert Linearität besteht, genügt im allgemeinen eine Zweipunkteichung mit methanfreier Luft (Nullwert) und reinem Methan (Sättigungswert).

Bei Veränderung der Gelöstmethankonzentration wird der neue Meßwert nach einer Zeit von etwa 10 Minuten angezeigt. Maßgebend dafür ist einmal die Totzeit, die abhängig ist von der Länge und dem inneren Durchmesser des Gasführungsrohres zwischen dem Ausgang der Meßsonde und dem Infralyt, dem Volumen der dazwischengeschalteten Kondenswasserfalle und des Miniaturtrockenturmes sowie von der Trägergasströmungsgeschwindigkeit und zum anderen von der eigentlichen Einstellzeit des Meßwertes bedingt durch die Diffusion des Methans durch die Silikongummimembran und die Einstellzeit am Infralyt. Der Meßfehler der beschriebenen Meßeinrichtung resultiert einmal aus dem Meßfehler der Sonde selbst, zum anderen aus dem Meßfehler des Infralyts, der unter günstigen Voraussetzungen mit $\pm 2{,}5\%$ angegeben wird.

Weitere Abweichungen können z. B. durch Veränderung der Arbeitstemperatur der Meßsonde, durch Veränderungen der Strömungsgeschwindigkeit und des Feuchtigkeitsgehaltes des Trägergases sowie durch ungünstige Begasungsverhältnisse im Fermentor auftreten.

Verkrustungen der Silikongummimembran, die bei uns jedoch nur nach längerem Dauerbetrieb ohne Zwischenreinigung beobachtet wurden, verringern die Methandurchlässigkeit und somit den Meßwert.

Ferner wird durch den Salzgehalt des Meßmediums sowie durch andere gelöste Gase (vor allem andere Kohlenwasserstoffe, wie Propan und Butan) der Gelöstmethan-Meßwert etwas beeinflußt. Der Gesamtfehler der Meßeinrichtung bei der Messung im Fermentationsmedium ist experimentell schwer bestimmbar, da Vergleichsanalysen mit entsprechender Genauigkeit nicht durchgeführt werden konnten.

Viele der oben genannten Fehler verringern sich mit der Erhöhung des Wartungsaufwandes.
Während die Reproduzierbarkeit mit Eichgasen in reinem Wasser $\pm 3\%$ betrug, muß bei Messungen in Fermentationsmedien mit einem Fehler von $\pm 5$ bis $10\%$ gerechnet werden.
Bei uns wurden bisher 2 der beschriebenen Meßeinrichtungen getestet, wobei eine Sonde unter Druck bis maximal 6 bar eingesetzt wurde. Es wurden 3 Meßbereiche gewählt und zwar 0—10, 0—25, und 0—50 ppm $CH_4$; der letzte Meßbereich wird nur bei Druckbetrieb benötigt.
Gemeinsam mit der Gelöstmethankonzentration wurde zum Vergleich die Gelöstsauerstoffkonzentration gemessen und auf dem gleichen Schreiberstreifen registriert. Teilweise waren die Sonden über 4 Wochen im Dauerbetrieb im Einsatz.
Bei störungsfrei verlaufender kontinuierlicher Fermentation sind die Kurven beider Gelöstgase annähernd parallel und geradlinig. Bei Veränderungen jeglicher Art, wie z. B. Variation des in den Fermenter eingeblasenen Methan-Luft-Verhältnisses oder bei anderen Störungen ist in jedem Fall eine gleichzeitige Veränderung beider Meßwerte festzustellen, wie aus den Abbildungen 2 und 4 ersichtlich ist.

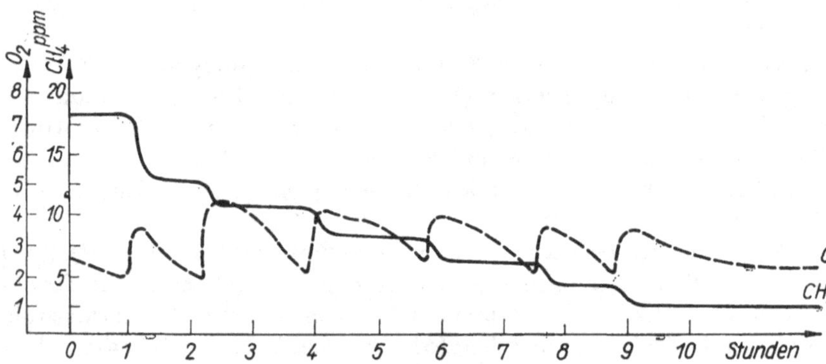


Abb. 3. Vergleich des Meßwertes für Gelöst-Methan und Gelöst-Sauerstoff bei Veränderungen des Verhältnisses Methan/Luft während der Fermentation
ausgezogene Kurve: Gelöstes Methan
gestrichelte Kurve: Gelöster Sauerstoff

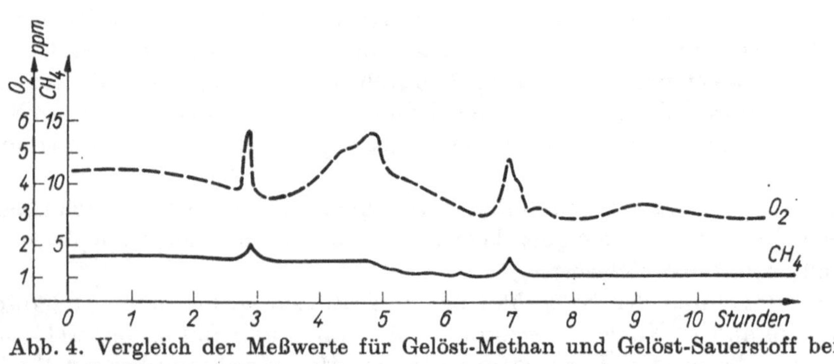


Abb. 4. Vergleich der Meßwerte für Gelöst-Methan und Gelöst-Sauerstoff bei Störungen im Fermentationsprozeß
ausgezogene Kurve: Gelöstes Methan
gestrichelte Kurve: Gelöster Sauerstoff

*Akademie der Wissenschaften der DDR*
*Institut für technische Chemie, Leipzig*

# Meßanordnung zur Bestimmung von Ammoniak in Fermentationsmedien

G. GEPPERT, H. THIELEMANN, L. ASPERGER und J. PITZLER

Die Anwesenheit von Ammoniumionen als Stickstoffquelle in Fermentationsmedien ist bei den mikrobiellen Prozessen von wesentlicher Bedeutung. Die Aufstellung von Stoffbilanzen und die Überwachung des Fermentationsprozesses erfordern die genaue Kenntnis der aktuellen Ammoniakkonzentration. Ihr Wert kann in Verbindung mit anderen Meßwerten zur Steuerung und Optimierung der Wachstumsprozesse herangezogen werden. In Laborfermentationen spielt er eine wichtige Rolle bei der Gewinnung vertiefter Kenntnisse über den Prozeßverlauf. Unter gewissen Bedingungen gestattet er auch eine indirekte Bestimmung der mikrobiellen Wachstumsgeschwindigkeit.
Die Möglichkeiten zur automatischen $NH_3$-Messung lassen sich in zwei Gruppen einordnen, kalorimetrische und elektrochemische Methoden. Die kolorimetrische Bestimmung ist mit Neßlers Reagens durchführbar, jedoch steht der routinemäßigen Anwendung die Giftigkeit der Quecksilbersalze hindernd im Wege. Am meisten verwendet wird die Indophenol-Reaktion, die sich in handelsüblichen Autoanalysatoren einsetzen läßt. Nachteilig ist der erhebliche Zeitbedarf zur Ausbildung der Farbkomponente ohne Anwendung höherer Temperaturen. Bei genaueren Messungen ist eine Abtrennung der Biomasse erforderlich, da bei kolorimetrischen Bestimmungen stärkere Trübungen stören. Elektrochemisch läßt sich $NH_3$ mittels der Formoltitration ermitteln. Die bei der Bildung von Urotropin nach Formalinzusatz entstandene Säure kann z. B. mittels eines Titrierautomaten gemessen werden. Auch dabei ist jedoch eine vollständige Biomasseabtrennung erforderlich. Außerdem spricht die Reaktion noch auf sonstige Aminogruppen an. Titration des $NH_3$ ist nach dessen quantitativer Abtrennung aus dem komplexen Medium und Einleiten in Säure möglich. Ionensensitive Elektroden arbeiten in einem engen pH-Bereich, haben große Alkaliempfindlichkeit und eine logarithmische Anzeige. Etwas günstiger sind Gasdiffusionselektroden, doch ist auch hier Alkalisierung der Probe notwendig und keine lineare Anzeige erreichbar. Unter Berücksichtigung all dieser Fakten wurde ein coulometrisches Meßprinzip gewählt, bei dem jedoch die Abtrennung des $NH_3$ aus dem Medium ebenfalls das Hauptproblem darstellt.
Das Meßgerät besteht aus zwei miteinander verschraubten Gehäusen, die den Analysenteil bzw. den Elektronikteil enthalten. Die Arbeitsweise der Apparatur ist folgendermaßen (Abb. 1): In einer Doppeldosierpumpe wird die Probe aus dem Fermenter in einem konstanten Verhältnis mit Lauge vermischt, um das Ammoniak in Freiheit zu setzen. Das alkalisierte Medium strömt durch die Unterseite eines auf 40 °C thermostatierten Membranaustauschers und wird dann verworfen. Bei Dauerbetrieb werden nicht mehr als 250 ml Probe je Stunde benötigt. Das Ammoniak diffundiert durch die Zellulosemembran und wird von einem konstanten Luftstrom weggespült. Die Luftströmungs-

geschwindigkeit von etwa 15 l/h ist an einem Druckregler einstellbar und läßt sich mittels des Schwebekörper-Durchflußmessers kontrollieren. Die ammoniakhaltige Luft tritt von unten in die coulometrische Meßzelle ein und erzeugt einen Kreislauf des sauren Elektrolyten. Die Form der Meßzelle gewährleistet eine fast völlige Absorption des $NH_3$, ehe die Luft ins Freie strömt. Der pH-Wert wird mittels Meß- und Referenzelektrode erfaßt und in einem Meßverstärker gemessen. Bei dem eingestellten pH-Wert

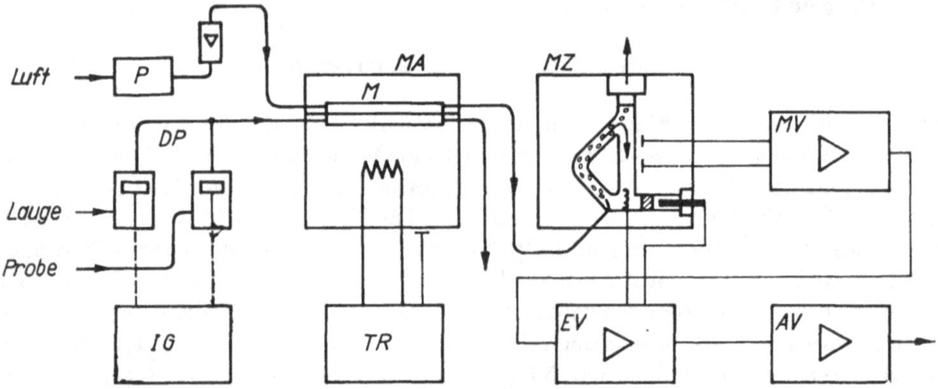


Abb. 1. Blockschema
(P Druckregler, DP Dosierpumpen, IG Impulsgeber, MA Membranaustauscher, TR Temperaturregelung, M Membran, MZ Meßzelle, MV pH-Meßverstärker, EV Elektrolyseverstärker, AV Anzeigeverstärker)

von 5,2 verschwindet das Ausgangssignal. Nach Absorption von $NH_3$ steigt der pH-Wert an und erzeugt in dem nachgeschalteten Elektrolyseverstärker einen Strom, der über die Elektrolysestrecke in der Meßzelle durch die an der Anode gebildete Säure die pH-Abweichung kompensiert. Der Katodenraum wird von der im Meßzweig liegenden Anode durch ein poröses Diaphragma getrennt. Der Elektrolysestrom ist der vorhandenen $NH_3$-Konzentration proportional. Das lineare Ausgangssignal mit eingeprägtem Strom von 0 bis 5 mA dient zum Anschluß von Registrier- und Regelgeräten. Über den Anzeigeverstärker sind verschiedene Meßbereiche von 0···20 mg N/l bis 0···500 mg N/l möglich. Der maximale Fehler beträgt im kleinsten Meßbereich $\pm 10\%$, in den übrigen Bereichen $\pm 5\%$. Die Reproduzierbarkeit ist wesentlich besser.

Die Apparatur wurde einer Reihe von Tests unterzogen. Die Empfindlichkeit hängt unter anderem von der Fläche des Membranaustauschers und der Elektrolytmenge in der Meßzelle ab. 15 ml Elektrolyt wurden nicht überschritten. Die Linearität liegt im Prinzip begründet und konnte in allen Bereichen nachgewiesen werden. Bei höherem $NH_3$-Gehalt als 500 mg/l treten Sättigungseffekte auf, die sich durch meßbare Verdünnung der Probe vermeiden lassen. Wesentlich ist die exakte Temperierung des Membranaustauschers. Die Temperaturabhängigkeit beträgt etwa 3···4% /K. 40°C ergab sich als Optimalwert. Darunter sinkt die Empfindlichkeit, da weniger $NH_3$ durch die Membran diffundiert, bei höheren Temperaturen stört die übermäßige Wasserverdunstung. Es ist weiterhin zu berücksichtigen, daß die Austauschertemperatur mindestens 5 K über der Außentemperatur liegen muß, um die Thermostatierung zu ermöglichen, deren Fehler $\pm 0{,}1$ K nicht übersteigen darf. Die Abhängigkeit von der Strömungsgeschwindigkeit der Trägerluft und der Dosiergeschwindigkeit von Probe und Alkali ist nicht so kritisch. Zu viel Luft stört den Betrieb der Meßzelle, zu wenig erhöht die Trägheit. Die Probemenge spielt deshalb keine so große Rolle, da nur wenige Prozente des enthaltenen $NH_3$ durch die Membran dringen. Wohl muß aber das Verhältnis von Probe zu Alkali konstant sein, weil sonst Konzentrationsunterschiede vorgetäuscht würden. Wesentlichen Einfluß haben Ablagerungen durch Ausfällung auf der Membran. Sie sind durch Säurespülung entfernbar. Die Spülintervalle hängen von der Probenbeschaffenheit ab. Automatische Spülung über einen Taktgeber ist möglich, ebenso wie zyklisch wiederholte Zufuhr von Eichlösung oder Umschaltung auf verschiedene Proben. Geringer Ölgehalt stört die Messung nicht. Flüchtige Amine werden angezeigt, jedoch liegt ihre Konzentration in den untersuchten Fermentermedien unter 1 mg/l. Bei kleinsten Konzentrationen unter 20 mg N/l können Oszillationen und Anzeigeträgheit auftreten, weshalb mit einer Grundkonzentration von 20 mg N/l gefahren wird, erreichbar durch Zugabe von $NH_3$ zur Alkalilösung und Nullpunktkompensation.

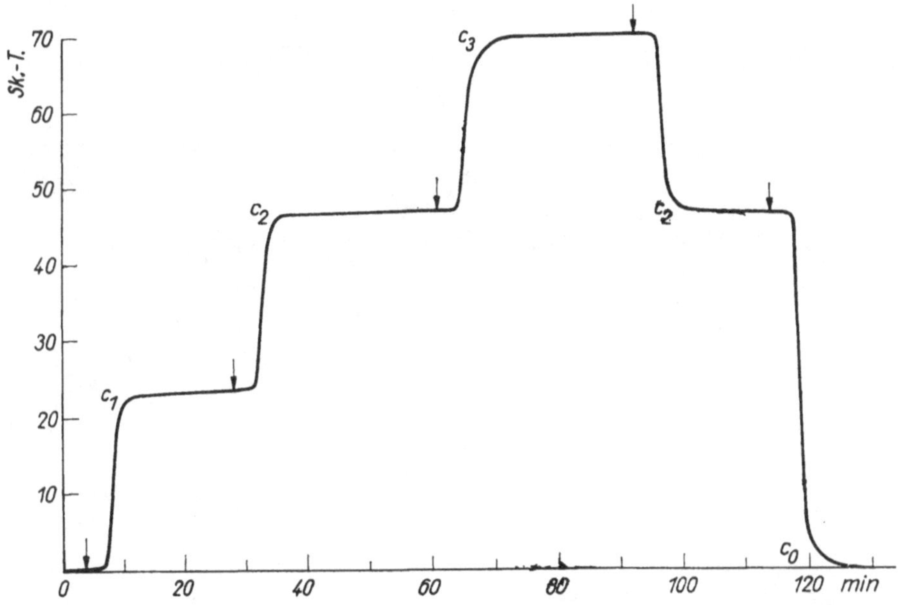


Abb. 2. Übergangsverhalten bei Konzentrationswechsel
($c_0$ = Wasser; $c_1$ = 50 mg N/l; $c_2$ = 100 mg N/l; $c_3$ = 150 mg N/l; Umschaltung der Lösungen durch Pfeil angedeutet)

Die Erprobung des Gerätes erfolgte an Fermentationen von Methanbakterien, Methanolbakterien und Erdöldestillat-Hefen jeweils bis 30 g/l Biomasse in Langzeitversuchen. Kurzzeitversuche mit bis 62 g/l Biomasse führten zu sehr hoher Viskosität nach dem Alkalisieren und folglich zu Schwankungen von $\pm 3\%$. Abbildung 2 zeigt das Übergangsverhalten bei Konzentrationswechsel. Die Einstellzeit des Meßwertes wird hauptsächlich durch die Diffusion durch die Membran bestimmt, kaum durch die Meßzelle. Totzeiten ergeben sich durch die Probenzuführungen, die möglichst kurz und dünn gehalten werden sollten. In der Praxis lassen sich bei Probenumschaltungen in der Stunde 4 Messungen erreichen, ohne Berücksichtigung der Totzeit etwa 5. Membranwechsel ist erst nach mehr als 30 Tagen erforderlich. Die Brauchbarkeit des Meßgerätes zur online-Bestimmung von $NH_3$ in Fermentationsmedien ist erwiesen.

*Allunionsforschungsinstitut für Biosynthese der Eiweißstoffe, Moskau, UdSSR*

# Probleme und Erfolge in der Messung der Thermogenese von Mikroorganismen

W. W. Korjagin, I. M. Čirkov und L. I. Dowgun

Es ist bekannt, daß der Wachstumsprozeß der Mikroorganismen durch Wärmebildung begleitet wird, die ihrerseits das Ergebnis des Verbrauchs eines Teils der freien Energie durch die Zelle darstellt, welche aus dem Nährmedium in Form verschiedener Kohlenstoffquellen ($CH_3$, $CH_3OH$, $CH_3CH_2OH$, $C_6H_{12}O_6$, $C_nH_{2n+2}$ usw.) erhalten wird.

So übersteigt beispielsweise die Effektivität des Kopplungsmechanismus der Mitochondrien, in denen die meisten energetischen Prozesse bei Hefezellen vor sich gehen, nicht 85% (Kotebnikowa und Swjagilskaja, 1973). Die Größe der Wärmeströmung, die vom Organismus in die Umwelt abgegeben wird, nennt man die Thermogenese (Tausson, 1950; Calvet and Prat, 1963). Die Intensität der Thermogenese wird sowohl durch die Wachstumsgeschwindigkeit der Zelle als auch durch deren physiologischen Zustand bestimmt. Der letztere wird durch die Richtung der biochemischen Prozesse gekennzeichnet, die in ihrer Gesamtheit den Zellstoffwechsel darstellen (Bray und White, 1955; Ijerusalimski, 1963; Wetscher, 1966; Reker, 1967; Yost, 1972; Lehninger, 1972).

Der Wärmeeffekt der Reaktion, darunter die Wärmeentwicklung von Mikroorganismen bei der Bildung von 1 kg Biomasse, kann errechnet werden, indem entsprechende thermochemische Gleichungen ausgenutzt werden (Skuratow u. a., 1964, 1966).

Dazu ist es erforderlich, die Verbrennungswärmen des Ausgangsstoffes und der Reaktionszwischenprodukte zu kennen, die mit Hilfe der Verbrennungskalorimeter bestimmt werden können. Derartiges Herangehen verwandten viele Forscher (z. B. Rubner, 1903, Terroin et al., 1922, Tausson, 1950, Chen, 1964; Guenter, 1965, Gololobow, und Golubew, 1970, 1973; Minkevich and Eroshin, 1973).

Betrachten wir in allgemeiner Form die Gleichungen, die für die Errechnung der Wärmebildung verwandt werden.

Die thermochemischen Gleichungen für die Bildung und Verbrennung der Biomasse und die Verbrennung der Kohlenstoffquelle sind folgende:

$$a \cdot C_k \cdot W + x_1 O_2 = C_m \cdot V + y_1 \cdot CO_2 + z_1 \cdot H_2O + Q_1. \tag{1}$$

$$C_m \cdot V + x_2 \cdot O_2 = y_2 \cdot CO_2 + z_2 \cdot H_2O + Q_b. \tag{2}$$

$$C_k \cdot W + x_3 \cdot O_2 = y_3 \cdot CO_2 + z_3 \cdot H_2O + Q_c \tag{3}$$

Hierin bedeuten : $a$, $x_1$, $x_2$, $x_3$, $y_1$, $y_2$, $y_3$, $z_1$, $z_2$, $z_3$ stöchiometrische Koeffizienten;

$C_k \cdot W, C_m V$ — chemische Formeln der Kohlenstoff- bzw. der Biomassequelle ($W$ und $V$ — die Bezeichnungen für einen Teil des entsprechenden Moleküls);

$Q_1, Q_b$ — Bildungs- und Verbrennungswärme von einem Grammolekül der Biomasse;
$Q_c$ — Verbrennungswärme von einem Grammolekül der Kohlenstoffquelle;
Unter Ausnutzung der Gleichungen (1)—(3) erhalten wir:

$$Q_1 = a \cdot Q_c - Q_b \tag{4}$$

Bildungswärme von 1 kg Biomasse:

$$Q_2 = b \cdot Q_1 \tag{5}$$

Thermogenese:

$$q = Q_2 \cdot \mu \cdot m = \mu \cdot m \cdot b \cdot (a \cdot Q_c - Q_b), \tag{6}$$

worin bedeuten: $b$ — die Molzahl der Biomasse in 1 kg Biomasse;

$m$ — Biomassekonzentration;
$\mu$ — spezifische Wachstumsgeschwindigkeit der Biomasse.

Wie aus der Formel (6) folgt, ist die Thermogenese der Wachstumsgeschwindigkeit der Biomasse proportional und dem Anteil des konstruktiven Zellstoffwechsels indirekt proportional.
Für eine operative Bestimmung der Thermogenese im Prozeß der Mikroorganismenzüchtung, insbesondere bei der Untersuchung der Übergangsregime ist diese Methode ungeeignet. Die direkte Messung der Thermogenese wird am häufigsten mit Hilfe des Mikrokalorimeters vom CALVETschen Typ verwirklicht, indem die Mikroorganismen unmittelbar in dessen Arbeitskammer gezüchtet werden.
Es ist eine große Anzahl Untersuchungen bekannt, die unter Anwendung dieses Kalorimeters durchgeführt werden, darunter:
— zur Identifizierung der Stämme mit Hilfe der Thermogramme (beispielsweise, CALVET und PRAT, 1963; SHARIKOWA u. a., 1966; POSHARIZKAJA u. a., 1967; BOLING et al., 1973, LAMPRECHT et al., 1975).
— zum Einfluß des Nährmediums auf den Charakter der Thermogramme (z. B., CALVET et al., 1945; SEDLACZEK and ZABLOCKIM 1962, CALVET and PRAT, 1963; PLATONOW u. a., 1970, 1971);
— zur Feststellung der Abhängigkeit zwischen der Wachstumsgeschwindigkeit der Kultur und der Thermogenese (z. B., FORREST und WALKER, 1962, 1971; PLATONOW u. a., 1969, 1971; ANDREJEW u. a., 1977);
— zur Feststellung der Abhängigkeit zwischen der Umstellung des Metabolismus und der Thermogenese (z. B., LE GALL und SENEZ, 1960).

Jedoch gestattet das CALVETsche Kalorimeter wegen seiner Konstruktionsbesonderheiten nicht, die Thermogenese der Mikroorganismen kontinuierlicher Züchtung zu untersuchen. Ziemlich begrenzt sind hier auch die Möglichkeiten einer Komplexuntersuchung von diskontinuierlichen Kulturen, hauptsächlich wegen des geringen Volumens der Kalorimeterkammer.
Etwas mehr Möglichkeiten in der Messung der Thermogenese bietet das Durchflußmikrokalorimeter der Firma „LKB-Produkter“ (MONK und WADSÖ, 1968; DELIN et al., 1969; ERIKSON und WADSÖ, 1971). Diese Kalorimeter können an den Fermenter angeschlossen werden, der sowohl diskontinuierlich als auch kontinuierlich im Durchfluß arbeitet. Allerdings können sie nur bei geringen Konzentrationen der Biomasse ange-

wandt werden. Es ist darauf zurückzuführen, daß sich der Zustand der Zellen während des Transportes der Suspension vom Fermenter zur Kalorimetermeßzelle schnell verändert, hauptsächlich wegen der Verminderung der Konzentration des aufgelösten Sauerstoffes. Je höher die Konzentration der Zellen und deren Wachstumsgeschwindigkeit sind, desto schneller tritt die Sauerstofflimitation ein.
Betrachten wir die Anforderungen an das Kalorimeter, das zur Messung der Thermogenese der schnellwachsenden konzentrierten Mikroorganismenpopulationen bestimmt ist.

## 1. Verbrauchszeit ($\tau$)

Wie oben schon betont wurde, verändert sich der Zustand der Zellen in der Probe, die in die Meßzelle des Kalorimeters gelangen.
Für aerobe Mikroorganismenkulturen ist der am schnellsten veränderliche Parameter die Konzentration des gelöst Sauerstoffes (5). Wenn man annimmt, daß dieser Parameter das Wachstum der Mikroorganismen nur bei S = 0 zu begrenzen beginnt, kann man die Zeit, für welche die Zellen den gesamt Sauerstoff utilisieren, nach folgender Formel schätzen.

$$\tau = \frac{q_{O_2}}{W_{O_2}} = \frac{[V_{O_2} \cdot \beta \cdot p + S(1-\beta)]V}{a \cdot m \cdot \frac{\mu}{3600} \cdot 1 - \beta)\, V} = \frac{V_{O_2} \cdot \beta \cdot p + S(1-\beta)}{a \cdot m \cdot \frac{\mu}{3600} \cdot (1-\beta)}, \tag{7}$$

worin bedeuten: $q_{O_2}$ — die Menge des Sauerstoffes in der Probe, mg;

$W_{O_2}$ — die Geschwindigkeit des Sauerstoffverbrauchs durch Zellen, mg/s;
$V_{O_2}$ — den Sauerstoffgehalt in der gasförmigen Phase, Anteil Einh.;
$\beta$ — den Gasgehalt, Anteil Einh.;
$p = 1430$ — das spezifische Sauerstoffgewicht, mg/l;
$S$ — die Sauerstoffkonzentration in der Flüssigkeit, mg/l;
$a$ — den Sauerstoffverbrauch für die Bildung einer Biomasseeinheit, mg/g;
$m$ — die Biomassekonzentration, g/l;
$\mu$ — die spezifische Wachstumsgeschwindigkeit der Biomasse, $h^{-1}$;
$V$ — das Probenvolumen, l.

Für die Hefezellen, die auf kohlenstoffhaltigen Nährmedien wachsen, kann man $\beta = 0{,}25$ und $a = 2500$ mg/g annehmen. Unter Annahme, daß im Zeitpunkt der Probeentnahme, die Suspension mit Sauerstoff gesättigt wurde ($V_{O_2} = 0{,}20$, $S = 5{,}0$ mg/l), erhalten wir:

$$\tau \approx \frac{145}{m \cdot \mu} \cdot [\text{sec}] \tag{8}$$

Aus der Formel (8) folgt, daß der Sauerstoff in der Probe ziemlich schnell verbraucht wird. Beispielsweise haben wir bei m = 20 g/l und $\mu = 0{,}5\ h^{-1}$ $\tau = 14{,}5$ sec.
Die angeführte Analyse zeigt, daß die Zeitkonstante des genannten Kalorimeters um eine Größenordnung kleiner sein muß, als beim Durchflußkalorimeter der Firma „LKB-Producter".

## 2. Ansprechschwelle ($g_{\min}$).

Der minimale spezifische Wärmestrom, der gerade die erforderliche Ansprechschwelle bestimmt, kann nach folgender Formel eingeschätzt werden:

$$q_{\min} = q_z \cdot N_{\min}. \tag{9}$$

worin bedeuten: $q_z$ die Zellenthermogenese, W/Zelle,
$N_{\min}$ die Zellenzahl am Anfang der Exponentialwachstumsphase, Einh./ml.
Für die Hefezellen, die auf kohlenstoffhaltigen Nährmedien wachsen, kann man $q_z = 2\times10^{-11}$ W/Zelle, $N_{\min} = 10{,}5\times10^7$ Z/ml nehmen. Dabei ist $q_{\min} = 1\times10^{-4}$ W/ml gleich.
Daraus folgt, daß das genannte Kalorimeter eine verhältnismäßig niedrige Empfindlichkeit besitzen kann.
Es wurden von uns zwei Varianten des kalorimetrischen Gebers entwickelt, die den erhobenen Anforderungen entsprechen. Die beiden Geber können im thermostabilisierten Fermenter mit einem intensiven Stoff- und Wärmeaustausch Verwendung finden. Dabei werden sie unmittelbar in der mikrobiologischen Suspension im Fermenter untergebracht. Die letztere spielt die Rolle des Mediums, die im Gehäuse des kalorimetrischen Gebers eine konstante Temperatur aufrechterhält.
In Abbildung 1 ist der kalorimetrische Geber vom Durchflußtyp dargestellt (KORJAGIN u. a., 1975). Die Flüssigkeitsbewegung in der Arbeitskammer des Gebers wird durch die

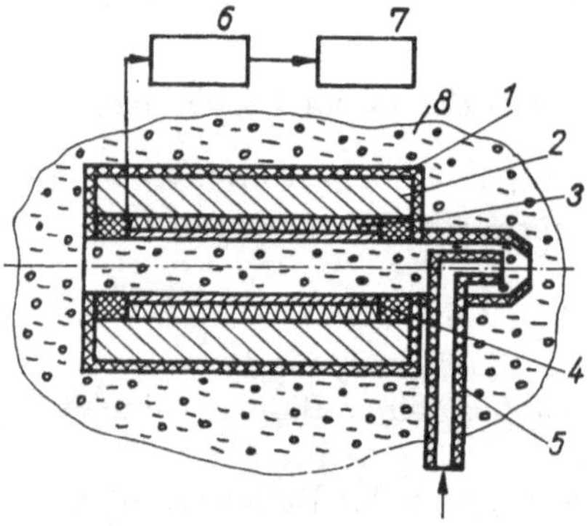


Abb. 1. Der kalorimetrische Geber vom Durchflußtyp
1. Schutzgehäuse 2. Wärmenebenschluß
3. Block der Differentialthermopaare
4. Wärmeleitendes Rohr
5. Ejektionspumpe 6. Meßgerät
7. Registriergerät
8. Fermentor mit mikrobiologischer Suspension

Umlaufpumpe erreicht. Die Anfangstemperatur der Suspension wird mit Hilfe des Wärmenebenschlusses 2 auf die einen Enden des Thermopaarblocks übergeben. Die anderen Enden des Thermopaarblocks sind mit dem wärmeleitenden Rohr 4 verbunden. Das von diesem Rohr gebildete Volumen stellt die Meßzelle des Kalorimeters dar. Der Thermopaarblock kann beispielsweise nach der Technologie von O. A. GERASCHTSCHENKO hergestellt werden (GERASCHTSCHENKO, 1971).
Die Wärmemenge, die in der Meßzelle des Kalorimeters gebildet wird, kann folgenderweise berechnet werden:

$$Q = q_z \cdot \tau_p \cdot M. \tag{10}$$

worin bedeuten: $M$ — die Zahl der Zellen, die in der Zeiteinheit die Meßzelle des Kalorimeters passieren;
$\tau_p$ — die Verweildauer der Zellen in der Meßzelle des Kalorimeters.

Unter Berücksichtigung, daß $M = N \cdot W$; $\tau_p = \frac{V}{W}$ ist ($N$ — die Zellkonzentration; $W$ — die Durchflußmenge der Suspension durch die Meßzelle des Kalorimeters; $V$ — das Volumen der Meßzelle des Kalorimeters), erhalten wir:

$$Q = q_z \cdot N \cdot V = q \cdot V. \tag{11}$$

worin bedeutet: $q$ — die Thermogenese von einer Suspensionseinheit.
Der aus 2000 Thermopaaren bestehende Block sichert das Signal von 0,5 mV am Austritt des kalorimetrischen Gebers bei $q_{min} = 2 \times 10^{-3}$ $W$/ml und $V = 10$ ml.
In Abbildung 2 ist der kalorimetrische Geber vom Zuschlagtyp dargestellt (ČIRKOW u. a., 1977).

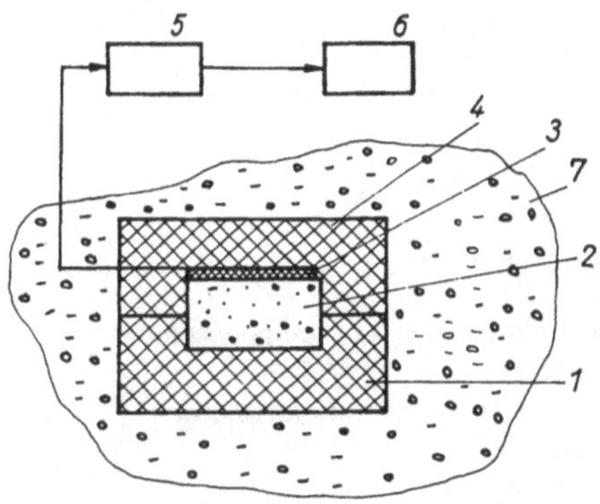


Abb. 2. Der kalorimetrische Geber mit zuschlagenden Flügeln
1. Deckel (Wärmeisolierkörper)
2. Arbeitskammer
3. Block der Differentialthermopaare
4. Gehäuse
5. Meßgerät
6. Registriergerät
7. Fermenter mit mikrobiologischer Suspension

Im Regime der Wärmekompensation ist die Meßzelle offen. Beim Zuschlagen der Flügel 1 und 4 des kalorimetrischen Gebers wird die von den Mikroorganismen entwickelte Wärme den zweiten Lötstellen der Thermopaare übergeben. Je nach dem Grad der Thermogenese $q$ wird sich das Signal am Austritt des kalorimetrischen Gebers verändern. Die Eichung des Kalorimeters wird mit Hilfe des Etalon-Elektromikroerhitzers durchgeführt. Der aus 2000 Thermopaaren bestehende Block sichert das Signal von 0,25 mV am Austritt des kalorimetrischen Gebers bei $q_{min} = 2 \times 10$ $W$/ml und $V = 5$ ml.
In Abbildung 3 ist das Muster des Thermogramms dargestellt, das im Prozeß der Züchtung der Aktinomyzeten Actinomyces sp. II im Fermenter der Firma „Hitachi" mit Hilfe des Kalorimeters mit dem kalorimetrischen Durchflußgeber (siehe Abb. 1) in der Periode des Exponentialwachstums der Biomasse erhalten wurde ($m \cdot \mu = 0{,}9$ mg/ml · h). Wie zu ersehen ist, wird im Thermogramm eine bedeutende Rauschkomponente nachgewiesen. Die letztere wird hauptsächlich durch zufällige Temperatur- und Gas-

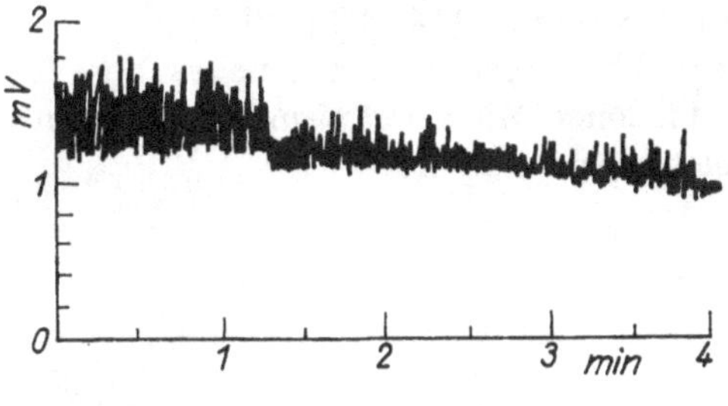


Abb. 3. Muster des Thermogramms
Abszissenachse — Zeit ($\tau$), h
Ordinatenachse — Signal (U), mV

gehaltsschwankungen in der Suspensionsströmung bestimmt, die die Meßzelle des Kalorimeters durchfließt. Zum Ausschließen der Rauschkomponente ist es notwendig, durchschnittliche Angaben des Kalorimeters von bestimmten Zeitabschnitten auszunutzen. Der genannte Mangel in der Messung der Thermogenese kann ausgeschlossen werden, wenn der Fermentationsprozeß in Laborfermentationsgefäßen durchgeführt wird, die sich in Räumen befindet, in welchen keine starken Schwankungen der Außentemperatur nachgewiesen werden. Unter diesen Bedingungen kann die Messung der Thermogenese erfolgreich nach dem in Abbildung 4 dargestellten Schema verwirklicht werden. Der

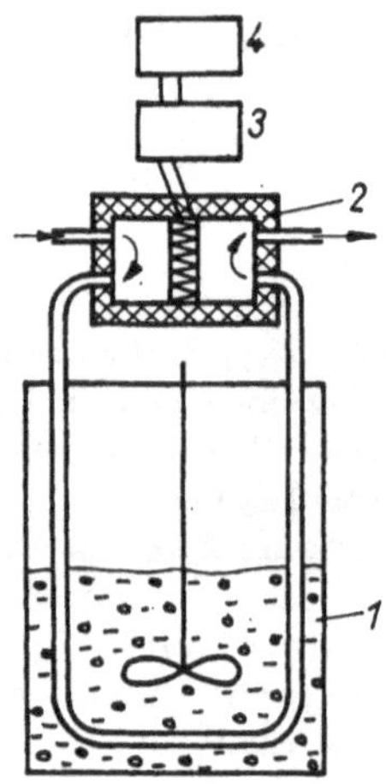


Abb. 4. Schema der Thermogenesemessung
1. Fermentor
2. Differentialdurchflußkalorimeter
3. Meßgerät
4. Registriergerät

kalorimetrische Geber stellt zwei Durchflußzellen dar, die voneinander wärmeisoliert sind. Die Temperaturdifferenz des Kühlwassers in den Zellen wird mit Hilfe des Thermopaarblocks gemessen. Zu diesem Ziel kann beispielsweise der Geber des Wärmestroms ДТП-02 ausgenutzt werden (GERASCHTSCHENKO, 1971).
Die Thermogenese wird nach der Formel bestimmt:

$$q = A \cdot W \cdot U. \tag{12}$$

worin bedeuten: $W$ — den Durchsatz des Kühlwassers;
$U$ — das elektrische Signal am Austritt des Meßgeräts;
$A$ — Proportionalitätsfaktor, der bei der Eichung des Kalorimeters bestimmt wird.
Die oben beschriebene kalorimetrische Apparatur wurde von uns zur Untersuchung der Thermogenese der Mikroorganismen — der Produzenten von lysierenden Fermenten Actinomyces sp. II, halophilen Bakterien Halobacterium halob. und Hefekultur der Gattung Candida angewandt (KORJAGIN u. a., 1974, 1975, 1977).
Die erhaltene Information über die Thermogenese kann neben den Rechenangaben beispielsweise zum Vergleich verschiedener Mikroorganismenkulturen nach folgenden energetischen Kennwerten erfolgreich ausgenutzt werden:
Energetischer Koeffizient:

$$h_1 = \frac{\Delta m \cdot Q_m}{\Delta m \cdot Q_m + q \cdot \tau} \tag{13}$$

Ökonomischer Koeffizient:

$$h_2 = \frac{\Delta m \cdot Q_m}{\Delta S \cdot Q_s} \tag{14}$$

Hierin bedeuten:

$Q_m$ — den energetischen Wert der Biomasse, cal/g;

$Q_s$ — den energetischen Wert der Kohlenstoffquelle, cal/g;

$\tau$ — die Periode, für welche die Einschätzung energetischer Kennwerte verwirklicht wird;

$\Delta m, \Delta S$ — die Menge der gebildeten Biomasse und der durchgesetzten Kohlenstoffquelle für die Zeit $\tau$.

Als Beispiel werden in Tabelle 1 energetische Kennwerte paraffinoxidierender Hefe der Gattung *Candida* zweier verschiedener Stämme (A — Ausgangsstamm, B — Mutantenstamm) angeführt. Die Züchtung wurde im diskontinuierlichen Regime unter gleichen Kultivierungsbedingungen verwirklicht. Die Kennwerte wurden für den ganzen Züchtungszyklus berechnet.

*Tabelle 1*

*Energetische Kennwerte zweier Hefestämme der Gattung Candida*

| Energetische Kennwerte | Stamm A | Stamm B |
|---|---|---|
| $h_1$ | 41,3 | 19,1 |
| $h_2$ | 22,1 | 18,1 |

Aus Tabelle 1 folgt, daß der Stamm A die Kohlenstoffquelle langsamer verbraucht. Auf diese Weise wurde gezeigt, daß zur Messung der Thermogenese von schnellwachsenden konzentrierten Mikroorganismenpopulationen ein Kalorimeter notwendig ist, das eine hohe Ansprechgeschwindigkeit bei einer verhältnismäßig niedrigen Empfindlichkeit besitzt. Es wurden zwei Methoden zur Messung der Thermogenese für den gegebenen Fall vorgeschlagen.

## Literatur


[1] Kotelnikowa, A. W., R. A. Swjagilskaja: Biochemie der Hefemitochondrien, Moskau, Verlag Nauka, 1973

[2] Taussin, W. O.: Hauptgrundlagen der pflanzlichen Bioenergetik, Moskau—Leningrad, Verlag der AdW der UdSSR, 1950

[3] Calvet, E., and H. Prat: Recent Progress in Microcalorimetry, Oxford, Pergamon Press, 1963

[4] Yost, H.: Cellular Physiology, New Jerssey, 1972

[5] Lehninger, A.: Biochemistry. The Molecular Basis of cell Structure and Function, New York, 1972

[6] Ijerusalimski, N. D.: Grundlagen der Mikrobenphysiologie, Moskau, Verlag Nauka, 1963

[7] Wetscher, A. S.: Grundlagen der physikalischen Biochemie, Minsk, Verlag Wyscheischaja schkola, 1966

[8] Reker, E.: Bioenergetische Mechanismen, Moskau, Verlag Mir, 1967

[9] BRAY, J., und K. WHITE: Kinetik und Thermodynamik der biochemischen Prozesse, Moskau, Verlag Inostrannaja literatura, 1955
[10] SKURATOW, S. M., W. P. KOLESOW und A. F. WOROBJEW: Thermochemie, Moskau, Verlag der Moskauer Staatlichen Universität, Teil 1, 1964; Teil II, 1966
[11] RUBNER, M.: Energieverbrauch im Leben der Mikroorganismen, Arch. f. Hygiene, (1903), 3, 260—311
[12] TERROINE, E. F., R. WÜRMSER et I. MONTANE: Influence de la composition nutrifics sur la compos. l'Asp. niger. Bull. Soc. Chim. Biol., **4** (1922), 623—643
[13] CHEN, S. L.: Energy Reg. f. Microb. Growth, Nature, **202** (1964), 1135
[14] GUENTHER, K. P.: Biotechn. and Bioengng., **7** (1965), 445—446
[15] GOLOLOBOW, A. D., und I. N. GOLUBEW: Mikrobiol. prom. (Mikrobiologische Industrie), **3** (1970), 14—22
[16] GOLOLOBOW, A. D., und I. N. GOLUBEW: Mikrobiol. prom (Mikrobiologische Industrie). (1973) 4, 10
[17] MINKEVICH, I. G., und EROSHIN, V. K.: Folia Microbiologia, **18** (1973), 376
[18] SHARIKOWA, G. G., L. M. POSHARIZKAJA, W. A. CHOLLER und A. B. SILAJEW: Prikl. biochim. i mikrobiol. (Angewandte Biochemie und Mikrobiologie), **2** (1966), 2, 183—186
[19] POSHARIZKAJA, L. M., T. S. SMOLINA und A. B. SILAJEW: Prikl. biochim. i mikrobiol. (Angewandte Biochemie und Mikrobiologie), **3** (1967) 1, 81
[20] BOLING, E. A., G. C. BLANCHARD, W. I. RUSSEL: Nature, **241** (1973), 472
[21] LAMPRECHT, I., B. SCHAARSCHMIDT und G. WELGE: Rad. Env. Bioph., **12** (1975)
[22] CALVET, E., und A. PRAG: Mikrokalorimetrie, Moskau, Verlag Inostrannaja literatura. 1963
[23] PLATONOW, A. L., I. N. POSMOGOWA und L. G. LOGINOWA: Mikrobiologia, **39** (1970), 1, 47—54
[24] PLATONOW, A. L., I. N. POSMOGOWA und L. M. POSHARIZKAJA: Mikrobiol. prom. (Mikrobiologische Industrie), (1971), 4, 4—8
[25] CALVET, E., I. FRIECKER und H. PRAT: C. R. As. des Sciences, **220** (1945), 797—798
[26] SEDLACZEK, L., und ZABLOCKI, B.: Bull. Acad. Polon. Sci., ser. biol. (1962), N 6, 209
[27] FORREST, W. W., D. I. WALKER und M. F. HOPGOOD: J. Bacteriol. **82** (1961), 685
[28] FORREST, W. W., und D. I. WALKER: Nature, **196** (1962), N 4856, 990
[29] FORREST, W. W., und D. I. WALKER: Adv. Microbiol. Physiol., (1971), 5, 213
[30] ANDREJEW, E. F., M. S. WAGANOWA, D. P. LEBEDEW und A. A. TARASIKOW: Mikrokalorimetrie als Methode zur Untersuchung der Kinetik der Oberflächenzüchtung. Thesen der 7. Konferenz zur Kalorimetrie, Tschernogolowka, 1977
[31] LE GALL, et I. C. SENEZ: Compt. Rend. Acad. Sci., **250** (1960), 404
[32] DELIN, S., P. MONK und I. WADSÖ: Science Tools, **16** (1969), 2, 22
[33] ERIKSON, R., und I. WADSÖ: Design und testing of a flow microcalor. f. Stud. of aerob. bact. gr., Proc. First E. Bioph. c., (1971), 4
[34] MONK, P., und WADSÖ, I.: Acta. Chem. Scand., **22** (1968), 1842—1852
[35] SCHAARSCHMIDT, B., und P. BRETEL: Thermodynamik biologischer Prozesse, Moskau, Verlag Nauka, (1976), 124—131
[36] ČIRKOW, I. M., W. W. KORJAGIN und G. N. GUSENKOW: Einrichtung zur Messung der Thermogenese im Fermentationsprozeß. Urheberschein der UdSSR Nr. 563435. Bulletin für Erfindungen. Nr. 24, 1977
[37] KORJAGIN, W. W., I. M. ČIRKOW und S. A. KONOWALOW: Durchflußkalorimeter. Urheberschein der UdSSR Nr. 466406. Bulletin für Erfindungen, Nr. 13, 1975
[38] GERASCHTSCHENKO, O. A.: Grundlagen der Thermometrie. Kiew, Verlag Naukowa dumka, 1971
[39] KORJAGIN, W. W., S. P. WOROTILO, S. A. KONOWALOW und I. M. ČIRKOW: Angewandte Biochemie und Mikrobiologie, **10** (1974), 4, 621—624
[40] KORJAGIN, W. W., L. N. TSCHEKULAJEWA und I. M. TSCHIRKOW: Biophysik, **20** (1975), 3, 483—488
[41] KORJAGIN, W. W., G. A. SWEREWA, I. M. ČIRKOW und R. N. BRAWITSCHEWA: Angewandte Biochemie und Mikrobiologie, **13** (1977), 1, 33—35

## Diskussion

PILÁT: Mich interessiert Ihre Meinung über die Möglichkeiten der Thermogenese zur Messung und Regulierung der mikrobiologischen Prozesse, in deren Verlauf die verschiedenen Produkte gebildet werden?

ČIRKOV: Das ist eine schwierige Frage. In den Prozessen, in denen ein Biomassewachstum erfolgt, erweist sie sich als unzweckmäßig, weil hier der Einfluß der Thermogenese nicht nur von der Wachstumsgeschwindigkeit, sondern auch von dem physiologischen Zustand der Biomasse abhängig ist. Man kann daher zu falschen Vorstellungen über den Charakter der Regelung kommen. Es ist möglich, diesen Parameter günstiger in Prozessen zu nutzen, die energetisch determiniert sind, z. B. bei der Abwasserbehandlung.

SCHMIDT: Welche Temperaturdifferenzen können Sie mittels Ihrer Meßanordnung bestimmen?

ČIRKOV: Bei der Messung der Wärmeabgabe wird nicht die Temperatur, sondern die Kapazität des Wärmestromes gemessen. An unserem Geber beträgt der kleinste meßbare Wärmestrom $10^{-4}$ Watt.

*Akademie der Wissenschaften der DDR*
*Institut technische Chemie, Leipzig*

# Möglichkeiten, Tendenzen und Erfahrungen der Rechnerkopplung mit Laborfermentoren

CH. ALBRECHT und D. BERNHARDT

Die Kopplung von Laborfermentoren mit rechentechnischen Hilfsmitteln ist als Teil der Automatisierung von Laborfermentoren zu sehen. Die Entwicklung von Laborfermentoren muß die Automatisierung dieses Forschungsmittels der Biotechnologie zum Ziel haben, weil erst dadurch so wesentliche Anforderungen erfüllt werden, wie:

— strenge Einhaltung vorgegebener Prozeßregimes
— Sicherung umfassender Informationen über den zu untersuchenden Prozeß
— Schaffung von Möglichkeiten zur Steuerung und Regelung des Prozesses
— effektive Nutzung des Forschungsmittels Laborfermenter
— weitestgehende Einschränkung subjektiver Einflüsse des Experimentators

Die Rechnerkopplung von Laborfermentoren ist die höchste Stufe der Automatisierung von Laborfermentoren. Neben dem Vorteil der Gewinnung einer hohen Echtzeitinformationendichte über den Prozeß steht die Möglichkeit der prozeßschritthaltenden Verarbeitung dieser Informationen und damit verbunden die Befreiung des Experimentators von Routinearbeiten.

## 1. Möglichkeiten des Einsatzes rechentechnischer Hilfsmittel

Die gegenwärtigen Möglichkeiten der Kopplung von Laborfermentoren mit rechentechnischen Hilfsmitteln bestehen im Einsatz von Meßwerterfassungsanlagen oder Prozeßrechnern.

Meßwerterfassungsanlagen gestatten die zeitzyklische Erfassung der Meßdaten und deren Speicherung auf EDV-Datenträgern für die weitere Verarbeitung auf einem Rechner. Diese Anlagen ersparen dem Experimentator im wesentlichen das ständige Ablesen, Protokollieren und Umsetzen der Meßwerte auf einen maschinenlesbaren Datenträger. Bei der Untersuchung des Zeitverhaltens von Fermentationsprozessen ist die Möglichkeit der automatischen Meßwertabfrage mit hoher Frequenz ein Vorteil des Einsatzes von Meßwerterfassungsanlagen.

Als wesentlicher Nachteil dieser Anlagen ist zu nennen, daß ein Meßprotokoll über den untersuchten Prozeß nur zeitverzögert zur Verfügung steht, nämlich erst nach Verarbeitung der Meßsignale auf einem externen Rechner. Die Verfügbarkeit über einen Rechner ist somit entscheidend dafür, wie vorteilhaft eine Meßwerterfassungsanlage eingesetzt werden kann.

Erst die Kopplung von Laborfermenter und Prozeßrechner schafft die Voraussetzung zur vollen Erfüllung der eingangs genannten Zielstellungen an die Automatisierung.

Der wesentliche Vorteil des Prozeßrechnereinsatzes gegenüber Meßwerterfassungsanlagen besteht in der prozeßschritthaltenden Verarbeitung der Prozeßinformationen. Neben einem ständig aktuellen Meßprotokoll werden dem Experimentator durch Sichtgeräte und Plotter Mittel in die Hand gegeben, den Prozeß auch mittels graphischer Darstellungen zu verfolgen. Die Kopplung von Fermenter und Prozeßrechner im geschlossenen Kreis, d. h. die Signalübertragung in Richtung Rechner — Fermenter ist ebenfalls realisiert, gestattet darüber hinaus die Beeinflussung des Prozesses über den Rechner.
Je nach Einsatzart des Prozeßrechners kann man ihm folgende Aufgaben übertragen:

*1. Kopplung im offenen Kreis*

- Datenerfassung
  Erfassung, Glättung und Gültigkeitsprüfung von Prozeßdaten
- Datenreduzierung
  aus einer Vielzahl von Einzelmeßwerten können wenige aussagekräftige Kennwerte gebildet werden
- Protokollierung
  Erstellung von Protokollen mit Meß- und Rechengrößen
  Graphische Darstellung des Prozeßverlaufes
- Prozeßüberwachung
  Überwachung von Prozeßvariablen auf Einhaltung von Grenzwerten, frühzeitige Erkennung von sich anbahnenden Prozeßstörungen oder -abweichungen
- Entscheidungsfällung
  Entscheidung über die Führung des Prozesses oder Versuchsprogrammes auf der Basis des identifizierten Prozeßablaufs

*2. Kopplung im geschlossenen Kreis*

- Aufgaben von 1.
- Steuerung des Prozesses
  - Ablaufsteuerung nach vorgegebenen Versuchsprogrammen
  - Einhaltung vorgegebener Prozeßregimes
  - Optimalsteuerung

Für beide Automatisierungsmittel von Laborfermentoren, die Meßwerterfassungsanlage und den Prozeßrechner, gilt gleichermaßen, daß sie teuer sind. Sie sind in der Regel zu teuer, um damit einen einzelnen Fermenter auszurüsten. In der Praxis wird man deswegen die Hilfsmittel dort finden, wo mehrere Laborfermentoren betrieben und mit dieser Technik gekoppelt werden können.
Aus ökonomischer Sicht erscheinen diese Systeme mit mehreren Fermentoren und zentraler Informationsgewinnung und -verarbeitung sinnvoll. Tatsächlich haften diesen Systemen jedoch eine Reihe von Nachteilen an:

- geringe Zuverlässigkeit des Gesamtsystems
  bei Störungen oder Ausfall von Prozeßrechner oder Meßwerterfassungsanlage fällt die Informationsgewinnung und -verarbeitung für alle Fermentoren aus
- hohe Blindleistung des Prozeßrechners
  der Anteil der Rechnerleistung für die Organisation der Arbeit mit vielen Fermentoren ist sehr hoch

- komplizierte Betriebs-software
  sie ist die Folge, um den hohen Organisationsaufwand des Rechners programmseitig abzusichern
- begrenzte Variabilität des Gesamtsystems
  es ist außerordentlich schwierig, in den einzelnen Fermentoren Programme stark unterschiedlichen Charakters zu fahren; die Fermentoren können in solch einem System nicht voneinander unabhängig über den Rechner betrieben werden
- Programm- und Prozeßbegrenzung
  die serielle Arbeitsweise des Prozeßrechners gestattet zu einer Zeit immer nur die Verarbeitung einer Information; verschiedene Informationsverarbeitungsaufgaben können also nur nacheinander ausgeführt werden;
  diese Eigenschaft bedingt eine Beschränkung bezüglich der Anzahl der zu bearbeitenden Prozesse sowie die Kompliziertheit der Programme für die einzelnen Prozesse
- lange Signalübertragungswege
  sie sind anfällig gegen Störeinflüsse auf die zu übertragenden Signale
  außerdem verursachen sie hohe Verkabelungskosten

Bei Produktionsprozessen begegnet man diesen Schwierigkeiten mit Doppelrechnersystemen verschiedener Art. Bei Laborfermentoren scheiden in der Regel solche Lösungen aus Kostengründen aus.

## 2. Entwicklungstendenzen des Einsatzes rechentechnischer Hilfsmittel

Die Ergebnisse der Mikroelektronik bieten Möglichkeiten zu günstigeren Lösungen. Durch die Entwicklung und Produktion von hochintegrierten Rechner- und Speicherschaltkreisen können Mikroprozessoren und Mikrorechner in der Automatisierung eingesetzt werden. Damit ist man in der Lage, die Nachteile von zentralen Prozeßrechnersystemen abzubauen.
Der Trend geht zu dezentralen Informationsgewinnungs- und -verarbeitungssystemen. Bei komplizierten Automatisierungsaufgaben lassen sich hierarchisch strukturierte Systeme aufbauen.
Diese Entwicklung kommt der Automatisierung von Laborfermentoren entgegen.
Durch die Kopplung von Laborfermentoren mit Mikrorechnern auf der Basis von Mikroprozessoren lassen sich verhältnismäßig einfache kompakte Einheiten herstellen. Daraus ergeben sich folgende Vorteile:

- einzelne Laborfermentoren lassen sich mit Rechentechnik ausrüsten
  einem Mikrorechner kann man bei der Kopplung an einen Laborfermenter alle in der Regel anfallenden Aufgaben der Informationsgewinnung und Verarbeitung übertragen, z. B. Datenerfassung, Datenreduzierung, Protokollierung, Prozeßüberwachung
  auch spezielle Steuerungen lassen sich mit Mikrorechnern realisieren
- unabhängige Arbeitsweise der Fermentoren
  in den Fermentoren können völlig unabhängige Arbeitsprogramme ausgeführt werden; sie sind nicht mehr an einschränkende Bedingungen eines Gesamtsystems, bestehend aus mehreren Fermentoren und einem Prozeßrechner, gebunden
- kurze Signalübertragungswege
  geringe Anfälligkeit gegen Signalstörungen, geringe Verkabelungskosten

Diesem Vorteilen steht der Nachteil gegenüber, daß die Mikroprozessoren eine geringere Informationsverarbeitungsgeschwindigkeit als Prozeßrechner haben. Dieser Nachteil dürfte in der Mehrzahl der Einsatzfälle an Laborfermentoren jedoch kaum zum Tragen kommen. Für Untersuchungen zur Optimalsteuerung von Fermentationsprozessen mit umfangreichen Modellierungs- und Optimierungsprogrammen setzt man günstiger Prozeßrechner ein.

Die gegenwärtige Situation auf dem Gebiet des Mikrorechnereinsatzes zur Automatisierung von Versuchsanlagen ist durch folgenden Stand gekennzeichnet:

— Rechnerschaltkreise für Mikroprozessoren werden produziert und sind, abgesehen von langen Lieferfristen, erhältlich
— für Speicherschaltkreise gilt das gleiche
die Entwicklung der Schaltkreise in Richtung höherer Leistungsfähigkeit dauert an
— an peripheren Geräten, wie Schreibmaschinen, Lesern, Stanzern, Sichtgeräten u. a. lassen sich die gleichen wie bei Prozeßrechnern einsetzen
— auf dem Gebiet der Prozeßeinheiten sind noch Entwicklungen erforderlich

Prozeßeinheiten stellen die Verbindung zwischen Prozeß (Laborfermenter) und Mikrorechner her. Sie bestehen aus der Gesamtheit aller Geräte zur Ein- und Ausgabe von Prozeßdaten in Form elektrischer Signale.

Die Prozeßeinheiten von Prozeßrechnern, z. B. Camac-Module, können prinzipiell auch mit Mikrorechnern eingesetzt werden. Diese Einheiten sind jedoch zu breit in ihrer Leistungsfähigkeit und damit zu aufwendig und zu teuer für die Automatisierung von Laborfermentoren.

Für diesen Verwendungszweck müssen spezifische, gegenüber Prozeßeinheiten für Prozeßrechner abgerüstete und somit billige Prozeßeinheiten entwickelt werden.

In diesem Bereich liegen z. Z. die Hindernisse für einen sofortigen Einsatz von Mikrorechnern an Laborfermentoren.

## 3. Erfahrungen mit dem System Prozeßrechner — Laborfermenter

### 3.1. *Charakterisierung des Einsatzfalles*

Infolge der unter Pkt. 2 dargestellten Situation fehlen bis jetzt praktische Erfahrungen bei der Kopplung von Laborfermentoren mit Mikrorechnern.

Die Erfahrungen beim Betrieb von rechnergekoppelten Fermentoren werden im ItC an einem Prozeßrechner TPAi (12 Bit Wortlänge, 16 k Kernspeicher), gekoppelt mit 2 Laborfermentoren und einem 100 l Fermenter, gewonnen.

Als externe Speicher stehen ein Magnetbandspeicher und ein 64 k-Magnetplattenspeicher zur Verfügung, die Prozeß- und Peripherieankopplung wird über Camac-Module realisiert.

Das Gesamtsystem dient zur Untersuchung technologischer Grundlagen von Zellvermehrungsprozessen zur Eiweißgewinnung. Bedingt durch den Einsatz des Prozeßrechners an Versuchsanlagen ergeben sich zwei prinzipielle Aufgabenstellungen:

— Bearbeitung aller anfallenden Routineaufgaben,
— Bearbeitung spezieller Aufgaben zur Steuerung des Fermentationsprozesses im geschlossenen Kreis, die im folgenden kurz erläutert werden.

### 3.2. *Bearbeitung der Routineaufgaben*

Hierbei sind vor allem zwei Komplexe zu nennen:

#### 3.2.1. *Meßwerterfassung und Verarbeitung*

Alle für die Prozeßbeurteilung notwendigen Meßgrößen werden durch den Rechner erfaßt und in geeigneter Form protokolliert; aus speziellen Meßwerten werden ausgewählte Prozeßkennwerte berechnet und ausgegeben.
Dabei handelt es sich im wesentlichen um:

| Meßwerte | Prozeßkennwerte |
|---|---|
| Drücke | Verweilzeit |
| Mengenströme (gasförmig, flüssig) | Stoffübergangsgeschwindigkeiten |
| Temperaturen | stöchiometrische Koeffizienten |
| pH-Wert | Produktivität |
| Gasanalysen | Stoffübergangskoeffizienten |
| Konzentration bestimmter Bestandteile in der wäßrigen Phase | Leistungskennwerte |

Durch die Möglichkeit der Lochstreifenausgabe ist auch die Weiterverarbeitung der Daten erleichtert.

#### 3.2.2. *Grenzwert- und Tendenzüberwachung*

Ausgewählte Meßwerte, die technologisch bedingten Restriktionen unterliegen, werden auf Überschreitung der Grenzwerte überwacht.
Weiterhin sind bestimmte Meßwerte auf die Einhaltung vorgeschriebener Tendenzen oder maximaler Änderungsgeschwindigkeiten zu überwachen. Bei Verletzung der vorgeschriebenen Bedingungen erfolgt eine entsprechende Reaktion des Rechners.

### 3.3. *Aufgaben bei der Steuerung des Fermentationsprozesses*

Hierbei wurden von uns Untersuchungen zu folgenden 3 Komplexen durchgeführt:
— Steuerung für Anfahr- und Übergangsprozesse,
— Steuerung der Nährstoff- und Substratversorgung,
— statische Optimierung des Arbeitspunktes.

Diese Komplexe sind Bestandteile des Gesamtalgorithmus zur Steuerung des Fermentationsprozesses und beinhalten ebenfalls die bereits erläuterte Bearbeitung der Routineaufgaben. Im folgenden sollen diese drei Komplexe kurz vorgestellt werden, wobei im Rahmen dieses Vortrages aus Zeitgründen eine genaue Erläuterung der Algorithmen und der mit ihnen verknüpften Probleme nicht erfolgen kann.

#### 3.3.1. *Steuerung für Anfahr- und Übergangsprozesse*

Durch die Algorithmierung dieses Komplexes lassen sich Anfahr- und Übergangsprozesse so automatisieren, daß einerseits der Prozeßbetreiber von Routinearbeit entlastet und andererseits der Prozeßablauf von subjektiven Erscheinungen weitestgehend unabhängig gestaltet werden kann und somit in gewissen Grenzen reproduzierbar wird.

Außerdem lassen sich ständig wiederkehrende Versuchsabläufe, die im wesentlichen eine Ablaufsteuerung darstellen, leicht algorithmieren. Auf diese Weise wird eine hohe Effektivität sowohl des Versuchs- als auch des Routinebetriebes erreicht.

### *3.3.2. Steuerung der Nährstoff- und Substratversorgung*

Durch einen entsprechend gestalteten Algorithmus wird gewährleistet, daß im stationären und nichtstationären Betrieb z. B. das Nährstoffangebot ständig dem tatsächlichen Bedarf angepaßt wird. Dadurch lassen sich Limitationen vermeiden und gleichzeitig kann die Nährstoffkonzentration und somit die Salzbelastung des Endproduktes erheblich vermindert werden.
Durch die bedarfsgerechte Nährstoff- und Substratdosierung wird neben dem ökonomischeren Betrieb eine Stabilisierung des Fermentationsprozesses erreicht.

### *3.3.3. Statische Optimierung des Arbeitspunktes*

Dieser Komplex setzt die Existenz einer Bewertungsfunktion für den Prozeßzustand mit Extremalcharakter voraus (Gütefunktion).
Durch den Optimierungsalgorithmus, der im wesentlichen eine Suche mit Erfolgsbewertung darstellt, werden die steuerbaren Variablen des Prozesses so beeinflußt, daß der Gütefunktion $Q = f$ (Rohstoff- und Energieeinsatz, Produktivität) ein Minimalwert erteilt wird.
Dabei sind neben regelungstheoretischen Gesichtspunkten (Einschwingzeiten, Auswertungszyklen) auch technologische und technische Randbedingungen zu berücksichtigen, auf die hier nicht näher eingegangen werden kann.
Im Ergebnis der statischen Optimierung konnte eine Stabilisierung des Prozeßverlaufes und eine Senkung der stöchiometrischen Koeffizienten erreicht werden.

Abschließend ist einzuschätzen, daß Prozeßrechner und Mikrorechner bei Vorhandensein entsprechender Algorithmen und durch die on-line-Koppelung mit dem Fermenter zu wichtigen Elementen der Rationalisierung des Forschungs- und Produktionsprozesses auf dem Gebiet der technischen Mikrobiologie werden.

*Tschechoslowakische Akademie der Wissenschaften*
*Institut für Mikrobiologie, Prag*
*Bereich Technische Mikrobiologie*

# Automatisierter Laborfermenter LF 2

B. Sikyta, J. Řičica und P. Doberský

Für die mikrobiologische Forschungsarbeit haben wir unter Mitarbeit der Entwicklungswerkstätten der Tschechoslowakischen Akademie der Wissenschaften eine Mehrzweckvorrichtung entwickelt, die der batch- wie auch der kontinuierlichen Kultivierung von einzelligen und mehrzelligen, bzw. filamentösen Mikroorganismen dienen soll. In dieser Vorrichtung können Kultivierungen unter aeroben und anaeroben Bedingungen in einem breiten Temperaturbereich, ferner die Inaktivierung biologischen Materials, verschiedene biochemische Versuche wie auch weitere chemische Operationen (Extraktionen, Durchwaschen, Fällungen u. ähnl. unter geregelten Bedingungen) durchgeführt werden.
Die Vorrichtung setzt sich aus 3 Teilen zusammen:

- Fermenter
- Regelungseinrichtung (Rührerdrehungen, Temperatur, Entschäumung, pH, gelöster Sauerstoff u. ähnl.)
- Regelung des Fermenters mittels Rechner

## Fermenter

Der Fermenter (Abb. 1) ist vom klassischen Typ mit 5 l Gesamtinhalt, jedoch mit 2–3 l Arbeitsvolumen; gebildet ist er durch einen Glaszylinder mit ausgepreßten Rändern, der mittels zusammengesetzter Flansche und Gummidichtungen durch zwei nichtrostende Deckel verschlossen ist. Unser Fermenter ist in zwei Volumen-Varianten gefertigt, bei denen man den Gesamtinhalt von 500 bis 1500 ml sowie von 1000 bis 3000 ml verändern kann. Er ist auf einem Ständer befestigt, wo sich auch die Elektromotore für den Rührerbetrieb und für die vertikale Verschiebung des Fermenters befinden; ferner sind hier Durchflußmesser, Reduktions- und Regelungsventile für Luft und andere Gase, sowie das Solenoidventil für die Kühlungsflüssigkeit befestigt. Die Deckel des Fermenters sind doppelwandig, so daß die temperierte Flüssigkeit sie durchfließen kann; diese regelt die Temperatur der Kultur. Durch die doppelwandigen Teile des oberen und unteren Deckels führen die Tubusse, welche dem Durchführen von Zusatzgeräten in den Innenraum des Fermenters (Elektroden, Sonden, Thermometer, Hülsen, Heizkörper, Zuführungs- und Abführungsröhren) dienen.
Das Rühren kann auf zwei Weisen durchgeführt werden, und zwar entweder durch einen in der Nähe des Fermenterbodens (dessen Achse durch die Mitte des unteren Deckels verläuft) angebrachten Rührer, oder von oben her durch das Drehen des Fer-

menters um 180° und durch den Wechsel der Rührerachse. Damit beim unteren Rühren keine Flüssigkeit in den Raum der Stopfbuchsen und Lager eindringt, wird ein Strom von steriler für die Lüftung bestimmter Luft benutzt. Die Rührerachse geht durch eine Rohrhülse, welche bis über den Fermenterboden reicht. Diese Hülse ist von einer Glockenhülse frei überdeckt; diese bildet einen Bestandteil des Rührers. Die sterile Luft wird über den Lagerraum und die Stopfbuchse geführt, geht durch die Rohrhülse an der Rührerachse entlang und zurück unter der Glockenhülse, wo sie die Flüssigkeit verdrängt und unter den Rührer gelangt. Im Falle des oberen Rührens geht die Luft durch die hohle Rührerachse zum Fermenterboden. Die Intensität der Sauerstoffübertragung kann man ändern, und zwar mit Benutzung verschiedener Typen und Größen des Rührers, der Luftmenge und der Prallplattenarten. Der Rührer wird so getrieben, daß die Treibkraft vom Elektromotor über den Übertragungsmechanismus vermittels des Zahnriemens geführt wird. Das ganze Übertragungsaggregat ist mit einem Kasten verdeckt, der durch einfache Handhabung entweder abgenommen oder mit dem Antriebsmotor und der Rührerachse verbunden werden kann.

## Regelungsvorrichtung

Die Rührerumdrehungen werden mittels Umschalter stufenweise eingestellt. Eine gröbere Skala ist in Sprüngen je 200 Umdrehungen/min, eine feinere je 20 Umdrehungen/min vorhanden. Die Temperatur wird durch ein keramisches Platin-Widerstandsthermometer gemessen. Die Hülse für ein keramisches Heizelement ist in den unteren Deckel eingebaut. Die Temperaturregelung wird entweder mittels des Durchflusses der Kühlungsflüssigkeit durch den Hohlraum im unteren Deckel, oder durch das Heizelement durchgeführt. Die automatische Entschäumung führt man anhand einer Sonde durch, welche aufgrund einer Berührung mit dem Schaum ein Signal über die Regelungsvorrichtung dem Solenoidventil zum Einspritzen des Entschäumers gibt. Die Dosis wie auch die Zeitspannen zwischen den Einzelzugaben können gewählt werden. Das Messen und aufrechterhalten des pH-Wertes wird mittels der pH-Regelungseinheit mit Hilfe einer Glaselektrode durchgeführt. Der Sauerstoffspiegel in der Kultur (in Abhängigkeit vom Partialdruck des Sauerstoffs) wird durch die Sauerstoffelektrode auf polarographischem Weg auf einem auch den Regelungszwecken zugerichteten Meßgerät ermittelt.

## Regelung des Fermenters mittels Rechner

Bis jetzt liegt eine ganze Reihe Arbeiten vor, die die Probleme der Regelung von Fermentationen mittels Rechner behandeln. In diesen Veröffentlichungen wie auch bei anderen Gelegenheiten kann man die Tendenz beobachten, an Stelle der Minirechner (z. B. Type PDP) Kalkulatoren mit Einstellung des Programms (z. B. *HP 9800* Serie) zu verwenden, wie auch das weitere Durchsetzen spezieller Einheiten, die mit Mikroprozessoren ausgestattet sind. In bezug auf die Ausstattung des Programms ist auch eine Richtung zu beobachten, von den *Universalen Programmiersprachen* auf solche Problemsprachen überzugehen, die auf die Regelung abgestimmt sind. In unserer Arbeit haben wir uns mit diesem Trend auf die Verwendung des Programmierrechners *HP 9825 A* zur Regelung des Labor-Fermenters eingestellt.
Der Fermenter *LF 2*, ausgestattet mit einer Meß- und Regelungseinheit, die im Grunde vier Hauptparameter des Prozesses mißt und regelt (Rührerumdrehungen, Temperatur, pH und die Menge des gelösten Sauerstoffs im Fermentationsmedium), besitzt darüber hinaus außerdem ein Regelungssystem mit der Entschäumungseinheit. Mit Rücksicht darauf, daß die Meßgeräte über ein unifiziertes Ausgabesystem $0 \div 10$ V verfügen und auch bei den Reglern an die Möglichkeit eines äußeren Steuerns gedacht ist, kann das System *LF 2* direkt als eine Einheit des Kontaktes mit dem Milieu Verwendung finden, wobei in beiden Richtungen die Datenübertragung zwischen dem Rechner und dem Fermenter vermittelt wird.
Der Tischrechner *HP 9825A* zum Zwecke der Regelung unserer Laborfermentationseinrichtung wurde nach gründlicher Analyse aller Forderungen auf die Regelungseinheiten gewählt und erweist sich als die beste Lösung bezüglich der eigentlichen Regelung, der einfachen Bedienung und Programmierung, des Zusammenwirkens mit allen Randvorrichtungen, des Speicherumfanges, der Genauigkeit, Verläßlichkeit und nicht zuletzt auch bezüglich seines Preises. Die Verbindung des Rechners mit allen Peripherien, also die Meß- und Regelungseinheit *LF 2* mit inbegriffen, wird mittels des *Universal-Interface Box 17* verwirklicht. Die unifizierten Analog-Eingabesignale sind über den Eingabe-Multiplexer zugeführt, konvertiert und anhand eines Digital-Voltmeters gemessen, das gleichzeitig ein Bestandteil von *M 17* ist.
Die weitere Datenverarbeitung wird bereits mit dem *HP 9825 A* gesichert. Nach der Überführung auf physikalische Einheiten, die zahlenmäßig den Werten der gemessenen Größen entsprechen und nach eventuellen Berichtigungen (z. B. den Kurven der Temperaturabhängigkeit gemäß), folgt die Kontrolle der überschrittenen Grenzen und Trends zu den Grenzwerten. Die Havariensituationen werden einerseits optisch auf dem 32-stelligen alphanumerischen Display angegeben, wobei die Bedienung auf solche Lage durch ein akustisches Signal (*beep*) aufmerksam gemacht wird; andererseits werden diese Zustände ins Ausgabeprotokoll eingezeichnet. Die von allen oder auserlesenen Meßeinheiten abgetasteten Angaben werden periodisch ebenso ins Protokoll aufgenommen,

darüber hinaus auch zu den Zwecken einer späteren Bearbeitung auf dem Magnetband. Die Prozeßregelung in reeller Zeit wird durch eine kristallgesteuerte Uhr (*M 17*) gesichert und ermöglicht außer der zeitlichen Synchronisierung der Angaben mit dem Verlauf der gemessenen Größen eine Berechnung der Zeit-Charakteristiken des Prozesses, wie z. B. der Geschwindigkeit der Parameter-Änderungen, der Respirations-Geschwindigkeit usw., welche eine wichtige Anzeige des Zustandes der Kultur darstellen.

Die Rückregelung erfolgt durch das System *DSC*, auch wenn eine Anwendung von *DDC* prinzipiell nicht ausgeschlossen ist. Die Eingriffe des Operators am Rechner werden mittels einer Schlüsselgruppe des Tastenfeldes realisiert, bezeichnet als „*user definable keys*". Man rechnet damit, daß mittels dieser Schlüssel ein spezielles Signalsystem zur Regelung der am meisten frequentierten Funktionen des Prozesses zur Ausbildung kommt. Dieses System dürfte eine einfachere Beherrschung der gesamten Vorrichtung auch für weniger qualifizierte Kräfte im Rechenmaschinen- und Programmierfach wesentlich erleichtern.

Beim Aufbau des Systems ist auch der Möglichkeit einer Mitarbeit weiterer Recheneinheiten gedacht worden, und zwar ebenso auf niedrigerer Ebene (welche eine Daten-Vorverarbeitung sicher stellen und einfache Regulationsschleifen regeln würden), wie auch auf höherer Ebene (für komplizierte Berechnungen und eventuelle höhere Optimierungsformen, bzw. der Herausbildung einer Datenbank). Das System kann auch auf der Horizontalebene bei der gleichzeitigen Regelung einer größeren Zahl von Fermentern erweitert werden.

*University of Technical Sciences, Budapest*
*Institute of Agricultural Chemical Technology Budapest, Hungary*

# A Mini-Computer controlled Fermentation System

L. Nyeste, A. Veres, L. Szigeti, I. Kurucz, E. Pungor and J. Holló

## 1. Introduction

Fermentation industry and related research represent a rapidly growing field all over the world. A remarkable statement made at the IVth International Fermentation Symposium (Kyoto) was that productivity in the 1970s in the field of fermentation is expected to increase mainly through the improvement of technological procedures. The same trend is outlined in the predictions made by Bernard Wolnak and Associates, Ltd., on the computer control of continuous fermentation and fermentation processes [1]. Technological development of the fermentation processes can be achieved by:

1. instrumentation, automization and eventual computerization of processes [2, 3, 4, 5].
2. with the knowledge of fermentation kinetics, optimization of the process regarding control parameters [6, 7, 8]. Solution of the above research program required a specially qualified staff and appropriate research facilities. Considering the complex interdisciplinary problems involved in microbiological engineering research, our team at the Department comprised chemical engineers, microbiologists, mathematicians and physicists. Construction of the well-instrumented equipment was completed in two stages: 1). construction of a program-controlled fermentation system and 2). coupling of the system to a mini computer (Hungarian product). In our lecture, we wish to give a brief outline of these fermentation systems.

## 2. Program-controlled fermentation system

The system consists of 4 units (Fig. 1). The first unit contains the fermentor, its servicing units and control instruments (agitator, revolution counter and control, air pump, aeration rate indicator, thermometer and temperature control, sampler, and three peristaltic pumps: one for circulating the medium in the measuring circuit, one for anti-foam supply and one for automatic sampling). The second unit holds the measuring circuit and measuring instruments (pH meter, photometer, $CO_2$ and $O_2$ gas analyzers, unit for dissolved oxygen measurement and control and the two compensographs). The third unit contains the feeding and out-let peristaltic pumps (for the supply of acid, alkali, sugar and other ingredients). The fourth is a central unit, holding instruments and equipment required for automatic operation, programmed fermentation. (Power supply, units of logic, clock generator, comparator, pre-set tact generator, pulse counters, digital differentiators, level controls, sampling electronics and a program panel containing in-put and out-put data of all units for measuring and control) (Fig. 2.).

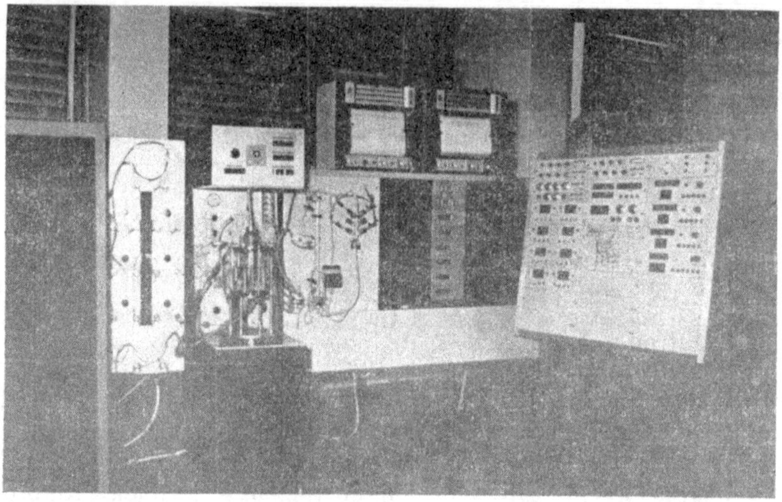

Fig. 1. A picture of the fermentation system

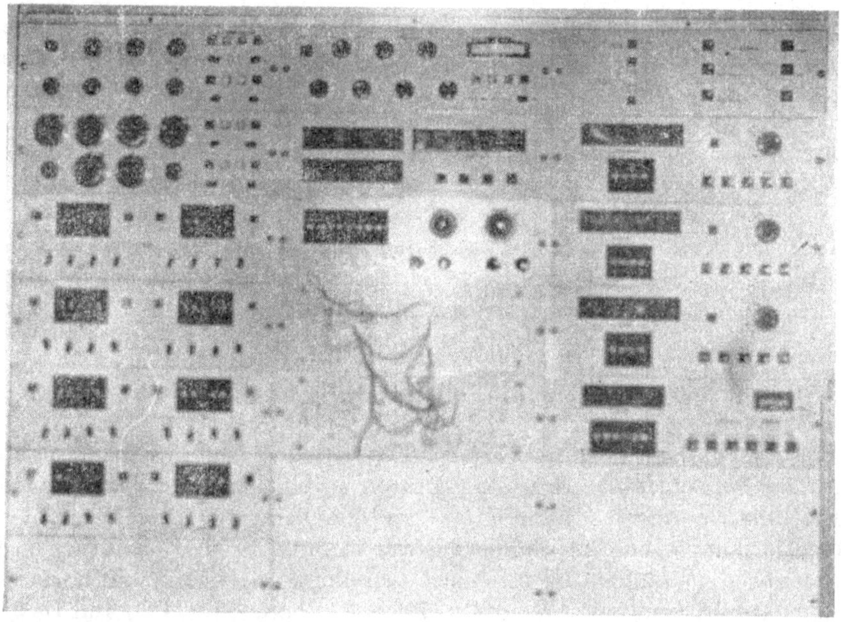

Fig. 2. Control board

Both the Swedish BIOTEC (5 l) and the Hungarian BIOFER fermentors (10 l) are adaptable to the equipment. Some of the servicing units, instruments, automatic instruments are readily available in domestic and foreign markets and the other units were made at the University according to modern instrumentation techniques and special requirements.

We tried to make the fermentation equipment suitable for measuring and controlling as many control variables as possible and performing continuous measurements for possibly the greatest number of state variables.

The flow chart of the system is presented in Figure 3. As can be seen, the following *state variables* of a culture can be determined: (state variables give direct information on the physiological activities of a culture): $O_2$ and $CO_2$ content of the outlet gas, redox potential, pH value, optical density and dissolved oxygen content of the medium. The pH value and dissolved oxygen concentration are not only determinable but also controlable, by which state variables are converted into control variables. All above measured values are obtained in a digital form. The interface of the fermentor allows application of the BCD code. This renders our fermentation system suitable for an on-line process with a computer.

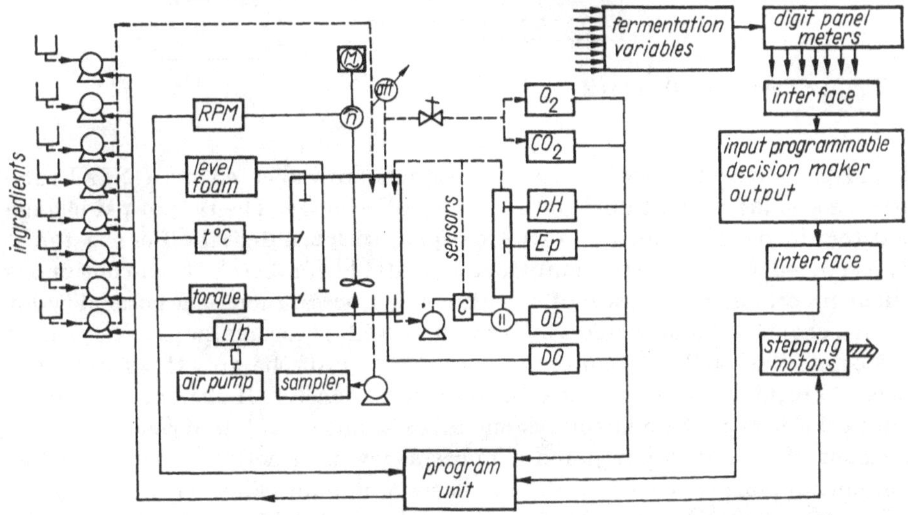


Fig. 3. Flow chart of the fermentation system

In order the demonstrate the flexibility of the control system of our fermentor, I would present the control of pH. Figure 4. shows a theoretical scheme of a pH control loop of a batch and continuous culture. The pH electrode (E) is placed in the circulation system. In the case of batch fermentation, the rate of pH change first increases in the function of time (e. g. in the case of an acid producing bacterium), which requires an increased supply of alkali (NaOH). Therefore, in batch fermentation, by means of logic control, an increasing set of time signals (e. g. 0.1, 1, 10, 100 sec.) is adjusted to A, B, C, and D channels of the comparator (denoting definite and adjustable pH values) in order to determine the operation time of the alkali supply pump. It is evident that if the operation time of the alkali supply pump is measured by a pre-set timer, the rate and amount of acid formation can be easily calculated.

The control of pH is more simple in a continuous culture. The pH value can be maintained within a minimum-maximum range by means of a comparator (a simple on and off controller). The sawtooth curve obtained will also give information on the rate of pH change. The rate of pH change (acid formation) can be measured with the time interval

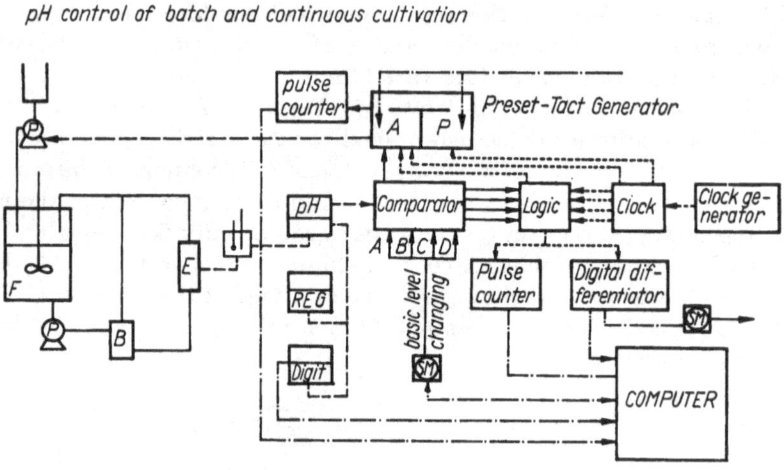


Fig. 4. Scheme of PH control

between B and C comparation level. The time signals are indicated by a NIXI-tube pulse counter, as a value proportional to the rate of pH change. The rate of pH change can also be determined and applied as a control signal with the digital differentiator.

This briefly sketched fermentation equipment is suitable for batch, semi-continuous and continuous processes. In the case of a continuous process, there is a possibility for operation with a chemostat and turbidostat system as well. If the equipment is operated with a turbidostat, this facilitates automatic optimization of the growth as well. The turbidostat is a continuous system controlled by optical density. If the culture reaches maximum optical density, the control system takes a culture solution out of the fermentor by means of an outlet pump and supplies a new nutrient solution. Upon this intervention, optical density decreases and reaches a minimum value. Then the culture starts growing again and OD leaves the minimum value and starts moving towards the maximum (Fig. 5.). Repetition of the process will register a *saw-tooth* OD curve as a function of time. This saw-tooth curve can be used for continuous measurement of the

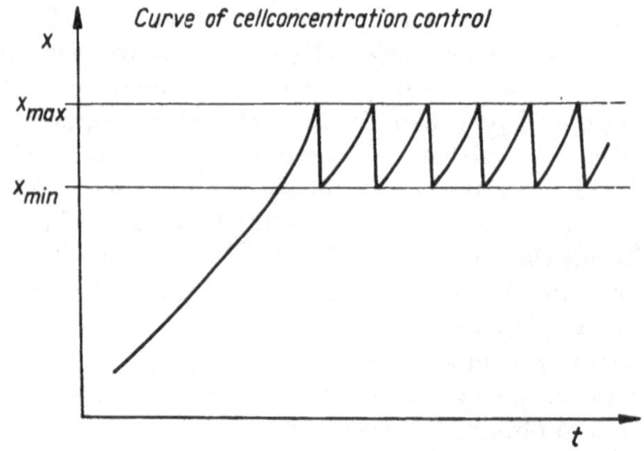


Fig. 5. Curve representing cell concentration control

generation time. The distance between the saw-teeth is, namely, proportional to the generation time. Optical density is measured by our photometer in a flow cell. The principle of optical density control is summarized in Figure 6. The channels of the comparator denote here determined OD values. Maximum and minimum levels start and stop the outlet and inlet pumps, respectively (with latter supplying the fresh nutrient solution). The time elapsed between B and C levels is registered by the pulse counter. The change in generation time is indicated by the digital differentiator (this consists of a pulse counter, buffer register and an arithmatical unit). The pulse counter sums up the time

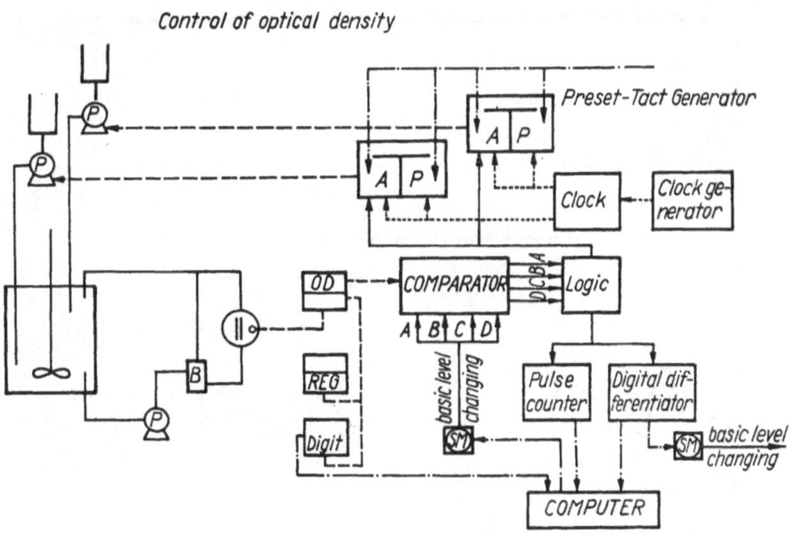


Fig. 6. Scheme of optical control

pulses of saw-teeth pre-set on the BCD counter (determining one saw-tooth interval is not possible owing to statistical scatterings). This number is then stored in the buffer register. Then one control variable of the system, e. g., temperature is changed by an automatic device. After a certain period of time, the pulse counter registers again the time pulses of a pre-set number of saw teeth. Then the arithmetical unit gives the difference between the previous and new value with the appropriate $\pm$ sign and from this value we can determine how the change of the control variable affects the growth and generation time of the microbe. By this method we can automatically determine the optimum temperature of microbial growth. Similarly, we can optimize the growth for any control variable or if we can measure or control other state variables similarly to the OD value (e. g. the pH in acid formation), optimum of acid formation can also be automatically determined by experimental methods. Our equipment ist, thus, applicable also for *experimental optimization.*

Let me demonstrate the above by presenting a concrete experiment, the original registrations of an experiment. The temperature dependence of the growth of a microorganism (Acetobacter suboxydans, which produces gluconic acid) has been studied by the above outlined method. The data registered at 33°, 30° and 27 °C are given in Figures 7, 8 and 9. The calculated generation times decresaed with the decrease in temperature

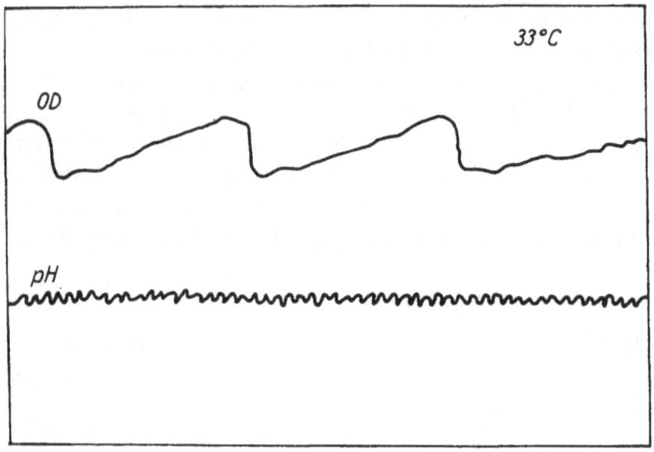


Fig. 7

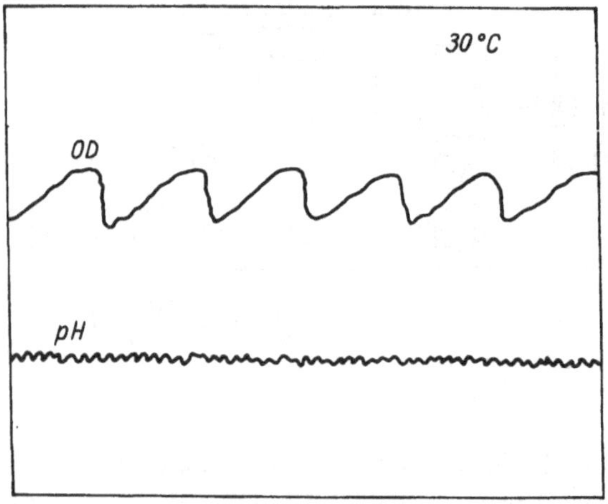


Fig. 8

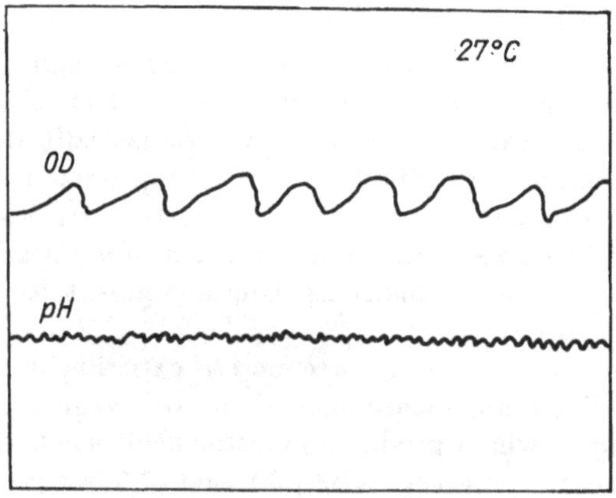


Fig. 9

Fig. 7, 8, 9. OD curves at different temperatures

(4.95, 2.13 and 1.92 hrs at 33, 30 and 27 °C). In the above presented turbidostat system the optimum temperature of our test-organism can be easily and accurately determined within hours, while optimum determination with the batch procedure would take several days.

pH and OD controlled continuous cultivation is completely automatic. Automatic operation can be pre-set on the program panel with various plugs, just like on any analogous computer. Figure 10 shows the program of an OD controlled continuous cultivation. All procedures described can be performed by our fermentation system without application of a computer.

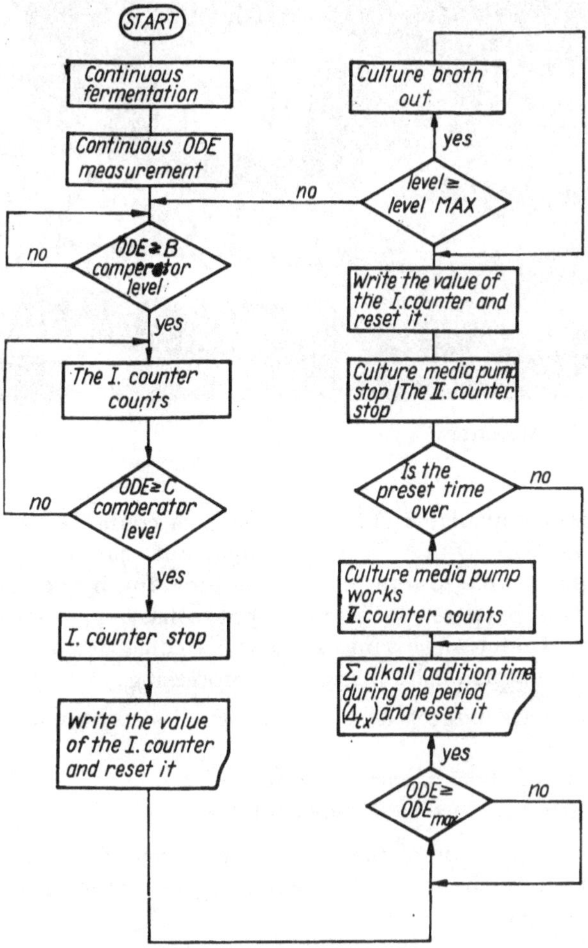


Fig. 10. Flow chart of continuous cultivation controlled by OD

## 3. Fermentation system with computer control

Our ultimate aim was to develop a method for the computer control of the above described fermentation system. The first step towards this was direct (on-line) acquisition and analysis of the data obtained on the fermentation process. For this purpose, a 20 channel MINIDATA data lodger (Hungarian product) was coupled to the fermentation system, comprising the following units: digital clock, scanner, seralizer, typewriter drive, output-typewriter and tape puncher.

The MINIDATA is capable only of passive data acquisition, typing and punching of the data measured but cannot bring decisions, which would be necessary already at the phase of date acquisition and analysis. The task of the decision-maker is carried out

**Fig. 11. EMG-666 calculator**

by an EMG-666 programable calculator (Fig. 11), which is connected to the system through the interface of the MINIDATA. It is also important that the operator of the fermentation system should be able to intervene in the program, if necessary, through the decision-maker. For this purpose, an input-output console typewriter has been connected to the calculator. Taking all this into account, we constructed to the following hardware configuration for data acquisition and data processing:

1. a 20 channel MINIDATA data lodger with output typewriter, tape puncher and interface to EMG-666
2. EMG-666 computer with 8 K byte memory extension
3. input-output typewriter with interface and control desk.

Configuration and scheme of operation of the system are presented in Figure 12.

Let us then follow the data from the measuring device to the decision-maker.

We have two types of instruments:

1. digital voltmeters (temperature, pH, agitation rate etc.)
2. digital calculaters.

With the onset of a measuring cycle, the MINIDATA polls each instrument, in turn. The measuring cycle starts when the sampling time set on the digital clock of the MINIDATA is over or if it is initiated by the „ready" signal of one of the calculators.

The typewriter of the MINIDATA types out the data read. The measuring cycle is completed after the last channel [19] is read in.

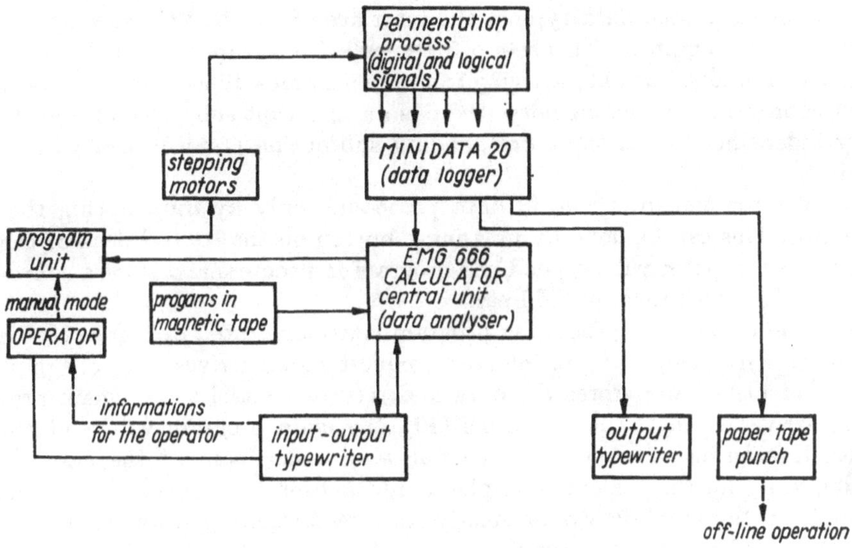


Fig. 12. Operation and configuration of data lodger and analyzer

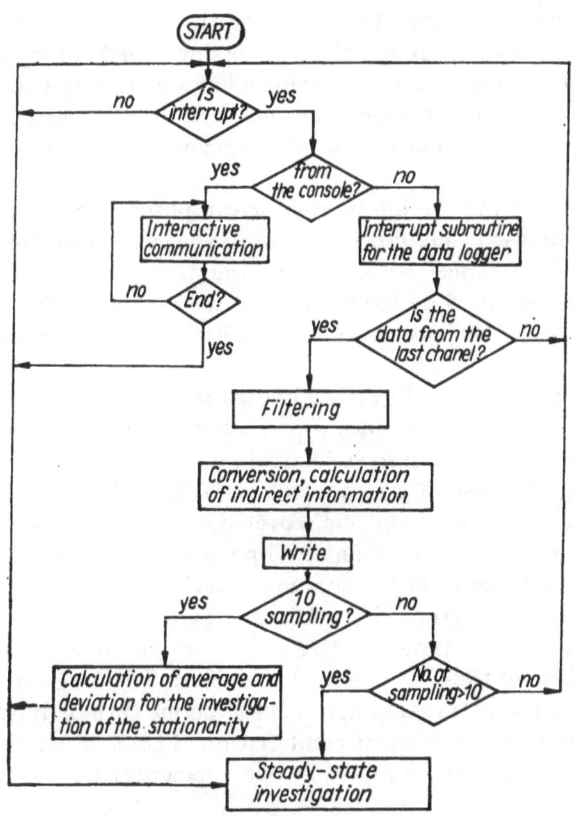


Fig. 13. Flow chart of data analysis program

Simultaneously with data typing, the interface of the MINIDATA sends an interrupt signal to the computer. This sets off a so-called interrupt subroutine in the computer, which can process the data arriving from the interface. Since there may be several interrupt subroutines in the memory (there is an interrupt subroutine for each utility periféry), identification of the corresponding subroutine is performed with the interrupt address.

The operator can intervene in data processing only by interrupting the program in progress. This can be done by pressing a button on the control desk of the typewriter. Then the computer will suspend the program in progress and start a subroutine corresponding to the interrupt address.

Operation of the data processing program is demonstrated in Figure 13. The main program runs in a loop until an interrupt request signal arrives from one of the periferies, which identifies and stores the data and returns control to the main program. If the data arrived from the last channel [19], the main program will send out subroutine calls. Subroutines can perform the following tasks: convert the data to engineering units, from this they calculate implicite information (e. g. specific rate values), perform confidence tests and determine steady state by stationary state investigations.

The data lodging system was tried out with various fermentations (gluconic acid fermentation [9], SCP-production etc.). Date were acquired at 5 min intervals during the experiments and from these it could be stated that our data lodger can perform real-time data acquisition and calculate implicit information therefrom.

In addition to the sub-routines described above, we developed an optimizing sub-routine as well. The purpose of this was to determine a combination of control variables where the variable studied (e. g., generation time) has a minimum value. For memory capacity reasons, the sub-routine is suitable for optimization of only two control variables.

The method of optimization of the on-line fermentor-computer system is presented in a practical example. Our aim was to minimize (optimize) the generation time of a microorganism. The two control variables studied were the temperature and pH value. Generation time has been determined by the method described above. For optimization, a simplex method was applied: the pure seeking procedure without the use of a model [10, 11, 12].

The essence of the method is the following: if we know the values of the objective function, in the combination of control variables represented by polyeder peaks called a simplex, we may determine the next step so as to attain maximum increase (or decrease) of the simplex, which is in the case of two control variables (pH and temperature) a triangle. We proceed towards optimum in our search for minimum (generation time) by reflecting the highest generation point on the opposite side, thus creating a new simplex. The procedure is continued until optimum is attained.

Based on preliminary experiments, point No. 1.2.3. in Figure 14. were given as starting points for the on-line-optimization program (i. e., the first three investigations were carried out with combinations of these two control variables). The program investigated steady state for the generation time at each experimental point. If the computer accepted steady state, it gave instructions for the next combination of control variables (Instructions were given by the program on an input-output typewriter couplee to the computer).

The movement of the simplex and values of generation time are depicted in Figure 14.

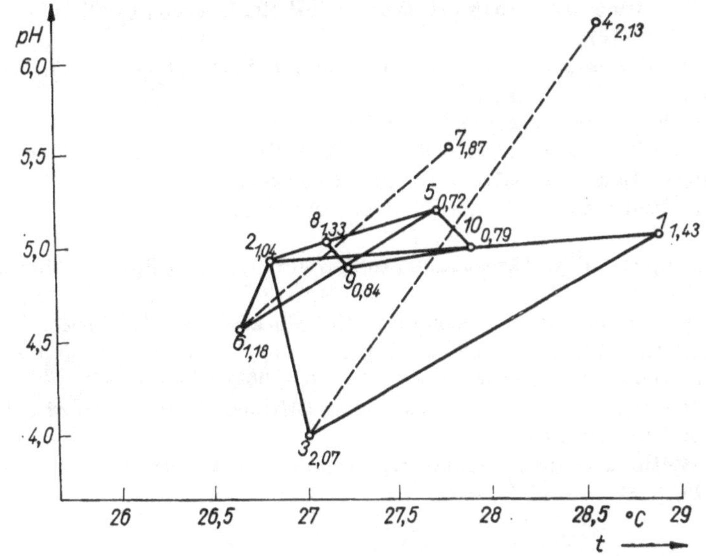


Fig. 14. Simplex optimization method.

Starting from simplex 1.2.3., peak 3. must be reflected on the midpoint of sections 1. and 2. and this reflected peak is experimental set 4. As can be seen in point 4., the value of the function is higher than in point 3., therefore, simplex 1.2.3. has been reduced to its half value at the lowest value. Peak 6. of simplex 2.5.6. thus obtained was reflected to given point 7. This led to a similar situation as before, resulting in a new simplex 5.8.9. The reflexion of point 8. afforded experimental set 10., which completed the optimization process.

In this experiment we determined steady state for alltogether 10 experimental set points, and in 7 of these cases coordinates were given by the computer.

Although optimum search cannot be considered completed on the basis of this experiment, the fact that the determination of set points for 10 temperature-pH combinations took only 60 hours, shows the procedure to be a very quick and efficient method. Based on preliminary experiments, related to the generation times measured at the starting points, approx. 50% decrease at the optimum point 5.

Finally, we would point out that it has not been our aim to describe in detail the complete equipment and all possibilities of its utilization. We only wished to give an outline on its construction and some examples of its application to show that if the computer is spared certain not necessarily required functions (e. g. data lodging), online data analysis or on-line process control and optimization can be carried out also by a minicomputer (desk calculator).

## References

[1] Bernard Wolnak and Ass. Ltd: Adv. in Fermentation Technology 1971–1983. Part I. Computer and Process Control. Part II. Continuous Fermentation. Chicago 1971

[2] Holló, J.: et al.: The Use of Computer-Technics in Fermentation-Research. Publ. House of the Hung. Acad. of Sciences. Budapest 1978. p. 152. (in Hungarian)

[3] NYIRI, L.: Application of Computer in Biochemical Engineering, in: T. K. GHOSE: Adv. in Biochem. Eng. 2 (1972), 49
[4] Workshop Computer Applications in Fermentation Technology. Verlag Chemie, Weinheim, New York 1977
[5] HUMPHREY, A. E.: Chemical Eng. 1974. Dec. 9. p. 98
[6] HOLLÓ, J. et. al.: Mathematical Modelling of Bacterial Growth. Publ. House of the Hung. Acad. of Sciences. Budapest, 1978. p. 144. (in Hungarian)
[7] UNDEN, A.: A Study of the Optimization of Fermentation Processes. Thesis, Stockholm, 1973
[8] UNDEN, A.: Computer-aided Growth Studies in a Fermentation Process. Thesis, Stockholm, 1977
[9] NESTE, L. et al.: Mathematical Modelling of the Glucanic Acid Production by A. Suboxydans. FEBS Meeting. Budapest. Aug. 1974. p. 25–30
[10] NELDER, J. A., and MEAD, R.: Computer J. 7 (1965), 308
[11] PUNGOR, E. Jr.: Dynamic Modelling and Static Off-Line Optimization of a Fermentation Process. Thesis, Budapest, 1978. p. 113
[12] SZIGETI, L.: Static Open-loop On-line Optimization of a Fermentation Process. Thesis, Budapest, 1978. p. 87

## Diskussion

GEPPERT: Welche zusätzliche Information wurde durch die Messung des Redox-Potentials erhalten? Bestand Korrelation zum Wert des Gelöst-Sauerstoffs?
NYESTE: Information aus dem Redox-Potential ist hauptsächlich bei anaeroben Systemen von Bedeutung. Aber auch bei aeroben Systemen besitzt es einen informativen Wert.
TENGOROY und später LENGYEL und NYIRI fanden, daß es eine gute Korrelation zwischen Redox-Potential und Gelöst-Sauerstoff-Gehalt des Mediums gibt. LENGYEL und NYIRI verwendeten das Signal des Redox-Potential-Geräts für die Regelung des Gelöst-Sauerstoffs in industriellen Fermentoren in Ungarn.
GEPPERT: Welches Gerät diente zur Messung der optischen Dichte? Welches war die größte meßbare Zellkonzentration?
NYESTE: Wir verwenden ein Eigenbau-Photometer zur Messung der optischen Dichte in unserem System in einem Außenkreislauf. Wir werden in Kürze über den Aufbau des Photometers in der Zeitschrift Hungarian Scientific Instruments berichten. Im allgemeinen benutzen wir unser Photometer im Bereich geringer optischer Dichte. Aber es arbeitet auch gut bei einigen batch-Fermentationen, die einen Trockenmassegehalt von 8–10 g/l erreichen (Hefen und Bakterien).

*Forschungsinstitut Meinsberg*
*Entwicklungslabor der Technischen Universität Dresden*

# Das Meßverhalten sterilisierbarer Sauerstoffsensoren im Hinblick auf Regelungsaufgaben

L. Günther, W. Möhler und K. Spiegel

## 1. Einleitung

In der technischen Mikrobiologie hat sich aus Gründen höherer Sicherheit für die Produktion die Dampfsterilisation bei ca. 393 K (120 °C) durchgesetzt. Das bedeutet, daß auch die für die Prozeßüberwachung notwendigen Meßfühler dieser Hitzebelastung, einschließlich der dabei auftretenden starken Temperaturgefälle, ohne Einbuße an Funktionstüchtigkeit gewachsen sein müssen.
Bei manchen elektrochemischen Sensoren, wie z. B. den Sauerstoffsensoren nach dem Clarkschen (1) Prinzip, wird das nur durch besondere konstruktive Maßnahmen erreicht. Auf Grund der Funktionsweise wird das Meßverhalten eines hitzesterilisierbaren Sensors durch eine Vielzahl von Faktoren auf chemischer, physikalischer, elektrochemischer und auf Werkstoffebene bestimmt. Trotz umfangreicher Berücksichtigung dieser Faktoren wird man aber nicht umhinkommen, bis zu einem gewissen Grade auch die Applikation auf die Eigenschaften eines solchen Sauerstoffsensors abzustimmen.

## 2. Funktionsweise eines Meinsberger Sauerstoffsensors ME 12 HS

Diesen Sauerstoffsensoren liegt das Clarksche Meßprinzip zugrunde (s. Abb. 1). Durch Diffusion gelangt der in der Fermentationsbrühe physikalisch gelöste Sauerstoff durch eine hitzebeständige dünne Kunststoffmembran in eine Elektrolytzelle, wo an einer Platinelektrode dessen vollständige katodische Reduktion erfolgt. Das dabei entstehende Sauerstoff-Konzentrationsgefälle $\Delta c_{O_2}$ vom Meßgut zur Katodenoberfläche hin bildet die Voraussetzung für eine ständige konzentrationsabhängige Sauerstoffdiffusion. Der durch die Reduktion des Sauerstoffs zwischen Katode und Anode fließende Strom ist diffusionsbegrenzt und unter stationären Bedingungen der Sauerstoffkonzentration im Fermentationsmedium direkt proportional. Für die auf die Flächeneinheit bezogene Diffusionsgrenzstromdichte gilt

$$i_d = Kc_{O_2} + i_R \tag{1}$$

K enthält neben der Faraday-Konstante und der pro umgesetztes Sauerstoffmolekül fließenden Anzahl $n$ an Elektronen auch die Membrandicke $\delta$ und die Permeationskonstante $P^*$ für Sauerstoff im verwendeten Membranmaterial.
Der für das Meßverhalten entscheidende Vorgang ist die Sauerstoffpermeation (2) (3). Das Temperaturverhalten der Stromdichte entspricht daher bei gegebener Membran-

dicke auch der Temperaturfunktion der Permeationskonstanten mit

$$P^* = P^0 \cdot e^{-E_p/RT}$$

$E_p$ = Aktivierungsenergie
$R$ = universelle Gaskonstante
$T$ = absolute Temperatur

$P^*$ ist eine Materialkonstante. Sie darf sich durch die Temperaturbelastung während des Sterilisationsprozesses nicht irreversibel verändern. Teflon kommt dieser Forderung weitgehend nach. Doch können während der Sterilisation auftretende mechanische Dehnungen der Membran die Permeationskonstante verändern. Solche Dehnungen lassen

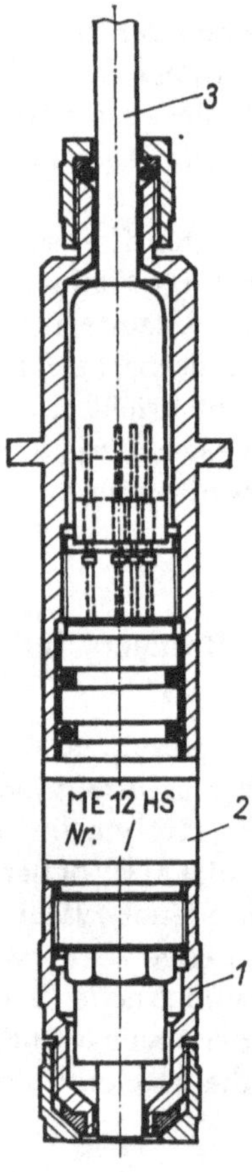


Abb. 1. Sauerstoffsensor ME 12 HS
1 Elektrolytkammer
2 Elektrodenkörper einschließlich Thermistoren
3 Anschlußkabel

sich konstruktiv durch Druckausgleich oder durch die Auswahl eines geeigneten Elektrolyten bedeutend reduzieren. Wie wir bereits 1976 anläßlich einer Tagung der Biologischen Gesellschaft in Jena (4) berichteten, blieben bei Laborversuchen über 18 Sterilisationszyklen die Abweichungen innerhalb $\pm 3\%$.

## 3. Das dynamische Verhalten

Das Zeitverhältnis eines Sauerstoffsensors mit selbständiger Temperaturkompensation wird durch das Zusammenwirken der Übergangsfunktionen, sowohl der des Temperatur- als auch der des Sauerstoffühlers, bestimmt (5).
Bei einem isothermen Übergang von einer luftgesättigten Wasserprobe in eine $O_2$-freie ist die Übergangsfunktion eines gegebenen Meßfühlers nur von dem Konzentrationsgefälle abhängig. Von der sprunghaften Änderung der Sauerstoffkonzentration an stellt sich die Meßgröße auf den neuen Beharrungszustand ein.
In Abbildung 2 wird ein typischer Verlauf einer isothermen Übergangsfunktion für einen Sauerstoffsensor ME 12 HS dargestellt. Zur Charakterisierung dieser Funktion

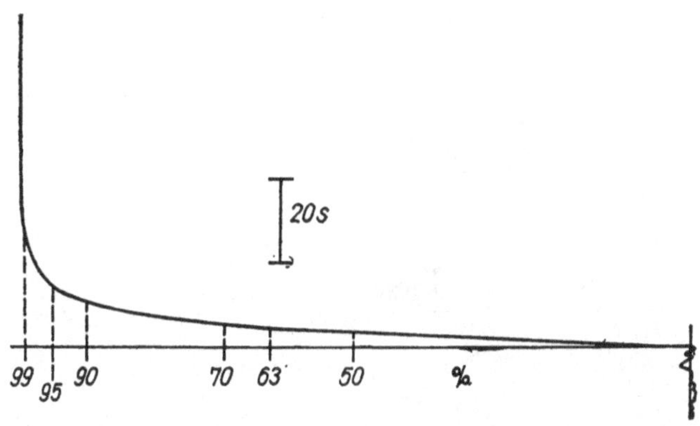


Abb. 2. Übergangsfunktion für einen Sauerstoffsensor ME 12 HS.
Der Sensor wird unter isothermen Bedingungen momentan von einer luftgesättigten Lösung in eine $O_2$-freie 3%ige Natriumsulfit-Lösung getaucht.
Die Totzeit $\tau_t$ ist praktisch Null, die Zeitkonstante $\tau$ beträgt etwa 5 s.

können die Einstellzeiten herangezogen werden. Dabei gibt man für kommerzielle $O_2$-Meßfühler häufig die 90%-, 95%-, 98-% oder auch die 99%-Einstellzeiten an. Für Sensoren mit einer 25 $\mu$m dicken PTFE-Membran liegt im allgemeinen die 90%-Zeit bei etwa 15 s.
Oft genügt es, für ein Regelsystem die Übergangsfunktion durch eine Totzeit ($\tau_t$) und eine Exponentialfunktion mit der Zeitkonstanten ($\tau$) anzunähern (6). Für eine Sauerstoffregelung läßt sich dann die Grenzstromdichte-Differenz $\Delta i_{d_x}$ für die Zeit ($\tau_x$) bei der Totzeit ($\tau_t$) und der Zeitkonstanten ($\tau$) nach folgender Exponentialgleichung berechnen

$$\Delta i_{d_x} = \Delta i_{d_\infty} \left(1 - e^{-\frac{\tau_x - \tau_t}{\tau}}\right) \tag{3}$$

Der 90%-Wert der gemessenen Grenzstromdichte $\Delta i_{d_{90}}$ für eine bestimmte Konzentrationsdifferenz bzw. Grenzstromdichte-Differenz $\Delta i_{d_\infty}$ zwischen einem ersten und einem zweiten Beharrungszustand errechnet sich dann nach

$$\Delta i_{d90} = \Delta i_{d\infty} \left(1 - e^{-\frac{\tau_{90} - \tau_t}{\tau}}\right) \tag{3}$$

$$\Delta i_{d\infty} = i_{d\infty 1} - i_{d\infty 2}$$

$i_{d\infty 1,2}$ = Stromdichte in Beharrungszustand 1 bzw. 2

Im Falle annähernd linearer Konzentrationsänderungen wird die Anzeige eines Sensors zeitlich um so mehr zurückbleiben, je größer dessen Totzeit und je größer dessen Zeitkonstante ist. Bei einer Konzentrationsänderungsgeschwindigkeit $a$ ($mg_{O_2} \cdot l^{-1} \cdot s^{-1}$) im Reaktionsgefäß und einer Anzeigeverzögerung von $(\tau + \tau_t)$, ergibt sich ein durch die Dynamik des Meßvorgangs verursachter Fehler von

$$\Delta c_{O_2} = a(\tau + \tau_t) \tag{4}$$

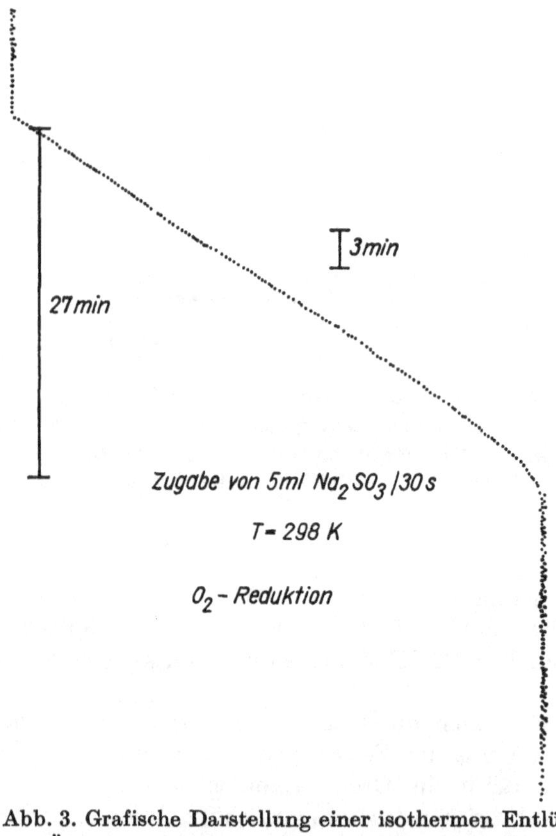


Abb. 3. Grafische Darstellung einer isothermen Entlüftung bei 298 K (25 °C).
Die Änderung von $C_{O_2}$ nach der Sulfitzugabe (5 ml in 30 s) wird mit drei parallel laufenden Sauerstoffsensoren registriert.

| | | |
|---|---|---|
| Anfangskonz. des Sauerstoffes | : | $8{,}12\ mg \cdot l^{-1}$ |
| Endkonz. des Sauerstoffes | : | 0 |
| Entlüftungsdauer | : | 27 min |
| $C_{O_2}$-Änderungsgeschwindigkeit a | : | $5{,}0 \cdot 10^{-3}\ mg \cdot l^{-1} \cdot s^{-1}$ |
| Anzeigeverzögerung des Sensors | : | 5 s |

Einen isothermen Entlüftungsvorgang in einem 25 l Behälter zeigt Abbildung 3. Die Entlüftung dauert in diesem Beispiel 27 min. Bei 8,21 mg · l$^{-1}$ Ausgangskonzentration für Sauerstoff beträgt die Änderungsgeschwindigkeit

$$a = 5 \cdot 10^{-3}\ \mathrm{mg} \cdot l^{-1} \cdot s^{-1}.$$

Aus einer Verzögerungszeit des Sensors von 5 s und der Änderungsgeschwindigkeit $a = 5{,}0 \cdot 10^{-3}$ mg · $l^{-1}$ · $s^{-1}$ errechnet sich nach Gleichung (4) ein Anzeigefehler von $2{,}5 \cdot 10^{-2}$ mg · $l^{-1}$. Dieser Fehler liegt aber unterhalb des Grundfehlers des Meßverfahrens.

Erst bei einer Änderungsgeschwindigkeit von

$$a = 0{,}02\ \mathrm{mg} \cdot \mathrm{l}^{-1} \cdot \mathrm{s}^{-1}$$

wird in unserem Falle der Grundfehler der Meßeinrichtung von 0,1 mg · $l^{-1}$ erreicht. Messungen unter Luftsättigung aber bei variierenden Temperaturen sind nur dann einwandfrei möglich, wenn die Übergangsfunktionen der einzelnen Fühlerelemente aufeinander abgestimmt worden sind. In Abbildung 4 sind die einzelnen Übergangsfunktionen

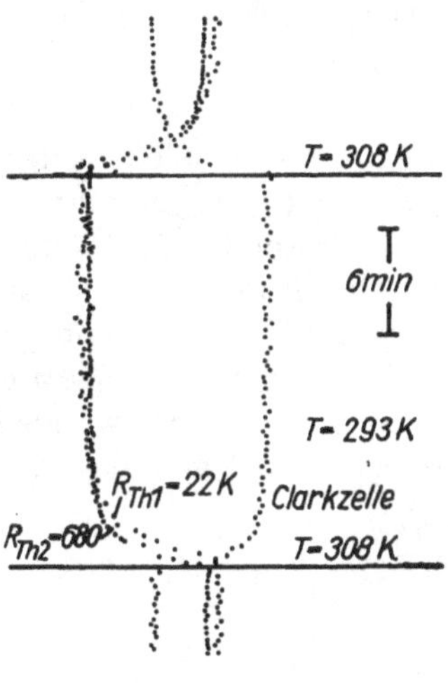


Abb. 4. Grafischer Vergleich der Übergangsfunktionen der einzelnen Fühlerelemente (Thermistor $R_{Th1}$ u. $R_{Th2}$ sowie CLARKzelle) eines Sensors.

getrennt aufgezeichnet worden. Bereits aus dem Kurvenverlauf ist in diesem Falle eine verhältnismäßig gute Übereinstimmung zu erkennen. Die 90%-Zeiten liegen bei 170 s. Daraus ist zu entnehmen, daß das dynamische Verhalten der temperaturkompensierten Sensoren ME 12 HS für den Einsatz unter Sterilbedingungen bei Temperaturveränderungen auch wesentlich träger ist, als bei isothermen Konzentrationsänderungen. Bei isothermem Konzentrationswechsel beträgt die 90%-Einstellzeit nur ca. 15 s, also nur knapp 10%.

Die Auswirkungen der Hitzesterilisationen auf die Sauerstoffanzeige sind nicht immer gleich. Sie unterliegen Schwankungen, die von Sterilisationszyklus zu Sterilisationszyklus und von Sensor zu Sensor verschieden sein können. Einen Vergleich der prozentualen Veränderungen in der Sauerstoffanzeige in Abhängigkeit von der Anzahl der Hitzesterilisationszyklen für drei gleichartige Sensoren ME 12 HS zeigt Abbildung 5. Als Bezugswert dient der jeweils erste Meßwert vor der ersten Hitzebehandlung. Danach ist es nicht möglich, einen konstanten Faktor für die pro Zyklus zu erwartende Meßwertverschiebung anzugeben. Für einen Sensor läßt sich aber experimentell ein Durchschnittswert bestimmen. Dieses Verhalten ist der gegenwärtige Stand der Technik. In den betreffenden Applikationsvorschriften wird dem Rechnung getragen. Danach wird nach erfolgter Hitzesterilisation vor der Beimpfung durch Belüften der 100%-Luftsättigungswert von Hand eingestellt. Unter den dann folgenden, meistens isothermen Arbeitsbedingungen bleiben die Meßeigenschaften des Sensors unverändert.

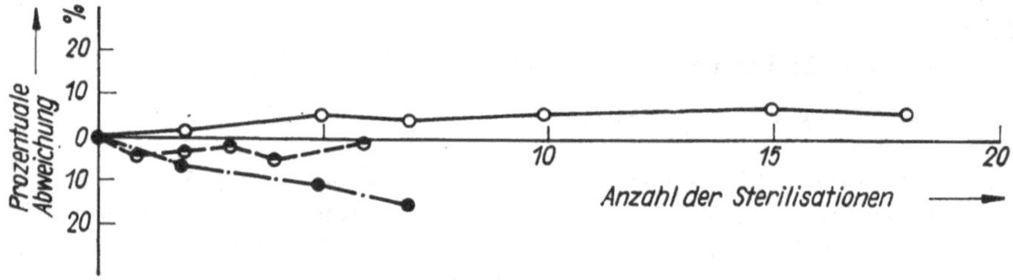


Abb. 5. Prozentuale Veränderung der $O_2$-Anzeige in Abhängigkeit von der Anzahl der Hitzesterilisationszyklen für drei Sensoren des Typs ME 12 HS.

Aus Meßwerten, die wir bei Erprobungen in der Industrie erzielten, haben wir für den mittleren Fehler des arithmetischen Mittels $\pm 1{,}33\%$ und $\pm 3\%$ errechnet. Der kleinere Wert ist bei Labormessungen, der größere bei der Erprobung in Produktionsanlagen ermittelt worden. Die Nullwerte unterliegen keinerlei Schwankungen. Auch Veränderungen in der Temperaturfunktion des Meßfühlers sind unbedeutend geblieben. Aus Abbildung 5 ist auch zu entnehmen, daß die Abweichung pro Sterilisationszyklus bei Sensor c im Schnitt nicht höher als etwa 1,8% ist. Selbst bei einer Zwischenkalibrierung vor einer Hitzesterilisation bliebe also auch bei dem am stärksten abweichenden Sensor der Fehler akzeptabel.

## 4. Die Sauerstoffregelung

In Laborversuchen sind Sauerstoffsensoren für Regelungszwecke erprobt worden. Dabei hat es sich gezeigt, daß die Übergangsfunktion unter isothermen Bedingungen in einem 25 l fassenden Behälter recht gut durch die vereinfachte Formel (3) wiedergegeben wird. In Abbildung 6 wird ein grafischer Vergleich zwischen den registrierten und den nach Gl (3) berechneten Werten aus $\tau_{1/2}$ dargestellt. Die Übereinstimmung ist gut.

Die Regelung zweier Sauerstoffkonzentrationen, die beide kleiner als der Luftsättigungswert bei 273 K (20 °C) sind, gibt Abbildung 7 wieder. Mit Hilfe eines Zweipunktreglers, der in diesem Fall mit einem Meinsberger Sauerstoff-Labormeßgerät AM 220 kombiniert worden ist, wird alternierend Luft und Sulfitlösung zugegeben. Die Regelabweichungen liegen bei beiden Konzentrationsstufen bei $\pm 0{,}1\ mg_{O_2} \cdot l^{-1}$. Für diese Versuche haben wir nur Wasser verwendet, das mit KOH auf pH = 10 eingestellt worden ist, damit kein $SO_2$ entweichen kann.

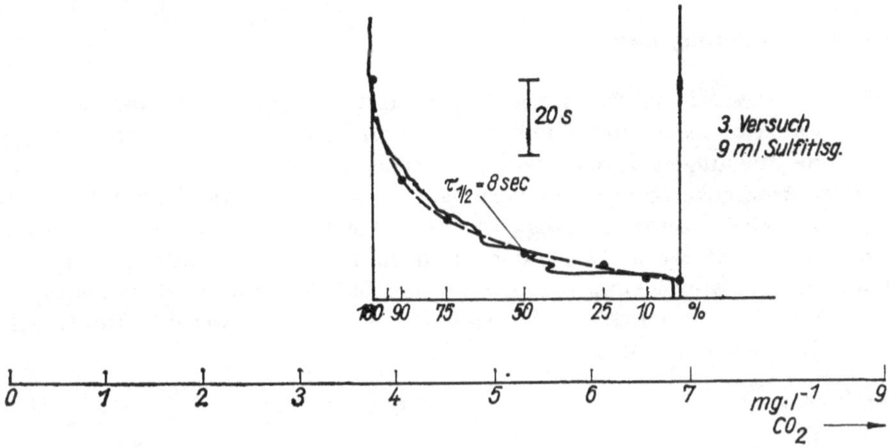


Abb. 6. Grafischer Vergleich der gemessenen ———— mit der nach Gl. 3 berechneten — — — — Übergangsfunktionskurve.

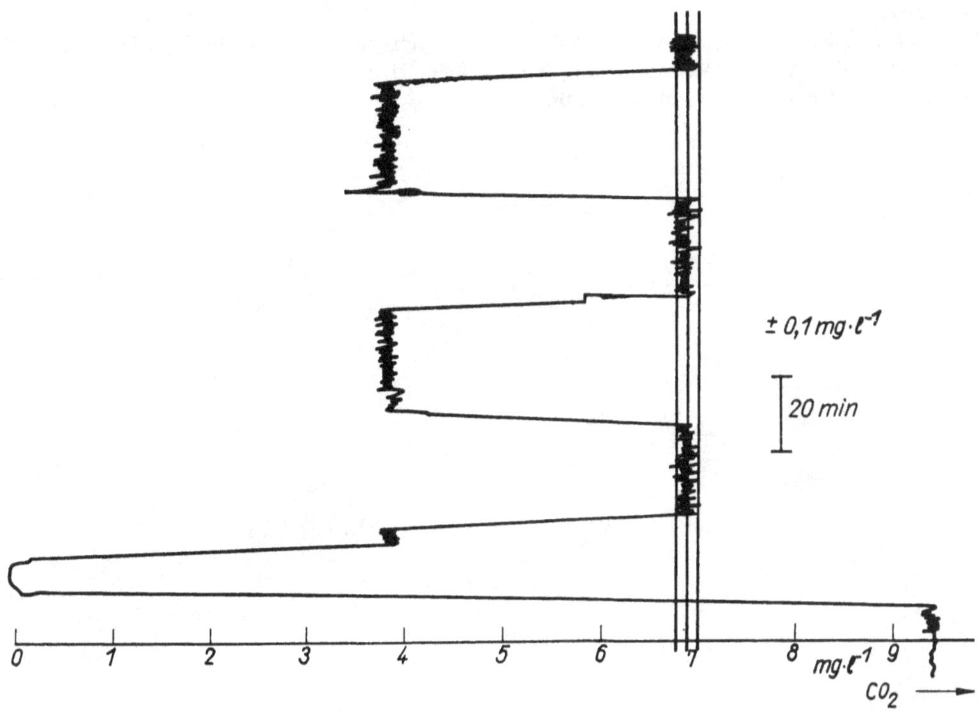


Abb. 7. Autom. Regelung zweier Sauerstoffkonzentrationen (3,85 mg · $l^{-1}$ u. 6,9 mg · $l^{-1}$) bei 293 K (20 °C)

## 5. Zusammenfassung

Das Meßverhalten eines Sauerstoffsensors nach CLARK wird in erster Linie von der Permeation des Sauerstoffes in der Kunststoffmembran bestimmt. Es wird gezeigt, daß für technische Messungen durch das dynamische Verhalten des Sensors solange keine merklichen Anzeigeverzögerungen verursacht werden, als die Konzentrationsänderungsgeschwindigkeit unter $0{,}02\ mg_{O_2} \cdot l^{-1} \cdot s^{-1}$ bleibt. Der Sterilisationseinfluß auf die Reproduzierbarkeit der Meßwerte vor und nach der Hitzebehandlung übersteigt im Normalfall nicht 2% Abweichung bezogen auf den Luftsättigungswert. Bei entsprechender Applikation kann auch diese Abweichung kompensiert werden. Im Laborversuch liegt die Regelgenauigkeit bei

$$\pm 0{,}1\ mg_{O_2} \cdot l^{-1}.$$

## Literatur

[1] CLARK, L. C., F. GOLLAN und V. GUPTA: Science **111** (1950), 85
[2] MANCY, K. H. et al.: J. Elektroanal. Chem. **4** (1962), 65
[3] HOARE, Y. P.: „Electrochemistry of Oxygen“, Interscience of New York (1968)
[4] SPIEGEL, K.: Vortrag, Biolog. Ges. d. DDR, Arbeitstagung „Meßtechnik am Fermentor“ Jena 1976
[5] GÜNTHER, L., F. MITSCHKE und K. SPIEGEL: Wasserwirtschaft Wassertechnik (1978), 122—125
[6] GRASSHOFF, K.: Kieler Meeresforschung XXV (1969), H. 1., 133
[7] MÖHLER, W.: Chem. Techn. **26** (1974), 647

## Verzeichnis der Autoren

ALBRECHT, Ch.; Institut für technische Chemie 7050 Leipzig, Permoserstr. 15, DDR

ALEKSANDROV, W. C.; Hauptverwaltung für mikrobiologische Industrie beim Ministerrat der UdSSR M-162 Moskau, Uliza Lesteva 18, UdSSR

ASPERGER, L.; Institut für technische Chemie 7050 Leipzig, Permoserstr. 15, DDR

BÄRWALD, G.; Direktionsbereich Forschung und Entwicklung des VEB Arzneimittelwerk Dresden 8122 Radebeul, Wilh.-Pieck-Str. 35, DDR

BECHSTEDT, W; Wissenschaftlich-technisches Zentrum der technischen Mikrobiologie 7010 Leipzig, PF 674, DDR

BERNHARDT, D; s. Albrecht

BEKER, M. E.; August Kirchenstein Institut für Mikrobiologie 226067 Riga, Kleisti, UdSSR

BOCKER, H.; Forschungszentrum für Molekularbiologie und experimentelle Therapie 69 Jena, Beuthenbergstr. 11, DDR

BÖHM, H.; Pädagogische Hochschule „Wolfgang Ratge" Sektion Chemie/Biologie, Forschungskollektiv GMM 437 Köthen, Lohmannstr. 23, DDR

BORNS, E.; s. Böhm

BÖTTGER, D.; Institut f. Enzymologie u. techn. Mikrobiologie 1017 Berlin, Alt-Stralau 62

BRAUER, H.; Institut für technische Chemie 7050 Leipzig, Permoserstr. 15, DDR

BREUEL, K.; s. Bärwald

BUTENKO, R. G.; Institut für Pflanzenphysiologie „K. A. Timirjazev" 127273 Moskau, Botanitscheskaja 35, UdSSR

CECHNER, V.; Forschungsinstitut für Antibiotika u. Biotransformationen, Roztoky bei Prag, CSSR

CIMERMAN, A.; Chemisches Institut „Boris Kidrič", Ljubljana und Fakultät für Naturwissenschaften und Technologie der Universität Ljubljana, Yug

CIRKOV, I. M.; Allunionsforschungsinstitut für Eiweißsynthese, Moskau Sh 4, Kommunistitscheskaja ul. 27, UdSSR

DAWIDOWA, U. M.; s. Butenko

DOBERSKÝ, P.; Institut für Mikrobiologie, Prag Bereich Technische Mikrobiologie Prag 4 KRC, Budejovicka 270, CSSR

DOWGUN, L.; s. Čirkov

DURNER, K.; Institut für Impfstoffe, Dessau, DDR

EFFENBERGER, W.; s. Bocker

ETTLER, P.; s. Cechner

FISCHER, R.; Institut für Enzymologie und Techn. Mikrobiologie 1017 Berlin, Alt-Stralau 62, DDR

FREIBERG, P.; Institut für technische Chemie 7050 Leipzig, Permoserstr. 15, DDR

FRIEDRICH, J.; s. Cimerman

GEPPERT, G.; s. Asperger

GEYER, W.; Institut für technische Chemie 7050 Leipzig, Permoserstr. 15, DDR

GÖBEL, W. R.; s. Bechstedt
GRÄSSER, A.; s. Durner
GRÉGR, V.; Institut für Gärungschemie und -technologie der Chemisch-technologischen Hochschule 16628 Prag, Suchbátarova 5, CSSR
GÜNTHER, L.; Forschungsinstitut Meinsberg Entwicklungslabor der Technischen Universität Dresden, Post 7305 Waldheim (Sa), DDR
HARKSEN, E.; Institut für Enzymologie und Techn. Mikrobiologie 1017 Berlin, Alt-Stralau 62, DDR
HEGEWALD, E.; VEB Jenapharm 69 Jena, Otto-Schott-Str. 13, DDR
HOLLÓ, J.; Zentralforschungsinstitut für Chemie H-1025 Budapest, Pusztaszeri út 59—67, Hung.
JAGICZA, A.; Human-Institut für Impfstoffe und Seren, Ungarn
KARLINA, N. N.; Akademie der Wissenschaften der Moldauischen SSR Abt. Mikrobiologie Kischinjow, UdSSR
KARPOV, A. M.; s. Aleksandrov
KATRUK, E. A.; s. Karlina
KERN, U.; s. Harksen
KLAPPACH, G.; Institut für technische Chemie 7050 Leipzig, Permoserstr. 15, DDR
KOBLITZ, H.; Zentralinstitut für Genetik und Kulturpflanzenforschung, Gatersleben, DDR
KOLODJAZNY, V. S.; s. Cirkov
KORJAGIN, W. W.; s. Dowgun
KORNEEV, A. D.; s. Aleksandrov
KOTELEV, B. B.; s. Karlina
KORNEEV, C. D.; s. Aleksandrov
KRASILJA, I. I.; s. Karlina
KRISTAPSON, M.; s. Beker
KURUCZ, I.; s. Holló
LEBENTRAU, B.; s. Harksen
LIPSKIJ, A. X.; s. Butenko
MANGOLD, K. H.; s. Böttger
MEBEL, S.; Staatliches Institut für Immunpräparate und Nährmedien, Berlin DDR
MEINEKE, L.; s. Mebel
MENNER, M.; Zentralinstitut für Mikrobiologie und experimentelle Therapie, 69 Jena, Beuthenbergstr. 11
MÖCKEL, M. O.; VEB Chemieanlagenbau Staßfurt — Kombinat —
MÖHLER, W.; s. Günther
NIKITIN, W. M.; s. Cirkov
NIKOLAJEWSKI, H. E.; s. Mebel
NYESTE, L.; s. Holló
PAĆA, J.; s. Grégr
PAIKOW, W. N.; s. Butenko
PERDIH, A.; s. Cimerman
PETZOLD, M.; s. Harksen
PILAT, P.; Forschungsinstitut für Antibiotika und Biotransformationen, Roztoky bei Prag, CSSR
PIPPIG, R.; s. Fischer
PITZLER, J.; s. Asperger
POSPISIL, F.; Forschungsinstitut für Antibiotika und Biotransformationen, Roztoky bei Prag, ČSSR
PRAGER, E.; s. Bechstedt
PRAUSE, M.; Institut für technische Chemie 7050 Leipzig, Permoserstr. 15, DDR
PUNGOR, E.; s. Holló
RHAN, G.; s. Brauer

FSC
www.fsc.org
MIX
Papier | Fördert
gute Waldnutzung
FSC® C083411

Zeitfracht Medien GmbH
Ferdinand-Jühlke-Straße 7
99095 Erfurt, Deutschland
produktsicherheit@kolibri360.de